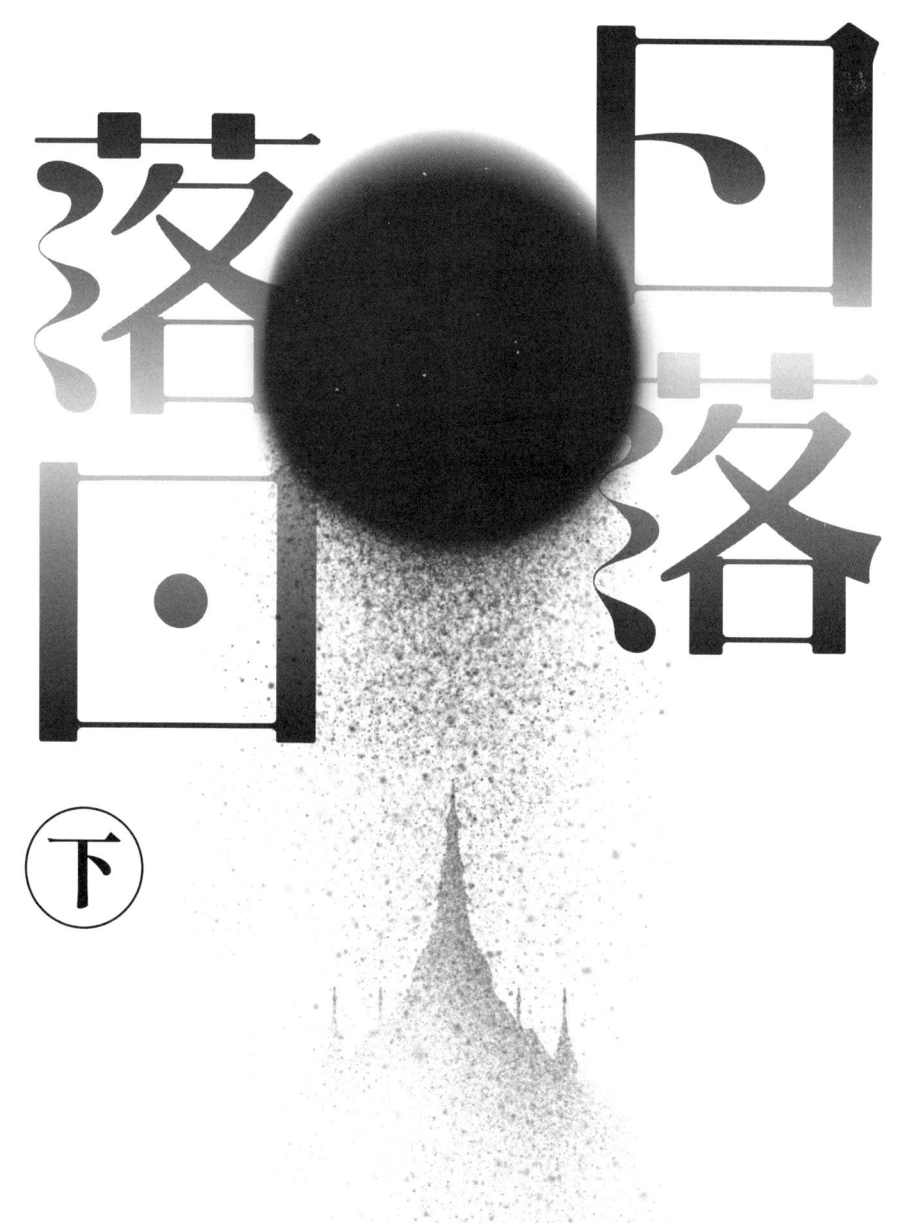

落日

（下）

最長之戰在緬甸1941-1945

地圖：下冊

圖 5-1	「週四」作戰	013
圖 5-2	攻擊因多	045
圖 5-3	白城	071
圖 5-4	孟拱	094
圖 5-5	密支那	109
圖 6-1	1945年1-2月橫渡伊洛瓦底江	147
圖 6-2	曼德勒	181
圖 7-1	密鐵拉圍城及占領	202
圖 8-1	瓢背	248
圖 9-1	錫當河灣之戰	297
圖 9-2	日二十八軍脫出	331
圖 10-1	1945年8月18日英日軍各部隊部署圖	388

歷史照片：下冊

B-1	1945年2月23日，印度第十七師第六十三旅情報官正搜索密鐵拉的日軍屍體。（帝國戰爭博物館） 138
B-2	由錫當河突圍時被捕的五位中國及朝鮮的慰安婦，攝於貝內貢收容所。（帝國戰爭博物館） 139
B-3	第四軍軍長梅舍維中將（後為子爵）。（帝國戰爭博物館） 140
B-4	1945年2月28日在密鐵拉，印度第十七師師長考

第八章　再擊仰光 241

第一回　瓢背戰役 244
第二回　「吸血鬼」待命 255
第三回　「吸血鬼」咬住仰光 262
第四回　籠中鳥飛了 275

第九章　掙扎脫出 287

第一回　山中求生 290
第二回　繞水一戰 296
第三回　特務探路 309
第四回　突圍計畫曝光 314
第五回　齋藤與振武兵團 323
第六回　櫻井回師 330
第七回　堤少佐犯難 344

第十章　敗北談降 363

第一回　首度和談 365
第二回　圖瑞通報 372
第三回　最終投降 376

第十一章　本土反正　389
- 第一回　鈴木與翁山　392
- 第二回　巴茂做作　401
- 第三回　設局淺井　412
- 第四回　特務一三六　419
- 第五回　翁山反正　428

第十二章　戰後回眸　443
- 第一回　戰地的性　446
- 第二回　階級處遇　459
- 第三回　種族差異　466
- 第四回　文藝審視　482
- 第五回　勝歟敗歟留夢中　502

附錄　513
- 附錄一　514
- 傷亡人數　514
- 附錄二　528
- 錫當炸橋之爭　528
- 附錄三　541
- 桑薩克戰鬥備忘錄　541

附錄四 ... 544
緬甸戰場的英軍與日軍部隊（1944年） ... 544

參考文獻目錄 ... 554

壹、一手文獻 ... 554
貳、二手資料 ... 564
參、論文 ... 582
緬甸地名中譯 ... 587
軍隊編制名稱及人數對照表（英、中、日陸軍） ... 607

地圖：下冊

圖 5-1	「週四」作戰	013
圖 5-2	攻擊因多	045
圖 5-3	白城	071
圖 5-4	孟拱	094
圖 5-5	密支那	109
圖 6-1	1945 年 1-2 月橫渡伊洛瓦底江	147
圖 6-2	曼德勒	181
圖 7-1	密鐵拉圍城及占領	202
圖 8-1	瓢背	248
圖 9-1	錫當河灣之戰	297
圖 9-2	日二十八軍脫出	331
圖 10-1	1945 年 8 月 18 日英日軍各部隊部署圖	388

歷史照片：下冊

B-1　　1945 年 2 月 23 日，印度第十七師第六十三旅情報官正搜索密鐵拉的日軍屍體。（帝國戰爭博物館）
　　　　　　　　　　　　　　　　　　　　　　　　　138

B-2　　由錫當河突圍時被捕的五位中國及朝鮮的慰安婦，攝於貝內貢收容所。（帝國戰爭博物館） 139

B-3　　第四軍軍長梅舍維中將（後為子爵）。（帝國戰爭博物館） 140

B-4　　1945 年 2 月 28 日在密鐵拉，印度第十七師師長考

	萬少將與第四十八旅旅長海德利。（帝國戰爭博物館）	140
B-5	第三十三軍團本多中將的參謀辻政信大佐，戰後著民服。（辻政信著，英譯本《地下逃亡》）	141
B-6	1945年6月第二十八軍軍部軍官向錫當河突圍逃亡，仰光－曼德勒路標1370哩處。（土屋英一中佐）	141
B-7	軍第十三警備隊少佐隊長堤新三。（攝於1940年25歲，時為海軍中尉）（堤新三）	141
B-8	萱葺，一名日本的回教徒特務，在阿拉干對抗英軍。（由吉達飛回日本機上照片）（萱葺）	141
B-9	沃鎮附近手持白旗參與投降和談的日本兵。（帝國戰爭博物館）	142
B-10	聽到日軍投降新聞而歡呼的英軍。（帝國戰爭博物館）	143
B-11	南方軍寺內元帥的參謀長沼田多稼藏中將，到達仰光商議投降協議。海軍中道少將同行。（帝國戰爭博物館）	143
B-12	在與廓爾喀步槍第十團第一營史密斯中校會談前，戰敗的第二十八軍參謀若生尚德少佐將自己的刀交出，寇利中尉（中間戴眼鏡者）擔任翻譯。	144
B-13	克勞瑟少將，印十七師師長考萬的後任，接受第三十一師團長河田槌太郎投降。（帝國戰爭博物館）	145
B-14	本書作者（左上角臉的側面）及美裔田瑞士官（右）訊問日軍戰俘內藤中尉（中）。	145

日落落日：最長之戰在緬甸 1941-1945（下冊）

第五章 再襲敵後

溫蓋特與史迪威

> 第 一 回　週四作戰
> 第 二 回　史迪威與菊兵團
> 第 三 回　欽迪飛入
> 第 四 回　武村會欽迪
> 第 五 回　弗格森在因多
> 第 六 回　溫蓋特殞落
> 第 七 回　「白城」與「黑潭」
> 第 八 回　史迪威烤英軍釘美軍
> 第 九 回　卡弗特之怒
> 第 十 回　水上自裁

日落落日：最長之戰在緬甸 1941-1945（下冊）

摘　要

　　一九四四年日英兩軍在印緬交界大戰之前，因為溫蓋特一九四三年的第一次長途滲透行動「長布作戰」，導致駐緬日軍十五軍軍長牟田口廉也認為日軍進攻印度也是可行的，因而日本決定：在一九四四年進攻因帕爾。上兩章告訴我們：結果日軍大敗而返回緬甸。本章則回顧檢視同一時間溫蓋特的欽迪部隊二度空運至緬甸，目的要切斷對抗史迪威日軍的後方聯絡線，這就是「週四作戰」。

　　史迪威要確保以華軍為主力的盟軍反攻緬北的安全，並進入更南邊的地方，如孟拱、密支那等地，以建立一條由印度雷多通往中國昆明的公路。美軍派了特種部隊參戰，史迪威從溫蓋特處，調動了這支美軍。他將這支美軍取名為「加拉哈」（GALAHAD）跟中國軍隊一起進攻密支那。早在一九四三年底，孫立人第三十八師即揮師入緬，首敗日軍十八師團第五十六聯隊。隔年三月八日，以華軍為主力，改用戰車攻堅，擊敗了日軍「菊花兵團」。這是華軍與美軍為主的緬北作戰。本章描述溫蓋特以 600 架次，空運包含 9,000 名官兵、1,400 匹騾子，以及兩個炮兵部隊，在三月十一日之前降落在敵軍後方，到八月的故事。

　　「週四作戰」於一九四四年三月三日啟動，但二十四日溫蓋特卻意外身亡，使整個行動陷入危機。欽迪部隊乃改由史迪威指揮，但因他過度用軍，導致英軍，甚至美軍、華軍大量傷亡。

　　作者批評史迪威，說這些被他「送上十字架」的加拉哈美

第五章　再襲敵後

軍和疲憊至極的欽迪英軍都永遠憎恨他。華軍新三十八師與新二十二師也參加作戰，而一一四彭克立團的戰績，亦被詳述。不只英方，連中國戰區總司令，以及駐印軍總指揮本人的中國上司蔣中正，也受不了史迪威。結果在密支那勝仗之後不久，史迪威就被調回美國。

　　本章作者細膩敘述兩軍人事的臧否之餘，更描繪在邱吉爾直接支持之下的溫蓋特以及他死後整支欽迪部隊，於一九四四年三至八月之間，由英將弗格森與卡弗特繼續統領與日軍奮戰之史事。

第一回　週四作戰

一九四四年三月五日晚上，日軍聯隊長作間喬宜（Sakuma Takanobu）大佐[1]率領第三十三師團的第二一四步兵聯隊，前往卡巴山谷（Kabaw Valley）的耶瑟久（Yazagyo）地區。當聽到飛機引擎的轟隆聲震動夜空時，他已穿越甘塔村（Kantha）。他從馬背上抬頭一看，清晰可見龐大的運輸機群，閃爍著紅綠色航行燈，從頭頂呼嘯而過，好似無窮無盡。「這機群想必是前往轟炸仰光」，作間這樣猜測後，就不再多加思索，繼續策馬前進。[2]

數夜之後，另一位日軍第十五師團的第六十步兵聯隊長松村弘（Matsumura Hiroshi）大佐，被不遠的運輸機群引擎咆哮聲驚醒。松村和部下走出叢林，抬頭觀望月光明媚的天空，只見四、五架運輸機在大約 2,500 呎的高度，往東北方飛去。每架運輸機拖著二或三架滑翔機。[3]松村立即感到事態嚴重，不過也禁不住被這個場面所震撼。在清晰的月光下，運輸機隊看來如此壯觀，「但它們飛到我軍戰線後方要做什麼？」

松村大佐不知道，他想要的答案，就在當時離他甚近的溫蓋特（Orde Wingate）的腦海裡。一九四四年三月三日，在快要抵達欽敦江渡河地點東黑（Tonhe）之前，剛升少將的

1　兜島裏，《英靈之谷》，頁 157，指作間的名字讀音是 Takanobu，但其他有唸成 Takayoshi，如在高木的《因帕爾》，頁 18。
2　浜地利男，《因帕爾最前線》，頁 25。
3　編按：滑翔機用來載運軍隊，使整批著陸，比降落傘的運送量更大，也可以運送重的武器與裝備、食糧。這種作戰，在緬甸運用的很成功。

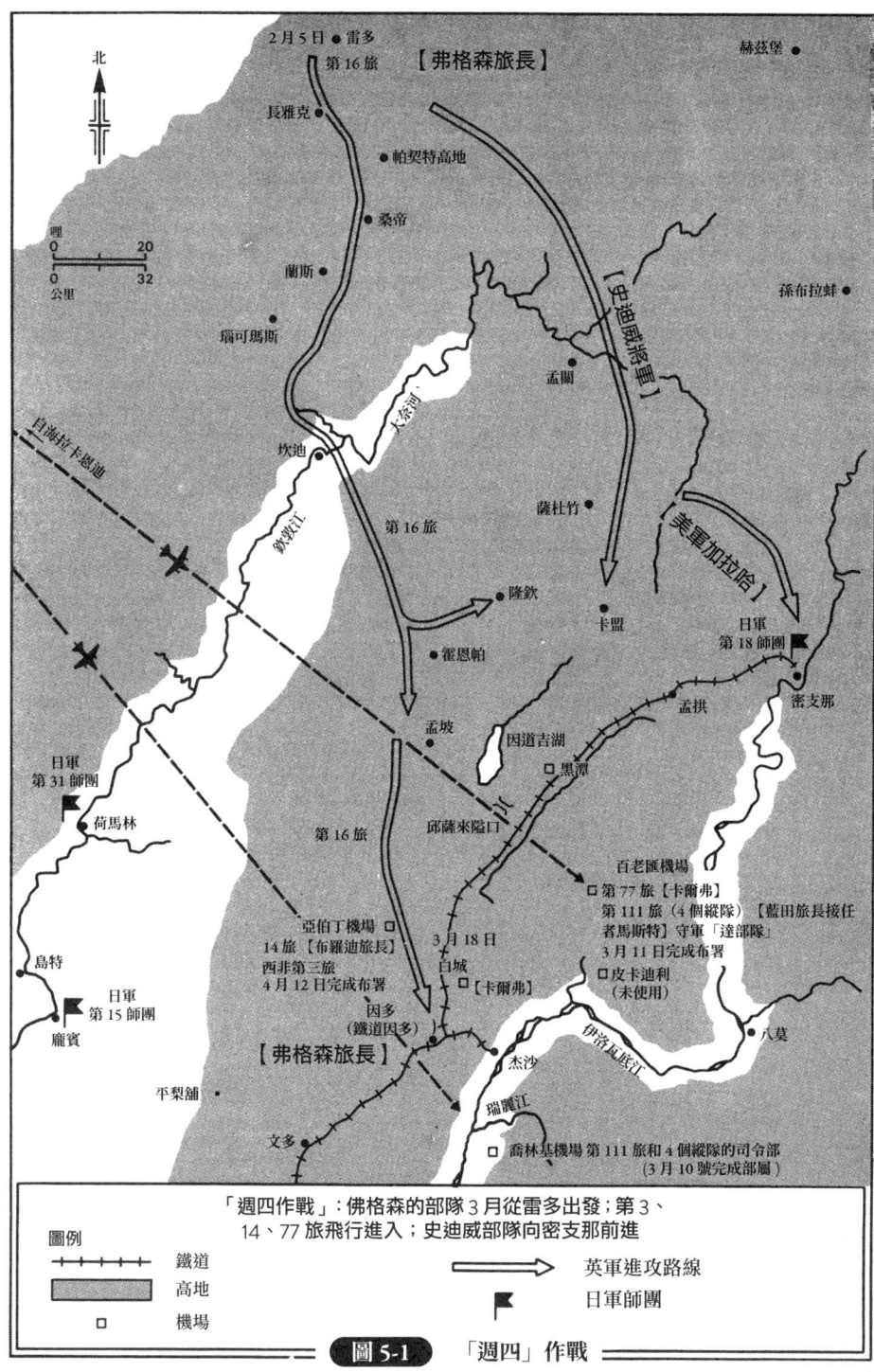

圖 5-1　「週四」作戰

溫蓋特站在坎迪（Singkaling Hkamti）上游的對岸，觀看弗格森（Fergusson）旅長指揮第十六旅渡過欽敦江的行動。這是溫蓋特部隊第二次遠征緬甸，亦即「週四作戰（Operation THURSDAY）」的開始。

溫蓋特第一次遠征日軍後方的「長布作戰」（Operation LONGCLOTH），所有軍需物資是由空運補給。第二次行動的各部隊所需，也全由空軍運補。但更進一步的是，這次行動除了由弗格森指揮第十六旅從地面行軍外，溫蓋特的各縱隊都由滑翔機運至個別目的地；並在日軍戰線後方建立據點，修築飛機跑道，以供空運火炮及車輛。這些行動的目的，不是為了和日軍作正面對戰，而是專門針對其補給線。

「週四作戰」也不打算幫助英軍主力部隊反攻中緬甸，其目標在孤立日軍駐緬北的第十八師團和駐雲南的第五十六師團。這兩個師團正和史迪威將軍麾下，由美軍裝備並訓練的中國部隊作戰。史迪威不但要確保緬北的安全，並且要進入更南邊直到孟拱（Mogaung）、密支那（Myitkyina），以建立一條由印度阿薩姆的雷多（Ledo）通往中國昆明的公路。史迪威認為他新建的雷多公路，將可取代由仰光北通昆明的公路，後者已被日軍掌控近兩年。這條雷多公路可以讓史迪威把各項物資，從加爾各答經阿薩姆運抵中國，武裝六十個中國師，以對抗日軍。沿著公路的輸油管，能輸送所需燃料，使 B-29 長程轟炸機得以攻擊臺灣、朝鮮、甚或日本本土，直接對擊敗日本做出貢獻。溫蓋特對史迪威承諾，給他最大程度的空中補給和運輸支援，以助其在緬甸的作戰。一九四四年二月，原先調去救援阿拉干英國師的美國陸軍航空隊被調來支援史迪威作戰，直到因帕爾被日軍包圍，才再改為支援英軍。美軍道格拉斯 C-47 運

輸機⁴，在艾利森（Alison）上校和科克倫（Cochran）上校指揮下，拖曳裝載溫蓋特部隊的滑翔機群，越過印緬國界的山岳，飛過欽敦江，將他們降落在從曼德勒往北到密支那間的鐵路附近地區。美軍的小型 L-5 輕型飛機，則協助運送各級指揮官，跟其他指揮官以及司令部官員會商，也可以運出受傷官兵（第一次遠征行動，最令人悲痛的狀況之一就是必須拋棄受傷的同袍。）⁵

溫蓋特能夠讓他的新部隊獲上級接受，以及能成軍，簡直是奇蹟。他的傲慢，令現在或過去的直屬長官，包括史林姆、蒙巴頓、吉法（George Giffard）、奧金雷克（Claude Auchinleck）都難以忍受。但對他的部下來說，至少那些不認為他是在日常命令中，引用聖經式修辭很滑稽的人，溫蓋特是個能鼓舞士氣的軍事天才。他部屬中最英勇的人，如卡弗特（Michael Calvert）和弗格森（Fergusson）准將都認為他是勝利者。在印度艱困的激戰中，他很成功地調兵遣將，給敵軍最嚴厲的打擊。在危機時，他可以隨時直接向蒙巴頓甚至邱吉爾本人提出要求，並且幾乎有求必應。「週四作戰」的新兵力，由六個旅組成，在一九四三年只有一個旅；每個旅由四個營組成。為了獲得這些兵力，溫蓋特經過數次激烈爭辯之後，終於得到第七十師。第七十師為了去中東作戰，而接受賽姆斯（George William Symes）少將指揮與訓練。賽姆斯雖然心中埋怨，但表面上仍維持風度，將位置讓給溫蓋特，而退任副指揮官。溫蓋特又用了許多在「長布作戰」中已證明很有能力的

4　道格拉斯 C-47 運輸機又稱達科塔（Dakota）C-47 運輸機。
5　譯註：參見第二章第二回。

部屬；這也有爭議（但無疑是明智的）。溫蓋特將他的旅改編，分為幾個縱隊，每個縱隊的基本單位是一個步兵連或是廓爾喀兵（Gurkhas），或英國各郡的兵。溫蓋特在每個縱隊指派一名皇家空軍軍官擔任地空連絡官，協調空軍支援、補給及打擊任務。縱隊中也配置緬甸步槍兵單位，擔任通譯，除了和地方村長談判，通常就擔任情搜的尖兵任務。溫蓋特第二次遠征的特種部隊，比第一次包含更多種族；但不像其他在緬甸組建的英軍，都有印度兵（除了第二師以外）。雖然溫蓋特的特種部隊沒有印度人，[6] 但為了保密，一九四四年成立的一支特種部隊，被賦予「第三印度師」的番號。第三印度師由一個西非旅和一支有 2,832 人的美軍部隊組成，這支美軍的命名為平淡無奇的「五三〇七混成部隊」（戰編）。這支美軍部隊由溫蓋特在印度中部叢林裡訓練，是美軍在亞洲大陸上唯一的步兵勁旅。

第二次長征和第一次「長布作戰」最明顯的差異，就是空軍的機種不同。支援特種部隊的美軍空中突擊大隊，配有 13 架達科塔（Dakotas，C-47）運輸機、12 架突擊者（Commando，C-46）運輸機、12 架密切爾（Mitchell，B25）中型轟炸機、30 架野馬式（Mustang，P-51）戰鬥轟炸機、100 架史汀生（Stinson，L-5）輕型機[7] 以及 6 架直昇機。特種部隊戰士由 225 架滑翔機運抵敵後，在叢林中與第一次行動相同，靠雙腳移動，以騾子運載補給、彈藥和無線電設備。[8]

這些部署並未獲得普遍的好評，像印度總司令奧金雷克上

---

6 溫蓋特認為印度兵是二流軍隊。（R. Callahan, *Bruma* 1942-1945, p. 10）
7 這批輕型飛機成為整個行動運作機制以及維持士氣的最重要因素。（Richard Thodes-James, *Chindit*, p. 81）
8 Kirby, *War Against Jappan*, III, p. 38, n.3

第五章　再襲敵後

將就委婉表示,他認為打破第七十師的建制極不可取。這支部隊作戰經驗豐富,[9]如能夠保持完整不分割使用,將可改變緬甸阿拉干的軍力平衡,使英軍占絕對優勢。[10]為什麼要毀掉這麼一個完美的師級單位?這個師可以在重要的攻勢中扮演要角,為何要將這個師的戰力消耗在游擊戰裡?為什麼不等待第八十二西非師抵達?那個師是以人工運送物資並受過叢林戰訓練的部隊。此外,印度的兵站負責給阿薩姆第十一集團軍和雷多的史迪威部隊的運補,已經非常繁忙。在交通運輸如此緊繃而有限的狀況下,如何提供更多的燃料,給溫蓋特的飛機使用?奧金雷克拍了一個有三部分的電報到魁北克給邱吉爾。邱吉爾當時正在該地和羅斯福以及參謀首長聯席會進行會議,他早就對奧金雷克的過慮和謹慎不信任,故有點輕忽其電報。一九四三年八月二十五日,「盟軍東南亞戰區總司令部(South-East Asia Command：SEAC)」成立,這意味著蒙巴頓接管了對溫蓋特的指揮權,但溫蓋特特種部隊訓練基地和物資供應,仍由印度總司令部負責。

　　至於美軍的配屬方式,則從別的指揮部傳出反對的聲音。史迪威早就渴望能有美國步兵部隊,在他的指揮下作戰。當他得知美軍配屬給溫蓋特,史迪威暴怒:「經過漫長的爭取,我們總算獲得一些美國部隊。而老天爺!他們告訴我們,要將美軍交由溫蓋特指揮。我們不懂如何指揮美軍?難道自我吹噓的溫蓋特反而懂?那傢伙一事無成,就做了一趟到緬甸杰沙(Katha)的短期行軍,行程還半途而廢。他截斷的是我們的人

9　譯註:這個第七十師在德軍圍攻北非托布魯克(Tobruk)要塞時,一直進行防禦戰。
10　溫蓋特贊同他的炮兵及英國皇家空軍派遣隊的能力,但是認為步兵要有一定水準故還需訓練。

馬早已截斷的鐵路,在伊洛瓦底江之東被圍,到頭來搞到戰損百分之四十的人員,現在他倒被認為是行家了。這種做法連耶穌基督也沒轍。」[11] 最後,史迪威從溫蓋特處調到這支美軍,美其名為「加拉哈（GALAHAD）」,[12] 並用來進攻密支那。作戰到了末尾,史迪威也遭到這些被他送上十字架的美軍,和疲憊至極的欽迪縱隊所永遠憎恨。[13]

第二回　史迪威與菊兵團

「週四作戰」的最初目標是幫助史迪威作戰。他麾下有三個,後來增加到五個中國師,這些師在印度的蘭姆伽（Ramgarh）基地接受訓練。由印度的司令部支付薪資費用與供應衣食,由美軍軍官施予訓練,並提供軍備。史迪威的目標是：從阿薩姆的雷多,進軍到緬北,工兵隨行在後,開闢他所要的雷多公路,並將日軍第十八師團逐出胡康河谷。另外徵用克欽（Kachin）部隊,從赫茲堡（Fort Hertz）展開行動,往南

11　Tuchman, *Sand Against the Wind*, p. 385.
12　譯註：「加拉哈」GALAHAD,亞瑟王圓桌武士之一,非常聖潔。他與「珀西瓦里」以及「鮑斯」組成了「聖杯三騎士」。
13　史迪威病態的仇英症非常有名。一方面是對英國軍官強調母音的發音方式,看得太嚴重,另一方面是因為想再來一次美國獨立戰爭。但不要認為只有他是這樣的。馬斯特 John Master（史迪威英國參謀）在緬甸薩杜竹（Shaduzup）,會見英軍一一四旅藍田中將（Joe Lentaigne）,藍田對他咆嘯：「史迪威的參謀！他（史）有夠難搞,但其他人更令人無法忍受。有個小野子,是 Jove 吧？老在史迪威耳邊嘀咕,說欽迪除了避開敵人,在那吃吃喝喝,甚麼事也不做。」另外一位非常勇敢認真的緬甸外科醫師 Dr. Gordon Seagrave,他時常表現出對英國殖民者態度之厭惡,甚至延伸到英軍使用「清潔特遣隊」,去處理長官用的攜帶式馬桶,這被他視為另一種工具,完全滿足英國殖民者內心的慾望,去羞辱及濫用印度軍隊,使其執行卑屈及低賤的工作。（Seagrave, *Burma Surgeon Returns*, p. 132）

第五章　再襲敵後

至密支那偵察以及進行游擊戰。史迪威天真地希望中國（境內）軍隊能聯手，從雲南進軍緬甸，而當時在雲南的日軍第五十六師團阻斷了中國軍隊的通路。第五十六師團和第十八師團一樣強悍且富有作戰經驗。批評中國不願意調兵很容易，因為中國人比起他們的新盟友，和日本人作戰早了四年。中國有非常多極寶貴的國土被日軍的二十五個師團占領，因而他們對在緬甸重建英國勢力，沒甚麼期盼；因為中國軍隊早已見識過，英軍曾在一九四二年猝不及防的從緬甸撤軍。

一九四四年，在無數審核又放棄的計畫之後，蒙巴頓終於在一月十四日決定，史迪威應該從雷多進軍至薩杜竹（Shaduzup），然後再前進至孟拱—密支那周邊地區。孟拱到密支那一帶，史迪威的雷多公路可以修築一條支線通往中國。英軍第四軍將積極巡邏欽敦江西岸—東岸則在可行的情況下巡邏—他們會由此攻取緬甸阿拉干及阿恰布港（Akyab），而溫蓋特長程滲透部隊，則負責切斷與史迪威對抗的日軍之後方聯絡線。

一九四三年十月三十日，華軍第三十八師（師長孫立人）所屬巡邏隊，和日軍第十八師團（師團長田中新一）的一支偵察中隊，在胡康河谷發生遭遇戰。日軍第十八師團的代號為「菊」（菊花為日本皇室紋章），該師團自認就算不是整個日本陸軍中戰力最強的師團，也是最強者之一。

在九月牟田口廉也宣布進行因帕爾「ウ號作戰（Operation Imphal）」計畫之後，第十八師團的師團長田中新一就明白，他不用期望還能從其他部隊得到援助。他麾下的第一一四步兵聯隊被調往雲南，以強化日軍第五十六師團對抗華軍。儘管如此，田中仍需守住胡康河谷。胡康河谷原意是「死亡之谷」，

它和卡巴山谷一樣都是可怕的地方。[14] 從東到西寬從 15 到 50 哩，從北到南延伸達 130 哩。是一個許多河流縱橫交錯的盆地，在雨季很容易就成為沼澤泥潭，形成霍亂和瘧疾的溫床。田中並不希望把他所有的兵力都投到這個地獄般的區域，所以他指派長久竹郎大佐的第五十六步兵聯隊防禦孫立人師的進攻，認為應該足夠。

田中立刻發現自己太過自信而誤判。在于邦（Yubang Ga），這個大奈河（Tanai）河道的一個匯流點，長久竹郎的部隊包圍了第三十八師。第三十八師即時組成方鎮防禦，以重武器和戰車防守，並由空軍運補軍需物資。長久竹郎持續進行一波波的攻擊，但是都沒能衝破中國軍隊的陣地；最後只能解除包圍，撤軍以療傷止痛。孫立人意氣風發。多年來，中國人拚了命抗戰，卻仍在自己的國土上被打敗，總感覺自己敵不過日本人。現在中國軍隊屹立在陣地戰鬥，足可輕易地擊敗日軍最好的聯隊。十二月二十四日，史迪威率軍到達，以密集的炮火轟擊日軍，要幫孫立人部隊解圍。史迪威直接督戰，在戰地指揮所待上一整天。最後中國軍隊把日軍從河道匯流處以及隱蔽的叢林中擊退，代價是將近 800 名人員的傷亡。中國軍隊慶祝獲勝時不僅對空鳴槍，還把日軍的首級掛在竹竿頂展示。[15]

田中新一被激怒了，他決定要從胡康河谷向北直攻新平洋（Shingbwiyang）的史迪威前進指揮所。但是牟田口廉也不允許任何會轉用因帕爾作戰所需物資的行動，他要田中守住在胡康河谷中央更南方的孟關（Maingkwan）。這意味著史迪

14　可是證據顯示許多人死於被屠殺，而非天氣造成。
15　Tuchman, op. cit., p. 420., 此處所述華軍行為，似與孫立人的個性不合，它的真實性待查。

威揮軍南下只會遭受小規模的抵抗。史迪威預計在這場勝利之後，中國新三十八師以及新二十二師，將會快速尾隨，追擊撤退的日軍；但孫立人已經抱怨史迪威的副手博特納（Haydon Boatner）准將，嚴重低估了日軍在胡康河谷的戰力，致使孫的部隊陷入危機，孫要求撤換博特納。理論上中國軍隊應該服從史迪威的命令，這就是例子，顯示他那極其荒謬的三重職位所下的指令，根本無法成功實行。史迪威在一九四二年三月被任命為蔣中正的參謀長，他也同時指揮所有在中國—緬甸—印度戰區（China-Burma-India theatre）的美軍部隊，[16] 並兼任盟軍東南亞戰區的副總司令。這些角色所需的是外交手腕、統帥天賦以及人際交往的能力，但史迪威沒有這些才能。他是最快樂的戰場總指揮，他喜愛中國的一般士兵和老百姓的程度，和他討厭中國政府及其政府領導人蔣中正的程度一樣，不多也不少。他甚至嘲弄式的為蔣取了個綽號：「花生米」（Peanut）。「花生米」非常明白史迪威對自己的看法。他並不打算允許史迪威在緬甸戰場，揮霍掉那些配有新軍服、新軍備的精銳新式中國師。尤其是這些新式中國師為了蔣的目標，之後必須用在中國國內（蔣一直同時跟日本及中共作戰）。所以這兩個中國師在胡康河谷緩慢推進，然後在一九四四年一月二十九日停下來。

史迪威把孫立人找來痛罵一頓，而且威脅要將他將解職，並告知華盛頓當局原因。他所有的言語都在暗示：要停止對中國運補物資。最諷刺的是，當史迪威因孫立人不遵從自己命令而痛責孫的同一時刻，史迪威正策畫派遣自己的參謀進行特別任務，到華盛頓去推翻自己的頂頭上司蒙巴頓的計畫。雄心勃

16　譯註：史迪威不只指揮美軍，更指揮在緬甸作戰的華軍。

勃的美國年輕將領魏德邁（Albert Wedemeyer）已經帶著蒙巴頓反攻緬甸的計畫「公理任務（AXIOM Mission）」去參謀首長聯席會議。蒙巴頓想將盟軍東南亞戰區司令部原定的計畫改為海戰，以便挪用緬甸陸戰資源，從海上登陸蘇門答臘與馬來亞，以取得奪回新加坡的捷徑，並且打通南中國海航道。這些史迪威都不要，他認為蒙巴頓拿蔣中正不願盡力進軍北緬，當作籌碼，想讓反攻緬甸的整個行動慢下來。史迪威雖是蒙巴頓的副手，但他派了自己的副手博特納去見羅斯福，羅斯福拍發一封由博特納口述的電報給邱吉爾，請邱吉爾施壓蒙巴頓，要他立即在北緬甸進行一場轟轟烈烈的陸戰。可是邱吉爾本身就主張從海上登陸攻擊，當然不為所動。但是美國參謀首長聯席會議，在魏德邁向會議提出「公理任務」計畫時，卻硬生生被駁回。

與此同時，美軍「加拉哈部隊」即將發揮其作用。羅斯威爾布朗（Rothwell Brown）上校的60輛輕戰車，正從塔洛（Taro）追擊日軍。塔洛位於大奈河旁，在新平洋下游25哩處，因此可以掩護在胡康河谷戰鬥的側翼。一九四四年二月十九日，法蘭克·麥瑞爾（Frank Merrill）准將到達，接管「加拉哈部隊」指揮權。這個會說日語的軍官，是史迪威的得意門生，擔任這支部隊的指揮，因而一位記者為這支美軍特種部隊戰士取了個綽號：「麥瑞爾掠奪者（Merrill's Marauders）」。不管如何誇張，「麥瑞爾掠奪者」這個綽號比官方的「五三〇七混成部隊」好多了。這綽號也沒什麼不妥，他們本就是麥瑞爾指揮下強悍、百戰浴血的鐵膽勇士。在印度時，他們的行為就像罪犯。在胡康河谷，他們和華軍併肩作戰，證明自己能打硬仗。

史迪威很高興能指揮「加拉哈」，命令他們進攻孟關。「加

第五章　再襲敵後

拉哈」被劃分為兩個戰鬥團隊,配備迫擊炮以及火箭筒。三月三日,空軍擔任火力支援,開始攻擊,很幸運,有個非常勇敢的日裔第二代羅伊松本(Roy Matsumoto)中士和他們併肩作戰。松本爬到日軍陣地偷聽日軍的對話;他在日軍的電話線上附加特別裝置,監聽通話。就這樣,他聽到日軍第十八師團,下令孟關守軍在三月五日撤退的消息。

「加拉哈部隊」一直因為人種辨識問題而困擾。在瓜達康納(Guadalcanal)或在新幾內亞一切都比較簡單,在那裡主要是白人、當地人以及日本人。在緬甸這裡就不容易分辨出誰是緬甸人,誰是中國人,或者是日本人。而且一旦中國軍隊一脫下美軍鋼盔,他們的長綁腿和破舊軍服,令人吃驚地看起來就像日本軍人。喬治·麥吉(George A. McGee)中校指揮的第二營,其下的一個連有一天在巡邏時遇到一群看起來像友好的中國人,那群人卻突然以隨身機槍開始射擊。[17]但諸如此類的混淆,並沒有減緩「加拉哈」進軍:在離開孟關四天之後,抵達瓦拉祖(Warazup)。至此,整個胡康河谷落入史迪威手中。

第三回　欽迪飛入

在這個關鍵時刻,特種部隊飛進緬北戰場,在拉拉加(Lalaghat)機場起飛前的最後一刻還是一團亂。一名美軍飛行員違反禁令飛越了三個飛機著陸場。這三個著陸場代號

---

[17] 編按:此事也發生在1942年4月17至18日的仁安羌戰役期間,英軍因錯認日軍為華軍,以為是友軍,因此少數被殺,大批被俘。

分別以皮卡迪利（Piccadilly，倫敦最熱鬧的廣場）、百老匯（Broadway，紐約最熱鬧的大街）、喬林基（Chowringhee，加爾各答最熱鬧的大街）命名。為了預防日軍對特種部隊的行蹤有所警覺，上級下令不可飛越這三個著陸場。這名美軍飛行員覺得啟程前應該做一次最後的安全確認，因而違令飛越。他拍攝回來的照片顯示皮卡迪利著陸場已被樹幹封鎖；如果特種部隊曾經十分注重照片情報資料，它的指揮部應該會向英軍照相情報組（Army Photographic Intelligence Unit, PIU）提出要求，定期供應以兩萬或三萬呎高度空拍的照片。這項任務由英軍照相情報組的噴火式或蚊式偵查機負責執行。該情報組從未被要求監視著陸區，除了皮卡迪利的照片曾登在一九四三年六月版的《生活雜誌》上，而成為眾所周知的一個地點。該期雜誌刊登了溫蓋特第一次長途滲透之役的傷員，從皮卡迪利被達科塔 C-47 運輸機運出時的情況。英軍照相情報組只是在密切留意英軍一三六特種部隊[18]或其他類似在日軍戰線後方活動的部隊時，偶爾對皮卡迪利瞥那麼一眼。如前所述，該情報組從未被要求定期偵攝這些地點。[19]

無論如何，事實擺在那裡，皮卡迪利出局了。史林姆出席為瞭解長途滲透作戰，而倉促舉行選擇最後著陸場的會議。卡弗特的英軍第七十七旅本來要空運到皮卡迪利和百老匯，他接受將整個旅空降在同一條降落道的風險。溫蓋特向史林姆報告，

18　譯註：Force 136, 英國二戰的組織：特別行動處 Special Operations Executive（SOE）的掩護代號。

19　陸軍照相情報組前身是 G2，偵查範圍包括孟加拉、緬甸，情報官大衛・威爾遜，提供私人的訊息，在 3 月 8 日，三個戰術空軍報告更包含了日軍在因多的機場，參考 Bidwell,《The Chindit War》, p. 104, 以及 Slim, Defeat into Victory, pp. 261-262.

第五章 再襲敵後

給史林姆的結論是:「行動將繼續進行。」[20]

溫蓋特選擇讓第七十七旅當夜單獨使用百老匯著陸場,另外在稍後才把藍田旅長(Lentaigne)指揮的英軍第一一一旅空降喬林基著陸場。著陸場更改後,裝載改變,重做飛行員簡報,並與卡弗特約定代號,以向特種部隊指揮部告知著陸成敗。失敗代號:大豆鏈(Soya Link);成功代號:豬肉香腸(Pork Sausage)。整個討論、做決定與變更計畫,花了不到七十分鐘完成。第一架運載部隊的達科塔C-47在下午六點十二分起飛。[21] 卡弗特認為不得不冒險,因為只有幾個滿月的夜晚可以用來著陸;而為進攻因帕爾,日軍正在集結大部隊。一旦延遲就可能會造成欽迪(Chindits)部隊調回印度,加入第四軍作戰,而喪失完成大規模長距離滲透戰的良機。[22]

第一架滑翔機著陸後,艾利森(Alison)及放置著陸信號燈—石油火把—的前進管制組立刻鑽出機體,標示出長條狀的著陸區。但隨後抵達的滑翔機群飛得太快,第一波著陸的滑翔機群中有一些墜毀了(在主跑道上有兩顆樹以及一些溝渠,這些並沒有在照片中顯現出來)。這些墜毀飛機還停在著陸跑道上,後面一波波飛來的滑翔機群繼續跟著撞下去。卡弗特注視著被卡住的著陸跑道,知道許多滑翔機著陸失敗,整個著陸部隊的傷亡:死亡30人,負傷21人。卡弗特發出失敗代號:「大

20　這件事一直有爭議,有些照片會議史林姆沒有參加,因而認為溫蓋特應該負責。但史林姆的裁決,在印度官方戰史(*Reconquest Burma,I*, p. 337)非常清楚,Lewin 在他的書中也肯定,(Slim,p.163)。溫蓋特當然很著急,惟恐日軍已封鎖一個機場,另外兩個機場必須準備好,也許百老匯或喬林基會有埋伏。他覺得中國人會出賣機密:中國人保密非常鬆懈,名聲不好。(Tulloch, *Wingate in Peace and War*, p. 148)

21　Tulloch. op. cit., pp. 200-201.

22　Calvert, *The Chindits*, p. 27.

豆鏈」。[23]

溫蓋特在深夜兩點三十分接收到這個代號，他很沮喪的向德雷・塔洛（Derek Tulloch）准將說，著陸行動看起來似乎是失敗了。塔洛不同意，他要溫蓋特去睡一會兒。在四個小時之後塔洛喚醒溫蓋特，並告訴溫蓋特接收到卡弗特剛發出新的著陸成功代號：「豬肉香腸」。卡弗特已經清除了長條著陸區上的障礙，並了解所轄部隊的傷亡並沒有像他所擔心的那麼嚴重。當晚起飛的滑翔機雖然有61架，卻只有35架抵達百老匯，17架在印度阿薩姆其他區著陸，有6架不幸在日軍控制區裡降落，其中一架甚至在位於平梨舖（Pinlebu）的日軍第十五師團司令部附近著陸。而在百老匯著陸區，美軍工兵軍官布羅蓋特（Brockett）中尉馬上用他那完好無損的兩輛堆土機，幫飛機清除著陸跑道上的障礙，工作順利完成。傍晚後，美國空軍奧爾德（W. D. Old）准將搭乘的第一架達科塔C-47成功著陸，又有63架達科塔C-47飛到。然後在接下來的幾夜裡，另外的上百架達科塔C-47也陸續抵達，並運來野戰炮及高射炮。溫蓋特自己則在第二天夜間飛抵。行動展開的第六天晚上，藍田的英軍第一一一旅也開始飛到喬林基著陸。

空運一直進行。執行了大約600架次，最終整個「週四作戰」在日軍緬甸占領地最核心的地帶，運入超過9,000名官兵、約1,400匹騾子以及兩支炮兵部隊。「我們任務的第一個目標已經完成。」溫蓋特在其三月十一日的例行命令中說道：「我們給予敵人完全意外的打擊，我們所有的縱隊都插入敵人的心窩……敵人必定會猛烈反擊，我們要抵抗敵人的攻擊，要奪回

23　同上, p.28.

第五章　再襲敵後

我們緬北的領土……當我們達成任務目標時，所付出的代價在所不惜。我們活在歷史的關鍵時刻。對每一個參與這個計畫的人來說，有一天你會感到自豪，說道：當下，「我就在那！」[24]

很意外，敵後著陸行動這件事，本身就相當了不起。因為溫蓋特在一九四三年的第一次長途滲透作戰，才導致牟田口廉也規劃要進攻印度。然而現在盟軍這行動，牟田口以為不會再造成威脅—也許只是個有效的偵察行動，但不是一個大規模的作戰行動。牟田口看起來沒有應變計畫。當牟田口接到盟軍降落的報告時，他蔑視這行動，並沒有從他那偉大的計畫中做些改變或調整。《讀賣新聞》的記者飯塚正次聽到一位英軍少尉飛行員的供詞，他的滑翔機遇上亂流[25]，滑翔機連接運輸機的繩子斷了，迫降在日軍控制區龐濱（Paungbyin）附近的山區。他被抓了交給第十五軍的司令部，這給了日軍有關「週四作戰」規模的第一個印象，雖然很不容易從中挖出情資。他說，若不是樹枝戳瞎了他的眼，他不會被抓，其他17個同袍逃到森林中。他只供出名字，家中地址。他說：「我聽說日軍有武士道，我們英軍也有軍魂。我寧死也不會出賣國家。」從其他人的審訊供詞相對照，日軍瞭解每一架運輸機拖曳兩架滑翔機，大約80架運輸機（原文如此寫）從因帕爾西方的基地起飛，機群的目的地是叢林中的沙質地區，為了找到沙質地區他們朝東飛，飛過龐濱後，以九十度直角北轉，兩度穿越伊洛瓦底江。第十五

24　Sykes, *Orde Wingate*, pp. 522-523. 不是每個人都習慣溫蓋特聖經式的唱誦。有些軍官，對這些感性的話很鄙視，很容易對這些鼓舞人心但教條式的句子發笑。這對那些溫蓋特的崇拜者而言相當不恰當，是對他們偶像的直接打擊。我私底下對如此輕蔑感到慚愧。（Rhodes-James, *Chindit*, pp.79）

25　田村吉雄，《秘錄大東亞戰史》，24頁。

師團師團長山內推測,有 60 架飛機已抵達目的地,每個滑翔機以搭載 9 名兵力計算,那麼滲透的盟軍兵力頂多 700 至 800 人之間。三月九日牟田口接到山內的電報。[26]

　　也許,必須持平指出,不是每個日軍的指揮官都被「週四作戰」嚇到。當盟軍機隊飛過位於因多(Indaw)的日軍機場時,沒有受到一架飛機或一門高射炮攻擊。奈良林中尉喚醒睡眠中的第五飛行師團參謀長鈴木京,鈴木只是說了句:「所以,他們終於還是來了。」日本陸軍航空隊在緬甸的司令田副登少將,非常確定溫蓋特會再次出現,而且是空運。否則,為什麼英軍要在日軍戰線後方叢林中留下飛機跑道、在村落留下情報人員?為了找尋答案,日軍派遣情報員滲透印度,情報員回報在加爾各答周邊的機場,盟軍正用木材製造飛機。毫無疑問,盟軍造的是滑翔機。和叢林中的飛機跑道連結起來,田副登推斷出明確的結論。

　　三月六日早上,田副登由瑞保(Shwebo)飛抵眉苗(Maymyo),想再回到位於撣邦(Shan States)的卡老(Kalaw)的第五飛行師團司令部前,與牟田口談一談,因為他擔心著前一天所看到在天空中紅色的燈光和黑色的煙。在眉苗有種惶恐不安的氣氛,到處忙亂,在機場的角落有一架飛機正在燃燒。三十分鐘前這裡歷經了一場空襲,士兵仍在試著撲滅火焰。機場守備隊大隊長為田副送來,由第五飛行師團傳來的最新消息。盟軍空降部隊已在杰沙(Katha 曼德勒北方)周邊的幾個地點著陸,在莫汝(Mawlu)的鐵路已經被摧毀,激戰正在進行中。

26　戰史叢書 OCH,《因帕爾作戰》下卷,頁 152。

田副和他的副官飯塚（Iizuka）中尉一起去見牟田口，田副向牟田口說，如果不立即進攻，盟軍空降部隊會在日軍後方連絡線的最核心地帶，成長為驚人的強大部隊，然後他們會隔斷密支那的日軍，而一旦密支那被攻占，就沒有任何事物可以阻止史迪威的雷多公路修到中國境內。那意味著在中國的日軍會遭受巨大的壓力，而且使用中國基地的美軍戰機，相當可能直接突擊日本，把日本本土捲入戰火。考慮到這些影響，即使這表示會推遲因帕爾作戰，牟田口也應該投入他能投入的所有部隊，去攻擊盟軍的著陸部隊。

　　「你過慮了」，牟田口回答，他不為所動。田副極力為自己的觀點爭辯而面紅耳赤。牟田口又說：「你是個飛行員，所以自然你會認為空降作戰非常重要。但敵軍可以集結多少力量？你的第五飛行師團知道他們有100架或200架滑翔機，所以我們知道敵軍空降部隊集結力量的極限。而且他們如何補給那些已著陸的部隊？他們匆忙包圍卡薩的同時，我將進軍因帕爾，切斷雷多的補給線將其孤立，那些空降部隊就會像藤蔓一樣地枯萎。」

　　田副意識到牟田口根本沒考慮空降作戰的重要性，儘管有一九四一年德軍在克里特島空降作戰成功的前例。「在印度有幾個傘兵師或滑翔機師」，牟田口繼續說：「讓他們使用空降部隊，敵人即使在中緬甸投入空降部隊，但戰事發生在其他地方，所以這仍然不是很重要的。」

　　「你不瞭解這些飛機的運輸能力」田副登反駁牟田口：「300架飛機一天可以運載1,800噸，如果只使用百分之二十運量來計算，這就是一個月可以運載3萬噸，這相當於一天使用一百輛卡車的一個月運量。看看在阿拉干邦發生了什麼：敵

軍運來鋼板建造飛機跑道，可以全天二十四小時起降飛機。」

牟田口讓田副登繼續講，直到耐性被磨光：「敵軍喜歡用他們的空降部隊做什麼，就讓他們去做吧。我會切斷那些在雷多基地之空降部隊，我從來沒有在戰鬥中失敗過，神會和我站在一起。田副，把地面戰事交給我吧。你要做的是：如何用你的飛機，張開保護傘，幫我渡河？我只要求，讓我的部隊安全的渡過欽敦江。」已經不需要跟異想天開的牟田口爭論了。所以，田副登飛往仰光，試圖說服緬甸方面軍司令官河邊，河邊接受敵軍空降部隊的著陸行動更嚴重的看法，但他告訴田副，以當時的狀況，取消因帕爾作戰已毫無可能。也許，他最好還是讓牟田口決定。

在盟軍空降行動開始前，田副的機場就已經被科克倫的空中突擊大隊大肆轟擊。儘管飛機在地面被毀，田副仍能集結足夠戰機在三月十日反擊盟軍。田副派遣 20 架戰機、2 架輕轟炸機攻擊喬林基著陸場，並且在三月十三日派出 55 架戰機、3 架輕轟炸機攻擊百老匯著陸場。但在十三日前，百老匯盟軍還可反擊，田副的機群遭遇高射炮及噴火式戰機的迎擊。

不管是河邊或牟田口，對盟軍的空中突襲都沒有任何緊急應變計畫。他們反擊欽迪部隊的方式：第一，使用任何正好在盟軍著陸區域的日軍部隊；第二，調動駐守丹那沙林的第二十四獨立混成旅。如果日軍能夠迅速在欽迪鞏固據點之前，將其擊敗，就能消滅欽迪部隊。牟田口用「Fukuro no nezumi」稱呼欽迪部隊，意為「袋中之鼠」。

空降的欽迪部隊建立弧形的戰線，距離因多周邊約 30~40 哩，因多有鐵路北通密支那，有條向西延伸的公路，通往日軍第十五軍渡河點。此外，欽迪部隊的另一個旅，英軍第十六旅

第五章　再襲敵後

（弗格森）在二月五日離開雷多，行軍到目的地—也是因多。然而，直到第十六旅幾乎就要抵達因多時，日軍都沒察覺到。顯然，因多是盟軍空襲的焦點，因為三月十日，牟田口將第十八師團置於曼德勒—眉苗地區的兩個步兵中隊調往因多，由牟田口軍司令部參謀長橋（Nagahashi）中佐指揮。長橋接到的命令很簡單：攻擊任何所發現的敵軍。他們於三月十七日發現了夜襲黑努（Henu，亦稱白城 White City）的卡弗特部隊。卡弗特以照明彈照亮夜空，將大量迫擊炮、機關槍火力灑向那些倒楣的日軍，他們大多數在開火最初的數分鐘內死亡，長橋自己則因傷重致死。

第十六旅旅部抵達鐵路阻絕區後，卡弗特獲知，長橋的部下沒有比迫擊炮更具殺傷力的武器。由德格（Ron Degg）少校—前礦工，行伍出身—指揮的南斯塔福德郡團（South Staffords）的一個營，已跨越鐵路。德格要求空投補給物資，包括十字鎬、鏟子以挖掘陣地，及帶刺的鐵絲網以圍繞陣地，還有食物和彈藥。安排好後執行空投，但物資被散落在接近旅部的山坡上，花了一個星期才收齊，卡弗特使用了大象幫忙。這段時間，德格和他的部下只能臨時湊合著度過。卡弗特使用無線電對講機和德格連繫，德格引導他沿著山脊往前，直到卡弗特看到戰鬥；日軍集結在鐵路附近的一座山頂上有小佛塔的山丘周圍。日軍已滲透進德格的陣地，當卡弗特和旅部的官兵跑過山谷，他們注意到有大量的傷亡。卡弗特明白必須迅速行動以挽回局勢，於是他下令衝鋒。蕭（Freddie Shaw）少校的第六廓爾喀團第三營是卡弗特的預備隊，由他們負責掩護射擊：

所以,我站起來,以標準的維多利亞姿勢[27],高喊:「衝啊!」我和波比(Bobbie為湯普生中隊長的暱稱)與兩名勤務兵衝下山。南斯塔福德郡團全營有一半官兵加入。然而,回過頭一看,還很多人沒跟上。我憤怒地命令,「衝啊!你們還在幹嘛!」所以機槍手、迫擊炮隊、所有軍官,山上每一個人都衝了。[28]

日軍不甘示弱,也衝鋒,結果在佛塔周邊爆發凶猛的混戰。「每個人,用槍射、用刀刺、拳打腳踢對付其他人,有點像軍官之夜的騷亂。」[29] 一名南斯塔福德郡團營裡的年輕軍官,凱恩斯(George Albert Cairns)中尉的手臂,被一個日本軍官砍斷,凱恩斯射中那個軍官,用僅剩的手抓住軍官的指揮刀,用那把刀猛砍日軍軍官,直到自己力盡倒下。卡弗特跪在凱恩斯身邊。「我們贏了嗎?長官!情勢還好嗎?我們該做的事做完了嗎?不用擔心我。」說完就死了。[30] 日軍只有一名軍官參加這場死鬥:清水(Kiyomizu)中尉。第十五師團五十一聯隊第二大隊長武村(Takemura)少佐,命令清水率領自己那個小隊的三個分隊到莫汝(Mawlu)。武村曾告訴清水,他估計莫汝的盟軍空降部隊大約有1,000人。但清水沒料到自己在佛塔山上遭遇的盟軍陣地有這麼強,也沒預料到迫擊炮和噴火式戰機機關槍的巨大火力攻擊,會殲滅他的部下。武村指出這是該聯隊首度

27　譯註:指英國維多利亞時期刻板老派規矩的姿勢。
28　Calvert, *Prisoners of Hope, new edn.*, 1971, p. 52.
29　同上, p. 52.
30　根據卡弗特的書《欽迪》(*The Chindits*, pp. 49);當我們將日軍趕出佛塔後,當天,凱恩斯被授予維多利亞十字勳章。而德蘭特中尉說是次日早上(Bidwell. *The Chindit War*, p. 122)。

和敵軍接戰，武村當時告訴清水，希望他的部隊能好好作戰，因為這場戰鬥會影響聯隊其餘官兵的士氣。清水接受這說法。他的部隊以輕裝在晨霧中前進，沒帶背包進行攻擊。霧一散，他看到 6 個空降兵正在走動，就立即攻擊佛塔山。清水四處揮舞著指揮刀，當子彈擊中清水的右手腕和生殖器時，他痛苦地尖叫倒下。[31] 在這第一次激戰中，卡弗特的部隊殺死 42 名日軍，包括卡弗特所稱的 4 名軍官；英軍付出的代價則是 23 人陣亡、64 人負傷，這是欽迪部隊眾多戰鬥的特徵。長途滲透隊的理念是避免和敵軍正面交鋒，欽迪部隊戰士可能行軍好幾天，都沒看到或聽到一個日軍。然而，當戰鬥爆發，就會成為最凶狠血腥的近身白刃戰。

日軍從莫汝重新派出巡邏隊搜索，並在三月十八、十九、二十日接連三夜攻擊英軍障礙。但此時，卡弗特已經獲得良好的空投補給，挖好陣地以帶刺鐵絲網圍繞加固，並且派出廓爾喀突擊排，繞到莫汝南面日軍的陣地埋設地雷。同時，藍田的第一一一旅正從兩個著陸場集結，兩個營在喬林基，另兩個營在百老匯。空降喬林基著陸場的部隊，在抵達其作戰區域前，必須渡過欽敦江。由於停用皮卡迪利著陸區，導致飛行計畫變動，造成部隊起飛時間也改變，這讓藍田部隊的行動比原訂的時間落後。藍田將他的旅部縱隊和第三十縱隊集中，部署於伊洛瓦底江西岸；另外第四十縱隊與第三十縱隊的重武器兵力、騾子等則依然部署在伊洛瓦底江東岸。於是藍田派他們加入莫里斯部隊（Morris Force）向東方直進，直到中國國境為止；並逐步由南方向密支那推進。三月二十六日之前，藍田的部隊在

31　浜地利男，《因帕爾最前線》，頁 46。

文多（Wuntho）穿越公路向平梨舖前進。平梨舖是日軍第十五師團（山內正文）的補給倉庫基地。向西行軍，花十二小時嘗試讓騾子游泳渡水（沒完全成功），使藍田筋疲力盡。藍田年紀比絕大多數參戰的部下還要大，他的疲憊開始影響指揮能力。[32]

第四回　武村會欽迪

　　平梨舖再往西北一點，另一支縱隊在抵達其戰地前就已精疲力竭，那就是弗格森的第十六旅，唯一全程地面行軍的部隊。弗格森在二月五日離開雷多，要在大部隊集結的欽敦江，和第十八師團對抗史迪威部隊的胡康河谷之間，找出一條路。弗格森部隊穿越帕凱山（Patkai Hills）後前進到欽敦江（大奈河）上游坎迪（Singkaling Hkamti）附近。在史迪威部隊西方距離30~60哩，往因多的方向。弗格森接到的命令是直接占領因多及該地兩座機場，並像他之前被告知的，繞過因多東南方後再進攻。途中，弗格森在亞伯丁（Aberdeen）構築據點。

　　「建立據點」是溫蓋特第二次欽迪部隊長征作戰的核心構想。據點的基本目的就是要引來日軍，可做為旅縱隊的中心、負傷者的庇護所、飛機的起降區。不過，或許用溫蓋特自己的說詞，才最能描述他對據點的想法：

32　Rhodes-James, *Chindit*, p. 77.

據點的目的

- 據點是狩獵台（machan）[33]，俯瞰著被五花大綁的小孩，去引誘日本老虎。
- 據點是長距離滲透團隊負傷者的避難所。
- 據點是儲存補給的倉庫。
- 據點有防護的機場跑道。
- 據點是忠誠居民的行政中心。
- 據點是縱隊繞著旅部的一個環，依照旅的主要目標作適當配置。
- 據點是輕型飛機和縱隊在進行主要任務作戰時的基地。[34]

攻擊有良好戰壕及良好防衛的日軍陣地，需要大規模密集的火炮攻擊。比較好的做法是把日軍引誘到空曠地，遠離可用車輛運輸軍需、彈藥和人員的數哩之外，直接將刺插入它的肉裡：

> 一個理想的據點是，以據點為中心，半徑30哩的圓形地域，由緊密茂盛的樹木和非常崎嶇的地形所組成，由於巨大的天然障礙，只能勉強使用背負方式運送……這個核心理想地包括：一個平坦高地，並有一條可供達科塔C-47起降，沒有障礙的飛機跑道；一個單獨的補給品空投區；通到據點的滑行道；鄰近有一個或兩個友善的村落；據點內有取之不盡，沒被污染

---

33 印度語machan，日語是dais，中文是台，英文是platform。
34 Calvert, *Prisoners of Hope*, p. 282.

的水源。

　　……據點的座右銘是「絕不投降」。[35]

　　這是一個經過精心設計且大膽的構想，弗格森的「亞伯丁」據點就要是這樣一個場所。在歷經艱苦長途跋涉之後，三月十二日他接到命令要建立這據點。弗格森此時已履行他對史迪威的承諾，除掉那些在史迪威側翼，即在隆欽（Lonkin）的日軍：弗格森的兩個縱隊900名兵力，已奉派建立據點的任務，和弗格森其他的部隊，3,000名官兵和400隻騾子，像他們一開始動身時一樣，以一個行列行軍走近因多。「亞伯丁」據點，在梅札河（The River Meza）的兩岸，一邊一個，坐落曼頓（Manhton）村落北方1哩處。那裡有條道路，通往因多以及位在黑努（Henu）的卡弗特據點。

　　英軍奈及利亞團第十二營，在弗格森率部開拔後，擔任「亞伯丁」的守備。弗格森預期馬上會有另一支部隊前來，奈及利亞營一就位，第十四旅（布羅迪准將指揮 Ian Brodie）可立刻前來支援。原先，第十四旅打算在兩個月後要接替欽迪部隊另一個旅的任務，溫蓋特預料那時可能會用到他們。此時，就弗格森所瞭解，布羅迪的第十四旅要幫他攻占因多。三月二十三日溫蓋特去看弗格森時，私下向弗格森透露，他很擔心第十四、二十三旅會派往因帕爾平原作戰，他可能會失去這兩個旅。溫蓋特打算先以自己的方式運用這兩個旅。正如事後所見，英軍第二十三旅（佩龍准將 Lancelot E. C. M. Perowne）從欽迪部隊的主要任務中被抽調出來，與英軍第二、七師一起

35　同上，p. 283.

第五章 再襲敵後

作戰,最後擊敗了圍攻科希馬的日軍。第十四旅則依然留在欽迪指揮體系裡。三月二十四日,弗格森離開「亞伯丁」。

弗格森在隆欽(Lonkin)的縱隊沒趕上他,因而,只剩三個營的兵力攻占因多。從印度經過駭人的行軍後,部隊筋疲力盡,他本來應該先讓部隊休息。[36] 第十七和第七十一縱隊(萊斯特郡團第二營,II Battalion/Leicester Regiment)當時已抵達因多東南方山丘。在該部隊到達欽敦江時,接到溫蓋特的祝賀電報,開頭為「致令人驕傲的收件人」,「幹的好!萊斯特郡團官兵們:漢尼拔(Hannibal)比你們也要黯然失色。」[37]

然而當日軍察覺不是和少數空降連隊,而是和大部隊對抗,不可能僅由地方守備部隊來壓制時,日軍開始重新應變。首先,三月十一日,已在曼德勒附近實皆(Sagaing)地區的第十八師團第一一四步兵聯隊第三大隊(山下的大隊),被命令去救「白城」以及莫汝東北方山丘的情勢,山下大隊於三月十七日來到白城南方,接管長橋殘部,並於二十一日攻擊卡弗特部隊。但是被擊退,而且傷亡慘重。

武村大隊(Takemura)(第五十一步兵聯隊第十一大隊)於三月七日晚上九點二十分離開昔卜(Hsipaw),在夜間以卡車運至曼德勒。三天後才抵達,因為需要躲避盟軍的飛機而遲到。[38] 武村大隊補滿彈藥後,在十日離開曼德勒前往附近的實皆,三月十五日抵達因多。他的部下發現許多結滿木瓜和芒果

36　弗格森所承諾的,參考 *In The Wild Green Earth.*, p. 99.
37　同上,p.57.
38　相對於弗格森的因多計畫,我比較同意這個武村的時刻表,從一位參戰的分隊長的回憶錄中(浜地,《因帕爾最前線》,頁26),比從 OCH《因帕爾作戰》下卷,頁153,有更多細節和旁證,後者說武村出發時間是3月12日,到達時間是3月27日。

的樹林非常高興。武村指派第七中隊（井手中隊）擔任預備隊，命令第五中隊（松村中隊）第八中隊（岩崎中隊）對莫汝周邊敵軍陣地展開偵察，另外派遣第六中隊（酒澤中隊）前往杰沙。三月十五日，當酒澤中隊動身前往杰沙那天，日落是在晚上九點，月亮則在凌晨一點三十五分出來。酒澤中隊官兵在因多火車站摸黑爬上卡車，開往杰沙。杰沙對這些日軍而言是個有趣的地方，它不僅僅是一個古老的土邦首府，也有許多佛教團體：日軍靠近城區時，聽見佛寺的鐘聲沿著河岸傳來。他們想著，如果能死在這個奉獻給佛陀的地方該有多好。在那裡，他們看到身著橙色長袍的僧侶在寺門來來去去，也看到僧侶祈禱的身影。在那裡，天空襯托著立在小丘上的佛塔，蜿蜒曲折的伊洛瓦底江，在鬱鬱蔥蔥的叢林中流淌。或許，英軍空降部隊也能聽到佛寺的鐘聲？

雖然武村大隊的官兵，當時還不知道他們即將與英軍弗格森的第十六旅遭遇，而且他們也和英軍萊斯特郡團、皇后團的官兵一般，全身上下筋疲力竭。武村大隊在泰國進行似乎沒完沒了的道路工程艱苦作業後，行軍到達緬甸戰場，每個人以雙肩和脊樑骨，費力地移動背負著重約 65~70 磅的裝備：包括 20 天份口糧、4 枚手榴彈、240 發步槍子彈、60 發儲備子彈、大衣、帳篷、毛毯、水瓶、便當盒、防毒面具、十字鎬和鏟子。[39] 每當休息後要站起來時，身上背負的重量壓得雙腿發軟打顫，

---

[39] 弗格森寫到，第一次欽迪行動，「出發時每人背負的重量總共 72 磅」，「是一般人平均體重一半，與騾子體重比較，人揹的比重更重。」埃佛勒斯的背包本身重 6 磅，加上七天口糧 14 磅……士兵還要攜帶來福槍、刺刀、小刀或彎刀，三枚手榴彈、睡毯、備份的上衣和褲子、四雙備份襪子、毛絨帽、小折刀、橡膠鞋、縫衣道具、栓片繩、帆布救生衣、飯盒、糧食袋、水壺、製水桶、以及其他規定及特別用處的物品。」（*Beyond the Chindwin*, p. 26）

他們變得頭昏眼花，身體失去平衡。酒澤中隊背著重負，蹣跚前進，沿著伊洛瓦底江穿越山丘前往杰沙，中途，他們因為聽到好似海浪正在吞沒森林的聲浪而嚇呆了。其實是遠處有一大群野生猴子，從谷底攀爬到山頂上，在那裡吱喳喧鬧發出的聲浪。三月十六日，酒澤中隊抵達杰沙。同日，因為仰光方面軍司令部的提醒，南方軍總部通知東京帝國大本營：史迪威部隊已推進至胡康河谷，以及溫蓋特的欽迪部隊已空降著陸。依電報估計，空降在杰沙地區的盟軍約 1,000 人，也報告盟軍在因瓦（Inywa）及莫寧（Mohnyin）建造飛機跑道。[40]

正當酒澤中隊走出叢林，野馬式戰機從雲隙中鑽出，俯衝而下，以機槍掃射這裡。「我們被發現了！」酒澤部下中有個人叫喊：「我們退回去吧！」但已沒有回頭路：在那一刻，波伯部（Hokabe）兵長跑過來報告，敵人正從附近房舍出來，朝日軍方向移動。他所屬的小隊隱匿在叢林中警戒防守。在 800 碼開外，一群手持步槍背負背包的男人出現。日軍分隊長浜地（Hamachi）命令部下禁止射擊，當那群敵軍接近到 500 至 600 碼時，他下令預備開火。到敵軍接近到 300 碼，他大聲高喊：「開火！」這給了波伯部一個發揮的絕佳機會，波伯部是分隊的輕機槍射擊老手，號稱百發百中。步槍和機槍一起開火射擊。英軍 8 名士兵都措手不及，但他們立刻穩住，四名士兵向前衝鋒，毫不在乎日軍的子彈。「他們雖是敵人，但是真的很有膽。」浜地這樣想著。然後他們其中的一個被輕機槍火力擊中，那人痛苦的尖叫一聲並摔倒，血從他身上的傷口湧出。「打到他了！」浜地的一個部下這樣叫「打到他了！」日軍持

40　浜地，《因帕爾最前線》，頁 26。

續射擊。「波伯部！我們射得太高了，250碼，射低一點。」波伯部挺直身軀挪動他的輕機槍，從左到右掃射迎面而來的英軍。二或三個英軍倒下，其餘的英軍立即趴在地面，開始匍匐前進，然後驚慌地跑了。「停火！捉其他活的。」浜地大吼，然後帶領他的分隊追擊英軍。但是令追擊的日軍扼腕的是，英軍倖存者都逃了。日軍搜查戰死者衣服口袋和背包，分享香菸、口香糖以及罐頭口糧，然後再度上路。前進很艱苦，浜地分隊必須披荊斬棘開闢道路，最後他們穿越接近2哩的叢林，返抵中隊部。浜地被告知空降的敵軍部隊約有1萬人，他想「無知是天賜之福」。如果他真的追上那些英軍，可能會有超乎意料的犧牲……酒澤告訴浜地，兩天前他們抵達杰沙，藏匿在一條寬達80呎河岸邊的溝裡，持續偵察一群英軍空降部隊以木筏渡河。木筏載運槍砲、彈藥和騾子。酒澤部隊等英軍渡河到一半時，才開始射擊。寂靜的河道，變成充斥著槍聲、負傷者慘叫聲、和馱畜嘶叫聲的地獄。日軍喊叫：「我們可逮到你們了！你們這些洋鬼子！」[41] 他們將子彈瀉向木筏。河水被鮮血染紅，那些僥倖躲過第一輪猛烈射擊的英軍，翻身投入河流，潛入水中，隱匿在河床旁的雜草堆裡。這不過就幾秒鐘的事。幾分鐘後，英軍的炮火和戰鬥機機槍開始向河岸掃射。日軍退回中隊部。第二天酒澤中隊才知道他們碰到的，是個有五、六百名兵力部隊的一部分；英軍分成數個縱隊，要從杰沙行軍到因多以西地區。[42]

三月十七日下午兩點十分，酒澤中隊奉命返回位在因多的

41　下地獄吧！雜種！（Kutabare, Ketome ga！）浜地，同前，頁32。
42　例如，藍田第一一一旅部分軍隊。

武村大隊陣地。松村、岩崎兩個中隊與英軍空降部隊正在莫汝交戰,無法脫身;井手中隊和大隊部,發現有英軍在因多鐵路守備隊陣地附近的叢林中,這局勢讓武村陷入困境。武村本來打算率部前往莫汝支援部下作戰,但英軍侵襲武村的背後,使其部隊分成南北兩部,需要各自為戰。武村決定發動一次夜襲,奇擊因多附近的英軍。武村的部下,本來由於搜尋敵軍但毫無所獲,而士氣一直處於低潮;現在,突然間士氣高漲,求戰心切。

八輛裝載日本步兵的卡車,在黑夜裡驅車向西,車頭燈穿透叢林。白天的酷熱轉變為夜晚濃密的大霧,急遽的溫度變化似乎引起疲勞,眾人因寒冷而顫抖。一彎新月發出蒼白的光線,唯一的聲音是卡車的引擎和車身的振動聲。不久,他們進入敵區,噪音消失了,日軍用耳朵傾聽哨子聲以及騾子嘶叫聲。有人告訴他們,英軍運用獵人的哨子彼此連絡傳遞信號。當他們聽到騾子嘶鳴聲,知道敵人近了。浜地分隊長和其他分隊長一起等到黎明,當天光乍亮時,在清晨的薄霧中,他看見九隻驢子就在他面前的草叢裡,還有一輛裝甲車。附近有零星的迫擊炮、機關槍、彈藥箱、背包、卡賓槍、無線電對講機、指南針和手錶。當天色大白,酒澤中隊撲向這寶庫,不費一槍一彈就擄走了戰利品。

然後武村大隊指揮部來電:「發現英軍!」在清晨的薄霧中,武村的部下立刻發動攻擊。英軍突然被日軍兩個分隊突擊,但馬上就用手榴彈回擊。然後武村大隊部人員也加入作戰,英軍被擊退並有人被武村俘虜:兩個滑翔機飛行員、英國士兵以及克欽族戰士。令日軍驚訝的是,這些人被俘,卻毫不在乎的表現,對日軍而言,這無法想像的。日軍對那些不同種族的俘虜感到好奇,尤其有閃閃發光白牙齒和高鼻子的英國人,看起

來有貴族氣息。但頭髮比平時要長，因為已經在叢林裡度過一段時間，他們的狀態幾乎精力耗盡。似乎克欽戰士的好戰精神被擊垮了，他們看來因為神經緊張，而導致面部抽搐，滿身泥巴和汗水的身體，發出難聞的臭味。俘虜中有一人，全身布滿某種皮膚病造成的潰爛─緬甸北部溫托的傳染病是出了名的。日軍仍然處於戰鬥亢奮的狀態，威脅俘虜，並以刺刀猛戳他們。接著大隊翻譯員到來，開始審訊。唯一得到的口供是滑翔機飛行員告訴他說：到最後，英國總是會打贏這場仗。俘虜們堅拒提供任何訊息，翻譯員試圖以和緩的口氣想要哄騙他們供出所知，但得不到進一步的資訊。然後，敵我雙方每個人都看著日軍翻譯員，他失去耐心而開始用棍棒憤怒地毆打俘虜。日軍高喊「繼續打！把他們好好痛打一頓。」日軍站成一圈圍著被打的俘虜。滑翔機飛行員之一，被毆打到跌跌撞撞步履蹣跚。在那一瞬間，他臉上的皮膚像鮮紅的石榴一樣爆開，鮮血從傷口湧出，流滿胸前，然後流到他的腳上。當飛行員抬頭望向天空時，他的嘴唇痛苦得扭曲。翻譯員更是怒上加怒，沒有一秒的遲疑，他用棍棒猛打飛行員的頭部，最後把飛行員的下巴打碎。浜地注視這殘酷的片刻，然後移開了視線。[43]

當日軍由虜獲的戰利品裡挑選武器時，浜地被一把看起來製造相當精密的輕型自動步槍所吸引。他想，和英軍輕型自動步槍比較，無論從重量或操作這兩種角度看起來，老舊的日本造三八式步槍真是劣等武器。英軍空降部隊口糧的種類範圍也

43　浜地，《因帕爾最前線》，頁36。但是亞伯丁守備隊也對戰俘非常粗暴。佛格森高射炮在兩天內打下7架飛機，俘虜一個飛行員。「這飛行員是話多的傢伙」佛格森寫到，「一聽不懂他所說的，就被奈及利亞兵用來福槍槍托對著他的嘴打。昏醒之後，說出許多有用的情報。」（*The Wild Green Earth.*, pp. 90-91）

讓浜地驚訝：醃牛肉、麵包、果醬、糖、咖啡、茶葉、香菸、水果罐頭、奶油、乳酪。這是大英帝國物質力量一個恰當的反映。浜地心裡將其與日軍口糧補給作一比較，日軍現地徵集糧食，加上醃梅子與鹽巴，以及附帶一塊充充數的鱈魚乾尚可入口。然後英軍俘虜還配有手錶、指南針以及特別印在彩色絲綢上的緬甸中部、北部地圖。

三月十九日下午，武村的部下回到在因多的基地。指揮第五鐵路守備隊和莫汝守備隊的大隊長佐佐木（Sasaki）大佐傳來報告，佐佐木大隊正遭受強大敵軍空降部隊的攻擊，在因多北方南錫安（Nanhsiaing）地方的鐵橋已經被炸毀。在牟田口夢想發動因帕爾作戰之前，因多本來是個平靜的地方，現在則成為一個軍事補給區，儲存日軍第三十三師團的配給—20天份口糧、10天份彈藥補給、4,000至6,000發聯隊炮彈、日軍第十五師團、第三十一師團的4,500發迫擊炮彈、供遙遠北方的日軍第十八師團的12發迫擊炮彈、步槍子彈、渡河器材、小艇等等。所有的儲存都隱蔽在樹下，或藏在叢林裡。在叢林和鐵路之間散布著當地居民的簡陋房屋，很多當地人對日軍很友善。有一些日軍鐵路大隊官兵，駐紮在這些棚屋裡，日軍第一一八野戰醫院也設在附近。

欽迪部隊的到來，終結日軍認為因多很安全的看法。當地居民馬上察覺到鐵路已被截斷，盟軍的飛機不斷的在天空出現，日軍補給倉庫的燃燒，在在顯示出現在軍事實力強的是在哪一方。當地居民開始不再以微笑，而是冷淡對待日軍。[44]

雙方在空中的實力差距昭然若揭。一九四三年六月，英國

44　浜地，同前，頁39。

皇家空軍在印度東部有飛機 503 架，美軍則有 337 架飛機；到一九四三年年底，同一地區英、美兩國共有 1,000 架以上飛機，一九四四年夏天，則達到 1,500 架。而日軍在緬甸的空中武力，第四、第五和第十二飛行團，[45] 共有 69 架戰機、92 架輕型或重型轟炸機，總共 161 架。怪不得，日軍第三十一師團長佐藤幸德絕望地呼叫，要求進行空中支援時，第五飛行師團長田副登無能為力；另一方面，牟田口也認為欽迪部隊行動，實際上對他的因帕爾作戰計畫有幫助：既然盟軍空軍司令部可以如此大規模的投入兵力、槍炮和給養穿越伊洛瓦底江；那麼，當牟田口的部隊要渡過欽敦江時，盟軍就不會有多餘的武力對付他。

第五回 弗格森在因多

　　武村大隊和欽迪部隊曾於三月十七日在因多地區首度交鋒，對日軍而言，並不必然表示他們就是這次盟軍攻擊的目標。日軍根據從俘虜身上所收集的情資，推測出這些俘虜由主力部隊所派，而逐步在莫汝附近作軍事集結，顯示莫汝附近有部隊的主力。不只是因多的軍用倉儲物資，對緬甸北部日軍戰事的進行至關重要；並且在第一次牽制作戰後，日軍的增援部隊被送往因多一帶。當日軍，特別是仰光的緬甸方面軍司令部，更清楚「週四作戰」的規模日軍的援軍就開始抵達。

　　第二十一野戰炮兵聯隊第二大隊和武村大隊同樣配屬於日軍第十五師團，奉命立刻前往因多。當時第二大隊正在前往欽

45　飛行團，或航空旅，有 9 個或更多的飛行隊。

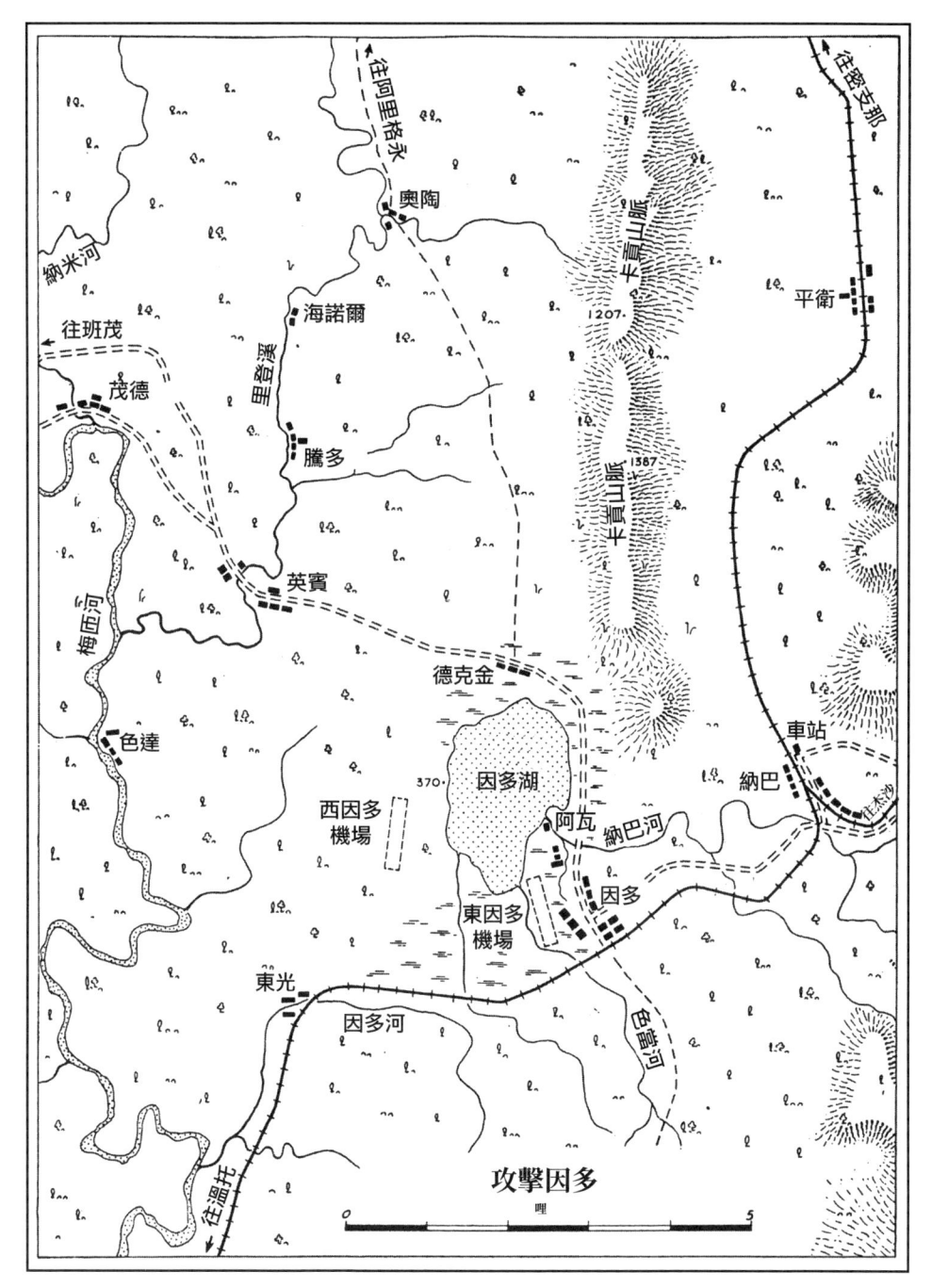

圖 5-2 攻擊因多

敦江渡河點的途中，才剛抵達眉苗。第十五軍一位參謀橋本洋（Hashimoto Hiroshi）中佐被調往因多，接掌即將抵達部隊的指揮權；有更多的日軍即將趕來。這個指揮權對於僅僅是一個校級軍官來說，實在太大了。擔任丹那沙林守備的獨立混成第二十四旅團，於三月十四日被命往北行軍至曼德勒，交由牟田口指揮。這旅團原先由河邊正三賦予的任務，是防禦英軍可能來自海上的登陸攻擊，英軍可能在馬達班灣（Gulf of Martaban）登陸，然後攻擊毛淡棉。三月十九日，當時在雲南畹町戰線對抗中國的第五十六師團第一四六步兵聯隊第二大隊（協山博雄少佐），奉命由鐵路南運，通過密支那到莫汝，從北方攻襲欽迪部隊。日軍第二師團的第二十九炮兵聯隊第二大隊（原田久則少佐），原先駐防爪哇和蘇門答臘，擔任孟加拉灣海岸守備，也即將由鐵路或空運抵達勃固（Pegu）做為應急的增援部隊，然後送至曼德勒。

日軍獨立混成第二十四旅團長林義秀（Hayashi Yoshihide）少將，與獨立步兵第一三九大隊、獨立步兵第一四一大隊、旅團炮兵、旅團工兵、旅團通信兵在三月十八日離開毛淡棉，由鐵路運至曼德勒。三月二十六日至三十一日之間，第二十四旅團主力抵達因多。二十二日一刎勇策大佐率領日軍第二師團第二聯隊到達，原田炮兵大隊則在二十六日開到。儘管他屬下各單位幾乎沒來得及接受命令，林義秀快速展開行動。原田立即被派往因多東邊的山丘，二十六日晚上原田大隊占領了因多湖之北的德克金（Thetkegyin）。日軍另外三個大隊兵力也急速接連投入因多地區作戰。不但緬甸方面軍的聯絡線很脆弱，並且即使林義秀到達現地指揮，仍缺乏一個堅強的指揮體系：步、炮兵間無法適當的協調，以及缺乏偵察行動。在這樣情況下，日軍部隊前進的速度

實在值得稱道。加上英軍據點的作戰技巧,使林義秀所屬的部隊加入進攻時,必遭英軍炮兵集中火力射擊和俯衝轟炸,而導致重大傷亡。但相對的,只因為他們在因多出現,讓弗格森攻占因多的計畫受挫。

到達欽敦江的第一段僅僅 70 哩的路程,弗格森就讓部下經歷非常痛苦的行軍。當地地形非常不好,山坡實際傾斜度可以達 45 度,熱帶風暴會使山坡形成土石流,山谷的氣候白天十分酷熱,到處是蒼蠅騷擾,夜間則冷徹骨髓。這樣的行動,即使對偵查隊而言,也相當的危險。[46] 弗格森帶領 4,000 名部下及 500 隻馱運騾子,完成了這段行程。弗格森部隊行軍路程的頭一段,從雷多公路的塔加普山(Tagap Ga)到卡拉山(Hkalah Ga)總共才 35 哩的距離,花了他們整整 9 天。三月二日溫蓋特飛抵欽敦江渡河點,並監督英軍女王步兵團的兩個縱隊,帶著疲勞,花兩三小時迅速渡河而過。因多就座落在直線距離 150 哩的前方,但在緬甸這樣的國家,所謂直線距離,沒有什麼意義。這 150 哩直線距離,可能意味著另一個 300 哩上上下下陡峭山脊的行程,由此可證,弗格森不可能在溫蓋特所訂的日期三月十五日,到達因多。弗格森有兩個縱隊為支援史迪威而繞道前往隆欽,他率領餘下的六個縱隊攻占因多。弗格森在卡弗特的「白城」陣地以西 20 哩,距他的目標因多西北方 25 哩處建造自己的據點。

被命名為「亞伯丁」的英軍據點,就水源及友善的村落的角度來說,是極好,但機場條件則不理想。三月二十日溫蓋特

46　極度的疲勞,換來極大的代價。兩名士兵在應該站哨的時間睡著,被溫蓋特施以特別的處罰,是特地給欽迪部隊制定而沒有法律的許可。兩人被施以鞭刑,結果縱隊指揮官戰後被軍法審判。但沒被起訴,原因是:兩人因此生還的狀況,勝過對他任何的刑期。(Bidwell, *The Chindit War*, pp. 136-137)

到坎迪附近查看英軍第十六旅渡過欽敦江：

> 我很喜歡這段旅程，在空中飛越這最錯綜複雜的地形，沿著欽敦江西岸的高山掠過，我們降落在接近辛加林坎迪（Singkaling Hkamti），一條支流與欽敦江的匯合處。在此，我們降到地面高度，斜著飛越轉角，十分開心。這裡沒別的，就是河流和叢林。我們環視過去，每個角落都顯出同樣的景色，直到轉過一個角落時，我們突然發現一個浩大的場面，在沙洲上很多人不斷的以小艇渡河。我們快速的環顧四周，然後在一小塊看來適當的沙地降落……這真妙，感覺自己正在參與算是重大歷史事件。我走過一長段鬆軟的沙洲到旅部去，發現溫蓋特正要離開，到他離開後，沒有發生什麼大事。溫蓋特顯然心情不錯，但強調需要把飛機弄離沙洲，以免洩漏行蹤。我問溫蓋特是否告訴伯納德（弗格森），他計畫縮減原作為我們的增援部隊的其他旅。溫蓋特只回答：「我想你和你的旅長不用擔心此事。」不用說，我立刻閉嘴。雖然，關於這件事我已無話可說，但卻是一件讓我心神不定很多星期甚或更久的事。[52]

溫蓋特所謂的「增援部隊」究竟是指甚麼？不清楚。當然溫蓋特和弗格森一起在欽敦江游泳的時候，會給弗格森新指示。因此，無論是一九四四年三月二日弗格森在與溫蓋特談話時─弗格森提醒溫蓋特，他無法在三月二十日前抵達班茂─因多地

52　Cave Diaries, 同上。.

區一或是第二天和卡夫的談話,弗格森應該已經熟知最新的規畫。三月十六日在因帕爾一次空投補給會議上惱怒的評論,可知溫蓋特更擔心的,是弗格森抵達目標的日期會延遲,對如何運用第十六旅還沒想清楚。「我記得,」卡夫這樣寫:「據點的問題忽然提出,我知道,沒有人真正瞭解溫蓋特要如何運用第十六旅,以及第一一一旅;所以我問他:『你是否希望第十六旅和第一一一旅有各自的據點,設置在大約相同的地區,而且使用同一個機場跑道?』他說:『親愛的卡夫,除非我看到現場,不然要我如何判斷?』」[53]」之後卡夫搭乘 UC-64 輕型運輸機飛往弗格森向「亞伯丁」行軍途中的曼頓（Manhton）,和他會面。卡夫回到拉拉加（Lalaghat）的後方總部時,告訴塔洛准將,弗格森正忙著準備前往因多,第十六旅的據點將會淨空,奈及利亞團第十二營（休斯 Hughes）應該盡快到那裡駐守。塔洛告訴卡夫,整個行動的計畫已經改變,溫蓋特決定將第十四旅立刻調「亞伯丁」,以便,第十六旅可以調到他們被指派的新地點。當卡夫抗議表示日軍可能會先進入「亞伯丁」,塔洛撥電話給溫蓋特,溫蓋特堅定不移的說,第十四旅應該在奈及利亞團之前抵達。

　　弗格森完全相信,布羅迪的十四旅會投入因多的戰鬥。在弗格森往因多挺進時,「時時刻刻希望得到第十四旅的消息」。[54] 弗格森原先派出第五十一、第六十九兩個縱隊去攻擊隆欽的日軍,但十天後,由於中國部隊行動延遲,尚未與這兩縱隊換防。溫蓋特對表定時間的堅持,使弗格森無法等候他派

53　同上, p. 59.
54　Fergusson, p. 114.

出去的兩個縱隊歸建。弗格森自己犯下的錯誤，使事情更加惡化，弗格森沒注意到他的部下在突擊行動前需要休息；也沒有事先派出偵察隊檢視「亞伯丁」和因多間道路的狀態，所以當弗格森得知整條路上都缺乏水源時，他嚇壞了。三月中旬的緬甸北部酷熱而乾燥，弗格森帶領的四個縱隊加上他旅部縱隊的部下，以及數百隻騾子都需要水。在因多北方6哩的奧陶（Auktaw）村，弗格森的部下與緬甸國民軍某單位，及一些日軍發生遭遇戰後，第四十五縱隊（康伯利奇 Cumberlege）和萊斯特郡團（第十七縱隊，威爾金森 Wilkinson）明白在發現任何水源前，必須前往因多湖找水。康伯利奇帶領部下，前往因多湖北邊的莊德克金（Thetkegyin）村，而弗格森則與萊斯特郡團直接挺進因多。第四十五縱隊發覺德克金已被日軍占領，康伯利奇的部下試著要接近珍貴的水源地，為此付出慘重的代價。溫蓋特和弗格森曾經同意一項計畫，要占領可以俯瞰因多的恰崗嶺（Kyagaung Ridge），以及供行軍用水的因多湖。通往班茂的道路則由另一個縱隊截斷，以阻止日軍從西邊增援。還有一個縱隊，會繞道由南北上因多，這個任務移交給女王兵團，但是因為遭到日軍摩托化部隊攻擊，混戰中損失了他們的騾子，而無法攜帶重武器。此外，其上校指揮官又被打傷。弗格森意識到女王兵團已無法成為他進攻的主力，於是命令他們盡其所能襲擾即可。第四十五偵察團（45 Recce Regiment）編有第四十五、第五十四兩個縱隊，發生了令人震驚的意外。當一枚信號彈點燃一隻騾子

第五章　再襲敵後

背上火焰噴射器的燃油時，[55] 痛苦和火焰造成騾子瘋狂的衝入存放迫擊炮彈的彈藥庫，引爆了整個倉庫。

第六回 溫蓋特殞落

弗格森無法透過無線電與在「亞伯丁」的後方部隊連絡。後方留守旅指揮部以及旅長卡夫，已搶在日軍封鎖因帕爾平原道路前二十四小時，從因帕爾附近整批撤運而出，直接回到阿薩姆邦的錫爾赫特（Sylhet）。這時有個謠言，傳聞「亞伯丁」據點突然已被日軍攻克。一支美軍輕航空隊被謠言所惑，因而撤往大洛（Taro）（指揮官保羅・里伯里 Paul Rebori，稍後

---

[55] 火焰發射器是特種部隊的裝備，它是種醜陋的武器，會給使用者與受害者同樣致命的危險。「我看過一位火焰放射隊員被擊中著火。『上帝啊！我不能⋯⋯』火中傳出慘叫聲，」（Calvert, Prisoners of Hope, p. 234），一位弗格森第十六旅團的准上尉說，使用火焰槍幾乎是報復性。一名友軍縱隊的准上尉被日軍俘虜，日軍射殺他的三名部下。他的兩手臂交叉好像保護臉部，臉部被嚴重割傷，似乎有一名日軍試圖用軍刀切斷他的脖子。貝格力見到如此殘忍的攻擊景象十分惡心，他對一名不同看法的士官同僚說到他的感覺，「他很冷靜的寬恕這件讓我充滿恐懼的事件。他似乎對我們的敵人犯下既無敵意也無恨意的罪行。」⋯⋯但是貝格力為此膽寒。他的報復心態在之後兩個火焰發射員伏擊攻擊 5 個日軍時得到滿足。這個武器有個綽號「救生圈」，因為它的形狀，背在背上像個帆布背包，有個管子和管嘴。貝格力下令發射：火焰由油管噴出，當投到樹叢及樹葉時，數秒內樹木立刻著火。一個日本兵被火焰擊中，他的背部著火，發出淒厲叫聲，崩潰了。其他的人轉圈鼠竄，企圖逃離這個煉獄，但只有一個出口，我們等在那裡。一人舉半手投降，但已太遲，滿臉遭到火焰攻擊，彎下身痛苦的扭曲。其餘的立刻變成人肉火球，他們瘋狂的到處前後撞擊，火焰發射員跟著後面追，毀滅他們。尖銳淒叫聲停了，他們倒在地上，成了一堆堆焦黑的肉和骨頭。有一個例外，他下半身著火，他在地上滾來滾去企圖滅火，一直發出恐怖的叫聲。我舉起步槍，我們有個人冷靜地說：「讓他慢慢死。他是殺了我受傷同伴的一員。」忽然想起幾個鐘頭前那個准上尉，我放下步槍。
貝格力離開後，自己也無法了解是甚麼樣殘酷的本性使他放下步槍，只要按下板機就可結束這可憐的受罪。火焰發射員滿意了，雖然貝格力知道他是個和善且敏感的人。（A Chindit Story, pp. 96-97）

因沒有查清這個謠言,而被科克倫解職)。弗格森知道因多由 2,000 名,甚或更多的日軍防守,而弗格森只有 1,800 名兵力,日軍會在因多等著他。弗格森後來歸咎英軍第一一一旅,此旅正從百老匯機場前往平梨舖,在途中詢問村民關於因多的狀況,好像因多是他們真正的目標一樣。這使武村對於欽迪部隊會在因多地區出現已有警覺,加強了對因多的防守。

　　縱使弗格森只有三個縱隊可以作戰,他仍要攻占因多。威爾金森上校的胳臂還紮著繃帶,率領萊斯特郡團第二營,在撞上日軍前,已經抵達因多機場的邊緣。這些英軍在因瓦河(Inwa)河岸挖戰壕固守,小河救了他們,避免了如第四十五偵察團,之前為了裝滿水壺,而在德克金發生的悲劇。他們抵抗日軍的正面攻擊,堅守三天。第一空中突擊大隊給他們密集轟炸的支援,假使英十六旅的其餘部隊有同樣的運氣─以及更好的地圖和情報─弗格森的部隊可能早已進占因多,而奪下簡易機場。事實上,弗格森感到不得不撤回他分散的兵力,退回「亞伯丁」恢復戰力,以便再戰。「第十六旅的攻擊像是用五根手指從每個方向握住目標,而不是只用一個拳頭。」這是卡弗特對這次攻擊準確的結論。[56] 很明顯,「亞伯丁」沒有受到威脅,而且奈及利亞縱隊已抵達駐守。但讓弗格森非常憤怒的,是他期待已久的第十四旅往南進入塔恩(Taung)與梅札河谷(Meza valleys),根本沒朝著他所在的因多而來。他後來才想到他和溫蓋特一起達成的計畫,從來就沒有傳達到欽迪總部,所以總部的幕僚,才會對他所持續發出詢問布羅迪旅的電報,

---

56　Calvert, *Prisoners of Hope*, p. 97.

全然不知。[57] 根據弗格森的說法，整個計畫都在溫蓋特的腦袋裡，當時卻已成為一具阿薩姆山坡上的屍體。因為三月二十四日奧德・溫蓋特搭乘的飛機離開因帕爾時，撞到一處山坡背面，機上的人員全部陣亡。弗格森瞭解不僅僅是他自己的計畫沒有人知道了，整個「週四作戰」也陷入危機，「溫蓋特完了，他的計畫也跟著完了。」[58]

官方歷史顯示，溫蓋特於三月二十三日命令第十四旅南下到平梨舖西南方 21 哩處的阿立柱（Alezu），以截斷日軍在文多（Wuntho）與欽敦江間的交通線，這如果不是曲解，就是漠視史林姆的期望。[59] 其他作者也呼應這個看法。「二十三日、二十四日夜間，第十四旅開始空運進來」，亞瑟・史雲森（Arthur Swinson）後來寫道：「但溫蓋特違反了史林姆的命令，他指示第十四旅的指揮官伊恩・布羅迪截斷敵軍在文多與欽敦江間的交通線。不幸地，溫蓋特忘記告訴弗格森這計畫，弗格森因此預期第十四旅會如溫蓋特原先承諾的支援他攻占因多。」[60]

支持溫蓋特的作者們針對正史的指謫，指出史林姆在三月二十一日，把第十四旅交給溫蓋特，但預留第十四旅使用攻擊前往因帕爾日軍的交通線；對照那些反對史迪威所提，有關史林姆對特種部隊長期目標的觀點，提出：「使用第十四旅進攻日軍第十五軍的交通線，並沒有改變溫蓋特的主要目標，因為欽迪部隊原有三個旅在持續作戰，而且另有三個西非旅即將加

57　Bidwell, op. cit., pp. 147-8; Fergusson, The *Wild Green Earth*, pp. 116-117.
58　同上, p. 117.
59　Kirby, *War Against Japan*, III, pp. 212, 218.
60　Wingate's Last Campaign', *History of the Seond World War*, Purnell, vol. V, No. 10, p. 2053.

入作戰行列。」[61]

　　在四月因帕爾周圍的戰況,史林姆本身已經做了完善的準備,盤算使用特種部隊,阻斷牟田口部隊到欽敦江的交通線。[62]而溫蓋特,當然有應變的計畫。A計畫是遵照一九四四年二月四日,第十四軍給他的命令所交代的任務,即傾全力支援史迪威;溫蓋特也有自己的B計畫,其中包括執行支援史迪威的任務;也要使用第十四旅、第二十三旅攻擊日軍通往欽敦江的交通線。如果溫蓋特沒有事先研判B計畫是否可行,那他就是傻瓜;如果弗格森在因多發生困難,這正是溫蓋特的權責,可命令布羅迪第十四旅支援。後來弗格森對溫蓋特有些怨言,米德（Brigadier O. W. Mead）和湯普生（Sir Robert Thompson）猜測,抱怨的起因是弗格森按照溫蓋特的作戰命令行動,而對布羅迪所發生的事,直到那時毫不知情。這確實很傷人。「有時,真理正好不在他那裡。」[63] 這嚴厲的言詞來自弗格森十年之後所寫書的最終評斷:「那是我仔細考慮過的判斷,我堅守自己所說的每一句話。」[64] 他的憤怒是可以理解的,因多之敗令人刻骨銘心。但卡夫的日記卻和弗格森書中所寫的截然相反,日記中清楚記載,三月二十三日溫蓋特發布命令那天,弗格森沒和溫蓋特會面。[65] 溫蓋特未能傳達新的部署命令,最好的理由

61　Sir Robert Thompson and Brigadier O. W. Mead, "Memorandum on *The War Against Japan*, Vol. III, in its judgment on Wingate", lodged in the Imperial War Museum, 78/12L, 1978.
62　Tulloch, *Wingate in Peace and War*, pp. 193-194.
63　Fergusson, *Trumpet in the Hall*, p. 177. 譯註:The truth is not in him. 出自聖經約翰一書 1 John 2:4 Whoever says, "I know him," but does not do what he commandments is a liar, and the truth is not in him. 意思是說謊者,真理不在他心裡。
64　與作者私下溝通,Private communication to the author, 16 October, 1980
65　Fergusson, *Wild Green Earth*, p. 98.

是第二天他就陣亡了。

　　值得一提的，雖然弗格森並未拿下因多，但他在因多地區襲擊仍有其正面功效。他發現了日軍在該地建立大量臨時倉庫，庫內物資用來補給前線師團。他把這些事告知卡夫，卡夫回去後電告在海拉坎迪（Hailakandi）美軍科克倫的部隊，來發動突擊。科克倫進行了轟炸。「但回報說，沒有明顯的效果。」[66] 可是無疑攻擊還是有效，雖不是對在因帕爾的牟田口部隊，而是對補給第十八師團產生損害：「所有的日軍的部署、所有的安排、所有的補給物資等等，都是為了因帕爾作戰。」欽迪部隊行動不變，也沒有任何日軍因此而轉移任務。[67] 可後來日軍第十五軍的補給參謀薄井少佐、第十五師團參謀長岡田（Okada）少將、緬甸方面軍後方主任後勝（Usui）少佐，在被訊問欽迪行動對日軍補給有無影響，他們坦承，日軍第二輪送司令部的計畫，因欽迪行動而徹底受挫。這使得日軍第十五師團以及第三十一師團，一旦配發的二十五天份的補給物資用完，[68] 就得不到任何緊急的額外補給。有趣的是，為了因多問題爭論的各方，似乎都沒有注意到史林姆顯然認為布羅迪旅已經支援了弗格森旅作戰。他寫道：「弗格森的第十六旅『得到布羅迪第十四旅的部分支援後』，要離開『亞伯丁』試圖在日軍措手不及下攻占因多。」[69]

　　當史迪威部隊正南下往密支那，英第四軍正與日軍三個師

66　Cave, *Diaries*, p. 65.
67　對木村兵太郎大將、中永太郎中將、嘉悅博少佐的訊問《緬甸軍情部報告》13，1946 年 3 月 29 日。
68　*Reply to Questionnaire on Operation of 3 Indian Divson*, p. 26.
69　Slim, *Defeat into Victory*, p. 270．

團在因帕爾對戰,以及溫蓋特執行的作戰行動也已順利展開,溫蓋特卻在這樣的時刻陣亡,製造神話式的悲劇,所以連最基本的事實都難以確定。例如,天氣狀況,「真是奇怪,晚上溫蓋特死了。」卡夫寫道:「我在相同的時間和地區,還未入睡,並沒有感覺有任何惡劣天氣。附近有個暴風雨,但是,就我的記憶所及,那只是區域性的,避開它沒什麼困難。聽到他搭乘的飛機失事,我很驚訝。過了好久,我們才知道,已經在因帕爾西邊的山區發現了他的飛機,位在正確的航線外數哩。飛機應該朝向錫萊特飛去,[70] 但殘骸被發現時,飛機是朝向東方,看似要再飛回因帕爾。」[71]

「飛機殘骸最終在山脊的背面發現,」史林姆寫道:「所以,飛機會飛入山裡,這是不太可能發生的。最可能的解釋是,飛機突然飛入一個在當地常見的,極為狂暴的區域性暴風雨。在夜間難以避開,一旦飛入暴風圈中,飛機會失去控制,甚或機翼會被扯掉。」[72]

英國皇家空軍第一九四中隊的飛官喬・辛普森(Joe Simpson)所駕的飛機,在因帕爾阿加塔拉空軍基地,與溫蓋特搭乘的飛機同時間起飛。「三月二十三日」他寫道:「我在因帕爾,之前在因帕爾和多哈札里(Dohazari)間飛了兩趟,正在等候飛回阿加塔拉。我被告知繼續等,因為可能要經由庫米拉(Comilla)飛回去,溫蓋特也和我一樣在等候起飛。最終證實,溫蓋特決定不搭皇家空軍的飛機前往,然後我奉命起飛。

70　譯註:錫萊特在因帕爾的西方。
71　Cave, *Diaries*, p. 22.
72　Slim, op. cit., pp. 268-269.

天氣特別的壞—我做了記錄,我們要經過西爾恰爾(Silchar)回來。我們發現一個雲洞,順著雲洞盤旋下降,一直降到雲層之下,才飛回家。」

「在我們飛離雲層底部爬升,我清楚的記得看見一架米切爾 B-25 轟炸機從雲中下降,我說:『看那個傻子,他太靠近山丘了。』我一直不知道溫蓋特在何地何時墜機,但我想就是在那個時候、那個地方。」[73]

威爾弗雷德‧羅素(Wilfred Russell)在其著作《英國皇家空軍第一九四中隊史》中援引辛普森的報告,指出這次事故中的處理,以當時的天氣,皇家空軍不會載溫蓋特飛離因帕爾,由於天氣太糟。所以溫蓋特轉向美國人,美軍願意在任何天氣下載他。溫蓋特傳記作者克里斯多福‧賽克斯(Christopher Sykes)說:「之後傳述的故事是,因為暴風雨溫蓋特被勸不要起飛,由於溫蓋特性格急躁,拒絕了美軍飛行員霍奇斯(Hodges)中尉的勸告。這些都是猜想。沒理由害怕不管是去拉拉加或去庫米拉的困難旅程。有局部的暴風雨,但基本上天氣很好。」他引用第三戰術航空軍司令,空軍中將約翰‧鮑德溫爵士(Air Marshal Sir John Baldwin)的說法做註解:「這是個相當好適於飛行的日子,局部的暴風雨可以『避開』。」[74](溫蓋特要飛往因帕爾,第一個就是要見鮑德溫。)[75]

至於機場的情況,最後看到活生生溫蓋特的其中一位,法

73　Wilfred Russell, *The Friendly Firm, A History of 194 Squadron, Royal Air Force*, 1972, p. 40.
74　Skyes, *Orde Wingate*, p. 534.
75　鮑德溫即刻乘坐自己的飛機起飛跟著 B-25。他記得當晚天氣不錯,除了有一點雷雲,他的航行日記中證實這件事。鮑德溫說夜色中看到這架 B-25 在航道上飛行,六分鐘後撞毀。(Calvert, *Chindits*, pp. 85-89)

蘭克・湯馬斯（Frank Thomas）簡短筆記，標示：「一九四四年三月二十四日，大雨中，溫蓋特搭乘米切爾 B-25 轟炸機起飛。」[76] 湯馬斯在因帕爾全天候跑道值班，他記憶中美軍飛行員接到資深機場飛航管制員，中隊長約翰・休伊生（John B. Hewitson）通知，周邊的天氣條件為十個等級中的第十，最糟的狀況。美軍飛行員霍奇斯回答：「老頭子（溫蓋特）想飛，所以我想最好還是帶上他。」溫蓋特在傾盆大雨中，繞著機場塔台地區來回踱步，完全不理會自己全身已被雨水浸透，明顯渴望立刻動身。他並非否絕霍奇斯的勸告，純粹因為他的性格急躁，催促要出發。看來，溫蓋特以這樣的方式死亡，完全符合他一生的行為模式。

　　史林姆的問題是找誰來接替溫蓋特。當時因帕爾戰鬥已開打十天，他最關注第四軍的一切。如果「週四作戰」要像策畫者溫蓋特預計的那樣成功，接任者最重要的是，要能完全理解溫蓋特的想法，以及他難相處的性格，又能全心全意投入以求「週四作戰」成功，最後還要能面對那些對特種部隊帶有敵意的指揮高層，為特戰部隊辯解及維護。[77] 史林姆選擇第一一一旅的旅長藍田准將（W. D. Lentaigne）接任。藍田把溫蓋特視為暴發戶，輕蔑溫蓋特奉行的理論，認為那些理論不健全且未經證實。經過「週四作戰」的數次嚴峻考驗下，藍田已表示了自己的身體不足勝任這任務，[78] 在他指揮下，部隊的動能放緩，偉大的構想淡化。到最後，藍田也無力阻止欽迪部隊的濫用。

76　私人通信
77　Bidwell, *The Chindit War*, p. 161.
78　Rhodes-James, *Chindit*, p. 87.

問題是,究竟為何會發生這種事情?有一些人可能是溫蓋特接任者。如溫蓋特的副指揮官賽姆斯少將,一位能幹的軍官,他的第七十師被分成特種部隊的縱隊時,他首先成了因溫蓋特而下台的人。還有塔洛准將(Derek Tulloch),後方司令部的參謀長,他與溫蓋特在伍爾維奇(Woolwich)的皇家軍事學院當學生時,就認識了。還有卡弗特,大概在所有欽迪部隊旅長中,他最竭誠擁護溫蓋特的特戰理論。卡弗特一九四二年在緬甸負責管理叢林作戰學校(Bush Warfare School),並在一九四三年率領一個縱隊進入緬甸。最後還有藍田,一位英勇的廓爾喀團的軍官,在一九四二年的失敗中,一步步戰鬥,走過整個緬甸戰場,是一位能幹的團級軍官以及一個勇敢的戰士。藍田於一九四三年按照欽迪部隊的原則下,培養自己的第一一一旅,成為溫蓋特長程滲透部隊擴展的一部分。

史林姆並非沒有收到建議就做決定。當初在拉拉加的欽迪部隊起飛前片刻,皮卡迪利空降場被封鎖的訊息來時,塔洛的鎮定以及臨危不亂的行為,讓史林姆印象深刻,所以他在三月二十六日打電話給塔洛,商量應該由誰接任溫蓋特。溫蓋特曾告訴塔洛說,如果自己發生任何意外事故,要由塔洛接掌指揮權。[79] 當然,溫蓋特沒有權力這樣做,不管怎樣,塔洛將自己排除在接任者之外,因為塔洛從來沒有在戰場上指揮過任何欽迪縱隊。同樣的原因也適用於賽姆斯。而卡弗特,毫無疑問被認為是個在戰場上有作戰天分、威猛的人,但大概不適合擔任較高階的指揮官—這是個誤解,因為卡弗特不只是個狂熱的勇士,也充滿創意,而且是訓練有素的皇家工兵軍官,有制定詳

---

[79] 另外兩位溫蓋特的部屬也有同樣的吩咐。(Slim, *Defeat into Victory*, p. 269)

細計畫的能力。塔洛與史林姆檢討過所有可能的人選,然後他告訴史林姆,所有欽迪部隊指揮官的候選人中,藍田是「和溫蓋特最合拍的人選。」[80]

塔洛,根據他自己的描述,「這是我所經歷過最困難的電話交談」[81],對這段極其重要的陳述,塔洛沒有說明原因為何,但應該是事實。弗格森後來如此寫道,藍田被迫接手溫蓋特,那個他所厭惡的溫蓋特。[82] 然而塔洛的思考方向可能是對的,他和史林姆得到同樣的結論:藍田和史林姆一樣是率領廓爾喀團的軍官,史林姆要的是一個和自己有相同團長背景的人,不要再來個像溫蓋特一樣,如此痛苦難搞及非正統的人,不要再來個每當他的期望受挫,就會直接發電報給邱吉爾,用邱吉爾來威脅自己人的人。

第二天塔洛飛往庫米拉(Comilla)與史林姆和他的參謀歐文(Irwin)准將討論溫蓋特計畫的未來方向。史林姆迫切要求將特種部隊由各據點調回,支援他和牟田口在因帕爾的戰鬥。他並且建議所有的欽迪部隊應在葛禮瓦(Kalewa)集結,接近戰區,以攻擊日本第十五軍的交通連絡線。塔洛表示反對,他指出卡弗特和弗格森兩支部隊都在戰鬥中,脫離不了戰場,西普山脈(Zibyu Hills)的集合點接近欽敦江,太容易使部隊在行軍中遭受攻擊。因此,該計畫被取消。這是正確的,因為如果計畫執行,意指卡弗特會撤離「白城」,這個據點可箝制日軍對緬甸北部的補給,阻止河邊正三派出援軍幫助日軍第十八

---

80 Bidwell, op., cit., p. 160.
81 Tulloch, *Wingate in Peace and War*, p. 236.
82 Fergusson, *Trumpet in the Hall*, p. 179.

師團攻擊史迪威部隊。最後達成妥協—溫蓋特預先想好的應變計畫—英軍第十四旅、第一一一旅往西調動，阻斷那些會被日軍第十五、第三十一師團使用的道路。但是後來塔洛責怪自己沒有全力支援史林姆的計畫，因為按照史林姆的計畫執行，將保全特戰部隊，讓他們不會被史迪威接管。史迪威接管後濫用特戰部隊，欽迪部隊百分之九十的傷亡都是在史迪威指揮下造成的。[83]

無論如何，藍田於三月三十日飛離緬甸，接管欽迪部隊指揮權。如一位指揮官在那段觀察的時間裡所認為，藍田是個非常容易擔憂的人。藍田的預料「百老匯」空降場、「白城」都會在一兩天內被日軍攻陷—這兩件事從來沒有發生—這完全不能鼓舞軍心。在和欽迪部隊指揮官職位失之交臂後，賽姆斯的憤怒可以理解，並在日記裡，很清楚地表達。賽姆斯認為史林姆和塔洛都要負責。賽姆斯寫道，當塔洛打電話給史林姆，宣布發現一架燒毀的飛機，判斷必定是溫蓋特已經墜機的時候，他正在部隊總部：

三月二十五日（星期六）
塔洛接著致電軍司令史林姆，接著回部告訴我說：（1）他完全了解史林姆將軍的想法，要他接管指揮權；（2）這意指史林姆沒考慮由我接任；（3）而他（塔洛）建議，藍田比所有的其他人更瞭解溫蓋特將軍，他應該盡可能早一點脫離戰場，回來接管指揮權；（4）而史林姆將軍已經同意。

83　Tulloch, op., cit., p. 239.

一個驚人的消息由一個奇妙的方式傳達。我早知並且覺得塔洛一直反對我，也沒有想讓我瞭解整個情況。除了他知道我反對一些─或大部分─部隊管理方式外，我不知道是否還有其他原因。反正沒有爭論的對象、好處與適當性，因此我叫來一架安森（Anson）飛機，午飯後，飛往庫米拉去見史林姆。我在四點見到他，告訴他我的立場，他聲稱之前不知道我在這些地區。他接著告訴我，一直到他命令塔洛接管指揮權為止，他都不知道我在那裡。然後塔洛告訴史我的狀況，他還是沒改變決定，因為他不瞭解我的實情。他接著告訴我，藍田的接任出自塔洛的提議（但之後又閃爍其詞）。他同意這建議，因當時完全沒想到我。我指出他的作法已經遺忘我，而且造成一個困局。史說他完全無意如此，只因為須趕著做出決定，才沒時間好好思考……。

賽姆斯接著去見吉法上將，吉法告訴他，史林姆就是要藍田接任。第二天賽姆斯在日記寫道，「我不喜歡這種處理方式，我如此告訴吉法，這事情裡有太多推諉、閃避的動作。」[84] 賽姆斯接著向倫敦的帝國參謀總長正式提出抗議，他要求辭去欽迪部隊副指揮官的職務。塔洛並沒有對這特別的結果花費力氣，[85] 但發現自己被任命接替賽姆斯的職務。諷刺的是，就像塔洛沒有重視賽姆斯，最後，藍田也沒太重視塔洛，就跳過塔

84　賽姆斯日記，Symes Diaries, Imperial War Museum.
85　Bidwell, op. cit., p. 160.

洛而更加信賴內維爾・馬克斯（Neville Marks）准將，一位負責欽迪補給單位的卓越行政官。莫里斯（Morris）是廓爾喀團第九團第四營的營長，率領他被稱為「莫里斯部隊」的迷你縱隊，在伊洛瓦底江的另一邊作戰，晉升為第一一一旅旅長。[86] 但是莫里斯正奮力帶領 1,300 名部下，要快速經由八莫（Bhamo）北攻密支那，因此達成了妥協。莫里斯留在現地晉升准將，第一一一旅的實際指揮權則移交給約翰・馬斯德斯（John Masters）少校代行旅長職─他像藍田一樣是個廓爾喀團軍官─此後，他要指揮作戰，這是困難的任務，因為那些縱隊長都比他資深。

四月三日，藍田參加由蒙巴頓主持在喬哈特（Jorhat）舉行的一次會議。史林姆、史迪威、鮑德溫、博特納以及史托福（Montagu Stopford）中將都出席。當時英第四軍戰況前景黯淡，史迪威擔心日軍從科希馬進攻他鐵路終點的雷多基地，正在忐忑不安，他主動向史林姆提出派一個中國師支援因帕爾戰線的建議，這個提議被委婉的拒絕。史林姆的做法是，不管如何，將第二十三旅從特種部隊永久調出，交給史托福，協助在科希馬的側翼作戰；但他向史迪威保證，藍田其他的旅將會維持不變，待在那些對抗史迪威的日軍的後方連絡線上，而史迪威應該全力以赴拿下密支那。[87] 如果史迪威自己的交通連絡線被切斷，應該不超過十天就會有援兵。徵得蒙巴頓的同意後商定，欽迪部隊的第十四旅、第一一一旅這兩個旅，將朝向欽敦

86　莫里斯被鮑德溫批評是個霸道、不圓滑且專制的人，不具備祕密作戰的政治或軍事的微妙技巧。莫里斯後來是第十九印度師第六十二旅的指揮官。

87　Slim, *Defeat into Victory*, pp. 272-273.

江前進，以減輕第四軍的壓力。[88] 藍田飛到「亞伯丁」據點，和他的旅長們舉行會議，告訴旅長們，會有上級壓力把他們調往因帕爾戰線。對此，卡弗特和弗格森均表示反對。[89] 弗格森希望能再次攻擊因多，卡弗特自然想到「白城」和「百老匯」空降場應該繼續發揮作用。甚至藍田自己的旅也有不滿，第一一一旅有人認為他們是「任何人有需要，就差遣我們去支援，結果我們自己的戰略計畫就被放棄。」[90]

　　史林姆原先命令藍田的兩個旅，從因多往西的道路行動，但六天後取消。史林姆要讓史托福保留佩龍准將的第二十三旅，但整個特種部隊依舊維持其原定協助史迪威的戰鬥。更重要的，特種部隊會由史迪威直接指揮。於是藍田在薩杜竹設置前進指揮所，毗鄰北部戰區司令部。或許，藍田已經決定不能長期固守「百老匯」空降場及「白城」；也或許是因為他自己北移，自然讓他感到欽迪部隊行動應該更接近史迪威。無論如何，藍田下令放棄「白城」，另外在荷平（Hopin）附近的鐵路線上建立新的阻絕區來封鎖孟拱。這不是一個明智的調動。長途滲透作戰的成功，只取決於滲透作戰能否遠離前線，這有助於切斷敵軍的交通連絡線和軍需物資補給，越深入敵軍戰線的遠後方，越能達成作戰目的。此外，卡弗特不僅僅是在白城建立了堅固的陣地，形成阻絕區；日軍傾全力要驅離卡弗特部隊，但失敗了。

　　三月二十七日「百老匯」空降場遭受日軍攻擊。之前三月

88　Kirby, *War Against Japan*, III, p. 247.
89　藍田只有再巡視此部隊一次。（Bidwell, op. cit., P.169）
90　Rhodes-James, op. cit., p. 92.

十三日「百老匯」已遭到 20 架日軍隼式戰鬥機（日本陸軍一式戰鬥機）機槍及炸彈猛烈攻擊。當時雷達被毀並有 4 架輕型機受損。英軍 5 架噴火式戰機起飛，與高射炮火協同攻擊日軍戰機，共擊落 4 架，自己則被擊落 1 架。三月十八日日軍再度來襲形成大混戰，當時有 3 架噴火式戰機在地面被擊毀，[91] 日軍 2 架隼式戰鬥機被擊落。幾天後，日軍 12 架中型轟炸機飛來，很精準的投下殺傷性的炮彈和 500 磅炸彈。然後日軍步兵於二十七日進入戰場。指揮「百老匯」空降場的克勞德・羅馬（Claud Rome）上校，配有炮兵，陣地有帶刺鐵絲網圍繞，並已建立一系列掩體作防禦。至於設施方面，羅馬上校有一間醫院、向緬甸當地人開放的商店，甚至有一家養雞場。羅馬上校決定讓 C-47 運輸機空運撤離傷患，這些傷患在「白城」作戰負傷被集中到「百老匯」，最後一架飛機在晚上十點三十分起飛。十五分鐘之後，日軍攻擊羅馬陣地的外圍，日軍有一個分隊突入陣地內，但在二十八日的黎明時被殲滅。第二天羅馬使用迫擊炮，攻擊在陣地北邊挖掘掩體的日軍。相對地，日軍也展開反擊，使用兩門營炮炮擊英軍防守部隊。輪到英軍反擊，使用欽迪部隊的 25 磅炮射擊日軍，擊斃日軍所有的炮手。戰事接著由日軍使出步兵衝鋒、狙擊等作戰方式進行，直到月底。最後由美軍科克倫的野馬戰鬥機在一名英國皇家空軍飛官引導下，執行了一次空中攻擊。這位皇家空軍飛官之前曾調查過戰場日軍地面陣地，然後飛往印度，將其所知資訊提供給科克倫，並引導野馬戰機群飛回緬甸執行任務。到了四月一日，日軍不

91　參考 Calvert, *Chindits*, p. 82, 而 Bidwell 記的日期是三月十六日，(op. cit., p. 128.)。

得不承認對「百老匯」空降場的攻擊已經失敗；爾後直到五月十三日卡弗特被命令撤離前，再沒有日軍來攻打「百老匯」空降場。[92]

第七回 「白城」與「黑潭」

　　四月六日，日軍攻擊英軍的「白城」鐵路阻絕區。日軍獨立混成第二十四旅團長林義秀少將，為了要排除該路障區，而在四月一日已經抵達莫汝附近的賽平（Sepein）。六日晚上十點起，林義秀對英軍陣地先展開三小時射擊，然後派兵攻擊陣地東南角，該地由蘭開夏郡火槍團、廓爾喀團以及剛抵達的奈及利亞團第六營防守。卡弗特部隊將機槍就位，沿著鐵絲網射擊，加上16門3吋迫擊炮也以密集火力射擊，日軍被擊退。日軍調來15呎長爆破筒，要炸開卡弗特陣地的鐵絲網，但爆破筒沒有引爆。黎明之後美軍野馬戰機隊飛抵戰場，以機槍掃射日軍集結區域。然後，令人驚訝的，日軍戰機飛到，進行干擾；27架中型轟炸機轟炸英軍防守部隊，將週遭鐵絲網炸開幾個缺口。日軍炮擊比轟炸更令人恐懼，卻也成了部隊所習慣的生活。卡弗特回想起他趴在自己的地下掩體時，身體擅抖，部分因為恐懼，部分是因為無法反擊而沮喪。

　　卡弗特去巡視奈及利亞團一趟之後，緊張減輕不少。奈及利亞團有名戰士，肯定一整箱的手榴彈比步槍更好用，因為他成功的運用手榴彈轟掉一個入侵日軍的首級。當他的同袍上刺

92　Calvert, op. cit., pp. 82-83.

刀和日軍拚命時，他扔了整箱手榴彈攻擊。卡弗特發現，該團官兵用日軍的首級來裝飾地下掩體。[93] 在日軍炮擊間斷時，該團官兵持續空運抵達。相對於日軍林義秀部隊擁有八個大隊，很快的卡弗特大約在「白城」及周邊擁有七個營的兵力。他指示部下挖掘地下掩體，他發現日軍炮兵對這些地下掩體的攻擊並不是非常有效，然而日軍的6吋迫擊炮，用4呎半高的炮筒射出後，約花半分鐘飛完彈道落地，則能摧毀地下掩體。[94]

兩輛小型坦克也被使用來攻擊英軍，但英軍一門2磅戰防炮馬上將其中一輛戰車擊毀，另一輛戰車迅速撤退。比起食物，卡弗特更堅決要求彈藥要用空投補給，因為英軍快速消耗彈藥：單單只是維克斯機關槍（Vickers MG）的彈藥，就空投了70萬發到「白城」陣地。英軍機槍手奉命，每次開火，不准少於一條彈帶。[95]

林義秀的攻擊一直持續到四月十一日，但十日當天，藍田飛到陣地告訴卡弗特，吉爾摩（Gillmore）和其奈及利亞團官兵將接替駐守「白城」阻絕區，而卡弗特將率領廓爾喀團第九團第三營、第七奈及利亞營（沃恩 Vaughan）、來自第十六旅第四十五偵察團的450名滿臉于思的士兵，[96] 以及蘭開郡火槍團，共約2,400名兵力離開「白城」，作為一支打擊部隊，在「白城」周圍作戰。比「流動縱隊」規定的規模更擴大。卡弗特很高興，因為不必再被當標靶，可主動出擊。卡弗特決定攻擊莫

93　Calvert, *Fighting Mad*, p. 21.
94　Calvert, *Chindits*, p. 99.
95　同上, p. 101.
96　這是一個記憶模糊到不可思議的有趣例子，卡弗特在 *Fighting Mad*（1964）中稱他們是德文郡團隊，在 *Chindits*（1973）一書中又稱為大鬍腮康瓦爾郡人。

汝南邊的賽平村（Sepein），他確定日軍司令部設在那村落。卡弗特在塔央（Thayaung）附近的村落成立自己的司令部，清出一條飛機跑道以便空運送出傷患，然後在十三日黎明派出了他的步兵。奈及利亞團沃恩（Vaughan）營的一個連，奉命壓制莫汝的日軍。同時，廓爾喀團第六團第三營則要拿下賽平村。奈及利亞連雖被輕武器、迫擊炮和俯衝轟炸攻擊了四小時，但他們控制了莫汝的部分區域，直到沃恩在傍晚時將他們撤回，最後撤退時，他們還用3吋迫擊炮進行密集火力射擊，作為告別禮物。但是，在賽平村的日軍—更確切的說是在村落外圍（卡弗特弄錯了他們的位置）—有極好的地下掩體並且有馬櫻丹灌木叢環繞著；不論是25磅炮密集射擊，或野馬式戰機空中攻擊，都不能動搖日軍陣地。

　　事實上，卡弗特的攻擊操之過急，和弗格森在因多所犯的錯完全一樣—沒做足夠偵察前，就冒然行動。藍田命令卡弗特盡速行動，他照做。卡弗特的攻擊當然減輕了「白城」所受的壓力。吉爾摩曾經在阻絕區裡告訴他，除非日軍從他們周邊地區轉移方向，否則他無法保證還能守多久。因此卡弗特決定帶著部下強攻在他和「白城」之間的日軍。他的部隊和「白城」之間的距離為半哩，內有2,000名日軍。這些日軍完全沒有意識到卡弗特的部隊利用夜晚潛進，已經如此之接近他們，因為卡弗特命令部下不准點火。當知道自己正被前後夾擊威脅時，日軍乃轉向攻擊卡弗特；這回輪到日軍被從「白城」傾巢而出的奈及利亞軍攻擊了。

　　卡弗特的司令部遭日軍反擊，他的騾群損傷慘重。日軍的機槍像鐮刀一樣，在離地面兩呎的高度掃射草叢，卡弗特無奈的注視著遍及騾子身上成排的子彈彈孔，將騾群和牠們駄負的

圖 5-3 白城

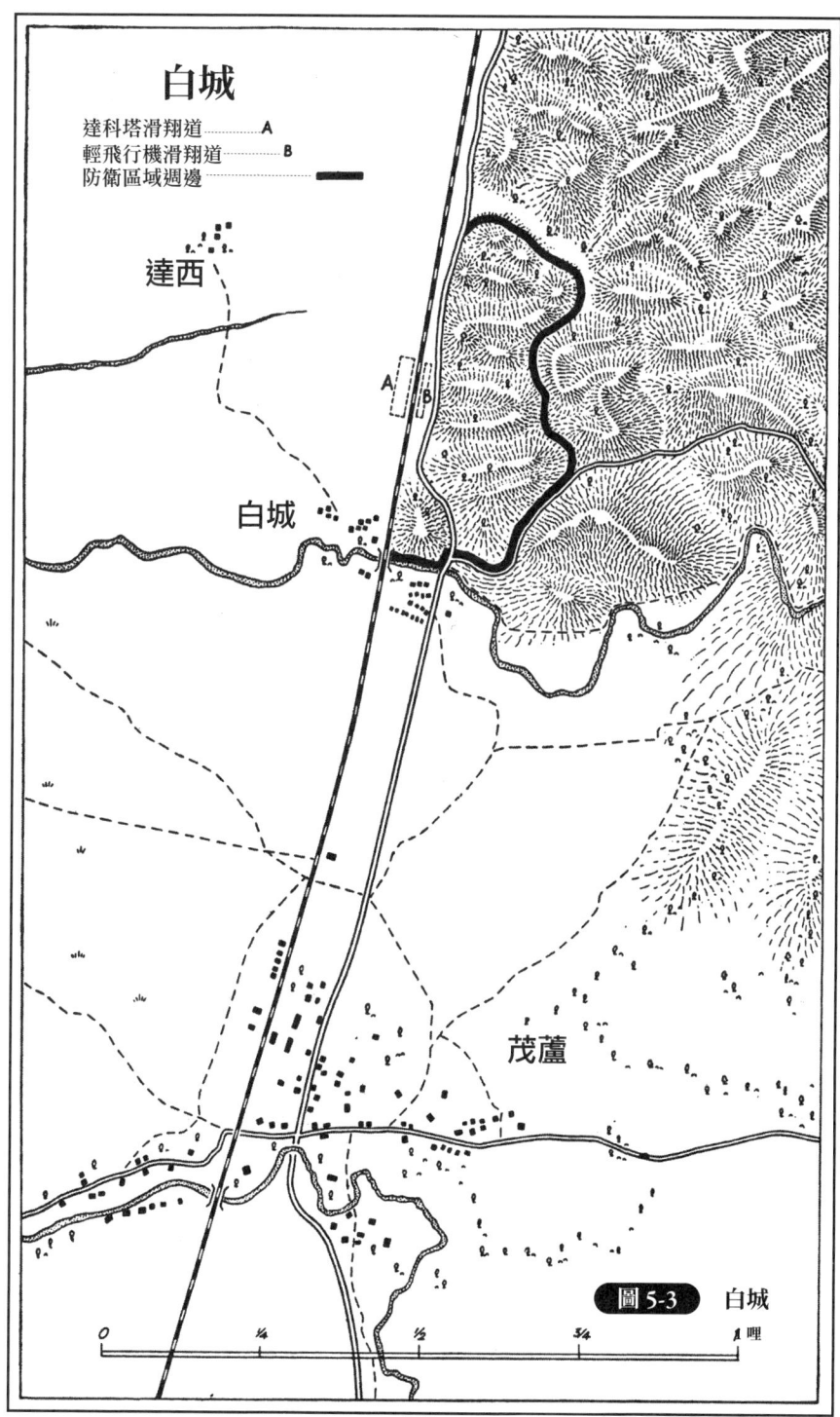

無線電對講機一起摧毀倒地。卡弗特是如此接近日軍,以致日軍能夠聽到他呼叫科克倫的野馬式戰機,在下午一點整展開攻擊的聲音。日軍的機關槍開始朝向他的聲音方向開火,然後美軍戰機飛抵戰場,非常精準的以機關槍和炸彈攻擊,把日軍轟啞了。[97]

精疲力竭之下,卡弗特決定不要進入路障區,而回到在塔央的司令部,發現他的好友,防衛旅部的廓爾喀團指揮官,伊恩·麥克佛森(Ian MacPherson)已經陣亡。卡弗特原想回戰場找伊恩,但旅部參謀法蘭西斯·史都華(Francis Stuart)持左輪手槍抵住他的肚子,威脅如果不回司令部就要開槍。[98] 他的部隊近 70 人陣亡、150 人負傷。[99] 但造成林義秀部隊更大的損失,而且「白城」阻絕區再沒遭受日軍攻擊了。卡弗特估計在這第二次「白城」戰鬥中,日軍獨立混成第二十四旅團的傷亡數約莫 3,000 人,反之防守的英軍傷亡很少。因此,他自認,無論日軍使用甚麼野炮來對付卡弗特部隊,他都可以無限期保有「白城」。就如同他指出的,由 3,000 名日軍在密支那挖掘的地下掩體,雖無類似欽迪之類的空運補給,仍可擋住 3 萬盟軍的攻擊長達七十天。

但藍田警覺到緬甸的雨季會帶來極大麻煩,屆時空運補給會很危險,泥土跑道也無法成為全天可用的飛機起降場。藍田所受的正統軍事訓練,讓他覺得,當史迪威從北方南下密支那時,如果要控制鐵道,就必須集中所有兵力,而非把欽迪以縱

---

97 Calvert, *Fighting Mad*, p. 186.
98 同上, p. 187., Chindits, p. 105.
99 在 *Fighting Mad*, p. 187, 給的數字如此,在 *Chindits* 書中是 100 人死亡,超過 200 人受傷。

隊分派使用。所以,藍田下令撤離「白城」和「百老匯」空降場,另建一個新據點—代號為「黑潭」一位在荷平北方約60哩附近,孟拱南方約30哩處。建立新據點的工作由第一一一旅負責,第七十七旅則由卡弗特指揮前往孟拱,作為與「黑潭」聯合作戰的機動部隊。第十四旅也擔任類似的角色。當中國軍隊藉特種部隊之力,抵達孟拱之後,欽迪在緬甸北部的戰役就該結束。其實早該如此,因為溫蓋特曾表示,欽迪最大效用的行動期間是九十天,美軍加拉哈部隊也得知同樣的訊息。

對於卡弗特和第七十七旅來說,他們在「白城」陣地及「百老匯」空降場,構築了堅強的防禦工事,並且如此熱忱而堅定地防守,實在無法接受放棄這兩陣地的想法。從卡弗特給藍田電報中,開始有不服的氛圍。五月八日,藍田搭機飛到「百老匯」向卡弗特解釋為何第七十七旅必須向北調動。新據點周邊,目前只有欽迪的四個旅,因為第二十三旅從未歸建,弗格森精疲力盡的第十六旅才剛運出去,而馬斯德斯的第一一一旅已經在新據點「黑潭」陣地就位。第十四旅將和「白城」的奈及利亞團官兵一起在「黑潭」西邊作戰,幾天後他們就要空運脫離戰場,然後羅馬(Rome)的部隊也會從「百老匯」空降場撤離。卡弗特知道,在經過最近兩個月的激戰後,應該要讓他的部下休息,藍田也知道。然而對史迪威承諾的支援,仍是最優先的任務,所以特種部隊要調往荷平。這並不容易,因為日軍已派遣一個師團的生力軍前往欽迪的區域。日軍方面,為了讓牟田口能派出所有的兵力,盡全力去攻打因帕爾和科希馬,於四月九日組建一個新編成的軍,軍司令部位於眉苗,軍長由本多政材(Honda Masaki)中將擔任。這就是第三十三軍,代號為「昆」(KON)部隊,進行對史迪威及中國軍隊的作戰任務,

繼續切斷對中國的補給通路,以及一勞永逸的解決掉當時正在執行「週四作戰」接近 6,000 名兵力的盟軍部隊。同樣的,盟軍對英軍的指揮體系也有所調整:特種部隊現在由史迪威直接指揮。

雖對他有利,但史迪威一點都不想要這個指揮權。他不想要溫蓋特的部下,因為他根本不確定欽迪部隊是否會接受他的指揮;他也不要欽迪放棄「白城」。史迪威還擔心,如果欽迪往北調,他們會將那些守著他們的日軍一起吸引過來;而史迪威對付田中新一的第十八師團已忙不過來。第十八師團一直躲避中國部隊,而對往密支那的道路寸土必爭。[100] 史迪威一直沒能說服蔣介石派遣中國代號為「Y」的部隊(Yoke Force)從雲南出兵。認為這些蔣介石的中國師,應該提供給緬甸的戰場。但蔣沒有依承諾出兵參戰,理由是長江北岸的日軍攻勢箭在弦上,而蔣還有來自華北中共部隊的威脅。蔣面對的是一個日本師團—第五十六師團(松山祐三 Matsuyama 中將)。從蔣的角度來看,不論他的西方盟友對他拖延出兵的可能想法為何,緬甸的戰事都不是最急迫的。

所以史迪威實際只能依賴從印度來的,受過美國訓練的中國師和加拉哈部隊。三月二十七日,史迪威飛往重慶向蔣施壓,要蔣派遣 Y 部隊由雲南出兵。但帶回的承諾是在他攻往密支那時,蔣會增援兩個師的兵力。史林姆曾於三月二十三日發電報給史迪威,要他請蔣「派出 Y 部隊」減輕因帕爾戰場所受的壓力。對此,不可避免的,史迪威以酸溜溜的措辭寫下:「英國

---

100 Bidwell, *The Chindit War*, p. 208.

佬要完啦！」[101]

　　史迪威的進攻一帆風順。三月十九日，中國第六十六團攻占簡姆布山（Jambu Bum），它是胡康河谷與孟拱河谷的分水嶺，那天剛好也是史迪威六十一歲生日。為了慶祝這兩件事，部下贈送將軍一個大巧克力蛋糕—這個禮物本身，就是美軍補給的貢獻。在叢林中，史迪威切開蛋糕，將蛋糕分送給列隊走過的官兵。加拉哈通過山區迂迴進軍，由側翼包圍日軍第十八師團（田中），幾乎已經成功，史迪威需要繼續維持這樣的作戰，壓迫田中新一向南朝卡盟（Kamaing）撤退，讓自己的部隊能抵達伊洛瓦底江及鐵路，然後攻向密支那。到了一九四四年四月中旬，史迪威總算把五個中國師在緬北部署完畢。他們和加拉哈，一起面對狡詐且久經沙場的第十八師團老兵，而該師團目前所轄的三個聯隊都未足額。

　　五月十九日，孫立人毫無拘束再次南下，對他的美國連絡官說：「我們現在去奪下卡盟。[102]」孫的第一一二團努力的穿過叢林，繞過卡盟來到田中的後方，並占領日軍第十八師團主要的供應中心。中心擁有八座堆滿食物和彈藥的倉庫。田中新一的一名部下，相田俊二（Aida）少將，放棄他在卡盟東邊7哩拉豐（Lavon）村的陣地，讓田中的側翼完全暴露。如果孫立人的第一一二團能維持封鎖向南通往孟拱的道路，那麼田中的整個師團就會被包圍。華軍新二十二師、新三十八師，不顧雨季的大雨和嚴重的水患，仍從四面八方朝田中而來。

　　伊洛瓦底江西岸的第一一一旅部分兵力，由馬斯德斯指揮，

101　*The Stilwell Papers*, p. 265.
102　Romanus and Sunderland, *Stilwell's Command Problems*, pp. 215-216.

他接到命令,要在荷平地區,建立一個鐵路阻絕區。正如我們所知,他和藍田對溫蓋特的為人以及其教條,都沒有太多信心,但馬斯德斯接受欽迪部隊作戰的特性:需要保有在叢林中的機動性。一個永久性長期的封鎖會摧毀機動性。而卡弗特在「白城」所做的陣地能獲得極大的成功,是因為它在日軍戰線的遠後方,若是接近前線,日軍為爭取自身活命會拚死一戰,就很難成功。

馬斯德斯的部下已經在戰場作戰四十五天,是溫蓋特設定的欽迪部隊作戰期限的一半,雖然他對所屬官兵做了演說,鼓勵他們要發揮自己剩餘的戰力;但所有官兵心裡都認為戰鬥約定的期限即將結束,時間一過,他們的疲勞和不安都將結束。[103] 但是在部隊被告知戰鬥即將結束之後,越來越難激發官兵們的戰力。「這是不是一種英勇的心態,相當值得懷疑。」一名第一一一旅的軍官寫道:「那不是一種心態,英軍戰士早已不再是自發性的英勇,而是下意識的,在戰鬥中做出不惜犧牲的行動。」[104]

指揮作戰培養了馬斯德斯,為人冷酷、幹練、愛張揚。當第一一一旅到達南昆(Namkwin)村附近的「黑潭」時,馬斯德斯穿上當地緬甸人的服裝偽裝後,到四周觀察。他不會像英軍在「白城」陣地時那樣,真正的跨越鐵路線,但他的部隊所處位置,近到足以截斷鐵路交通。這裡有水源,有適合放置25磅炮的炮台,也有一條飛機跑道的空間。遺憾的是,馬斯德斯部隊沒有空閒去構築一切。當國王皇家兵團(King's Own)第

103　Masters, *The Road past Mandalay*, p. 219.
104　Rhodes-James, op. cit., p. 109.

二營和蘇格蘭步兵團（the Cameronians）第一營，每排現在實際兵力已下降至 25 人而非 40 人，於五月八日才剛抵達，就遭到日軍攻擊。這些日軍是在鐵路北邊 5 哩的賓包（Pinbaw）駐守的鐵道聯隊分遣隊，他們連續五天夜晚攻擊英軍。日軍的兵力遠小於英軍，英軍以機槍和迫擊炮擊退日軍，就像他們曾經在「白城」做過的，一挺機槍用足以幹掉一個大隊那麼多的子彈，來掃射一小隊的日軍。但是這批欽迪部隊，除了進行戰鬥外，還要挖掘戰壕，以及把跑道修平坦以利飛機起降。跑道受到日軍用一門 7.5 公分口徑的火炮，從賓包猛烈轟擊。英軍的滑翔機和 C-47 運輸機墜毀，然後放火燒掉，直到五月十三日，馬斯德斯擁有了高射炮以及 3 門 25 磅炮，可以用來反擊日軍；除此之外，有美軍科克倫的野馬式戰機提供「長程炮」的火力支援。[105]

　　第一一一旅並不是孤立於「黑潭」，但是很顯然的，第一一一旅官兵感覺自己被孤立。第七十七旅在東方的山區，第一一一旅官兵以為他們在休息；第十四旅抵達了，很慢，要在「黑潭」西邊建立陣地。馬斯德斯搭輕型飛機，飛出戰場，去見史迪威和藍田，要求藍田督促布羅迪的第十四旅快一點就位。「『白城』早在十三天以前就撤離了，第十四旅本來應該直接上來。我的旅在十四天內，走過 140 哩的路程，建立鐵路阻絕區。那些該死的蠢蛋，難道不能在十三天內行軍 120 哩？那些蠢蛋到底在那裡？西非師又在那裡？」藍田向馬斯德斯保證，布羅迪會盡其所能的趕來，並且命令馬斯德斯，如果他發覺第一一一旅有被日軍殲滅的危險，他可以率部撤離「黑潭」據點。

105　同上，p. 125.

這完全不是個令人振奮的命令。[106]

雨季增添了馬斯德斯的擔憂。大雨使散兵坑變成帕斯尚爾（Passchendaele）戰役的戰壕，[107] 被風刮斷的樹木碎片和人類軀體碎片，直挺挺的從潮濕的泥土裡伸出，從該旅陣亡人員遺體，或掛在鐵絲網日軍屍體流出的內臟，散發出腐爛的氣味。日本炮兵的接近程度，已經開始讓「黑潭」難以防守，情況比先前卡弗特在莫汝發現炮兵時更為嚴峻。這樣的作戰類型並不在長程滲透部隊所受的訓練之內。五月十七日，國王皇家團第二營在名為「深處」（the Deep）（馬斯德斯將在板球場後面的全部崗哨都取了名字）的陣地，被至少有12門日軍重炮規律地密集轟擊過；他的副指揮官跌跌撞撞地走進馬斯德斯的指揮所，向他報告炮彈直接命中機關槍和機槍組員；副指揮官不確定若日軍步兵進入陣地時，他們是否還能守得住？馬斯德斯立即去電蘇格蘭步兵團第一營，命令他們立即換防，接管「深處」。國王皇家團第二營的官兵走過他身邊時，因為都放鬆了，他們眼神恍惚，下巴下垂張得很開。馬斯德斯相信日軍會馬上進攻，但日軍等了一個小時，直到夜色降臨而且還下了濃密的大雨。來攻擊的是武田馨（Takeda）中將指揮的日軍第五十三師團─這師團並非來自九州山區堅強的年輕戰士，反而幾乎是全由京都年紀較大的、最近徵召的城市居民所編成。儘管如此，他們還是奮力作戰。當蘇格蘭步兵團第一營官兵知道已經逼退

---

106 Masters, *The Road past Mandalay*, p. 243.
107 譯註：一戰時，1917年7月31日至11月10日的伊普爾第三次戰役（也被稱為Passchendaele戰役），其中英國、加拿大、澳新軍團，和法國軍隊為了奪回Passchendaele的控制權而與德軍激戰。在幾個月的戰鬥之後，伊普爾幾乎被夷為平地，雙方各有近五十萬傷亡，而盟軍只有贏得幾英里的土地。

第五章　再襲敵後

日軍最後的瘋狂攻擊時,已是凌晨四點後。

一星期後,武田馨投入他轄下的第一二八步兵聯隊進行大規模的突擊。布羅迪的第十四旅,和曾在丘萊隘口(Kyunsalai Pass)伏擊並殲滅一個日軍偵察中隊的奈及利亞營隊,都沒來得及從山區下來,到鐵道的山谷幫助馬斯德斯。叢林中遇到的困難和雨季的狂風暴雨,使他們的前進速度慢得可憐;而且似乎沒有人告訴他們,馬斯德斯曾經用來由山脊下到南昆村(Namkwin)的小路在哪裡。[108]

卡弗特也幫不上忙。他將他的部下編成三個營,然後發現不可能渡過南因溪(Namyin Chaung),因為溪水暴漲,淹沒周圍的稻田,而日軍已經謹慎的撤離當地所有民用船隻。馬斯德斯唯一的援軍來自於由德干騎兵團(Deccan Horse)的軍官哈伯(Harper)少校指揮的廓爾喀第九團第四營的900名部隊。哈伯率領他的部下,正好在溪水泛濫前渡過南因溪。之後,沒有任何援軍。在五月二十四日晚上,經過激烈的戰鬥後,蘇格蘭步兵團第一營一位中尉,打電話報告旅部:「我的部下大多數都負傷了,我自己也負傷了。如果沒有任何支援,我們受夠了!」[109] 同樣的情況也發生在整個「黑潭」周邊。日軍炮兵如此接近英軍的補給空投場,即使盟軍飛機成功地很接近空投場,也經常把英軍的給養和彈藥投到日軍陣地。有一次,馬斯德斯看到日軍的高射炮,擊中一架C-47運輸機的一顆引擎,那架C-47在烈焰中墜毀。另外,鐵路阻絕區本身被零式戰機襲擊。「再繼續留守鐵路阻絕區,勢必進一步造成本旅的損失。指揮

108　Bidwell, *The Chindit War*, p. 233.
109　Rhodes-James op. cit., p. 141.

官要求允許撤退。」這是當晚馬斯德斯起草給上級的報告。第二天凌晨，他的通信官正準備發送譯碼過的信息，這時備戰命令下達了。日軍已滲透陣地周邊，攻占了阻絕區內一座重要小山丘，從小山丘猛烈發射機關槍。即使蘇格蘭步兵團第一營官兵英勇地反擊，也沒能將他們逐出陣地。馬斯德斯意識到自己必須把部隊撤離，日軍已實際進入他的陣地。他的食物短缺，但更糟的是，他的彈藥少到令人絕望。他決定帶他的旅，撤往西邊的布姆拉安山（Bumrawng Bum）；他們第一次從「亞伯丁」過來時，曾越過這座山。當第一一一旅撤出時，子彈和迫擊炮彈在撤離的負傷者隊伍中炸開。當有副擔架被擊中，負傷者以及擔架手都被炸飛到空中，理查・羅德・詹姆斯（Richard Rhodes James）密碼翻譯官發覺自己在無助地祈禱。小道上一顆與身體分離的頭顱，瞪大眼睛對著他。有些擔架手脆弱得難以忍受，扔下手中的擔架及負傷者逃跑了。有一些傷患，知道自己無法在這次撤退行軍中存活，或者遭受炮彈碎片極嚴重的創傷，就要求戰友槍殺他。馬斯德斯親自描寫了他們遭遇的血淋淋的情況：

> 第一個人幾乎全身裸穿，一個炮彈挖空了他的肚子，他的胸部和骨盆之間有個血淋淋的空洞，後面就是他的脊椎。另一個人沒有腿、沒有臀部，他的軀幹在腰部略低處被切斷。第三個人沒了左手臂、沒了肩膀、沒了胸部，它們全部一塊塊被撕裂。第四個人沒了臉，白色的腦漿從他的頭往外流，滴到泥巴裡……[110]

110　Masters, *The Road Past Mandalay*, p. 259.

第五章　再襲敵後

有個縱隊被司令部參謀誤導走錯，才剛及時回到正確的路線。在前面有個人被擊中大腿，原路跑回來高喊救命。詹姆斯回憶說：

> 我走過他身邊，覺得自己像殺人犯。為什麼我不停下來幫他？……一個人大腿受傷，拖著自己穿過稻田，朝著我們前進的路徑走來。之後回頭想到這一刻，我反省著，要有多勇敢才會援救那個大腿負傷的人。當時，我唯一的意識是有人在背後推我，必須繼續走。[111]

英軍第一一一旅花了三天，才抵達莫克索莎干（Mokso Sakan）村，這座村落在山區裡，他們曾從這裡派人偵察「黑潭」。他們遇到奈及利亞營部隊，該營為了援助他們，並照顧他們的傷兵，在山間小徑上急行軍。第一一一旅這時有 2,000 名官兵可以作戰，130 名負傷。在翻越隘口頂端時，他們停下來，等待從因多吉湖（Lake Indawgyi）送來的補給。從那裡，由布拉馬普特拉河（Brahmaputra）[112] 為基地的飛艇，已經開始提供臨時服務。他們精疲力盡，受到戰場震撼，並對第十四旅暴怒。正因他們行動的延遲，差點讓日軍徹底殲滅駐守「黑潭」據點的英軍。「第十四旅可以拯救我們。」[113] 詹姆斯寫道。馬斯德斯也對藍田很生氣。藍田為什麼不來看望第一一一旅官

111　Rhodes-James op. cit., pp. 144-145.
112　譯註：在中國境內稱雅魯藏布江。
113　同註 109。

兵?來親自看看他們的慘狀?[114]

他們如此的被消耗以及被榨乾,不管怎樣,不可能再要求他們執行更多的任務。然而,但這時傳來一個荒謬的命令:第一一一旅要出發,從西邊攻擊孟拱;同時,第七十七旅從東邊攻占孟拱。

第八回 史迪威烤英軍釘美軍

藍田與尖酸刻薄的史迪威間的鬥爭,最終把史林姆和蒙巴頓一起捲入。史迪威打從一開始就不喜歡溫蓋特,並稱欽迪部隊的作戰行動是「陰影拳」。但這並不造成他和許多英軍將領有隔閡,因為這些英軍將領也有相同的看法。令史迪威憤怒的是,溫蓋特的部隊造成史迪威的失敗。伊洛瓦底江東岸的英軍第一一一旅的莫里斯部隊,對史迪威的密支那戰役沒有達成預期的作用。但這部隊只有1,300人的兵力,而史迪威的華軍和美軍加拉哈部隊全部有3萬人,也尚未成功攻占密支那,史迪威對英軍的批評似乎太過嚴苛。但英軍第一一一旅未經批准即放棄了「黑潭」鐵路阻絕區,使2,000～3,000名日本援軍可由該處北上支援孟拱,造成史迪威的部隊處於弱勢。

博特納(Boatner)代表史迪威,開始掌管南下的莫里斯部隊。他在五月二十五日接到命令,要肅清在伊洛瓦底江東岸萬茂村(Waingmaw)駐守的日軍,萬茂村的對岸即是密支那。萬茂村的日軍有一個中隊兵力,這個區域被洪水淹沒,莫里斯

---

114 Masters, *The Road past Mandalay*, p. 267.

部隊無法攻占萬茂村。越來越不耐煩的博特納,求助盟軍東南亞戰區總司令,蒙巴頓下令不惜任何代價攻克密支那,博特納也下令,莫里斯必須不計傷亡。莫里斯明白博特納只是看地圖標示,完全不知道現地的情況,所以莫里斯描述了萬茂的狀況。萬茂整個鄉間水淹到胸部那麼高,只剩少數幾條路可以通往萬茂,但路上都布滿日軍架設的機關槍埋伏。莫里斯每天都因為疾病損失三分之一個排的兵力,而他其餘的部下是如此精疲力竭,甚至在日軍射擊下也睡著了。到七月十四日,莫里斯部隊全部兵力只剩三個排,藍田堅持要將他們撤出。中國部隊反對,史迪威拒絕。一星期之後,當莫里斯整個部隊官兵已經減員到25人時,藍田再次請求,以具諷刺意味的建議提到:撤出他們的時刻或許已經到了。史迪威終於同意莫里斯部隊撤退。[115]

但是,當然,史迪威的華軍比起不管是英軍欽迪部隊或是美軍加拉哈部隊,待在戰場上的時間更久。史迪威也不要在華軍持續與日軍作戰時,撤離加拉哈。儘管史迪威自怨自艾,但華軍沒有很積極的進軍,而且華軍將領從蔣中正那裡接受密令,要節約使用華軍的兵力。史迪威用一個牽制另一個。史迪威堅持被雨水浸透及因戰鬥而疲勞的欽迪部隊要留在戰場作戰,此時他又怎能撤離加拉哈呢?

這個時候,即使是最優秀的美國軍人也被擊倒,包括科克倫所屬飛行團隊。「我們出現耗損崩潰的現象,」科克倫承認:「我的戰鬥機飛行員因為極度疲勞而生病了。有些飛行員失去他們對戰鬥和飛行的意願,轟炸機飛行員也發生同樣的狀況。運輸機和輕型機的飛行員,則失去了他們的熱情,病況日漸嚴

---

115 Romanus and Sunderland, *Stilwell's Command Problems*, pp. 243-244.

重。他們執行一些最吃重的撤退作業。我們的收尾作業前所未有的辛苦,大家疲憊不堪而且生病了。」[116]

美軍地面部隊的情況更糟糕。加拉哈部隊曾經在中國軍隊支援下,展現了奇蹟般的行軍和耐力。在卡盟山谷,加拉哈部隊艱苦跋涉60哩穿過叢林,占領瓦魯班(Walawbum)的道路,截擊日軍田中新一的第十八師團。加拉哈部隊與中國新編第三十八師的一個團併肩作戰,然後與日軍田中師團交戰,造成日軍撤退後,留在戰場上的屍體有1,500人。在這個時候,蒙巴頓去看望史迪威,到戰場參訪,繞了一圈:「路易斯起床了,但是他不喜歡屍體發出的臭味。」史迪威在一封給他妻子的信件中如此譏笑寫道。[117] 加拉哈部隊在卡盟北邊20哩的因康加唐(Inkangahtawng),再次施展包圍戰術。兩個營穿過山區,在三月二十三日走出山區來到道路。然後被日軍擊敗又退回山區,停在恩朋卡(Nhpum Ga)作戰。恩朋卡是一座山脈的尾端,座落在大奈河谷之上的陡峭山峰,但只有一處水源。日軍第十八師團編成一支任務特遣隊,交丸山房安(Maruyama)大佐指揮追擊,從四面八方攻擊加拉哈部隊周邊陣地。三月三十日,從美軍手中奪占了水源地。

加拉哈部隊也有指揮問題,史迪威的朋友,也是由他任命的麥瑞爾准將,在三月三十一日因為心臟出毛病而被空運離開戰場。法蘭克・亨特上校(Frank Hunter),實際上曾在印度中部訓練過加拉哈部隊,是一位具有強大能力及意志力的正規步兵軍官,接管加拉哈部隊,試著從珊新央(Hsamshingyang)

116　Lowell Thomas, *Back To Mandalay*, p. 243.
117　B. Tuchman, *Sand Against the Wind*, p. 434.

突圍，解救恩朋卡被包圍的美軍，帶到北邊 3 哩叢林中的一塊空地。駐守恩朋卡的美軍有充足的食物和彈藥，但飽受缺水以及死亡馱畜腐爛難聞臭味之苦。

接著日軍就這麼銷聲匿跡。田中中將開始越來越擔心密支那的防守問題，他不要在卡盟周邊山區分散他的兵力。加拉哈部隊總共陣亡 59 人，有 379 人因負傷或生病而被撤離前線。就像歷史學家萊利・桑德蘭（Riley Sunderland）所說的：「史迪威的最具機動性、最聽他命令的作戰利器，就這樣被折損磨鈍了。」[118]

田中的目的是盡可能長期的控制卡盟到孟拱地區，直線距離大約 30 哩。田中認為盟軍不會對密支那攻擊，因為如果日軍第十八師團在孟拱河谷攔阻史迪威部隊向南推進，密支那就安全無虞。田中決心守住卡盟，直到雨季來臨，然後等史迪威部隊被困在洪水淹沒的河谷時，再逐步撤退。田中的想法是精明的；但他不能消除在卡盟南邊幾哩處色頓（Seton）的道路阻絕，那裡由華軍第一一二團駐守，並擊退了所有日軍的反攻。田中知道在六月中旬，孟拱河谷的降雨量會達到一天一吋，坦克車將無法開動。而另一方面，田中自己也陷入非常嚴重的困境，部下需要的米糧每日配額已經下降到正常量的八分之一，他的車輛因為缺乏汽油而不能開動，他的火炮一天只能分配到 4 發炮彈。在六月十六日，中國師把日軍逐出卡盟，日軍退入卡盟南方和西方的山區。同一天，華軍第一一四團與在恰好名為廓爾喀以瓦（Gurkhaywa）村的廓爾喀團會師，村莊位於孟拱的正北方。在這個盟軍的大包圍作戰行動中，田中師團的第

---

118 Romanus and Sunderland, op. cit., p. 191.

五十六及第一一四步兵聯隊的部分軍隊,在卡盟西方的山區被盟軍截斷,給包圍起來。藍田的欽迪餘部,現在和史迪威部隊陸路會師,並且透過史迪威支助返回印度。

　　田中要在孟拱河谷繼續戰鬥下去,他要求日軍第三十三軍司令官本多政材(Honda),督促第五十三師團幫他攻破中國師所駐守位於色頓(Seton)的據點。本多同意了。連續三天,田中師團和第五十三師團京都的士兵合力,試圖突破華軍第一一二團以及由第一一三團增援固守的陣地,最後日軍的攻擊失敗。本多命令田中把他的師團撤離,前往位於孟拱南面鐵路線上的薩茂(Sahmaw)。田中率領他僅剩的一半兵力,且內部滿是患有瘧疾和饑餓的官兵,退出了孟拱河谷。

　　研究中緬印戰場的美國歷史學家,特別感興趣的,是日軍田中師團曠日持久的抵抗,不只是對緬甸戰役,也包括對亞洲歷史產生的影響。如果在一九四四年年中,史迪威已占領密支那,開通往中國的道路,蔣中正就能在一九四四年將經驗豐富的中國部隊以及他們配屬的火砲,從緬甸北部調回國內,將可大大提升蔣在一九四五年對抗中共軍隊的能力。

　　事實上,史迪威的進度已經放慢,他依靠加拉哈部隊加快速度。該部隊原有 2,997 名兵力,現在只有 1,400 人,組成三個戰鬥群,並由華軍支援。麥瑞爾再度接管指揮權,向各營長指示,攻占密支那後,築路任務告終,全體官兵就要撤離。作戰計畫是不從孟拱攻往密支那,而是要部隊穿越康蒙嶺(Kumon range)山區,在克欽族戰士的幫助下,從北方進攻密支那。比起常規的道路,他們更常使用小徑,很多馱畜摔下山腰。騾子滑倒時要卸下馱負,並拉回山路,再馱上東西。管理騾子比起戰鬥還更令加拉哈部隊疲憊不堪。查爾頓·奧格本

（Charlton Ogburn）寫道：「照顧騾子的領隊們，幾乎變得不成人樣。」加拉哈官兵已行軍達 500 哩，對他們來說這條路線是煉獄。有一次，加拉哈部隊必須爬上 6,000 呎高的隘口，在峰頂飽受冷冽的寒風吹襲。因為相信麥瑞爾的鼓舞：這是最後一戰，他們才能繼續前進。

在路上，K 部隊（加拉哈第三營加上華軍第八十八團）[119]指揮官金尼森上校（Kinnison）因感染致命蟎蟲傳播的斑疹傷寒而去世。包括他，共有 149 名官兵傷亡，得此病者大多死亡。防守山區村落的小股日軍部隊被他們殲滅。亨特上校（Hunter）指揮他們繼續前進。他分別在五月十四日（抵達密支那前四十八小時）及五月十五日（抵達前二十四小時），發出預先安排好的電報給史迪威，以及給孟拱河谷的美國陸軍航空隊奧爾德准將（William D. Old）。五月十六日亨特來到距離密支那機場兩哩處。他派出迪克・德席瓦（Dick D'Silva）指揮克欽偵察兵，事先偵查目標地區。偵察兵帶回好消息，機場只有極少的防禦，密支那市區也是。防守密支那的日軍，只有丸山房安大佐指揮的第一一四步兵聯隊下嚴重缺員的兩個大隊，如果包括防守機場南北跑道的第十五機場守備大隊，全部兵力只有 700 名，其中大約 300 人在作戰的單位，而超過 300 名的病患則在陸軍醫院。日軍仍持續使用孟拱和密支那間的鐵路段。當亨特和加拉哈第一營在南桂河（Namkwi River）旁露宿時，徹夜聽到蒸汽火車頭氣笛的聲音。

五月十七日早上十點，亨特率領他的營，朝密支那西邊，伊洛瓦底江渡輪停靠點的帕馬提（Pamati）進軍，同時派遣華

119　譯註：指揮官是 Kinnison，因此稱 K 部隊，後來由 Hunter 任指揮官，就稱 H 部隊。

軍第一五〇團攻向機場。當行軍通過一片非常平坦的地帶時，有一個日軍的狙擊手射擊他們；否則他們會讓日軍出其不意。亨特向位在南布姆（Nanbum）加拉哈總部的麥瑞爾發出電報：「上場了（IN THE RING）」時，亨特已在機場。幾分鐘後日軍被趕出機場。亨特設置哨兵放哨，然後發出第二個暗號：「威尼斯商人（MERCHANT OF VENICE）」。[120]

「威尼斯商人」是要求空運補給品的暗號。亨特部隊的官兵們熱切盼望他們的食物和彈藥。但史迪威的參謀另有決定。他認為控制機場跑道最為重要，所以第一批飛機運來第八七九航空工兵營的一個連，然後是五〇機槍防空連，以及若干華軍。

麥瑞爾和亨特都急著要進占密支那；但這些補給的功用，是在防守。問題還有：擔任美國陸軍航空隊印緬地區司令官的史崔特邁爾（George E. Stratemeyer）將軍堅持要空運英軍第六十九輕高射炮團的兩支部隊，到密支那。

史迪威五月十八日的日記提到，雨季再過兩個星期要開始了；但並沒有妨礙他誇讚亨特的輝煌成就，他補了一句：「這會激怒英國佬！」對史迪威而言，這確是勝利的甜蜜時刻。如同美國歷史學者羅馬努斯（Romanus）與桑德蘭指出的，儘管悲觀者都預言他做不到，但他的確攻下了密支那。史迪威的飛機在密支那機場降落，中國部隊也飛來，要解除日軍對雲南的封鎖。史迪威的部隊深入緬甸，經過500哩艱苦奮戰，並擊敗曾經攻占新加坡，戰力最強的日軍師團之一：「攻占密支那機場的輝煌成就，是史迪威職業軍人生涯的高峰，也是緬北戰役

---

120 Ian Fellowes Gordon, *The Batttle for Naw Seng's Kingdom*, p. 120.

的最高潮。」[121] 但這些歷史學者對他的讚許，很快就寂然消逝。華盛頓的參謀首長聯席會議接到一個通報：一九四四年六月二日有一道新指令對飛越駝峯到中國的空運，給予優先權。此時東南亞戰區運用地面及空中兵力對日軍施壓，已完成全部雷多公路的開闢。因此由海上登陸攻擊蘇門答臘的計畫（Operation CULVERIN：重炮行動）永遠擱置。密支那機場證明對駝峯空運航線極具價值。在機場奪回後，到當年十月之間，總共有14,000架次空運航班，空運了4萬噸物資到中國。[122]

不幸的是，丸山房安大佐還留在密支那。第一次肅清丸山的企圖，由華軍兩個營執行，但在災難中結束。這兩個營迷路後，開始彼此射擊對方。五月二十日又發生同樣的行為，但這次是三個營而不是兩個營。亨特意識到，要攻占密支那市區，一定要把加拉哈部隊其餘兵力全部調來。其他兩個部隊，雖然已經好多天沒吃東西，仍被調往加入亨特。當他們來到機場跑道時，已在三天前抵達密支那的麥瑞爾，看到他的部下，沒有一個能正常行走。加拉哈幾乎每個人都得了叢林瘡、腳部腐爛或者痢疾，有個排甚至把他們褲檔割開，使痢疾不會耽誤他們戰鬥。麥瑞爾記錄道：他們「可憐但仍然具有可佩的氣勢。」[123] 華軍彼此誤射當天，麥瑞爾的心臟病再度發作，不難看出發病的原因。副手麥卡蒙（John MacCammon）上校晉升准將，負責指揮重組的密支那任務特遣隊，而亨特則繼續消耗加拉哈―與日軍高層對密支那守備部隊的決策完全一樣，兩者犯下

121　Romanus and Sunderland, op. cit., P.228
122　同上, p. 229.
123　同上, p. 230.

相同的錯誤。麥卡蒙准將幹了一星期，就被史迪威的副手兼參謀長博特納所取代。

日軍的集結快速，丸山的部隊在一星期內增加到至少 3,000 人。守備隊兵力很快就達到 4,500 名。這些日軍即將從史迪威的手上奪走勝利，然而史迪威在參二情報組的兒子，約瑟夫史迪威（Joseph Stilwell）上校卻嚴重低估了他們。[124] 事實上，即使在這麼遲的時候，這情況，仍然可以補救。英軍第三十六師（費斯廷准將 Francis Wogan Festing）已經準備好空運到戰場：要占領鐵道，後來執行了；而且一經通知就能立刻投入密支那機場作戰。英第三十六師官兵身強體壯，而且已做好戰鬥準備，與亨特那些該替換的精疲力盡的部下相比，第三十六師有顯著戰力。美國史家說，史迪威反對這個決定，「在他的日記裡沒記下理由。」[125] 他不需要英軍。在史迪威嘲笑英國佬後，又跟十幾位戰地記者向世界描繪他偉大美國的巨大勝利後，還要叫英國軍隊幫他火中取栗，實在難以想像。史迪威在必要時情願用開闢雷多公路的工兵，也不要用英軍。「我可能會用我們的一些工兵單位，來保持戰鬥中的美國味。」史迪威在給馬歇爾將軍的電報裡這樣寫道。[126] 另外有一件事史迪威遺漏而沒在日記提及，就是全心投入的亨特上校呈交給他一份措詞強烈，關於史迪威參謀作業的報告。亨特是美軍本寧堡基地（Fort Benning）的步兵教官，不僅僅是一位勇敢和幽默的指揮官，而且也是一位瞭解規則的軍官。亨特的信中明白的陳述，史迪威

124　NCAC 因裙帶關係增加與中國軍隊合作的聯絡官，其中有兩個是史迪威的女婿。
125　同註 119, p. 233.
126　Romanus and Sunderland, op. cit., P.233

的幕僚們,從參謀長博特納以降,都對加拉哈部隊有差別待遇,而優待中國軍隊。加拉哈已經過度耗損,而且它的戰力正因疾病和傳染病而下降。[127] 這是確切的事實,從密支那包圍戰居然要兩個半月可以證明,因為只要有適當的計畫和正確的情報,應該在兩、三天內就可能攻占。圍攻期間,日軍在五月二十七日展開反擊,麥吉(McGee)上校的 M 部隊官兵們,竟然常在交戰中睡著了,麥吉自己則暈厥三次。他要求讓自己的部隊換班,但他是在浪費時間:史迪威顯然不管任何狀態,都要有美國部隊待在戰場。當換防兵員由美國抵達,事情甚至變得更糟。一些換防兵在後方醫院被搜出來,而那些應該躺在醫院病床上的人,反而被送回密支那。這樣如此一組 200 人的隊伍,有 10 個人會立即因病而被重新撤離。工兵部隊沒比較好,他們之中有很多人在入伍基本教練之後,沒再使用過步槍。他們還有區別敵我的問題。一名年輕軍官率領一個連,朝他認為是穿中國軍隊制服的部隊走過去,其中一人向他招手,接著就猛地趴向地面,一架日軍機槍,從那人上空掃射。這個連被摧毀。[128]

然後於五月二十五日,有 2,600 名志願者,從美國搭船抵孟買,被匆促送往藍姆伽訓練一星期,編成兩個營稱為「新加拉哈」。當在密支那的軍官們接管這批新兵時,他們發覺這些兵不堪用,於是混編老兵與新兵,將加拉哈所有兵力重新編成 3 個營。「這些缺乏經驗的士兵,在大雨中飛到密支那,然後從運輸機下來,進入一場噩夢。」約翰佩頓・戴維斯(John Paton Davies)一位美國外交官也是史迪威的政治顧問,這樣寫

---

127 同上, p. 237.
128 同上, p. 240.

道:「他們走入泥濘的戰場,而那些拿下幾場勝仗的老兵,則每次幾十個因為負傷及疾病而飛離戰場。依照疾病檔案,一個美軍要有資格被撤離戰場,他要連續三天持續高燒華氏102度。任何能夠扣扳機的人都是迫切的需要!加拉哈的倖存者,將他們吃下的單兵口糧幾乎全吐出來,有些人在交戰中睡著。」[129] 然後戰鬥將他們清理掉。他們之中有50人被診斷為精神病,一些軍官被申報無法勝任職務。六月十五日,博特納寫給史迪威的信件中,提及美國部隊的恐懼和瓦解:「他們在很多情況下,只是被日本鬼子嚇壞了。」[130] 原加拉哈第二營營長奧斯本(Osborne)中校,確信一些撤離到後方的官兵是裝病。「加拉哈部隊真的毀了。」[131] 史迪威不得不承認,後來「美國部隊搖搖欲墜,很難相信,要麼是我們的軍官都爛掉了,要不就是博特納越來越歇斯底里。我得親自上場。」[132]

他繼續如此,而且幸運地回來了,但部下對他仇視,達到非常高的程度。奧格本中尉,一名加拉哈軍官,將史迪威描述為「無血無淚、冷酷無情沒有人性。」記錄有一名部下差點要槍殺史迪威,而很遺憾他沒有這樣做:「我在步槍的準星裡瞄準他。我是可以扣扳機,沒人會知道是不是鬼子幹掉這狗娘養的。」[133]

129　J. C. Davies, *Dragon by The Tail,* p. 293.
130　同上, p. 242.
131　Diary, 30 May, 1944, The Stillwell Papers, p. 279.
132　Ibid, p. 287.
133　Ogburn, *The Marauders*, p. 279.

第五章 再襲敵後

第九回 卡弗特之怒

除了史迪威參謀中有著會以他刻薄反英打趣而大笑的諂媚者，以及像馬歇爾將軍這類遙遠的崇拜者外，其他人對史迪威的共同論定，是他不厚道。那幾乎是一致的看法：中國人痛恨他，英國人除了史林姆（可能是個例外）都厭惡他，他的部下討厭他和怕他。他的命令讓加拉哈全軍覆沒，也幾乎讓欽迪的倖存者瓦解。但在最後一戰，只剩 2,000 名的欽迪部隊，獲得極大的成功：卡弗特的第七十七旅，攻占了孟拱，成功地切斷通往密支那的鐵路。在五月二十七日，藍田發電報給卡弗特，告知他史迪威的中國師在日軍第十八師團所在的卡盟後方，占領色頓，建立阻絕區，卡弗特被派去攻占孟拱。藍田問他能否給個攻占的日期？卡弗特說他會在六月五日攻下孟拱。

曾任「百老匯」空降場指揮官的羅馬上校，與廓爾喀步槍兵六團三營一起進軍，在五月三十一日拿下可以俯瞰孟拱的山丘。迅速改變了日軍第三十三軍司令本多原來要由第五十三師團救援密支那的計畫。儘管密支那被華軍和美軍包圍，日軍仍能進出密支那，就如三橋（Mijashi）少佐所為：三橋是第三十三軍的情報參謀官，曾穿過陣地，和水上源藏少將及丸山房安大佐商議，然後又回來報告。一旦英第一一一旅放棄「黑潭」據點，那武田馨第五十三師團，經孟拱支援密支那就完全可行。事實上，本多就命令武田師團這麼做，但當武田距離目的地只有幾哩時，本多又取消了命令。本多當時判斷日軍第十八師團的需求更重要；營救第十八師團，比支援密支那更急，本多改派武田師團到卡盟，命令他在孟拱擋住欽迪。

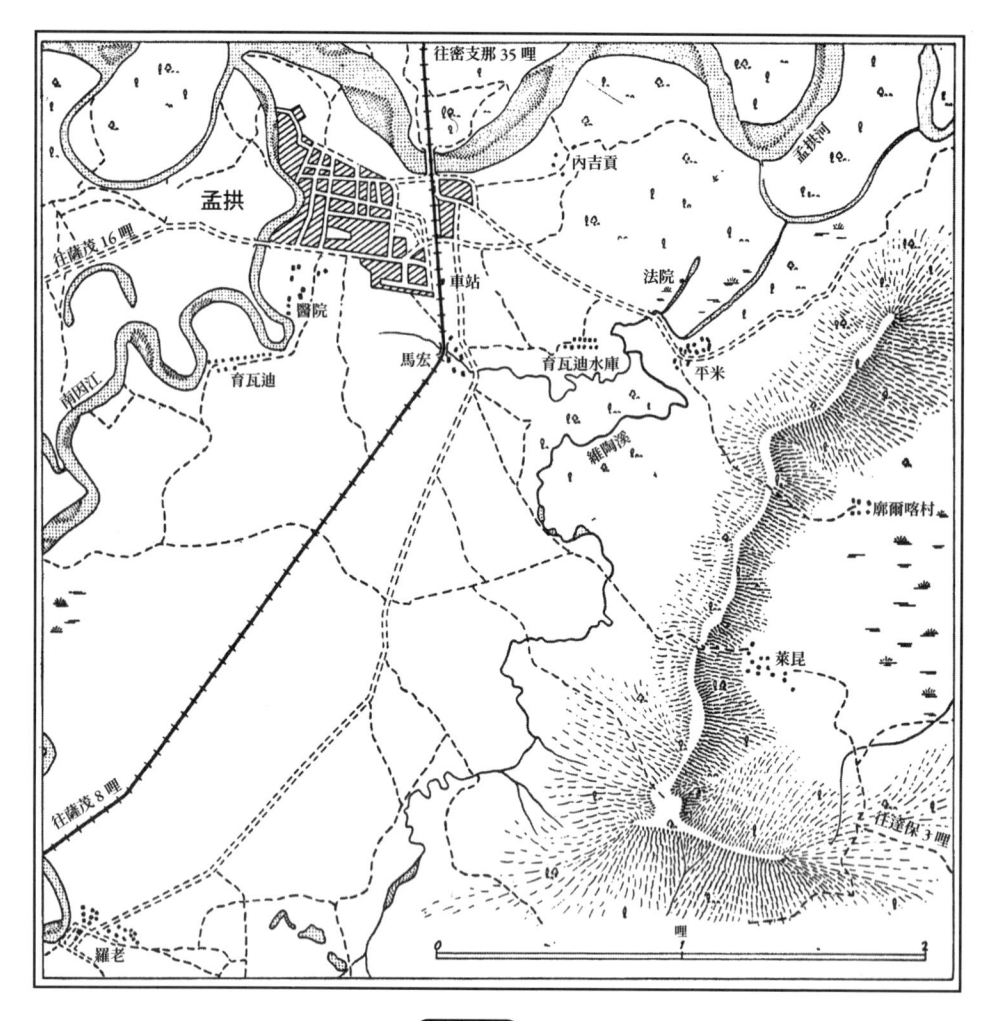

圖 5-4　孟拱

　　孟拱河橫亙於孟拱的北邊，南因溪在西邊流入孟拱河；維陶溪（Wetthauk Chaung）在東南邊，在平米村（Pinhmi）有座跨越維陶溪的橋樑，南斯塔福郡營在南下到維陶溪的路上，摧毀了幾座日軍臨時彈藥庫，他們停下來讓蘭開郡火槍營先通過，去占領橋樑。平米村的道路比繞著它的河邊水平面高幾呎，

第五章　再襲敵後

道路的一邊有 4 呎深的溝渠，另一邊則是叢林。日軍在比橋面高的高地挖了掩體，以掩護橋本身以及從平米村接近橋樑的路線，在這裡，卡弗特遭遇了首次挫折：英軍試圖沿溝渠接近橋樑，在緩慢而徒勞無功的進攻之後，卡弗特到了。他和蘭開郡火槍營的指揮官蒙蒂斯（David Monteith）少校會商後，決定在重迫擊炮火（該營沒配屬炮兵）掩護下，使用兩個排衝鋒，攻進日軍陣地。傑佛利（W. F. Jeffrey）描述接下來發生的事：

> 溝渠裡的官兵滿臉疲憊與陰沉：有些人緊握著別人的手，我自己則肚子翻騰又翻騰，最後像是打了個結。……沿著這條路進攻，這是自殺。等到這個排衝到橋邊的空地，日軍就從隱蔽的掩體，用機關槍射殺他們。[134]

第二天，美軍野馬式戰機被召來，以炸彈和機槍掃射攻擊橋樑。第三架飛機沒擊到橋樑，反而攻擊了村落，炸到英軍正在卸物的騾子雜役隊。這是可怕的大屠殺。官兵和騾子倒在地上亂踢以及尖叫。當戰機再次飛回要以機槍掃射時，受到震撼的蘭開郡火槍營官兵，憤怒的對戰機揮舞拳頭，並詛咒飛行員。好在，這次是掃射到橋上。當戰機又飛回來時，轟炸震撼了他們─蘭開郡營官兵顫抖著，有些人緊張到崩潰。[135]

翌日，廓爾喀營繞道，從日軍掩體背後攻下其陣地，打開通過橋樑的道路。卡弗特指揮的這場戰役要在山脊之間的開闊

134　W. F. Jeffrey，*Sunbeams like swords*《欲日如劍》，pp. 142-143.
135　同上，p. 145.

鄉野作戰，這不簡單，而且孟拱日軍陣地的掩體彼此間的火力可以交叉掩護，到處都是狙擊手。這些狙擊手之一，擊中了魏菲爾總督之子阿奇‧魏菲爾（Archie Wavell）少校的手，手腕幾乎被撕裂。受傷的魏菲爾少校，用另一隻手抓住只以肌腱連著的那隻手，自己走回後方，排著隊等待後送，不管藍田要他立即飛離戰場的急電。[136]

在平米村奪橋戰鬥裡，第七十七旅大約有130名官兵傷亡。

有些日軍在緬甸人房子下面挖設據點，在氣孔處覆蓋金屬格柵，防止手榴彈攻擊，於是，英軍使用火焰噴射器對付他們。因為英軍在攻下平米村橋有所延遲，使得武田馨有時間，派遣更多人前往支援孟拱。不久，就有第五十三師團的四個大隊來對付卡弗特，卡弗特不由得開始納悶，那些本應合作攻擊孟拱的華軍，到那兒去了？

六月十三日，卡弗特的營長們向他報告，每個營的兵力都只剩連級的人數。在無休止的泥淖和大雨中進攻襲擊，讓所有官兵精疲力竭。兩天後，卡弗特開始將部下拉回平米村休養，然後停止撤退，因為前哨回報，日軍也正在從這段河道撤出。難道日軍要離開孟拱？沒那麼幸運。武田馨只是將部隊調到比淹水區高的鐵路線，並從囊奇亞陶（Naungkyaiktaw）村，持續炮轟英軍第七十七旅，並將戰線向前延伸到火車站和平米村之間開闊的田地上。日軍炮兵從這村落直接精確炮擊，使卡弗

---

[136] Bidwell, *The Chindit War*, p. 269. 彼得威爾在《欽迪作戰》書中寫道，藍田命令他立刻飛走，並威脅卡弗特若不能做到，就要解他的職。卡弗特認為有兩個原因，一是可能總督不知道在溫蓋特第一次長征時放棄受傷的官兵，而此次「週四作戰」有不同的想法就是盡量將傷者撤離，而非棄之不顧。二是從地圖上看起來好像卡弗特的進展停滯，可能會投降，成為俘虜。那麼魏菲爾少校（Archie Wavell）是總督的兒子，將會被折磨，成為總督的壓力。（Calvert, *Prisoners of Hope, p.* 211.）

特每天損失 15 人以上。從火車站到孟拱河上的橋樑之間,日軍構築了 8 個安全又堅固的地下掩體,卡弗特以每天轟炸的方式,試圖主控戰局;但日軍持續的炮擊,加上浸泡在淹水戰壕而導致爆發戰壕足病,使卡弗特評估原有 550 名「合格」的兵力正日趨減少。卡弗特那群幾星期前在「百老匯」空降場著陸,來自南斯塔福郡的官兵,只有一名中尉軍官仍然存活,而且也負了四次傷。其餘的軍官不是死了,就是負傷而撤離後送。

卡弗特決定必須幹掉囊奇亞陶村的日本炮兵,他猜測約有百名日軍防守。[137] 經野馬式戰機夜間突擊,削弱日軍抵抗力之後,在六月十八日黎明前十五分鐘,英軍發射 400 發迫擊炮,雨點般落在囊奇亞陶村,並以 2 吋、4.2 吋迫擊炮和機關槍掃射。然後蘭開郡火槍營及 70 名倖存的國王利物浦營官兵開始進攻,和他們一起前進的還有布萊恩(Blain)少校的火焰槍隊,以及十幾個剛用降落傘著陸布萊德(Bladet)的分遣隊。日軍抵抗了一段時間後,開始逃離陣地,向東繞過稻田,再往西 400 碼外的火車站疾奔而去,當他們跑過開闊地帶時,卡弗特的機槍隊擊斃了 40 名[138]。當天結束時,總共 100 名日軍被擊斃。這時有件怪事發生,蘭開郡火槍營在占領的日軍陣地,烹煮晚餐時,有 7 名疲憊的巡邏隊員走進來,卸下他們的步槍和裝備。一名火槍營士兵從他埋首的晚餐中懶散的抬頭一看,猛然看到那些巡邏隊員是日軍:這些日軍沒料到兵舍已落入敵人之手。火槍營士兵搶先奪下他們的武器,並開火!讓這批落單巡邏隊

---

137 在 *The Chindits*, (p. 142) 一書中的數字是 100,在他早期的書 *Prisoners of Hope*(p. 218)的數字是 40-50。
138 Calvert, *Prisoners* of Hope, p. 218.

員永遠消失。[139]

當晚,華軍開始抵達,他們使用欽迪提供的突擊隊小舟渡過孟拱河。他們是第一一四團第一營官兵,由彭少校(P'ang)指揮,彭是「來自廣東一位堅強的小個子客家人」[140],卡弗特一見到就對他非常有好感。[141] 卡弗特的旅裡也有來自香港的志願兵,他自己也在一九三〇年代曾在中國任職,華軍大受他的歡迎,但是卡弗特煩惱地發現,華軍並不熱衷發動正面戰。事實上,他們也不需採取正面攻擊。當深切意識到自己兵力日漸縮小,卡弗特要在短期內結束孟拱作戰。有一些他的蘭開郡火槍營的軍官,熱切的詢問派駐華軍的美軍連絡官,何時會開始攻擊,卻只得到令人不知所措的回答:華軍已戰鬥多年,早或晚一個星期,對他們而言,沒有太大的意義。[142]

卡弗特後來才發現華軍謹慎地做出良好的判斷。在他對孟拱進行最後攻擊期間,吃驚的發現,他戰線左翼的華軍撤退了,讓蘭開郡火槍營完全敞開;但這是有原因的。在晚間,華軍向日軍陣地移動,但不打算待在那裡,只留下兩名炮兵觀測手隱藏在瓦礫堆中,當日軍在黑夜的掩護下走出地下掩體方便時,他們準確的標定日軍掩體的位置。天亮前這兩名觀測手重新回到單位上,然後華軍拖來 81 公厘迫擊炮,從 200 碼開外,打掉日軍的地下掩體陣地,以最少的傷亡攻占了日軍陣地。(事實上,這就是卡弗特自己相信的用物資質量來彌補數量不足的

139　同上, pp. 220-1; *Fighting Mad*, pp. 197-198.
140　譯註:彭克立,在此役指揮有方,屢挫強敵。先後攻戰二〇〇〇高地、拉吉(Hlagyi)、大弄湯(Tarongtang)、沙勞(Sharaw)等地。六月二十六日晨更率部首先衝入孟拱。(詳《實錄》頁 301。)
141　Calvert, *Prisoners of Hope*, p. 223.
142　Jeffrey, op. cit., p. 160.

戰法。但一焦躁,有時會忘了這原則。)[143]

卡弗特最後攻擊的時刻訂在六月二十四日,攻擊目標是奪占橫跨孟拱河上的鐵路大橋,以及南岸的納提貢(Natyigon)村。如果目標達成,那麼卡弗特就掌握了打開孟拱的鑰匙。新來的華軍,由彭少校的上司李上校[144]所率領的另一個營及一個75(公厘)山炮連,在第二天出現─這意味著卡弗特終於有炮兵部隊,雖然他自己的兵力下降到非常低:蘭開郡火槍營和國王利物浦營共110人;南斯塔福郡營180人;廓爾喀營230人。卡弗特打算發射1,000發迫擊炮彈,加上75公厘山炮的密集彈幕攻擊,然後步兵就可通過空曠地帶,廓爾喀營在戰線右翼,南斯塔福營在左翼,火焰槍隊和蘭開郡火槍營則是預備隊。前一夜,70架美軍飛機攻擊納提貢村。

迫擊炮迅速開始射擊,但沒辦法壓制日軍。日軍以密集炮火反擊來回應。日軍的反擊不只攻擊英軍的迫擊炮陣地,也攻擊了指揮部和步兵的陣地,造成大量傷亡,所以英軍移動至更靠近自己的發炮區。廓爾喀營沿著孟拱河岸往前衝鋒,攻向鐵路大橋。其中一位年輕軍官奧爾曼(Michael Almand)上尉,以前是騎兵軍官,跑在連隊前頭,去殲滅接近鐵橋的日軍機槍陣地。像第七十七旅的幾乎所有人一樣,奧爾曼遭受戰壕足病折磨,根本幾乎不能跑,但他涉過泥淖,用力擲出手榴彈攻擊日軍陣地,直到機關槍不再射擊為止。奧爾曼德為此付出了生

---

143 卡弗特之後寫道,彭少校「經過多年的戰場經驗,變得非常謹慎及珍惜他遠征軍部下的生命。有時這樣是美德,但是長時間來看,有時會造成更大的損失。(*Prisoners of Hope*, p. 224)。」接著又補寫道,「李(上校)告訴我,說我們的部隊太集中,如果分散開來,死傷會較少,也能多休息。這裡頭真的有些道理。」(p. 231)

144 編按:一一四團團長為李鴻上校。為孫立人麾下頭號戰將,且為人沉默寡言而謙和。

命，在陣亡後，被追授維多利亞十字勳章。這場戰役中，另一座維多利亞十字勳章，則頒授給另一名同為廓爾喀團第六團第三營的步槍兵，圖・巴哈杜爾・潘（Tul Bahadur Pun）。

「華軍心中（對我們）充滿羨慕，」[145] 南斯塔福郡營機槍連的杜蘭特（Durant）中尉寫道：「但也認為我們相當瘋狂。以東方人的耐性來說，華軍會花上一個星期進行同樣的攻擊，但傷亡可能只有我們的百分之五。」[146] 確實如此。日軍和英軍雙邊的傷亡數都很大。卡弗特總共有 47 名軍官陣亡或負傷；其他軍階陣亡或負傷者有 729 人，也就是，第七十七旅在史迪威麾下，總共戰損約 800 人。當日軍從一間位於平米村道路與鐵路交叉處的房子據點，向英軍開火後，卡弗特為了想出進一步的作戰行動，召集他手下的步兵指揮官們，在一個大彈坑裡，快速開了個作戰會議。彈坑附近有被火焰槍攻擊後的日軍躺在那裡。卡弗特可以聽見他們的尖叫，而且可以聞到那些日軍肉體被烤焦的氣味。[147] 華軍沒有像美軍連絡官曾向卡弗特保證過的，如期攻占火車站；[148] 因此造成他在鐵路路堤上的部隊被從後面攻擊，逐個陣亡。卡弗特使用更多的火力射擊。蘭開郡火槍營射擊 200 發迫擊炮彈，灑向日軍的據點；同時，南斯塔福營的步兵反戰車炮和反戰車榴炮，洞穿了據點的牆壁。火焰噴槍隊進行攻擊，日軍逃離據點。

到了中午，卡弗特的第七十七旅攻克占領了每一個作戰目

145　編按：英、美部隊藉武器優勢與彈藥非常充足為條件，深為華軍所艷羨。
146　Quoted in Bidwell, *The Chindit War*, pp. 272-273.
147　Calvert, *Prisoners of Hope*, p. 235.
148　編按：華軍以戰志、戰技以及特殊戰法（迂迴）取勝，其迂迴之前，自不能洩密給美軍翻譯官。故翻譯官絕不可能說死攻擊日期。

標,而且也開始構築工事及戰壕,此時日軍的炮擊再度開始。卡弗特這樣形容他的部下:「完全精疲力竭而且沒有戰力。」但他們勝了。[149] 日軍的炮擊是最後的一擊,除了一些斷斷續續的狙擊。二十六日和二十七日廓爾喀營和華軍非常謹慎的往前行動,進兵孟拱的其他地區,這些地區沒有任何日軍。[150]「來自孟拱的好消息。」史迪威在他一九四四年六月二十七日的日記裡寫道:「**我們拿下它了。**」[151] 英國廣播公司(BBC)來自史迪威總部的新聞宣布,宣稱華軍攻占了孟拱。這公告自然激起卡弗特和他手下軍官們的憤怒。李上校雖不必為這公告負責,但他向卡弗特道歉,「如果有人攻克孟拱,」他說:「那就是貴旅,我們大家都欽佩你們的英勇。」即使在戰鬥後的鬱悶中,卡弗特臉上無光使他不能不回擊,「報告說華軍拿下孟拱,」他給總部電報:「我的旅現在很憤慨。」[152]

　　史迪威也怒,只是理由比較不足,他過早公布密支那已經攻占。在五月十七日,全世界就被告知密支那已攻克,這是盟軍在緬甸從日軍手上收復的第一座城市。但現在已經接近七月底,日軍仍在密支那市區固守,同時加拉哈和華軍仍從密支那西邊機場,持續猛攻市區。史迪威在六月二十六日將對此戰局負責的博特納—正罹患瘧疾,以韋塞爾斯(Wessels)准將替換。三天後,一個早就該來的改變,亨特被命為密支那所有美軍指

149　同上, p. 236.
150　編按:經查華軍在孫立人中將領導的新三十八師,採取極高難度的「迂迴」戰法:使部隊翻山繞路,抵達敵人負險而據的陣地,從敵人以為不可能有人翻越的地點,急襲敵人。孟拱之戰孫指揮李鴻上校,以彭克立少校的營隊行此戰法,而以少勝多。
151　*The Stilwell Papers*, p. 283.
152　Calvert, *Fighting Mad*, p. 198.

揮官。史迪威也看出來,藍田無法命令第一一一旅繼續對抗日軍;現在,卡弗特於攻占孟拱之後,拒絕服從命令。史迪威命令他沿鐵路南下往荷平,在「黑潭」舊址附近,去掃蕩日軍從卡盟及孟拱撤退的第十八、第五十三師團的殘兵。[153] 這兩個師團在南因溪西邊,分別在薩茂和同尼（Tungni）各自建立陣地,企圖阻斷史迪威部隊進一步南下的行動。這兩個村落間的道路,可以被兩座山丘所控制,而成為盟軍、日軍激戰的場所。一座山在薩茂北方,暱稱為「六〇」高地（Hill 60）,名字來自第一次大戰時有名的戰場。另一座山叫「二一七一點」（Point 2171）,則被定為英第一一一旅的作戰目標。

卡弗特奉命將殘部編成一個單位,開往密支那。但他的回應則是,關閉與薩杜竹欽迪總部的無線電通信,率領第七十七旅前往卡盟。打算將部隊從那裡撤回印度。即使如此,行軍通過深及腰部的泥漿,也惡劣到使兩名蘭開郡火槍營官兵因精力衰竭而死。[154] 卡弗特旅的官兵,對被要求參加密支那圍城戰當然害怕,因此,卡弗特希望不惜一切代價,避免到密支那。但後來,他承認這是個錯誤。倘若到了密支那,要撤回印度就比較容易。

卡弗特接著自己前往總部,去見為難中的藍田,對史迪威指控卡弗特抗命,藍田幫忙緩頰。軍事審判的威脅還懸而未決。第二天,當他開著吉普車前往史迪威總部時,亞歷山大上校（欽迪部隊的參謀長）不斷地跟卡弗特咬耳根:不要猶疑,[155] 要暢

153　日軍第53師團在與卡弗特對抗,造成1600名傷亡損失,（*War Against Japan*, III, p. 410., n.4）
154　Calvert, *Prisoners of Hope*, p. 251.
155　同上 , p. 249.

所欲言,給史迪威難堪。但是,藍田則懇求卡弗特考慮到欽迪各旅的處境,措辭要注意。史迪威與他的兒子史迪威中校,及博特納將軍坐在一張桌子後面。卡弗特和史迪威握了握手。

「嗯,卡弗特,我一直很想見你。」

「我也一直想見你,長官。」

「你傳來一些措辭非常強烈的電報,卡弗特。」

「你應該看看我的旅部參謀不讓我傳的那些信息。」

這是個直接了當地回應。史迪威突然哈哈大笑:「當我草擬要發送給華盛頓當局的電報時,我和我的參謀們也有同樣的麻煩。」[156] 彼此間的隔閡打破了,然後卡弗特對孟拱激戰作了清楚的詳述。史迪威再三的說:「為什麼沒告訴我?」事情很清楚,他的那些馬屁參謀,貶低了英軍的角色,把戰鬥真相瞞著他。史迪威甚至不知道,第七十七旅官兵還是四個月前飛抵緬甸戰場的同一批人。他們已經做得夠多了。卡弗特回到七十七旅,開始著手將他們撤回印度。

卡弗特抗命的決定,只是史迪威與盟軍東南亞戰區總司令部(史迪威本身是副總司令),有關欽迪命運長久爭議中的一幕。史迪威與藍田的關係在六月初嚴重惡化,於是蒙巴頓派史林姆到史迪威總部,設法解決問題。史迪威於五月十七日接管特種部隊指揮權,現在則要擺脫他們。「史迪威向我抱怨,」蒙巴頓寫道:「欽迪有些單位不服從他繼續前進的命令……因此覺得無法指揮這部隊,希望撤掉他們。」[157] 史林姆聽完雙方的說法,發覺「史迪威不滿,以及藍田憤怒」;或許因此很自

---

156 同上, p. 252.
157 蒙巴頓給聯合參謀本部的報告,第 177 段,頁 63,Mountbatten, *Report to Combined Chiefs of Staff*。

然地得出兩面討好的結論:「史迪威的命令從表面看是滿有道理的,而且確實很明顯,欽迪部隊沒有完全執行任務。但同樣很清楚的是,在人員遭受嚴重傷亡之後,欽迪目前處於耗盡的狀態,⋯⋯實際上他們沒有能力執行史迪威的命令。」[158] 史迪威提到加拉哈的成就。史林姆反駁,加拉哈部隊在日軍戰線後方的時間比較短,但加拉哈人員傷亡比率反比欽迪高。當史迪威抱怨莫里斯部隊沒對攻克密支那有何貢獻,「為什麼究責一個只有幾百名兵力的部隊,」史林姆回應道:「沒能做到你的中國師及加拉哈總共3萬人都做不到的目標?」史林姆說服史迪威去和藍田討論癥結所在,允許藍田的欽迪部隊休養整補,史迪威則繼續指揮欽迪直到攻克密支那為止。表面上,這是合理的妥協方案;但史林姆預期密支那會在六月底前攻克,實際上並沒有。密支那的包圍戰持續越長,史迪威就越容易發脾氣,他對特種部隊的缺點也就越不滿。最後,六月三十日,蒙巴頓親自搭機飛到薩杜竹。

指揮狀況在此時已經改變。五月二十日,史迪威提醒蒙巴頓,當盟軍攻抵卡盟時(華軍新二十二師在六月十六日拿下卡盟),在開羅會議上所達成的協議就已執行完畢。提出這件事,是因為史迪威試圖釐清管轄權糾纏不清的問題。當時,史迪威部應該在第十四軍團司令史林姆的指揮下作戰,可是史迪威同時兼任盟軍東南亞戰區副總司令,理論上,他是史林姆的上司。以這樣的職位,他拒絕十一集團軍司令吉法上將的指揮,而史林姆在吉法之下。無論如何史迪威無法忍受吉法。蒙巴頓接受了他的要求,試圖解決這個難解局面,便向盟軍參謀首長聯席

---

158 Slim, *Defeat into Victory*, p. 279.

第五章 再襲敵後

會議要求任命一位東南亞戰區盟軍地面部隊的總司令。事實上，那時蒙巴頓參謀長伯納爾（Henry Pownall）中將正在倫敦為這項任命進行遊說，試圖將他認為最適合擔任該職的李斯（Oliver Leese）中將派來錫蘭。[159] 但李斯正在義大利指揮第八軍團全力作戰中。因此蒙巴頓同意將史迪威部隊改隸於自己直接的管轄下，作為一項臨時性的措施：「我現在成為，」蒙巴頓對這調動的評論：「實際上的盟軍地面部隊總司令。」這是蒙巴頓個人沒想過，而幕僚也難以適應的職位。[160]

蒙巴頓和史迪威達成新的協議，第七十七旅、第一一一旅官兵應該進行健康檢查。那些不適合作戰的官兵應該馬上撤離，其他的部隊成員則等史迪威部隊的緊急情況一結束，就可撤退。莫里斯部隊依舊留在密支那東邊，第十四旅和西非師稍後會到密支那。根據情勢以及換防的可能性，英第三十六師會再度開赴戰場。第三十六師已從阿拉干撤出，在撥給史迪威的緬北戰區指揮部運用之前要重新整補。蒙巴頓也建議史迪威應將加拉哈撤離。但蒙巴頓指出：「我的提議沒被接受。」[161] 史林姆和蒙巴頓試圖達成一個折衷方案，如同史林姆所認為的，這不恰當：最好立即將欽迪和加拉哈同時撤離。「他們已經耗盡全力⋯⋯都被要求執行超出能力的任務。」[162] 但有複雜利益上的平衡要維持，就像伯納後來在他的日記裡寫道：

159　伯納也正在協商東方艦隊及東南亞戰區司令詹姆斯·桑摩威爾（James Somerville）海軍上將的解職案，詹姆斯比蒙巴頓海軍資歷更資深，但在東南亞戰區司令部為蒙巴頓的附屬忿忿不平。
160　Mountbattern, *Report to the Combined Chiefs of Staff*, paras 171-173, p. 62.
161　同上, para. 179, p. 280.
162　Slim, op. cit, p. 280.

一方面,我們必須說服美國人,美國指揮下的英軍並不會背棄他們,也會盡全力;但另一方面,讓下屬強迫已在崩潰邊緣的部隊繼續作戰,不管是英軍或美軍,都是犯罪也是愚蠢的行為。無論怎麼做,我們都會陷入英美關係惡化的危機。如果我們將欽迪部隊撤出,美國人(特別是史迪威)將會指責我們背叛他們。如果我們不撤出他們,英軍指揮官和部隊知道為什麼之後,也會說我們說話不算話。[163]

這類的爭論,或許沒能替諾爾·克華德(Noel Coward)的勞軍之議營造氣氛,雖然他是蒙巴頓的好朋友。克華德在電影《與祖國同在》(In Which We Serve)裡,演出驅逐艦凱利號艦長的角色,當他來到盟軍東南亞戰區勞軍時,慷慨地提議要到雷多為美軍表演。史迪威拒絕空運克華德及其同伴,這冒犯了蒙巴頓。他告訴美軍惠勒(Raymond Wheeler)將軍,他被史迪威打臉。在錫蘭的康提(Kandy)和雷多之間一連串頻繁的通信後,結果克華德可以前往雷多,但他在那裡的表演,達不到讓史迪威快樂的效果。「如果有更多的鋼琴家要勞軍」,史迪威在給他副手中緬印戰區美軍副司令索爾登(Daniel Sultan)將軍的電話時說:「他至少要知道怎麼彈鋼琴。」[164]

健康檢查也對第七十七旅和第一一一旅打臉。雖然馬斯德斯聲稱,他的部下健康狀態令人絕望,他堅決要求藍田,檢查他的部下並要立即撤離。實際上,有些欽迪隊員被查出是裝

---

163 Pownall, *Diaries*, pp. 182-183.
164 Tuchman, *Sand Against the Wind*. p. 278.

病。[165] 在叢林裡的不同地點，第一一一旅的官兵經聽診、探針檢查以及手指觸診，四個半營的官兵共 2,200 人，醫生判斷其中只剩 118 人之健康足可作戰，包括：7 名英國軍官、21 名士官兵以及 90 名廓爾喀團官兵。馬斯德斯加上自己，將數字修訂為 119 人，然後命令他們進軍卡盟。他們戰鬥的時間早已遠遠超過溫蓋特訂的 90 天作戰期間，早就超過忍耐的極限，但即使在廓爾喀團第九團第三營突擊「二一七一高地」最後的幾小時，仍展現了極高的英勇。在布萊克（Jim Blaker）上尉率領下，該營花了五個半小時攀上山丘。當抵達山頂時，發現被迫擊炮和機關槍包圍。布萊克命令部下衝鋒，但機關槍阻止他們進攻，人員便打散到山坡上的濃密叢林中。然後布萊克獨自一人繼續大吼：「上啊，C 連弟兄！」直到機關槍子彈擊中肚子。布萊克倒在一顆樹旁，轉頭向在他下面，緊緊趴在山坡地上的那些部下說：「衝啊，C 連弟兄。我要死了！攻下這陣地！」這些廓爾喀兵起身，拔出廓爾喀刀，如風般掠過山坡，奪下了陣地。布萊克立即被授予維多利亞十字勳章；但他精疲力竭的親密戰友沒力氣埋葬他，他和廓爾喀陣亡官兵的遺體被包裹起來，然後一起從陡峭的山坡，推入下方的叢林。三個月以後，墓地登記單位找到他們的遺體時，高大的竹子已經穿透他們的遺體。[166]

七月八日，健檢報告證明所有旅的抱怨都有道理，所有各階官兵的身體及心理，都耗盡與損傷。他們平均減少超過 42 磅以上的體重，大多數發作過三次瘧疾。雨季的大雨和惡臭的土地，讓他們腳部潰爛、長膿瘡以及痱子。腦性瘧疾和傷寒增加

---

165 Master. *Road past Mandalay*, p. 278.
166 同上, p. 776.

了死亡人數。體重的失重和瘧疾後貧血症，意味著只要一點路程的行軍，就會使他們精疲力盡，以致行軍後沒經過一至兩天的休養，就不能執行戰鬥任務。

難以置信的是，史迪威向蒙巴頓堅持認為藍田對第一一一旅下達從戰場撤退的命令，違反了協議。史迪威主張，第七十七旅以及第一一一旅要留在戰場，直到在薩茂（Sahmaw）南邊同尼（Taungni）的日軍被肅清為止。幸好蒙巴頓堅決表示：所有體檢不合格的官兵都要立即後送，其餘官兵撤離的時間表，也在草擬之中。史迪威說，不行。第一一一旅、第十四旅以及第三西非旅必須先幫助第七十二旅（第三十六師）肅清同尼的日軍，他才會讓他們撤離。健康不合格者隨時都可以撤離，蒙巴頓已經解除了第七十七旅和莫里斯部隊的任務。所以蒙巴頓從康提派出一個調解團，由吉法上將的參謀長普萊費爾（I. S. O. Playfair）少將以及兩位美軍將領魏德邁和麥瑞爾組成，達成了一個保全體面的協議，當第七十七旅通過日軍防守的炮兵陣地後，第一一一旅就可以撤離。第十四旅和第三西非旅會支援在同尼對日軍的戰鬥，但藍田會將他們的健康狀況提供給史迪威。

當馬斯德斯將他部下健檢不合格要撤離的名單，向史迪威提報時，他挖苦地要求史迪威對他自己的剩餘部隊：算起來只有一個連的兵力下達命令。但史迪威當然不甘示弱；不論是否聽懂這是諷刺，他立刻告知馬斯德斯率部去掩護駐在巴荷克（Pahok）的一個華軍中口徑炮兵連。當馬斯德斯部隊抵達巴荷克時，中國炮兵連長和他的美國連絡官對這支新來的部隊感到不解，說他們不需要防衛，因為日軍已快速撤退，而且英軍第三十六師，已經循著日軍撤退路線，南下追擊與解決日軍。不用說，馬斯德斯重組防禦體系的做法，引來了華軍很大的反

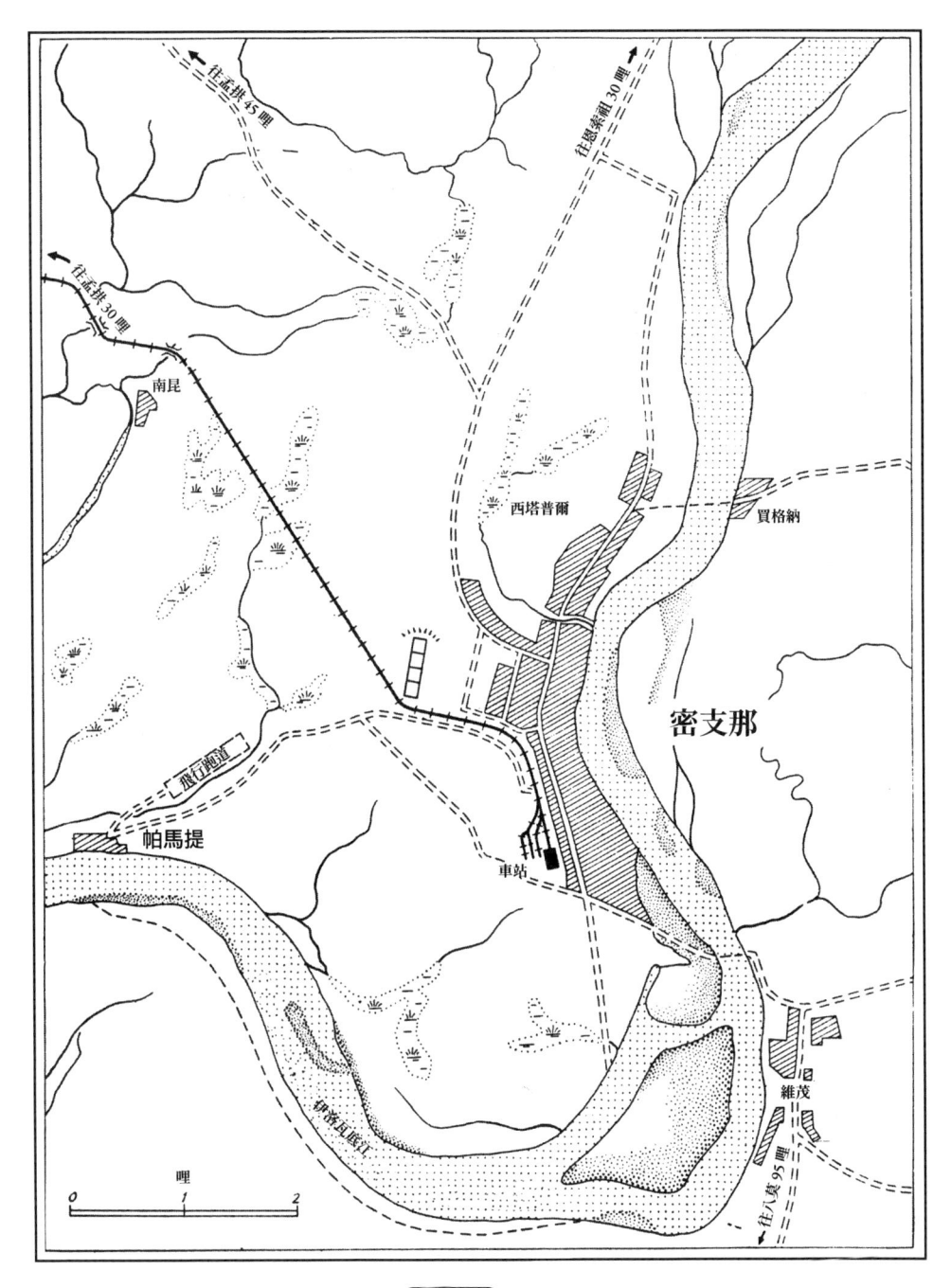

圖 5-5　密支那

感,他們只想要點安靜的時刻,十天後,一九四四年的八月一日,馬斯德斯及其殘部獲允離開緬甸。

對史迪威而言,當天也是個好日子:他被晉升為四星上將。彷彿是為了向史迪威祝賀,日軍密支那守備隊指揮官,下令丸山大佐率部撤出密支那;即使經過七月十二日盟軍大規模的陸空全面攻擊,日軍仍然一直在這裡頑強抵抗。當八月三日,韋塞爾斯(Wessels)將軍下令進行新的攻勢時,他只碰到一小隊後衛部隊和187名病患的抵抗。到了下午稍晚,密支那城區被韋塞爾斯拿下,雷多公路和輸油管現在都可以直接通達密支那。欽迪部隊遵守他們的承諾,直到任務最尾端。第三十六師在第三西非旅的支援下,擊退了防守薩茂的日軍,然後他們一起進軍同尼,在八月九日攻占同尼。第十四旅則重新攻占了「二一七一高地」,它是經過馬斯德斯部隊與日軍激戰後,日軍奪回的高地。英軍這兩旅,在八月十七日至二十七日間,飛離戰場到達印度,「週四作戰」劃下句點。

第十回 水上自裁

當史迪威師部衝進密支那,發現187名日軍戰俘,都病重與極度疲憊,並且獲悉守備隊的指揮官水上源藏少將,已經結束自己的生命。這是毫無必要的犧牲。

密支那內部的情況,並不如圍攻的盟軍所想像那樣牢固。事實上,關於密支那守城目的,兩名日軍的資深軍官基本上看法不同。丸山房安大佐是日軍第一一四步兵聯隊長,在密支那攻防戰開始前,擔任防衛密支那的責任。丸山受命要「固守密

支那附近的要衝地區」,以對第三十三軍未來的作戰行動有所幫助。[167]丸山理解他不應逐街逐屋進行巷戰來防衛密支那,如果有必要的話,他應該到伊洛瓦底江的對岸進行作戰,以妨礙史迪威部隊的進軍。如果他持續切斷雷多和卡盟間的道路,丸山就達成了他的任務。當第五十六師團步兵師團長水上源藏少將,抵達密支那接管守備隊指揮權時,丸山向水上說明了他接到的命令;但水上顯然自有看法,並擱置丸山所提出的意見。七月十日,日軍第三十三軍司令部傳來一份電報:「水上少將應死守密支那。」[168]這不是丸山所理解的範圍較大的「密支那地區」,而只是密支那城本身。這命令十分古怪,命令只提及水上個人,而不是「密支那守備隊」或「水上部隊」,這不意外。「這命令由辻政信大佐起草」,日軍第三十三軍司令部參謀(情報)野口將巳少佐回憶:「他寫完命令後流下眼淚,然後不發一語,將命令交給我們參謀軍官。我們讀到這份命令時,受到強烈悲痛情緒的衝擊,然後,我記得,安倍光男作戰參謀主任,將『水上少將』改為『水上部隊』。辻政信將命令拿回去,說:『不用,沒關係,這樣沒錯。』還是維持了他原有的措辭。」

當本多政材的第三十三軍在四月編成時,由於駐仰光的緬甸方面軍作戰參謀長片倉衷大佐的表現,已經讓自己成為河邊及牟田口因帕爾作戰計畫的肉中刺,於是河邊順手就將片倉升職轉調出去,任命他為新編成軍的參謀長。稍後辻政信被調派在片倉衷底下擔任參謀,辻政信從中國七七事變之後,成為日本陸軍中的傳奇人物,他幾乎參與了每個重大戰役,諾門罕

---

167 相良俊輔,《菊與龍》(即第 18 師團及第 56 師團),東京,1972,頁 137。
168 同上,p. 137.

（Nomonhan）、瓜達爾康納爾（Guadalcanal）、新加坡以及目前在緬甸的戰役。辻政信以自我本位寫的馬來亞戰役報告，使這場戰役好像每一個成功都歸因於他的遠見及能力。辻政信也被認為在皇族有耳目。辻政信凶殘野蠻，據說（十分可靠）他曾吃過美軍飛行員的肝臟，並把那肝臟拿在手上給驚駭的同僚輪流觀看。[169] 辻政信這個冷酷無情的好鬥者，不管他有沒有流淚，他實際上就是要水上源藏去死。

水上源藏沒有洩漏自己的想法，我們只能從事件及丸山的報告來判斷。隨著七月的結束，看來守備隊全滅的日子也即將來臨。丸山向水上報告，與其躊躇不前無意義的被殲滅，不如將所有部隊盡快撤退到伊洛瓦底江東邊的馬揚山（Mayan），並規劃在那裡從事進一步的抵抗。從水上源藏的沈默不語看起來，他並不反對這個提議。自五月底以來，守備隊已有上千人傷亡，丸山向他的殘部下令，以三個梯隊，每夜一梯隊的方式，在八月一日、二日、三日晚間，利用夜色掩護渡過伊洛瓦底江。這些說法是日本官方戰史所描述的撤退命令，但研究該師團的歷史學者相良俊輔（Sagara）則指出，因為當時守備隊指揮官還是水上源藏，這一撤退行動如果是丸山主動的話，很奇怪。[170]

水上曾經發電給本多政材，預計自己可以固守密支那兩個月。但第二封發自密支那的無線電報卻讓本多很困惑：「當敵人發動全面進攻，因為陣地守備力量變得薄弱以及食物、彈藥的短缺，預料長期的抵抗將有困難。」日軍第三十三軍的參謀推斷，第二封信息代表丸山的觀點。因此七月十日叫水上死守

169　作者和藤原岩市中佐的私人對話。
170　相良俊輔，《菊與龍》，頁 138。

第五章　再襲敵後

密支那的電報,目的是表示第三十三軍打算對龍陵地區的中國軍隊立即展開攻勢,在八莫和南坎的防衛工作已經準備完成。[171] 這次攻勢作戰的起因,簡單地說,就是本多政材已接獲南方軍司令部的通知,牟田口的因帕爾作戰已於七月三日終止。當因帕爾的日軍前線崩潰時,盟軍隨後會將目光轉而聚焦到薩爾溫江。

辻政信自己將丸山堅持要從密支那撤退,渡過伊洛瓦底江,歸因於丸山對聯隊軍旗的尊重,這絕不像表面看來的那麼古怪。「我不會認為丸山房安是個懦夫。」辻政信後來寫道:「丸山的心態是,他既不能忍受他的聯隊軍旗被敵軍虜獲,也不能忍受燒掉軍旗。就算冒著被稱為懦夫的風險,他也要用這面聯隊旗作為核心去重建聯隊。他的部下和聯隊本身的命運,被聯隊旗連結在一起,聯隊長來來去去,而聯隊旗才是聯隊的核心。」[172]

不管丸山真正的動機是什麼都不重要,這是辻政信放出的煙幕彈,想轉移焦點,讓大家不再注意從第三十三軍發出的那份命令。因為實際上,那份命令如果注意遣詞用字,就可以盡量延長密支那包圍戰,也可使水上源藏免於無意義的自殺。當準備好自戕之後,水上源藏發電報給本多政材,說他無法再持續固守密支那,包圍戰正進入最後的階段。於是他將負傷者放在木筏,沿伊洛瓦底江順流而下,要求在八莫接應救助這些傷患。水上命令守備隊撤退,然後自戕,當然這是水上源藏對第三十三軍的命令:「應死守密支那。」的一種藐視行為。

171　辻政信的回想,同前書。
172　辻政信,《十五對一》,1962,頁 82。

守備隊官兵本身─至少他們的軍官─當接到撤退命令時，都嚇了一跳。以至於第三大隊長中西德太郎（Nakanishi）少佐，要求丸山聯隊長向他出示書面命令。當中西德太郎看著命令時，他的第三大隊被殲滅只是時間上的問題而已；在這種情況下，他寧願接到一個最後全面攻擊的命令。然後丸山告訴他們，他們的任務不是在密支那進行巷戰直到結束，而是橫過伊洛瓦底江到山區持續從事遲滯敵人行動的作戰。「這是丸山說的」中西德太郎回憶道：「但是我認為他已經完全失去戰鬥意志。」[173]

　　前第五十六師團長松山祐三（Matsuyama）中將，當他得知第三十三軍對其舊部下達這種命令之後，心中充滿痛苦。一位密支那守備隊的醫官丸山（Maruyama）中尉，回憶松山發給被包圍的守備隊電文：「當我看到你的部下，在沒有一粒米、一發子彈運補之下，去面對死亡，真讓我心碎。但是為了帝國陸軍的光榮傳統和九州男兒的榮譽，我希望你能奮戰到最後。」（第五十六師團在福岡和長崎編成）丸山中尉認為收到這封電文，更促成守備隊指揮官的撤退決心。然後另一份電文從南方軍傳來─或甚至更高層級？─「你被連升二級晉升為大將軍。」水上源藏知道那是什麼意思，這當然幾乎就是死後的追贈哀榮。這是諷刺或黑色幽默，很難知道是那一個。然後第二封電文：「你已成為陸軍軍神。」[174]

　　丸山中尉回憶，對於撤退的命令，各單位間產生了疑惑。水上源藏和大約 10 個人走下到河岸邊，他距離敵人只有 500 碼。大家都知道，渡過伊洛瓦底江只是從一個死地走向另一個

173　相良俊輔，《菊と龍》，頁 140。
174　同上，p. 141.

死地。即使如此,被禁錮了60天的守備防禦戰之後,走到河邊這件事本身就是一種解脫。鄉村的船隻載著他們破開水面,航向對岸高高的雜草叢,他們停留在有些樹林的小山丘上,到第三天的黎明時,水上源藏看起來像似在為成功渡江做祈禱。當天亮的時候,開始下起細雨。丸山中尉離開水上幾分鐘,穿過叢林走向渡河點。往河的方向,他能聽到偶爾手榴彈的爆炸聲以及他的戰友在這無法避免的結局下催促趕路的聲音。水上源藏將軍走過去,靠著一顆樹坐了下來。

突然出現了一聲槍響,聲音來自水上坐下來的地方。丸山（Lieutenant Maruyama）中尉和修行（Captain Shūgyō）大尉一起衝向槍響處。水上的傳令緊張得淚流滿面,將軍的屍體朝著東北方,向前傾斜,靠著樹幹,面朝日本的方向。這是日本軍人的自殺儀式。水上的公文包放在他的前面,上面有一張便箋,被一顆小石頭壓住:「命令密支那守備隊餘部,向南方前進。」丸山中尉測量水上的脈搏,哭了出來「將軍！將軍！」但是這已毫無意義。

堀江（Horie）中尉跑去向丸山大佐報告水上將軍的死訊。他回來後說,丸山沒說半個字及對將軍死亡的哀悼。丸山立即準備好和700名殘部逃脫,一個巡邏隊已經偵察過脫逃的路徑。依照副官的命令,水上的一根手指被截斷以繃帶包裹帶回,日軍挖了個洞將其屍體掩埋,並在墳上覆蓋雜草和樹葉。

關於密支那的撤退,在日軍的報告上有些出入。日本官方的歷史根據丸山房安大佐的記錄,說丸山自己在八月一日下令撤離,在當晚及接下來的連續兩個夜晚執行,在接近滿月的月光下,守備隊殘部渡過伊洛瓦底江。第一個渡河的是水上的步兵團總部以及可以步行的傷患,丸山大佐自己與最後的單位在

第三夜渡河。日軍白天時在河岸邊藏匿鄉村小船,然後在夜色中,照明彈、曳光彈持續照亮密支那上空時,按預先排好的順序下船渡河到對岸,在對岸的叢林中集合。[175]

西島日出夫（Nishiyama）軍曹是負責渡河的人之一,他的回憶相當不同。他認為不是丸山大佐的回憶出了錯,就是丸山為此作了某些粉飾。西島說：第一夜,可以步行的傷患確實有渡河,但是同梯隊一起渡河還有聯隊副官平井大尉、掌管功勳記錄的軍官與士官們、大約 20 名慰安婦以及水上源藏將軍和其步兵團總部人員。第二夜,丸山大佐及其聯隊軍旗和聯隊部軍官渡河。最後一夜,則是其餘的軍官和部隊。很清楚的,根據這份書面資料,丸山大佐不在殿後梯隊。如果西島日出夫的回憶是對的,最後那天,夜空多雲,月亮沒有露臉,那兒也沒有什麼照明彈和曳光彈。

水上源藏也就不是像丸山大佐宣稱的那樣,在伊洛瓦底江東岸樹木稀疏的地方自戕,而是在伊洛瓦底江中央一座名為南沙隆（Nonthalon）的小島上自戕。隨著時光的流逝,多種認知無法避免,除了官方記載偏向採用丸山大佐說法。水上自戕書面資料的矛盾,可以依靠推論就能迎刃而解。水上源藏和他的守備隊殘部渡河到達了伊洛瓦底江東岸,他又重新渡河,登陸南沙隆島,因為這島被認為還是在密支那周邊地區的範圍內。換言之,水上源藏一直服從第三十三軍司令部給他個人的命令：「死守密支那。」[176]

當崛江中尉帶著水上的遺物,最後回到八莫的總部時,辻

175　OCH,《伊洛瓦底江會戰》,頁 59。
176　相良,同前,頁 144-145。

大佐以其特有的方式招呼他:「你被命令要戰到最後一兵一卒!你在這裡幹麼?你竟然不知羞恥的活著!」第十八師團長田中新一中將,一個嚴謹且自律的將領,轉向辻大聲斥責:「夠了。辻,你要是變得有點同情心,那你會做得更好。」[177] 但是辻的同情心,如果真有的話,對水上來說已經太遲了。打從一開始,水上就不應該擔任密支那的防衛責任。防衛的主力是丸山指揮的第一一四聯隊,他繼續留任指揮密支那守備隊就夠了。水上身為第五十六師團司令,他帶來 1,500 人,也帶來了北九州濃烈的封建武士精神,這精神不允許水上自行去詮釋命令。水上成為密支那守備隊指揮官,被命令應死守密支那,他的確執行了命令。但水上以家長式的態度對待他的部下,盡他所能的來確保大多數倖存的部下能安全撤退。他和「醋酸喬」(Vinegar Joe)史迪威,形成有趣的對比。

177　同上,頁 146。

日落落日：最長之戰在緬甸 1941-1945（下冊）

第六章 越江奪堡

橫渡伊江；
奪回曼德勒

> 第 一 回　新將領、新計畫
> 第 二 回　橫渡伊江
> 第 三 回　奪回曼德勒

摘　要

　　當盟軍一九四四年三至八月在緬北、緬西以及緬西南與日軍作戰皆獲成功，兩軍在雨季來臨時暫時分開，為了下一回合的出擊，各自重整陣容。

　　牟田口中將在一九四四年八月三十日，被調回東京參謀本部，接任的是原來在阿拉干的第五十四師團片村四八中將。第五十四師團長則輪到宮崎繁三郎少將升任。至於緬甸方面軍新司令官，東京派木村兵太郎（Kimura Hyōtarō）中將擔任；另調田中新一（Tanaka Shinichi）中將做他的參謀長。大體而言，緬甸方面軍如此全面的高層人事異動，是日本陸軍前所未見的。

　　盟軍也蛻變。羅斯福受到蔣中正進一步的壓力後，同意撤換史迪威，由魏德邁替代。一九四五年一至二月，雙方作戰計畫的重心也轉移，從日軍當初發動「切斷盟軍與中國的聯繫」重點在西緬與北緬的攻防；如今，盟軍北緬戰局已勝券在握。一九四五年開始，雙方易位：英、華、美聯軍主攻，日軍防守。主要戰場也變成在中緬、南緬的對抗。因帕爾的勝利告訴史林姆，必須引誘日軍到戰場並將之殲滅，而非占領城鎮。

　　英軍為了既欺敵又渡江，在伊江西岸分別於八個地點建立了灘頭堡及橋頭堡。由於日軍已無空優，英軍先北攻進入瑞保，繼南襲木各具、俏埠，再於二月中、下旬占曼德勒山。接著旁遮普郡團與邊防軍率先進入曼德勒要塞，但為保留這歷史名城，不予轟炸；而日軍戰敗後，非常戲劇性地由其輔助部隊印度國民軍出面投降。最後由英軍第十九師，還有第二師、第二十師共同參與奪回曼德勒之戰。一九四五年三月二十日，最終獲得

成功；但在曼德勒升上大英國旗的當天，又有許多戲劇性的事情發生。

第一回　新將領、新計畫

當戰役暫停，兩軍分開後，為了下一回合的出擊，開始各自重整陣容。在「ウ號作戰」過程中，第十五軍司令官牟田口，曾經將麾下三個師團長解職，如今輪到他自己了。一九四四年八月三十日，他被調往東京參謀本部，接任的是原來在阿拉干的第五十四師團長片村四八（Katamura Shihachi）中將。第五十四師團長則由在科希馬戰役中，頑強奮戰的矮個倖存者宮崎繁三郎（Shigesaburo Miyazaki）少將升任。[1] 同一天，緬甸方面軍司令河邊正三中將也受到懲罰，被調回東京。幕僚們也遭受同樣的命運，有的明升暗降，有的轉換他職。原緬甸方面軍總參謀長中永太郎中將調為第十八師團長。在仰光負責後方連絡線的參謀主任倉橋武雄中佐及作戰首席參謀不破博中佐被解職，牟田口的參謀們也遭到同樣待遇，參謀長久野村桃代中將被任命為近衛隊第二師團長。牟田口的作戰參謀平井文中佐和後方參謀薄井誠三郎少佐被調往他職。只有情報參謀藤原岩市中佐繼續留任到十二月底，然後被派往軍事學校當教官。至於緬甸方面軍新的領導，東京派了集精明、戰略能力與彈性於一身的木村兵太郎中將擔任司令官；另外調派堅韌又剛強的第十八師團前師團長田中新一中將做他的參謀長。木村原來在東京負責管理日本陸軍兵器行政本部，也曾一度在東條英機內閣擔任陸軍次官；田中原來是在緬甸北部的第十八師團長，兩人共事是很特別的組合。緬甸方面軍這次的人事調動，有些部分

1　譯註：宮崎繁三郎（Shigesaburo Miyazaki）原第三十一師團步兵聯隊長。

看來只是把棋子重新擺放到新位置上；但大體而言，如此全面的高層人事異動，是日本陸軍前所未見的。

盟軍也開始蛻變。蔣中正再也無法容忍史迪威，史也無法忍受蔣。羅斯福受到蔣進一步壓力後，同意撤換史迪威。「我喜歡史迪威。」史林姆寫道：「在史迪威指揮下，中國軍隊願意攻擊。直到目前為止，只有『他』，我願意由他指揮的中國軍隊和我的部隊一起進攻。看他離開，我們很遺憾……」[2] 但這是個人的觀點，儘管史林姆很明白地稱讚史迪威是個「英勇戰士」，但他所謂的「我們」其實人數並沒那麼多。大英帝國的陸軍參謀總長布魯克（Sir Robert Brooke）就反對這樣的看法。布魯克認為史迪威「缺乏軍事知識，而且沒有任何戰略能力……，史迪威嚴重傷害了盟軍合作。」[3] 暫且不論他的資質和缺陷，史迪威的離開，表示至少他那荒謬的指揮結構可以取消了。接替史迪威作為蔣的顧問角色，被雄心勃勃又自負的艾伯特・魏德邁（Albert Wedemeyer）中將所取代。史迪威在之前六月時，就已預測到。他在日記中寫到，「天哪！被趕下台並換上魏德邁，真是恥辱。」[4] 同時，丹尼爾・蘇丹（Daniel Sultan）中將接管北部戰區司令部（NCAC）司令，[5] 蒙巴頓的最高行政官雷蒙・惠勒（Raymond Wheeler）中將出任盟軍東南亞戰區（SEAC）副總司令。

地面部隊的指揮系統也合理化了，自從占領了卡盟（Kamaing）之後，史迪威拒絕服從蒙巴頓以外任何人的指

2　Slim, *Defeat into Victory*, p. 384.
3　Bryant, *The Turn of the Tide*, p. 506.
4　Diary for 22 June 1944, *The Stilwell Papers*. p. 283.
5　譯註：指美國及中國聯合部隊。

揮。蒙巴頓那時已將盟軍地面部隊最高司令一職,併為自己的工作,這樣的角色卻是他無法勝任的。奧利佛・李斯（Sir Oliver Leese）中將好不容易離開北非第八軍團司令一職,接掌指揮北部戰區司令部（NCAC）、第十五軍、兵站部隊以及第十四軍團。一九四四年十一月十二日李斯中將帶著他自己在第八軍團的參謀官到職。史林姆注意到:「李斯將軍鞋子裡滿是沙漠的沙子,而且……他企圖強迫我們接受第八軍團的一切。」[6] 接著第十一集團軍被撤消了,司令喬治・吉法（Sir George Giffard）中將終於歸國了。他早已可以離職,亨利・伯納爾（Henry Pownall）在幾個月前就注意到:「他很累了……在海外值勤太久,又非常不喜歡蒙巴頓,所以不想繼續擔任此職。……而蒙巴頓也覺得由喬治・吉法這麼消極的人來領導軍隊,使他的能力無法發揮。」[7] 史林姆非常瞭解吉法的保持沉默,史林姆說他很傷感的看著吉法離開,但這只是表現一種友善、禮貌的態度;他認為其實:「吉法的時代結束了。」[8] 同樣的,亨利・伯納爾的任期也該結束。雖然他身為蒙巴頓的參謀長,可以平衡蒙巴頓的焦躁不安以及爆發性的熱情;但他早就覺得在錫蘭的奉獻已到盡頭,而且對東南亞戰區對抗日本,究竟能有多少貢獻,持著悲觀的看法。斐特・布郎寧（Frederick Browning）中將接替伯納的職位,裴特的空降部隊剛在荷蘭安恆（Arnhem）吃了敗仗,亨利・伯納爾評論說:「斐特非常緊張而且十分有挫折感。」[9]

6　Slim, *Defeat into Victory*, p. 385.
7　Bond ed., *Chief of Staff*, pp.166-167.
8　Slim, op. cit., p. 385.
9　Bond,ed., *Chief of Staff*, p. 193.

李斯將軍的來到,帶來新的指揮結構,這表示十四軍團的史林姆不需要為十五軍及菲利普‧克里迪森(Philip Christison)中將在若開的軍事行動負責,他可以全心全意計畫緬甸中部的攻擊行動。從他在指揮系統上所做的最後一個變更,可知他對戰事的想法。[10] 他有兩位軍長,第四軍軍長傑弗里‧史肯斯(Geoffrey Scoones)中將曾在上一場戰役中,承擔比第三十三軍軍長蒙塔谷‧史托福(Montagu Stopford)中將更久的壓力。史肯斯在擊敗牟田口的軍隊之後,帶領他的第四軍到印度蘭契(Ranchi)休息,十月初,才將指揮部遷回因帕爾,準備下一場戰役。他在因帕爾整場戰役中,沉著、有遠見,史林姆卻形容他慢半拍;而史林姆新的構想是:第四軍最需要的是有冒險衝勁、積極主動的指揮官。幸好,十二月時史肯斯有新任務,去擔任在印度的中央司令部的參謀長職位,這一來史林姆就可以用印度第七步兵師司令梅舍維(Walter Frank Messervy)取代他。此人將勝算置之度外,正是執行史林姆以裝甲兵突擊,將日軍切成兩段計畫的最佳人選。[11]

　　就這樣,一九四四年日軍的敗北,聯軍的勝利,導致了雙方陣營如此大幅度的人事調整。最後錦上添花的就是魏菲爾(Wavell)將軍於十二月來到因帕爾,代表英王授爵位予史林姆以及他的三位軍軍長:史肯斯、克里迪森以及史托福。此時一切就緒,只差主賽者宣布「戰鬥開始」。

　　雙方廢棄的不只是領導階層,還有作戰計畫。東南亞戰區司令部考慮三種可能的作戰方法:

10　Lewin, *Slim*, p. 206.
11　Slim, *Defeat into Victory*, p. 388.

(1) 英第十四軍團橫渡欽敦江做有限度進攻，同時北部戰區司令部（NCAC）合併英印師，再加上從雲南來的華軍，一齊保護北緬，到杰沙（Katha）—孟密（Mongmit）—臘戍（Lashio）這條線。換言之，其他的不管，維持通往中國陸路的暢通最重要。

(2) 北戰區司令部和雲南華軍，再向南深入攻擊，直到眉苗。並在該地再會同英第十四軍團，拿下曼德勒。

(3) 海空聯合作戰，直取仰光。

所有這三種計畫比一九四四年六月倫敦參謀本部制定的指令更有野心，參謀本部的計畫只提到要發展由空中連接到中國，以支持太平洋的戰事；盟軍要承擔的最大壓力，就是在雨季，要推展一條通到中國的陸路。照史林姆看來，參謀們視美國的觀點為聖旨，把對中國的援助放在第一位；但是史林姆的觀點，直取仰光，將日本人逐出緬甸，才是達成目標的最佳方案。自然而然，他寧願選擇東南亞戰區司令部的第二個方案，因為這會把第十四軍團放在首要的地位。他不看好第三項計畫，他認為戰區絕不可能得到足夠的裝備以海陸兩棲的方式進攻仰光。最終，蒙巴頓選擇的是結合第二項及第三項的計畫。這個作戰代號叫「斬首行動（CAPITAL）」，他的構想是英國第十四軍團可以占據欽敦江及伊洛瓦底江之間的中緬，並且拿下曼德勒；北緬指揮部中美聯軍及中國的軍隊，則前進到伊洛瓦底江東岸的德貝金（Thabeikkyin）—摩克（Mogok）—臘戍這條線；進攻阿拉干奪取機場，從這些機場可進攻仰光；最後的軍事行動「德古拉（DRACULA）」[12] 則預計在一九四五年三月前，海

12　譯註：DRACULA（德古拉）是「吸血鬼」。

第六章　越江奪堡

陸聯合，攻取仰光。

　　史林姆懷疑東南亞戰區司令部是否能確保有足夠的人力及裝備，可同時進攻曼德勒和仰光；還有包括他自己要進行占領中緬到木各具（Pakokku）以及曼德勒一線的任務，因為英軍步兵營的人員日益減少，日後可能會造成困擾。為了彌補缺額，他解散已不需要的防空高射炮部隊，增編步兵。吉法曾建議史林姆用空軍攻擊並保護由葛禮瓦（Kalewa）到卡列姆約（Kalemyo）以及瑞保（Shwebo）的區域，但史林姆認為空軍最好應該用來補給他的軍隊，而非載運軍隊，最終吉法同意了他的看法。

　　第四軍的梅舍維中將麾下有一個當時還沒有作戰經驗的印度第十九師，由有在北非作戰經驗的里斯（T. W. 'Pete' Rees）[13]少將指揮；還有印度第七師，由傑佛瑞・伊文斯（Geoffrey Evans）准將指揮；再加上第二五五坦克旅。英軍第三十三軍有第二步兵師（一九四四年七月五日格羅佛 John Grover 少將離開後，由尼可遜 Sir Cameron Nicholson 少將接任師長）；另外還有印度第二十師、第二六八旅以及第二五四坦克旅。第三十三軍渡欽敦江時，由印度盧賽特別旅（Lushai Brigade）及第二十八東非旅掩護其右翼。第十一東非師曾經穿越葛禮瓦峽谷，掃蕩日本第十五軍的殘部；當史托福軍長率部由葛禮瓦橫渡欽敦江後，第十一師就要飛到印度休息。第五、十七、二十三師也暫時離開戰場，此時部隊的健康狀況非常不理想。

13　里斯（Rees）將軍曾經很不公平的被他的第十三軍司令哥特將軍（William Gott）解除他擔任印度第十師長之職務，因為他反對 Gott 將軍在北非加查拉戰役（Gazala Battle）中，對圖卜魯格（Tobruk）的部署。很湊巧的是兩天後，同一戰役中英國第八軍的司令李特其將軍（Neil Ritchie）也將第七裝甲師的梅舍維解職。（John Connell, *Auchinleck*, pp. 610-611. 約翰・康奈爾著，《克勞德・奧金萊克》）

雖然日軍受創慘重，倉皇撤退到欽敦江畔，英國第三十三軍仍然對戰局感到憂心。雷蒙・卡拉漢（Raymond Callahan）在其著作中寫道：「從七月到十一月，每週平均兵力達 88,500 人，維持大約一半的人前往因帕爾追逐日軍。但是總傷亡達 50,300 人，其中只有**四十九人**死於戰場。有超過一半，約 47,000 人生病必須運回印度治療。即使攜帶奎寧，仍有超過 20,000 名軍人感染瘧疾。」[14]

日軍的看法也改變，太平洋的戰況對他們越來越不利，美國海軍已開始包圍開往日本本土的航道，而且在菲律賓雷伊泰島（Leyte）的戰役中，美國海軍摧毀了日本艦隊。在東南亞地區，原先日軍盤算的美夢是進犯印度，聯合由印度激進派蘇巴斯・錢德拉・鮑斯（Subhas Chandra Bose）率領的印度國民軍發動攻勢，進入孟加拉。但是，現在日軍的狀態只能打防禦戰，將泰國、馬來半島當作自給自足軍事區的外圍，阻止盟軍進入新加坡及南中國海，他們縱使遭同盟國潛艇毫不留情地切斷與本土之間的航道，仍能自給自足。緬甸的角色是繼續阻止華軍的增援，因此，切斷雷多公路比攔截飛越駝峰的航運更重要。因為日軍戰機已經不足了，更由於密支那機場的陷落，戰鬥機偶爾能擊落盟軍的運輸機，但以往日軍稱為「隨手見殺（tsuji-giri）」（意為持刀在街上襲擊砍殺路人的行為），或「扭斷嬰兒手臂」那般輕鬆的情況，已不再發生。

一九四四年七月二日，日本南方軍總部[15] 簽發一〇一號作戰命令，指示河邊中將繼續抵抗在欽敦江西岸的英軍，以及在緬北和薩爾溫江西岸的史迪威部隊，以切斷印度與中國的聯繫。

14　Callahan, *Burma* 1942-1945, p. 141.
15　譯註：日本南方軍總部於一九四一年為太平洋戰爭設立的。

但幾個星期內這個命令就過時不適用了,南方軍總司令寺內壽一(Hisaichi Terauchi)大將必須另謀他計。他一直在等緬甸方面軍司令部重組,並安定下來,九月二十六日,仰光有了新的總司令木村兵太郎(Kimura Heitaro)中將。木村的任務已縮小許多,他要確保南緬的穩定及安全,以作為東南亞防禦帶的北翼。切斷盟軍中印間聯繫的任務,依然持續,並且要「竭盡所能」,木村的計畫是「自活自戰」。這句話早被海外日軍所引用,也就是靠自己生存,自己獨力戰鬥;不要期待日本本國的任何援助,軍隊必須學習就地存活。如今來自海上對仰光的補給已稀稀落落,盟軍的轟炸已使泰緬鐵路的功能日益萎縮。木村司令以前的職務是東京兵器行政本部本部長,習慣在困難的狀況下讓工廠運作,他顯然被期待,也能同樣地運作仰光附近的工廠來供給所需;但是緬甸不是一個工業化的國家,所以這個期望落空了。

有趣的是,雙方作戰計畫的重心轉移了,從「切斷與中國的聯繫」,變成在中緬、南緬的對抗。因帕爾的勝利告訴史林姆,必須引誘日軍到戰場並將之殲滅,而非占領城鎮。木村知道他已失去了緬北,他也得到了第四十九師團,這是之前預定給他的最後增援。木村此時仍然有三個軍:第十五、二十八、三十三軍,總共有十個師團(第二、五、十八、三十一、三十三、四十九、五十三、五十四、五十五、五十六)。此外,他有一個(縮編的)坦克聯隊、兩個獨立混合旅團(其中一個被欽迪部隊打得很慘)、一個兵站及管理部門的部隊(共約 10 萬名),還有印度激進派領導人鮑斯率領的印度國民軍(Indian National Army)。另外再加上七個營的緬甸國民軍,由翁山領導。年輕的翁山是反英分子,後來被日本晉升少將。但日本情

報人員警覺到，因為英軍的勝利以及平時日軍對緬人的蠻橫行為，影響了這些反抗軍的忠誠度，雖然一年前，他們還曾興高采烈地從日本人手中得到獨立。

木村終於得到一些增援。南方軍後勤補給參謀官在新加坡召開的會議中，決定要運送六萬名可用的部隊到緬甸，同時可帶來三個師團用的武器、彈藥，45,000 噸的補給物資、500 輛軍卡、與 2,000 頭載運牲畜。但最困難的是如何才能順利將軍隊與物資送達前線？在持續的盟軍空軍轟炸下，泰緬鐵路最佳狀況，一個月的最大運輸量只達 15,000 噸；因此必須用到海運。日軍在仰光三十八號港口停泊了 60 艘機帆船，但必須在英國潛水艇及飛機的火力攻擊網下冒險衝過。一九四四年的六月到十月間，運送了 30,000 新兵到緬甸上岸，以補充耗盡的部隊。但這只是暫時的緊急措施，因為到了十一月，在菲律賓戰事以及法屬支那半島戰事的吃緊，使南方軍總司令寺內壽一決定由緬甸抽離部分軍隊。而留在緬甸的軍隊因為受到天候及戰爭恐怖狀況的影響，士氣低落。新兵送到戰場沒有足夠的訓練，行動中落隊的士兵拖累軍隊的行進，逃兵開始溜到緬甸村莊。最終，每個師團只增補人員 2,000 名，十一月，第十五軍的各師更只分到 10 到 12 支步槍，第十四坦克旅收到了新的輕型和中型坦克，使旅的坦克總數達到 20 輛。木村的幕僚主張每個師團應該有 1 萬人，但通常只達到半數。

十月中，緬甸方面軍確定了戰略目標。也就是確保連接臘戍到曼德勒的區域，再到曼德勒南方伊洛瓦底江流域的仁安羌及仰光一線。並且預期正面決戰是在從曼德勒往伊洛瓦底江下游的兩岸，或是伊洛瓦底江三角洲的三角地帶。這個戰役的軍力部署如下：

第六章　越江奪堡

（1）第三十三軍（包含第十八、第五十六師團）要固守臘戍到曼德勒東北的夢龍山區（Monglong），並將敵軍牽制在此，盡全力切斷中國與印度的聯繫。作戰代號就是「斷」（Operation DAN），切斷的意思。

（2）第十五軍（包含第十五、三十一及三十三師團）防禦馬德亞（Madaya）北部高地、實皆（Sagaing）的橋頭堡以及木各具地區，要將敵人的攻勢限制於伊洛瓦底江河畔。作戰計畫名稱是「盤」（Operation BAN）。

（3）第二十八軍（第五十四、五十五師團，以及在仁安羌成立的獨立混成旅），要找出敵人作戰的路線，很遠就將敵軍制止住。如果狀況惡化，至少要守住包含仁安羌、南部邊境丘陵、巴森（Bassein）和仰光的區域。這個作戰行動名為「完」（Operation KAN）。

　　日本第二十八及第三十三軍，要合作協助第十五軍完成「盤」的作戰計畫。所以，即使日本第十五軍比其他兩個軍狀況更差，何者為重還是非常清楚的。界線劃分好了。由摩克（Mogok）到尚賽（Sumsai）直到卡老（Kalaw），這條線將第十五軍及第三十三軍分開，巴岸（Pagan）到巧克巴當（Kyaukpadaung）一線則分開第十五軍和第二十八軍。後面這一條戰線，對即將到來的戰鬥的影響程度，是木村無法預料的。

　　木村調來原先在阿拉干執行海防警戒任務的第二師團，和第四十九師團一起部署在平滿納（Pyinmana）和勃固（Pegu）之間的後方，沿著從曼德勒以南直到仰光的主要公路和鐵路動脈，作為戰略預備隊。木村將第五十三師團置於第十五軍的指揮下，條件是若遇到危急時第五十三師團直接由木村指揮。

木村的參謀做了沙盤推演，發現幾個問題：
（1）在進入乾季占優勢的聯軍進攻日軍時，第十五軍仍守得住目前的戰線嗎？

這條線是從因多經西普到葛禮瓦的防線，第十五軍估計如果快速地撤退會造成內部的瓦解，比和英軍對抗兩個月還有更大的風險。

（2）第十五軍已經失去大部分的機動性和戰鬥力。如果日軍撤退到 300 多哩之外，能否在乾季時，在伊洛瓦底江畔取得反攻的好位置？

第十五軍認為如果率先將第三十一師團拉到瑞保平原，可以確保瑞保平原，第十五及五十三師團則可以沿伊洛瓦底江兩岸撤退。第三十三師團可以在葛禮瓦渡過欽敦江，衝向蒙育瓦。這樣避免在瑞保平原和敵軍交鋒，應該可以將師部帶到伊洛瓦底江東岸。

（3）第三個問題最關鍵：就是如何防禦伊洛瓦底江，究竟要離江岸遠一點，或是近一點，或是稍遠？

經過了冗長時間的討論，最後決定直接在江邊，沿著南部海岸平原分配兵力（即將部隊部署於江的東岸）。這讓第十五軍的防禦正面長達 250 哩。在此防線之後的三角洲有米、仁安羌有石油，這是木村維持軍隊必需的資源。

伊洛瓦底江有千碼寬，河道中有許多沙洲，在曼德勒對岸的實皆，江面成直角流向西邊。日軍決定在這個轉彎處的實皆丘陵上，建立一個堅固的橋頭堡。

日方知道自己第十五軍的火力和機動性已經大為降低，沒有機會在敵人渡江時驅逐之。因此再往北，十五軍和三十三軍陣地交會之前緣的夢龍山更為重要，必須守住；而且如果敵軍

第六章　越江奪堡

要突破防線向南進軍，日軍必須立刻加強增援。

我研究日本人的思想，已經有段時間，因為它深深左右了這場戰爭的關鍵。從兩軍的部署就可了解，盟軍有信心及能力在空軍的保護下行軍作戰，但日軍不行：因為與有1,200架飛機的英國皇家空軍（RAF）和美國陸軍航空隊（USAAF）的實力對比，日軍防護緬甸只有64架飛機。盟軍和日軍都對自己的陸路補給感覺困擾。史林姆和木村都怕增援會愈來愈少，雖然史林姆希望對德戰爭一旦結束，補給可以增加。同時，史林姆也預見到他的軍隊會逐漸減少，許多他的部屬不是由於早就該休假而離開，就是歸國。

對他們兩軍而言，伊洛瓦底江當自然是最核心的因素。在心理上如此，正如日本第二十八軍參謀長岩畔豪雄（Hideo Iwakuro）少將指出：「它會影響緬甸的民心向背」。但是從日軍的討論很清楚的知道，木村從未考慮在瑞保平原和英軍第十四軍團決戰，而史林姆卻認為木村有這樣的想法。這是史林姆最大的錯誤，還好史林姆在年底前知道他預測錯了，立刻做出調整。這調整對緬甸作戰產生了巨大的衝擊，在密鐵拉的戰鬥中，將木村部隊剪斷成兩半，最終導致日本失去整個緬甸。

根據極機密情報單位「極限（Ultra）小組」，提供史林姆關於北非、義大利、西北歐的指揮官們大量解碼後的情報，史林姆仍對木村的計畫產生疑惑，這是頗令人驚訝的。[16] 一名英國空軍溫特包紳（Frederick William Winterbotham）上校在他寫的第一本書《極限的機密》（*The Ultra Secret*）透露Ultra情報的內容。他敘述道：「史林姆從倫敦、華盛頓及澳洲得到了

16　譯註："Ultra" 極限小組是二戰時英國情報單位，蒐集敵軍電話、電報，加以破密。

全部他想要的情報。」[17] 上校他很肯定地敘述史林姆曾告訴他，在整場戰役中這些情報非常寶貴，在因帕爾戰役中更是關鍵。從這些情報可看出，首先，日本的補給已經快要斷絕了。第二，日本的空軍日益減少，實際上已經沒作用。因此英軍第五師得以非常安全及不間斷的空運物資到因帕爾。

現在從虜獲的文件以及情報員的報告，可知日軍補給狀態，以及空降師在戰鬥中的作戰命令。僅靠「極限」本身的情報幾乎是不夠的，如果能夠早點得到充足的信息，使用和諾曼第登陸時相同規模的大量情報，則印度第七步兵師在新茲維牙（Sinzweya）被包圍，及印度印十七師在滴頂（Tiddim）勉強死裡逃生，是可避免的。事實上，史林姆對他所能使用的情報不敢恭維。誠然，於一九五六年出版的《反敗為勝》（*Defeat into Victory*）書中他承認，那時 Ultra 還是不能被公開的，數年後才解禁。但是，這不影響他評論的原意：

> 我自始至終意識到……我們的情報……跟其他戰場的情報相比，非常不完整也不正確。我們永遠也無法彌補：缺乏有效的方法收集情報，或者在戰爭初起，沒成立可用的情報組織。我們知道一些日本的企圖，但是不曉得他們預備隊的部署，更完全不知一個將領在做決策時，所要考慮的重要因素，例如：對方指揮官的特質。[18]

17　Ronald Lewin, *The Ultra Secret*, 1975, p. 228.
18　Ronald Lewin, *The Ultra Secret*, p.139，引用史林姆，同前，頁 221。「在東南亞更有 SLU（特別聯絡單位）替蒙巴頓、史林姆、史迪威工作及指揮印度、中國轟炸機部隊。以英國布萊切利莊園（Bletchley Park）作為英國情報中心聯絡東南亞司令部、華盛頓、布里格斯本形成一個全球的情報圈。」

第六章　越江奪堡

　　接著他寫到，在因帕爾戰役時「我沒有關於敵軍意圖的信息來源，無法像一些比較幸運的指揮官，在其他戰場中能使用這類情報」[19]。倘若他被蒙蔽，很明顯他是指「極限」。

　　他的說法並非馬後炮，一九四四年九月史林姆想要評估日本緬甸方面軍的企圖時，他寫信給在錫蘭的蒙巴頓參謀長普雷費爾（Ian Stanley Ord Playfair）將軍，因為他擔心缺乏來自緬甸的情報。他需要運送 20 個代號 Z 的偵察隊去緬甸取得新的情報，當他知道只有兩個這樣的偵察隊到達時，他說「雖然如此總比什麼都沒有好，但是這是不夠的，因為我將於秋天展開攻擊，而有關我們的對手的情報卻少得可憐。」[20] Z 偵察隊是由緬甸人或會緬語的人所組成的小組織，經常不超過兩個人，他們的裝備是無線電及密碼，武器是左輪手槍和卡賓槍，由降落傘投下，或由直升機運載，送入日本占據的地區。換言之，他們與代號 V 部隊的斥候沒有什麼不同，只是後者是英國軍官領導的。史林姆的個性，應該重視現場拿到的直接證據，但這些情報經常不如虜獲的文件有用及詳細。

　　第四軍軍長史肯斯也同樣蔑視他所得到的情報，

　　　　我很確定（他寫於一九四四年六月），日軍將會由印度孟加拉的比仙浦（Bishenpur）及緬甸邊境的德穆（Tamu）兩個方向發動對因帕爾的最後攻擊。因為

19　同上 , p. 289.
20　英國檔案局，陸軍部檔案 PRO. WO. 203,（Public Record Office, War Office）當然還有只配備無線電發報器的常駐情報員。在科希馬有位醫師情報員，在圍城戰時被迫擔任阿薩姆聯隊的軍醫，他的情報功能完全失靈，一般在戰區常駐情報員不該有此任務，而他的運氣不佳。

135

發現有屬於日軍第五十三師團的蹤跡,因此毫無疑問的,日軍已將增援部隊運到了印度第二十三師羅伯斯・烏弗里少將(Roberts Ouvry)的防線。這突如其來的敵軍師團及其所屬單位,前線竟然完全沒有得到預警,顯示我們高層情報單位失職。

日前我寄了一封信表達我的看法,我認為我們浪費了很多金錢和人力在這些很糟的秘密組織,對我來說,他們並未產生任何有力的幫助。[21]

至於其他的軍隊,無論是在戰爭前或戰爭中,由對戰俘的審訊可得到更為詳盡的戰略情報。但是緬甸戰爭中的日本戰俘數量很少,一直到一九四五年雨季來臨及日軍士氣瓦解以前,沒有捕獲任何軍階高於大尉的軍官,所以從俘虜身上得到的情報價值有限。但另外一方面,俘虜的多寡足以顯現日軍士氣的指標,也可以識別他的單位。文件是另外一回事:從截獲的日軍戰鬥命令以及地圖,提供了在阿拉干戰役中很有用的情報(回想當日軍棚橋大佐衝入新茲維牙,進入印度第七師的總部,發現印度第七師擁有日軍名為《德太》的作戰命令紙本。[22] 在科希馬戰役以及因帕爾戰役也發生同樣的事,史托利[23](Richard Storry)少校的聯合審訊中心的行動組,不斷地提供最新的情報給英軍總部,到後來密鐵拉的突圍戰,從虜獲來自日軍的文件,非常清楚顯示他們的軍力和計畫。

21　史肯斯的信,1944 年 6 月 24 日,陸軍部檔案(PRO. WO)203/56。
22　譯註:櫻井德太郎是日本第五十五步兵團長。
23　譯註:史托利(Major Richard Storry)日本專家,二戰情報官。

第六章　越江奪堡

　　這種資源的利用愈來愈直接、越來越廣泛,問題是翻譯人員不足。當第三師師長考萬(Cowan)少將進入密鐵拉時,參與這整場重要戰鬥的 11,000 人之中,竟然只有兩個人會說及閱讀日文。但斯坦利‧查爾斯(Stanley Charles)上尉和喬治‧凱(George Kay)中尉解決了考萬將軍的長期焦慮:日軍究竟會用甚麼方式來對抗他?經過對俘虜不斷的審問以及在戰場上不斷地搜索屍體以確認身分,檢查俘虜的薪資單、照片、兵籍牌、日記、地圖等等。終於在密鐵拉的一份文件中,破解了十五軍的戰鬥部署。但是,會翻譯日語的人員非常稀少。有一些日本語的老手,在珍珠港事件後,留在印度。其餘大部分英國倫敦東方研究學校研究古典或現代日文的大學生,訓練後派來在緬甸的師或軍總部。翻譯人員的稀有,表示許多文件必須空運去印度,費時之長可想而知。史林姆以及史肯斯所需要的,是現場立即解碼,因此每個師只有一個翻譯及一個審訊官實在遠遠不足。[24]

24　S. T. Charles 的私人信函. 以及 Evans and Brett-James, *Imphal*. pp. 76-83., p. 89.

B-1　1945年2月23日,印度第十七師第六十三旅情報官正搜索密鐵拉的日軍屍體。(帝國戰爭博物館)

B-2　由錫當河突圍時被捕的五位中國及朝鮮的慰安婦,攝於貝內貢收容所。(帝國戰爭博物館)

B-3　第四軍軍長梅舍維中將(後為子爵)。(帝國戰爭博物館)

B-4　1945年2月28日在密鐵拉,印度第十七師師長考萬少將與第四十八旅旅長海德利。(帝國戰爭博物館)

B-5　第三十三軍團本多中將的參謀辻政信大佐，戰後著民服。（辻政信著，英譯本《地下逃亡》）

B-6　1945年6月日第二十八軍軍部向錫當河突圍逃亡，於仰光－曼德勒路標1370哩處。（土屋英一中佐）

B-7　軍第十三警備隊少佐隊長堤新三。（攝於1940年25歲，時為海軍中尉）（堤新三）

B-8　萱葺，一名日本的回教徒特務，在阿拉干對抗英軍。（由吉達飛回日本機上照片）（萱葺）

B-9 沃鎮附近手持白旗參與投降和談的日本兵。（帝國戰爭博物館）

B-10　聽到日軍投降新聞而歡呼的英軍。（帝國戰爭博物館）

B-11　南方軍寺內元帥的參謀長沼田多稼藏中將，到達仰光商議投降協議。海軍中道少將同行。（帝國戰爭博物館）

B-12 在與廓爾喀步槍第十團第一營史密斯中校會談前,戰敗的第二十八軍參謀若生尚德少佐將自己的刀交出,寇利中尉(中間戴眼鏡者)擔任翻譯。

B-13 克勞瑟少將，印十七師師長考萬的後任，接受第三十一師團長河田槌太郎投降。（帝國戰爭博物館）

B-14 本書作者（左上角臉的側面）及美裔田瑞士官（右）訊問日軍戰俘內藤中尉（中）。（帝國戰爭博物館）

第二回　橫渡伊江

一九四四年十二月三日，英二十師的一個旅，在葛禮瓦北方 30 哩欽敦江河畔的茂叻（Mawlaik）開始渡江。東非第十一師從葛禮瓦猛烈攻擊一個日軍的橋頭堡，以利第二十師餘部渡江，目的地是蒙育瓦。縱使攻擊十分慘烈，但令人十分驚訝的是，日軍只有輕微的抵抗。因為欽敦江在此的東岸是崇山峻嶺以及茂密的森林，可能會阻礙史托福中將前進，和之前使宮崎繁三郎無法提早抵達科希馬往因帕爾的公路情形一樣。十二月十九日，英軍第二師通過橋頭堡去援助東非師，並突擊曼德勒西北方 40 英里的瑞保。當他們從欽敦江東岸展開扇形攻擊時，史林姆發現與對方相比，就兵員及兵站數量而言，英軍較不利。木村可以部署五個師團在他們進攻的軸線上，這還不包括零碎的旅團和隨軍的行政人員。而盟軍處在愈來愈脆弱的補給線末端，他所面對的敵軍，卻擁有可由鐵道通往阿隆（Alon）及敏建（Myingyan）的軍需站。

他們也走出叢林：在十二月的陽光照射下，天氣炎熱，塵土飛揚；緬甸中部由低矮的丘陵與平原構成，這樣的地形，最適合坦克作戰。史林姆確信，當他集中兵力於瑞保平原，一個由伊洛瓦底江流向南又突然直角轉向西，而與欽敦江在敏建北方匯流，所形成的三角形地帶，在此發動攻擊，他可一舉擊潰木村。

就如所見，木村並無意願在瑞保平原再戰。他是一位很好的戰略家，但他無法從日本得到支援，又處於在東南亞補給線的末端，這意謂他的軍隊不是為了戰略而作戰，而是為生存而

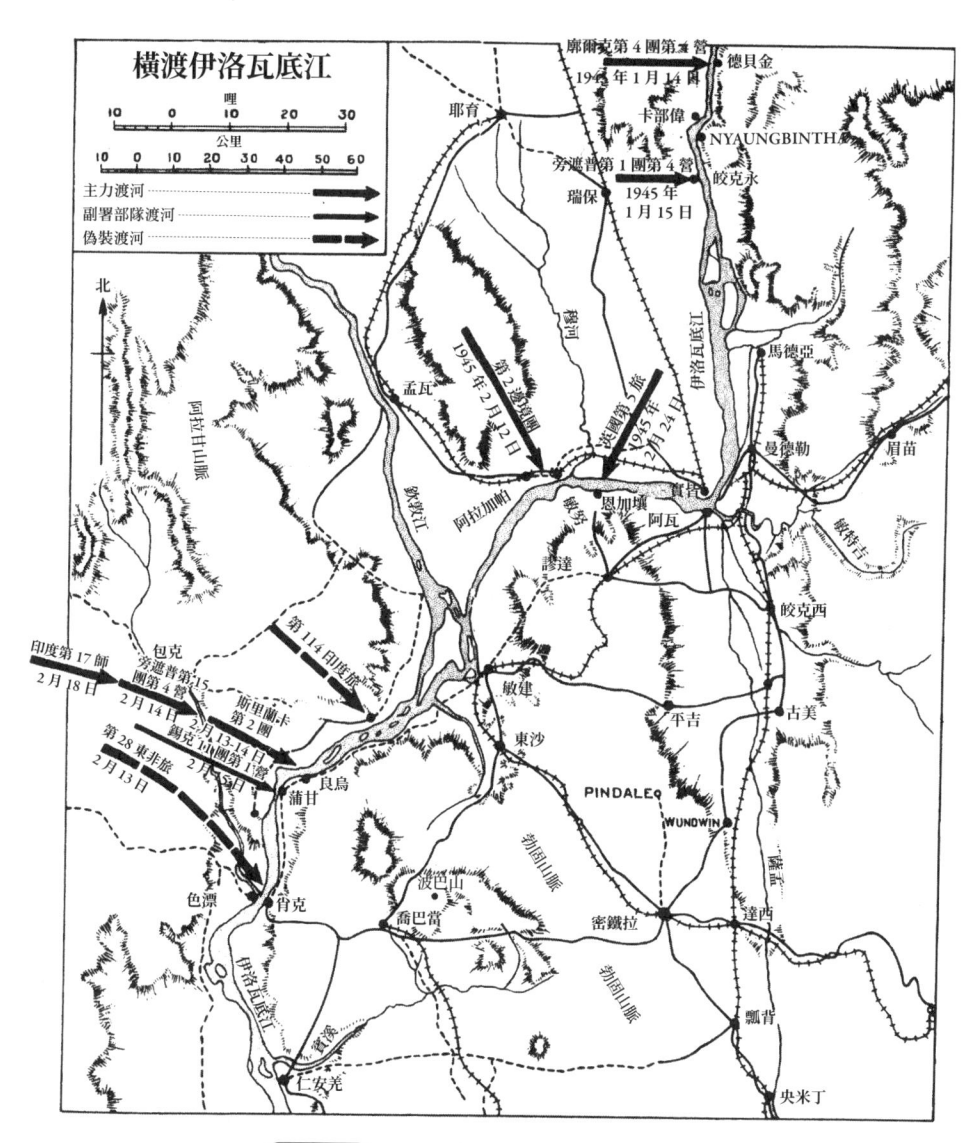

圖 6-1　1945 年 1-2 月橫渡伊洛瓦底江

戰。很快地，他們只能這樣做了。在英軍第二十師橫渡欽敦江前 5 天，還未浴血的印第十九師從錫當橋頭堡出來，向平梨舖（Pinlebu）以及平博（Pinbon）前進。因為沒有足夠的船可以渡河，所以英第四軍缺乏炮兵及機動交通工具，但里斯少將記

得史林姆對第四軍的指示，為求快速而冒險，要在八天內就橫越西普丘陵（Zidyu hills）。四天後，十二月十六日那天，在因多火車站與經過鐵路走廊南下的印度第三十六師會合。北戰區司令部的部隊與第十四軍團的前鋒如今會合了。[25]

里斯進展快速，使史林姆重新思考，如果日軍想將第十四軍團阻擋在伊洛瓦底江西岸，是否應該更盡力？印度第十九師經過的地區，村中緬民都告訴他們同樣的事，也就是大部分的日軍都離開了。若日軍在他的攻擊下，只是溜走，就再也沒有史林姆所尋求的正面戰鬥了；所以必須用其他方式來圍捕木村。若不能在伊洛瓦底江前圍堵他，就只能在過江之後了。因此他另謀一計，派一支強大軍隊追逐木村，在木村意想不到的地點，並奪取他的兵站組織。有個很顯著的地點：就是在密鐵拉（Meiktila）和達西（Thazi）地區，這裡是日第十五軍和第三十三軍的補給站，有機場、醫院、鐵路及公路可直達仰光。如果木村會被欺騙而認為英國第十四軍團的目標當然是曼德勒，那麼史林姆可以調派大軍隊去突襲密鐵拉，迫使木村為了奪回它而戰鬥。

當史官羅伯特（Brigadier M. R. Rorberts）旅長事後問史林姆，他從哪兒得到這想法，去進攻密鐵拉而非瑞保？史林姆回答，這想法是經過十四軍團參謀們討論而自然產生的。[26] 他不知道是誰最早提出密鐵拉這地名。這是典型的婉轉式否認。這樣的回答掩蓋一個可能很明顯的來源。要奪取密鐵拉，便必須躍過伊洛瓦底江。在地圖上最好的地點，就是在伊洛瓦底江

25　Lewin, *Slim*, p. 212
26　Evans, *Slim*, p. 187.

西岸的木各具。早在一九四四年三月溫蓋特已向蒙巴頓以及史林姆建議，使用預備旅欽迪預備隊的可能性，是將他們由木各具投入密鐵拉。[27] 實際上蒙巴頓就是受到這個想法的鼓舞，在華盛頓示意魏德邁將軍執行代號為「定理（AXIOM）」的任務，只要有充足的空軍補給和支援，就可以攻下整個緬甸。當時魏德邁自然是目瞪口呆，因為定理（AXIOM）的任務弱化了橫越緬甸陸地的進攻計畫，但是美國空軍參謀長阿諾（Arnold）將軍則認為這是非常好的點子，因此授權並派遣400架運輸機到緬甸。美國歷史學者指出這個突如其來的空中大禮，從根本上改變了後續的緬甸戰爭。或許這是史林姆欠溫蓋特的一個人情，兩方都得分。[28]

但是如何到木各具是個問題。史林姆已經知道這個答案，就是進入緬甸橫渡欽敦江，最近的路徑，是由葛禮瓦到耶育（Ye-U），以及瑞保，從曼德勒西北方上岸。還有另一條比較長的路徑，更困難，而且較不明顯：就是由密特哈（Myittha）河谷往下走經過欽恩丘陵（Chin hills），甘高（Gangaw），提林（Tilin）以及包克（Pauk），然後在木各具西方約30哩的地方出來，一九四二年曾有兩個緬甸旅使用這條路徑撤退。史林姆占領瑞保平原的「斬首行動」可以持續進行。擴大斬首行動則要用第十四軍團的主力，秘密通過密特哈河谷；因此木

---

27 「如果一切順利，以及第十四旅成功入侵木各具，第二十三旅最有利的活動範圍是在密鐵拉區域。它可利用各種條件，如果能做到，那麼在雨季剛開始時，我們可在木各具到臘戌與日軍對決那麼整個欽敦江流域都在我們手中」溫蓋特說。*Forecast of Possible Development of THURSDAY* by Commander Special Force",13 March 1944.（PRO. WO 203/187, LRP Correspondence）
28 Tolloch, *Wingate in Peace and War*, pp. 211-23. Romanus and Sunderland, *Stilwell's Command Problems*. p. 99.

村不會察覺英軍兵力的轉變,讓第十四軍團可以在木各具過江,使用裝甲部隊奪取密鐵拉。[29] 先鋒部隊是考萬(Cowan)的第十七印度師,這個師原先在印度休息,如今調回,其中一個旅,是空降部隊。

關鍵在於如何讓裝甲部隊通過密特哈河谷。史林姆麾下的工兵團的工程師已經完成了許多奇蹟,這樣的奇蹟真的每一天都在發生。**世界上最長的「倍力橋(Bailey Bridge)」在葛禮瓦橫跨欽敦江**。[30] 一個由船及竹筏組成的船隊,準備好載著人員以及裝備渡過欽敦江到敏建與伊洛瓦底江交會處,恢復緬甸傳統的、優越的內河運輸方式。利用這途徑,預計到一九四五年五月一日,每日運輸量可達 800 噸。[31] 比爾‧哈士特(Bill Hasted)少將[32] 英國第十四軍團工兵團總工程師,他預計可以在四十二天之內建造到密特哈的一條「公路」:麻布是建造此途徑的材料,麻布廣泛運用在機場的跑道上,方法是用麻繩捲成每段長 50 碼、寬 1 碼的長條狀,鋪上瀝青,看起來就像一條長長的油布地毯。長條互相重疊處有 8 吋,用壓路機把它壓平,壓緊,先從兩邊鋪,再鋪向中間,建成兩邊低中間高的「公路」。每一碼路要花一加侖的汽油,一加侖的柴油,很費錢但很有效,100 哩麻布鋪成的「路」,可供 1,000 輛戰車使用。[33]

威廉斯(James Howard Williams)中校,[34] 曾經利用大象運送木材等重的裝備,幫助東非第十一師用樹幹鋪了馬路,

---

29 Lewin, *Slim*, p. 215.
30 譯註:由英國工程師 Donald Bailey 所設計,大量用在二戰,此橋長 1,154 英尺。
31 Evans, *Slim*, p. 190.
32 譯註:Bill 是 William 的暱稱。
33 Lewin, *Slim*, p. 217.
34 譯註:史林姆在 *Elephant Bill* 書中稱他(Williams)為 Elephant Bill。

讓第十一師通過淹水的卡巴盆地。一九四四年十二月，建造了四條可達欽敦江而且適合摩托化運輸的公路，而威廉斯的大象，也參與建造全部的橋樑。[35] 為了密特哈計畫，如今徵召大象入伍，不是為了建橋築路，而是作為第四軍欺敵計畫的一部分。[36] 威廉斯中校被命令往耶育河（Yeu River）上游走 40 英里，聯絡六個大象營，讓象群嚮導帶這些象渡欽敦江，製造大軍過河假象。威廉斯中校輕描淡寫地提到他有個軍官叫做芬奇（Finch），非常了解第四軍要經過的山谷。梅舍維少將了解如有人知道當地的地形，知道如何指揮大象，那麼這人對他而言，會比一個單純的欺敵詭計更有用，因此，這個芬奇與他的大象部隊，也一起隨軍隊通過密特哈峽谷。欺敵的行動也以其他方式持續下去，要讓木村情報組織認為第四軍仍要向曼德勒前進。英方又從德穆（Tamu）一個假的軍司令部，發出一個訊號給第十九師，第十九師此時已隸屬於三十三軍。

　　史林姆也需要飛機，從十二月十六日開始，他的軍隊從每天需要 750 噸的物資，到次年三月也就是密鐵拉戰役完全展開時，每天補給量增加到 1,200 噸。有一天早上史林姆在因帕爾總部吃驚地聽到大批的飛機從頭上掠過，並且瞭解這批三個中隊的達科塔 C-47 運輸機原是分配給他的，卻又突然接到命令飛去中國。他每日需要 7,000 架次起降，而且他可親自支配每架飛機，但那天沒事先通知就失去了 75 架飛機，對他而言，是很嚴重的打擊。[37] 中國的戰況非常吃緊，為了要阻止美軍的飛機使

35　J.H. Williams, *Elephant Bill*, p. 279.
36　Slim, op. cit., p. 398.
37　Lewin, *Slim*, p. 217.

用在中國的前進機場,日本駐華派遣軍發出「一號作戰(ICHI-GO)」,目標在奪取這些機場,因為陳納德將軍的飛機最終會從這些機場上飛去轟炸日本列島。在一九四四年的這一場戰役中,日軍獲得部分成功;魏德邁如今是蔣中正新的顧問,決定使用租借給史林姆的達科塔機隊,從緬甸空運中國師,去增援中國中部戰場。史林姆寫到「飛機引擎聲,對第十四軍團的任何人而言,這是首次有危機發生在我們的行政管理上。」[38]

這意謂必須重新計算到密鐵拉的每一次裝貨,雖然減少運至阿拉干第十五軍的空運,以挽回失去了的噸數,可是這一延遲,要在一九四五年雨季前完成軍隊運輸任務,時間是不夠的。

魏德邁抽回空軍是在十二月十日。九天後,史林姆知道他在北邊先頭部隊進展得非常好,十分振奮。那一天,里斯將軍的第十九師是在文多(Wuntho)。到了十二月二十三日,他們從欽敦江走了有200哩的距離,邊行軍邊修路,當軍用卡車無法爬陡坡時,就用絞盤將卡車拖上山坡。里斯的右翼,第二六八旅已經由公路抵達石油因多(Oil Indaw),[39] 行軍往穆河(Mu River),這條河流到瑞保。第三十三軍在十二月二十六日接收這兩個部隊,當時最南的第二師和第二十師分別前進到耶育城(Yeu)和蒙育瓦。史林姆原先預測在賓蓋(Pyingaing)日軍會對英軍第二師的攻擊有所抵抗,但完全沒有,直到往東幾哩才遇到對抗。西普山脈由平加英逐漸平緩。第二師得到隨後繞過來的第二十師的廓爾喀兵團的幫助,突破了一個路上封鎖,進而追擊一支日軍的爆破部隊。這部隊原本

38　*Slim*, op.cit., p. 396.
39　如此稱呼是為了區別「鐵道因多」,原先欽迪部隊的目標是「鐵道走廊」的因多。

第六章　越江奪堡

是要去炸穆河上的卡包（Kabo）水壩，這個水壩是用來灌溉附近的平原。一九四五年一月二日，第二師抵達耶育（Yeu），隔天渡過在瑞保和耶育之間的穆河，並在對岸建立一個橋頭堡。工兵也在河口建橋，讓師部的主力通過，在一個星期之內，由瑞保西北部快速地進入此城。

但是第二師並非最先抵達瑞保的軍隊，第十九師在七日已由東邊攻入瑞保。在瑞保防禦的，是第二師的老對手，由科希馬過來並整編過的日本第三十一師團。在瑞保的北方甘勃盧（Kanbalu）是第五十八步兵聯隊（稻毛讓大佐），第一二四步兵聯隊（蛭沼七藏大佐）原來就在瑞保，第一三八步兵聯隊（鳥飼恒男大佐）在實皆，曼德勒的對面。鳥飼的部隊非常幸運，像觀光客一樣通過實皆，但沒時間去欣賞它。就在實皆前方，有一座佛塔，基座圍繞著120個佛像。佛塔圓頂神龕長出的樹，形狀像乳房（據說當時建築師詢問過他的施主，也就是當時的皇后，詢問她喜歡如何設計，此時皇后露出胸部問到，還有比這更美的形狀嗎？）。整個地區充滿了寺廟，其中有一座臥佛，很像勃固的大臥佛。由實皆橫跨伊洛瓦底江到曼德勒有座非常重要的阿瓦橋（Ava Bridge），此橋紅色的橋樑建在紅棕色及灰色的橋墩上，一九四二年英軍撤退時，曾破壞橋樑，中間兩個橋面已經不見了，但日軍無暇重建。

大矢部省三中佐麾下有一個混合炮兵部隊和第三十一師團的山炮聯隊，以及來自第十五師團第二十一野戰聯隊的一個大隊。蛭沼大佐使用地雷及預先準備好的陣地遲滯了第十九印度師的行軍速度，但是一月一日他奉命往南撤退。他們設法很有秩序地離開了甘勃盧（Kanbalu），但在實皆的基努（Kinu）打過一場夜戰之後，混亂接踵而至；日軍在到達瑞保時，已經

亂得一塌糊塗，以致造成讓里斯窮追猛打的機會。

一月七日早上，第六十四旅第五巴羅契（Baluch）團一支偵察隊進入瑞保，[40]當晚其他營隊也隨後抵達，只比英第二師早了一點。里斯將軍接到來自軍長電報，催他用口袋戰術包圍日軍第三十一師團，他派一個營切斷日軍的撤退後路，但是這營又隨即接到命令停止行動。里斯服從軍長的命令，因為攻入城市本身是第二師的責任，原計畫如此，第十九師則要由南面和東面封鎖瑞保。日本的歷史描述了當時里斯正準備靠自己拿下瑞保城市時角色轉變了，學者承認第三十三軍長史托福的命令要印第十九師停止戰鬥，也許有戰術上的考量，例如不想犯大規模巷戰的錯誤，以及要避免盟軍錯誤互擊。但懷疑是英軍長希望確保是由一個全部是英國人的第二師能最先進入瑞保。無論如何，瑞保落入英第三十三軍手中，日軍陣亡58人，有10人被俘。[41]

第十五軍司令片村中將，從未打算使瑞保戰役成為戰到最後一兵一卒的決戰。一月十日，片村命令第三十一師團撤退到伊洛瓦底江畔，蛭沼七藏的第一二四聯隊在夜間南進40哩，去占據因多。一支殿後部隊留在瑞保北方抵抗，直到十日。對英第三十三軍的士兵而言，日本兵的抵抗能力，已因因帕爾及科希馬戰敗而減弱。在橫渡伊洛瓦底江時發生小型戰鬥後，指揮

40　譯註：Baluch 巴羅契是伊朗人。
41　英國官方歷史指出，1月8日第六十四旅在瑞保，但印度歷史指出巴羅契 Baluch 的偵查隊是七日進入瑞保。Evans 指出，第二師、第十九師在1月5日前就占據瑞保。事實上，1944年12月20日當天史托福 Stopford 在與他的師團長開會時，將占據瑞保的任務交給第十九師，但一月五日又將這個任務交給第二師。Evans, Slim, p. 191; *Reconquest of Burma*, II.pp. 490; Kirby, *War against Japan*, IV, p. 177.

第二多賽特營[42]的懷特（White）中校注意到，在渡河時與他作戰的日軍很明顯是增援的新兵。個子大的年輕人，吃得太好，在戰鬥那天的早上，表現缺乏勇氣，不像以往住在特派區小平房的老對手。[43]

但並不是完全都是這樣的。當德蘭郡[44]的輕步兵營奪取恩加壤（Ngazun，敏建的一個小鎮）西村的橋頭堡時，日軍部隊長命令單位內 35 名官兵全體戰到最後一兵一卒。英步兵營在戰壕中發現 35 具屍體。戰鬥後的第二天上午，坦克掩護著第三卡賓槍團前進時，一名日本軍官從掩體跳上一輛坦克頂部，那時坦克指揮官正站在打開著的小炮塔邊。該軍官用軍刀砍下他的頭，攔開屍體，爬進坦克，刺死炮手，接著正要搶炮手的手槍，但被駕駛兵一把抓住。兩人一陣格鬥，終被槍殺。在德蘭部隊側翼的輕裝英國皇家柏克郡步兵團被攻擊時，一名日本兵在格鬥中武器沒了，就用牙咬住英軍連長的咽喉。[45]

從瑞堡，英第十九師轉向東邊的伊洛瓦底江，準備在曼德勒北部兩個地方渡江，一個是離城北 40 哩的卡瑪翁（Kyauk Myaung），一個是更上游 15 哩外的德貝金，在此有公路通往夢龍山及摩克鎮。里斯命令第二五四坦克旅及第六十二、第六十四和第九十八步兵旅渡江。日本人以為這是進攻曼德勒的主力，於是派第十五師團及第五十三師團前往橋頭堡，要將英軍擊退。

當然，這兩個師團武力嚴重不足，第十五師團雖有增援，

42　譯註：Dorset 多賽特是英國西南的一個郡。
43　White, *Straight on for Tokyo*, p. 201.
44　譯註：Durham 英國東北的德蘭郡，作者 Louis Allen 即任教於德蘭大學。
45　Rissik, *The D.L.I. at War*, p. 204.

但兵力不超過 4,500 人，且只有十到十二門火砲。師團長柴田卯一（Shibata Ryuichi）中將部署一個大隊在卡部偉（Kabwet，實皆附近村莊），一個大隊在卡瑪翁（Kyauk Myaung），其餘兵力分布在伊洛瓦底江東岸，由北至南有第六十七、五十一、六十聯隊。德貝金由第三十一師團第五十八步兵聯隊的第三大隊防守，暫時由他指揮。再往南，在新固（Singu），是第五十三師團的一一九聯隊，為了曼德勒戰役，也附屬第五十三師團。第五十三師團主力則部署在新固南方（在被欽迪特種部隊打敗後，五十三師團只有約 4,000 人）。[46]

一月十一日，里斯的印度第六十二步兵旅（旅長莫里斯 James Ronald Morris）在卡瑪翁用緬式小船渡江失敗，改地點，在十四日夜裡成功渡江。印第九十八步兵旅（旅長加拉德 Charles Ian Jarrard）在一月十四到十六日建立橋頭堡，只遭遇輕微抵抗。第六十四旅（旅長 Bain）最後離開瑞保，在一月十六至十七日渡江。日軍感受到里斯兵力快速增加，因此部署第一大隊（隊長吉岡 Yoshioka）、第六十和第六十七步兵聯隊對抗里斯。儘管在一月底日軍反覆地進行夜間攻擊，但印第十九師堅守不動。里斯想更快南下，以廓爾喀來福槍兵第六團一營及所轄第七輕騎兵旅配備斯圖亞特坦克，合力拿下伊洛瓦底江邊提拉（Thila）的輪船渡口。雖然有 5 輛坦克被日軍 37 公厘反坦克炮擊壞，但第十九師的火力明顯優於日軍所有火力。里斯決定改變前進的軸線，他原由大路南下，現在想用臨河的馬車小道及鄉村小路，他相信日軍不會想到他的主力所在。

里斯的頭號參謀長約翰·馬斯特（John Masters）將軍，

46　戰史叢書 OCH，《伊洛瓦底會戰》，頁 72。

已從史迪威麾下第一一一旅的慘痛經驗中恢復,加入里斯的第十九師,他聲稱改變路線的主意是他的功勞:某天晚上在威士忌、茶、甜點、蛋糕(里斯夫人每兩週從英國寄來)助興下,提出這個建議。然而,二月二十六日在一條主要公路一處隘口,第七輕騎兵隊受到日軍已經部署好的陣地中,中型坦克火炮、迫擊炮的猛烈攻擊,毫無疑問這也是里斯改變路線的重要原因。里斯往曼德勒的路被阻,除非攻下隘口,不然就得繞道而行。[47]

當然,里斯及第十九師並不想取曼德勒,總之至少不是第一優先。里斯想從北面及東面孤立曼德勒,吸引日軍的火力,以方便他從南邊和西南邊進攻。當戰鬥開始,他將他的師部署在外圍阻止日軍向東逃,用火力將日軍由城中引出。但是,幾乎可以肯定的是,里斯很清楚他的師能移動多快,因為他們已走了400哩,由空中進行補給,只在五週內就從欽敦江到達瑞保,當然是打算要第一批抵達曼德勒。

伊江西岸仍有日軍,雖然表現不佳。第十五師團在卡部偉(Kabwet)守橋頭堡。里斯一月二十五日派第九十八坦克旅,用坦克、空中及炮火,密集轟炸防守的日軍。該地原有熊野(Kumano)大佐率領的五十一步兵聯隊第一大隊,部隊不超過200人。[48] 每個中隊只剩30人,但有對岸聯隊的火力支援。在持續空襲、陸地轟炸之下,第一大隊只剩一半兵力,幹部向熊野請求:「既然我們一定會陣亡,不如來一次集體的自殺攻擊。」熊野反駁:「我們在這裡是要阻斷他們通過,只要有一個士兵還活著能抵抗和拖延英國人,即使僅是一天,那麼我們也要一

47　Masters, *The Road past Mandalay*, pp. 297-300. Perrett, *Tank Tracks to Rangoon*, p. 182.
48　戰史叢書OCH,《伊洛瓦底會戰》,頁68。

樣地繼續戰鬥下去。」[49] 甚至當他決定必須離開卡部偉村，他們向西半哩走到河邊，又發動攻擊。在東岸的第十五師團由於狀況愈來愈差，最後迫使熊野將他的聯隊併入。一月三十日，在卡部偉的苦戰中，日軍退至一座厚牆圍繞的佛寺中，皇家波克郡團（Royal Berkshires）第二營犧牲了 100 名官士兵。[50]

里斯巧妙地混用大膽和小心，在抵抗力弱處前進，頑強處穩住。他在「十四號行動指示」中寫著：「如果輕易就突破日軍的防線，就大膽、冒險地快速挺進。但不要盲動，在沒有準備下衝向有組織的防守。」[51] 日軍防守設在稱為「腎臟」的地方，就是在隋比（Shwepyi）和平勒因（Pinle-ln）中間的一座小山，那裡有最好的山路通過。里斯把第六十四旅作為他的左翼，沿著主要道路前進，坦克在前，大炮在後，掩護師的主力通過「腎臟」與河流中的沼澤地區。各旅交互躍進，加速南下，一支機動縱隊領先開路，形成一隻「匕首」，指向曼德勒，其他部隊跟隨在後，有師偵察營―印度旁遮普第十五團第一營，配以第七騎兵大隊的 C 中隊，以及第一五〇皇家裝甲兵團（RAC）的一個中隊，配備李式中型坦克（Lee medium tanks）。里斯曾與第二五四坦克旅副指揮官激烈爭論，該旅是他的裝甲部隊最久的成員。很明顯里斯使用坦克的方式是錯誤的，讓坦克行駛在沿河的小徑上，會冒著不必要的風險，因為小徑限制一次只能讓一輛坦克單獨前進。當坦克中隊長準備要試一下，但是旅

49　同上，頁 70。
50　Kirby, *War against Japan*. IV, p. 186 no.2. 熊野的日記記錄了在卡部偉的戰役，但他記憶的日期是錯的，他寫的是一星期後了。戰史叢書 OCH，《伊洛瓦底會戰》，頁 71。
51　*Reconquest of Burma*, II. p. 344., n. 7

部的參謀馬斯特上校不同意。里斯平靜地問道：那麼，如果戰事愈來越危險，裝甲兵是否就可不參戰？馬斯特後來報告這次談話。當時，他不放心與這位年輕的中隊長一起出發。[52] 結果真的是，在一個隘道上遭遇日軍大炮，路的一邊是山丘，一邊是沼澤，第七輕騎兵旅兩輛斯圖亞特坦克被擊毀。此後，在這樣的道路軸線上，再也不用坦克部隊。[53]

匕首部隊，由帕克（Parker）少校指揮第一五〇皇家裝甲兵團執行，三月六日向曼德勒前進，第一天走了8哩。當然他們沒有超越那位興緻勃勃的小個兒宮崎將軍，一般來說，他仍在前方或較遠處。有一條小河攔阻坦克前進，工兵用三輛三噸的卡車橫躺在小河上，然後讓坦克從上面通過。現場的工兵軍官沒有想到，這對於運輸用車本身是多麼重大的浪費與代價，當場被將軍狠狠喝斥一番。步兵旅緊挨著坦克旁邊，向南挺進，直到開闊的鄉間，坦克才形成兩列前進，戰鬥也沿著主要道路展開。很明顯地，日軍與曼德勒的聯繫很快就要被截斷，因此對里斯左翼旅的壓力隨之減弱。經過三天三夜的激戰後，旅長在壓力下電告里斯，他的部隊已筋疲力盡，車輛需要修理，他想（先休息）明早再戰。里斯絕不答應，「繼續（向日軍）施壓！」旅長的抗議換來明確的命令：不可停止，當晚即上路繼續向前挺進。

里斯自信滿滿，他的大軍即將攻入市區，他派遣第六十二旅直取位於東邊30哩山中的眉苗。到三月七日下午，師部先頭坦克部隊已抵達在曼德勒區北方5哩的包瓦當（Powa

---

52　Masters, *The Road past Mandalay*, pp. 299-300.
53　Perrett, Op. cit., p. 182.

Taung)。上千呎高的曼德勒山和圍繞成花圈似的寺廟已歷歷在目;雖然這並不像拿下仰光那樣有戰略上的斬獲,但此城名聞全世界。寺廟滿滿覆蓋了山峰,瓦楞鐵皮的階梯直上山頂,曼德勒位於巨大的杜佛林要塞(Fort Dufferin)[54]北邊。它不但是宗教中心,古緬甸首都,更代表從十九世紀與緬甸有關的征服者維多利亞女王的威望。里斯的坦克停止下來,那天已推進26哩,有些坦克也沒油了。他當然不耐煩,想要攻入市區,但也無法著急。山上和堡壘都是日軍,十五軍軍長片村四八中將下了最簡單的命令:死守曼德勒。

　　第十五師團守曼德勒,新任指揮官山本清衛(Yamamoto Seiei)少將,[55]曾是三十三軍參謀長,目睹日軍在雲南臘勐以及騰越的殊死防衛戰[56],作為一位參謀官,覺得有責任面對城中所有部隊的陣亡,認為這樣的命令毫無意義:「戰至最後一人,從指揮的觀點是很差的選擇。」[57]他問十五軍軍長命令真意究竟何所指?得到冷酷的回應:「就是字面的意思。」山本內心狂濤激盪,仍得接受「第十五師團會堅守曼德勒至最後一人」的命令,並回電報,「交給我們吧!」他甚至寫了一首俳句詩獻給守軍,以堅定他們的決心:

為家國　倒下不悔　為天皇　將士同心求犧牲
決死戰　為曼德勒　遂任務　死守緬國古曼都

54　譯註:「杜佛林要塞」是昔日緬甸皇宮。
55　與在印度普勒爾 Palel 戰役的第三十三步兵師司令山本募少將無關。
56　譯註:即松山、騰衝戰役。
57　戰史叢書 OCH,《伊洛瓦底會戰》,頁138。

當然,他根本不應該被賦予這樣的命令。第十五軍所能做到的只能是遲滯敵軍,雖然曼德勒作為公路、鐵路、河流交通運輸中心,非常重要;但高層指揮早已打算只限於守住緬甸南部即可。木村將軍承認:「從戰略觀點,我不認為曼德勒值得認真的防守,防守它的唯一理由只是威信上的價值。」[58]

　　不用說,木村缺乏動機,但不會稍減守軍的勇氣,也不會稍減偉大城牆的厚度。杜佛林要塞占地 2,000 碼平方,[59] 包含了雍笈牙王朝的末代國王錫袍皇帝(Thibaw)的柚木宮殿、政府官署、監獄、俱樂部、甚至馬球場。圍繞這座方形巨物是 75 碼寬的護城河,有 5 座橋,河中種了蓮花。每一側中央設有大門,並有厚重的扶壁保護著。磚牆底部 30 呎厚,到頂部逐漸變窄,至 23 呎高處,只剩 12 呎厚,每個轉彎處及每百碼都有扶壁及 3 呎厚的城垛[60]防護。叢林戰將要變成中世紀的圍牆戰。

　　日軍在東布(Tonbu)東南方 10 哩處有倉庫,內存食物、汽車零件、武器和軍火,雖然日軍拼命想將這些物資移往南方,只因運輸人力不足,仍有不少數量留存著。第六十七聯隊在曼德勒山及市區北方,第六十聯隊在西方和南方,第十五師團司令部在要塞中。

　　里斯下令第九十八印度旅攻打曼德勒山,這是攻下城市必要的第一步。旅長查理杰拉德(Charles Ian Jerrard)首先授予皇家波克郡步兵團(Royal Berkshires)這項任務,但廓爾喀

58　SEATIC *Bulletin*, No. 242.
59　譯註:應該是長寬各 2,000 碼。
60　譯註:有槍眼的牆。

兵團第四團第四營的營長要求讓他的部隊擔此任務，因為他已在緬甸五年了，隸屬於緬甸來福槍兵團直到一九四二年止，所以他非常熟悉這座山和山中路徑。杰拉德同意了，在夜幕下，廓爾喀人爬上了東北的山丘，第二天早上突擊山頂，並奪下了它。但仍有日軍在山上反抗，接下去十一天繼續戰鬥、轟炸及開火。[61]

里斯透過英國廣播公司 BBC，以清脆嗓音，長官的角度，敘述戰事的過程：[62]

> 我現在在曼德勒的北方郊區，戰事仍在持續中，曼德勒山就在我的東南方。我們的部隊已經到達山頂。上山途中殺了很多日軍，也虜獲許多物資。目前據報有日軍屍體 20 到 30 具（數目不清楚），還有機槍。廓爾喀兵最先上山，他們以某種特異方法，即使白天已風塵僕僕疲憊南來，昨晚已經抵達該處。他們開山闢路，先派一支特遣小隊上山，接著更多軍隊上山。現在，他們忙著清理山頭。我們派皇家波克郡步兵團一個連上山協助，他們正在路上。同時，山腳北端仍有頑強戰鬥正在進行。日軍在機槍陣地及反坦克防禦工事中，而我方有廓爾喀兵團和巴羅契兵團，在坦克掩護下正與對方交戰。其餘皇家波克郡步兵團部隊就在我的正後方，他們的最後一連，剛由北方趕到，風塵僕僕、非常辛苦，但精神飽滿，正在猛烈攻擊中。

61　Masters, *The Round Past Mandalay*, p. 306.
62　Recorded 9 March 1945（Imperial War Museum）

第六章　越江奪堡

昨晚因必須肅清我們總部旁的一個村莊,故派他們回去。他們很樂意地幫我肅清。他們有我們坦克連隊和孟買擲彈兵連隊的協助,在消滅日軍以前,至少已經看到有 50 具屍體。起先日軍像大黃蜂般的抵抗,當他們看到局勢無可挽救,就像兔子一般四處逃散。在我們所征服的不同村落都有類似的日軍,因為我們勝過他們,他們來自各種不同單位,是個雜亂沒組織的小混合體。他們想要回到原來的單位,但每當他們遇到我軍時,又演出同樣的戲碼。現在邊防兵團正忙著肅清曼德勒的西南部。那裡仍有日軍在抵抗,有不少的槍聲,但還不知是否將會有頑強的巷戰。早上有 105 發的炮彈朝我們發射,不多,零零星星,我們已經有一段時間沒有受到炮襲了。現在陽光燦爛,早上很熱,灰塵也大,將士們身上都是灰塵,汗如雨下。有好些天了,他們一直全力以赴,甚至已經超過全力。他們睡得很少,但精神旺盛,幹勁十足。我從來、從來沒有看過如此熱忱的部隊,毫無疑問的,就是這股熱忱讓他們堅持完成任務,因為他們知道,這一切努力都是值得的。

並不只有第十九師,還有第二、第二十師也參與奪取曼德勒。第二十師切斷日軍通往仰光的公路、鐵路交通動脈。第二師在伊洛瓦底江的彎曲處通過,由南方迫近該城。

第二師的前進不如預期,但並非他們的錯。拿下耶育和瑞保之後,第三十三軍軍長史托福喊停,因為他的軍隊離開鐵路末端已有 400 哩,好像超出了補給範圍。第十九師本來完全靠

空中補給,如今只夠兩個旅;第二師只限補給一個旅,甚至在肅清耶育和瑞保之後,史托福手上多了幾個機場可用,但狀況還是沒有改善。二月二十四日,肅清瑞保後,第二師向曼德勒對岸的實皆挺進,想要越過伊洛瓦底江,第二六八旅接收實皆戰區,其餘人馬選擇距離 15 哩處渡河。河面比第十九師渡江時要寬許多。德貝金及卡瑪翁(Kyaukmyaung)之間的山谷處,只有 500 碼寬,流至鄉間平地。曼德勒下方的伊江,有 1,500 至 2,000 碼寬。敏建的伊江與欽敦江匯合處,寬度有 4,500 碼,並且還會不時的升高水位。二、三月中部平原的氣溫也升高,水流速度可達四節,同樣的,船夫脾氣也很煩躁。零星的日軍可能在南岸或東岸,第二師必須運用各種方式奇襲與欺敵,以免在渡江時被屠殺式的機槍掃射。

　　分散日軍注意力的一個方法,就是在範圍廣而不同的地方登陸,第二十師就發生這種情況。他們一路攻到欽敦江東岸時,遭遇了守在布德林(Budlin)和蒙育瓦之間的日軍第三十三師團第二十一聯隊。布德林是個有許多寺廟的美麗城鎮,四周是平坦開放的鄉間,由谷津大治郎少佐指揮的第三大隊據守。一九四五年一月一日,第二一三聯隊移動 20 哩到蒙育瓦北方。谷津注意到這裡極缺少反坦克的天然障礙,更慘的是,他也沒有反坦克炮或九二式步兵炮。他盡他的能力做好防禦工事,當地也沒有人力,因為居民都逃走了。四天後,麥肯齊的第三十二旅就在布德林發動攻勢。

　　谷津的大隊只剩 100 人了,在這種開闊的地方是沒有機會去抵擋一整個旅。他失守的土地越來越大,很快地被圍困

在周長100碼平方的地方。[63] 他奉命要在九日夜間撤離，帶著40位殘部悄悄地溜出麥肯齊的包圍。谷津相信他的部隊可以逃開，是因為對手北安普敦郡步兵團第一營雪林頓（P. R. Cherrington）上尉的俠義行為，沒有攻擊日軍，准許他們逃脫。谷津在多年後寫信給北安普敦郡步兵團團長陶頓（D. E. Taunton）（後升旅長），「英軍前線對我軍未發一彈，儘管他們知道我們在撤退。」（雪林頓上尉因為在布德林的英勇作戰得到了特殊功績獎章，幾天後在蒙育瓦殉職。）「我覺得英軍指揮官故意無視我們的撤退，我對他的騎士精神十分感佩。英軍還發射照明彈，幫助我的聯隊及許多傷兵等能安全的撤向南方……我知道你是現在的指揮官，我要再次表達誠懇的感謝，饒了我們的命。」[64] 陶頓對這樣的聯想表示有趣但存疑。誠實驅使他回信給谷津，告訴他幸運地選對逃生的路，因為廓爾喀兵團也有參加布德林的戰役，他們就守在那裡；「我確信沒人開槍，是因為在照明彈下，不易分辨敵我，而且知道廓爾喀兵團就在你們的後面，我們沒有開火，是怕造成自己人的傷亡。如果當時你沒有走，我懷疑十日那天，你還能逃得掉！」

谷津在八日早上向聯隊發電報，他幾乎已沒糧食和軍火了，要求撤退。回電是要他繼續交戰，等九日晚上再撤，並保護聯隊左翼。他事後回憶：「三十六小時像三十六年那麼長。」[65] 若非大豪雨改變了格雷希（Douglas Gracey）少將的計畫，就麥肯齊所謂的「以排戰鬥」的戰法不會讓他活多久。第二十師的

63　譯註：100碼乘100碼的方陣。
64　1967年9月26日寄的信，帝國戰爭博物館檔案館收藏。
65　戰史叢書OCH，《伊洛瓦底會戰》，頁56。

卡車運輸停止了，口糧也停了，他們每人只有一半的配額。[66] 根據官方印度陸軍史的報告：「如果軍火充足，此地在 24 小時內就可攻下。」麥肯齊在一月十日往蒙育瓦移動，這是欽敦江最後的港口，原先的意圖是用奇襲拿下蒙育瓦，但失敗了。因為步兵的軍車、運輸車遭到伏擊，幾乎損失全部車輛。第三十二旅和第八十旅更加小心處理他們的俘虜。一月十九日，他們切斷所有的道路，占據欽敦江西岸。一月十八至二十日之間，大量的空襲轟炸城鎮，這是在緬甸第一次用到颶風式戰鬥機發射火箭。第三十二旅慢慢進城。二十二日攻占蒙育瓦。他們的任務變的比較容易，因為日守軍第二一三步兵聯隊（河原內右），雖然擁有良好的水源供應，也可使用寺廟的樹林，作為防禦用地；但第三十三師團長命他們放棄兩門山炮，在沒有炮兵火力支援下，從撒美光（Sameikkon）渡過伊江。經過英軍 200 架次的空襲，炸毀了這個城鎮；然而第三十二旅在試探攻擊中就遇到日軍機槍開火，碉堡旁炸出許多坑洞，可碉堡仍完好。河原內右於二十一日晚上，在英軍第二十師包圍下，成功地撤退。

　　日第三十三師團的指揮官田中信男（Tanaka Nobuo）中將在蒙育瓦之戰，兩次親臨前線，企圖維持士氣；但沒多少效果。他們防守伊江這條線的好日子將到盡頭。第二十師拿下敏努（Myinmu），當天蒙育瓦也攻陷了。日軍確信英軍要在敏努渡江，而且第十九師已經占領這裡的橋頭堡，更讓日軍相信英軍的主要目標是曼德勒。要讓日軍繼續猜測，史林姆決定讓第四軍同時渡河，第七師建立橋頭堡，第四軍過河邁向密鐵拉一定要經過這裡。第二十師也要在二十四小時內渡江，第二十

66　*Summary fo results of main operations since leaving Manipur'*, Gracey Papers, p. 26.

第六章 越江奪堡

師選的渡河點是伊江轉彎處接近敏努西方的一個小村莊阿拉嘎帕（Allagappa）。這裡河寬1,500碼，對面是陡峭的河岸，缺點是渡河後上車離開江邊時令人擔心，幸好似乎沒什麼堅強的防守。第一〇〇旅的第二國境團一名伍長狄龍（Dillon）說明了其中一支巡邏隊偵察到的情況：

> 本巡邏隊有三名，中士哈伍德（Harewood），二等兵班寧（Bennion）和我，我們帶了四天的乾糧，在廚房用汙油漬抹黑臉，傍晚七點月亮升起前，坐橡皮艇出發。渡到河中央時，落下幾個降落傘的火焰照明彈，到處都亮了，我們躺平在艇上，過了十五分鐘，沒有被人發現。我們在對岸登陸，將艇放了氣，小心地推上岸，匍匐前進，穿過道路，進入一個豌豆園。我們躲在村旁，一小群日軍經過，在10碼外開始挖戰壕。他們派出一個衛兵在我們剛來的路上，一個在幾碼的交叉路口，我們剛好在他們中間，另一邊是村落，我們討論後決定回到岸邊，繼續偵察。我們花了一個半小時爬了20碼到路邊，兩個日軍走來相距一臂之遙，我們只好退回去。我們想唯一的辦法是欺敵蒙混，所以我們來到另外一條小徑，站起身漫步穿過離哨兵幾碼遠的地方。之後我們整晚躲在湖邊的象草叢裡，吃了第一餐口糧。

> 天一亮，幾個日軍牽了驢子來喝水，距我們5碼之遙，整天我們其他什麼也沒看見。前一天晚上我們就把水喝完了，又不敢冒險去湖邊取水，所以當晚我們去稻田取水。

它不像水，像泥漿，我們喝的還是很樂。然後走到叉路口，觀察日軍的補給。

幾個小時後，一輛，由三隻騾子的拉車子經過，一個日本兵跨坐在橫木上，車上很多空的彈藥箱互相撞擊發出巨響。我們跟蹤他到一個村子，有更多的騾車出入，補給站就在這裡。隔天早上，我們爬上一處高地俯視河流，看是否有日軍挖戰壕。我正要爬上樹去看時，班寧看見在樹的另一邊有日軍餅乾、糖果，還有雪茄在冒煙。我們立刻向左移動臥下，靜靜看著。當晚向南走了6哩，看看日軍是否在使用道路。第二天一早看到一些日軍的足跡，三人一組，向左轉去。當我們正在跟著腳印時，突然間距離我們100碼以外有日軍大炮開火，炮彈越過我們的頭上。我們在地圖上將它定位，觀察它一整天。我們渴到唇裂，當晚又去稻田趴下去喝髒水，開了兩罐起司，但是都壞掉了，只好吃沙丁魚罐頭。隔天，我們繼續喝水，把食物吃光，後來用方位去找我們藏起來的橡皮艇。當晚我們到了那裡，發現一小群日軍仍在那裡，兩個哨兵在路邊。我們非常靠近，這是個自殺找死的行為，但五天沒睡，讓我們都迷糊了。哈伍德中士帶我們越過小路，直接去藏船的那棵樹邊。那真是個奇蹟。我們用一小時把草撥開，沒有驚擾到日軍。然後班寧和中士把船拖到另一條小路，一吋一吋的爬，我往前走，只要看到前面哨兵把頭轉開就對他們吹一聲低哨。終於我們到了岸邊，我們正把船吹氣，五個日軍來到岸邊，大約在我們的左方10碼處。我們滾進水中，拿著

斯登衝鋒槍（Sten），等了十分鐘，直到日軍裝滿了水箱離去。然後另一車又來到右邊 5 碼處，裝完水後離開。所以我們沒有等把船完全吹滿氣，就用它盡速離開。但它真是不好操控，一個半小時，只走了 40 碼，又怕月亮隨時露臉。在回程半路上，發現兩挺維克斯機槍一直瞄著我們，他們以為我們是日軍。結果是印度炮兵，他們過來笑著拍著我們的肩，用印度話說：「OK」，直到他們的長官遞給我們香菸，一些蘭姆酒，我們才真的「OK」，為這次的巡邏畫下句點。

渡河使用一輛一輛的水陸兩棲突擊艇，由弦外機發動，而不是在歐洲常用的新型登陸艇。二月十二日，盟軍先以 50 架解放者轟炸機（B-24 Liberators）空襲，接著閃電轟炸機（Lightings）中隊用機槍掃蕩，致使日軍的炮火減弱許多。雖然日軍用迫擊炮攻擊河岸，但到二月十五日，第一〇〇旅已經渡過伊洛瓦底江。

第三十二旅的北安普敦步兵團就沒這麼幸運，弦外機把栓船的鐵鍊打斷了，部隊漂流而下，比預計登陸點過了半哩，結果在日軍炮火中登陸。在別處，日軍在灘頭堡旁焚燒野草，想把躲藏的旁遮普第十四團第九營逼出來，但風向改變，火反而燒向日軍。

灘頭陣地被轟炸，日本空軍只偶爾露臉一次，16 架隼式戰鬥機轟炸岸邊的第一〇〇旅及去對岸的舟艇。在晚上，緊張不安的前衛部隊向陣地周邊開火。旁遮普第十四團第九營的一名軍官，在這些攻擊中的某一次襲擊，發現日軍的士氣很奇怪。三月十七日深夜這個營被攻擊，戰鬥持續到凌晨五點，在三點

時,一小隊日軍,侵入 B 連的前線戰壕,日軍全被擊斃。天亮時清點屍體,旁遮普發現死者中有日軍大隊長森谷(Moritani)大尉及校級軍官等五人,36 位士官兵。其中的兩名軍官因腿部受重傷,自殺了。一名日軍把自己溺死,以免被俘虜。旁遮普捉到兩名俘虜,而大隊長和三名老中士死在旁遮普陣地周邊內,其他的軍官和一名一等兵死在鐵絲網上,其他二等兵全都死在後面。這透露耐人尋味的信息。[67]

在塔琳岡(Talingon)內陸 1 哩,有日軍中型坦克出入,而因為英軍第二十師沒有裝甲掩護渡江,這可難了。幸好因為隼式戰鬥機的攻擊,促使英國皇家空軍建立一個叫做「空中支援站(Cab Rank)」的機制。[68] 二月二十日,颶風轟炸機在龐嘎道(Paunggadaw)附近,發現一輛坦克,它有偽裝,但不夠好,把它給炸了,其他坦克也現形了。皇家空軍將 13 輛坦克一輛一輛的都給毀了。日軍不再攻擊灘頭堡。

第二十師打了三個禮拜,才渡過伊江,建立灘頭堡,但同時,從曼德勒抽調了部隊支援;也阻止日軍由東邊派來援軍,阻礙第四軍的部隊渡河。日軍自殺式攻擊中,用兩個營攻擊橋頭堡,使第三十三師團 1,200 人中損失 953 人。二月二十一日到二十六日,500 具日軍屍體用推土機埋起來。[69]

更上游,英第二師在二月二十四日從恩加壤(Ngazun)渡

---

67 *The Crossing of Irrawaddi*(sic)9/14 Punjab; Gracey Papers, 51, in Liddell Hart Archive.
68 譯註:這是一種新形式的近距離空中支援戰術,盟軍在 1943 至 1944 年冬季在義大利發展的,戰鬥轟炸機編隊持續在前線飛行巡邏。空中團隊通常包括一個戰鬥經驗豐富的飛行員和一名軍官,可以俯瞰前線。遇到了需要空中支援時,在地面抵抗的步兵用無線電請求傳遞給戰鬥機控制中心。如果請求被批准,地面聯絡官精確標出目標,轟炸機先丟炸彈,再回頭低飛機關槍掃射。
69 Slim, op., p. 421.

江。伍斯特營（Worcesters）在第一晚運氣很差，17條船進水或被日軍擊沉，不久指揮官也落水。到午夜，這個營退回原點。卡麥隆（Cameron）步兵團在日軍狙擊手槍火下來此，有一連多一點的人渡過江，還要進攻一個陡峭的懸崖。皇家韋爾奇燧發槍團起先只有兩個排渡江。旅長魏斯特（West）知道他的主要灘頭堡不堪一擊，告訴多賽特郡團移動5,000碼越過鄉間去密特哈，穿越卡麥隆步兵團後面，建立他們的橋頭堡。多賽特郡團團長懷特（White）發現有一位沒有經驗的工兵軍官，駕船由一個沙岸到另一個沙岸，越來越慢，比對付日軍還困難。他看到岸邊最後一眼是「尼可遜（Nicholson）將軍臉上痛苦的表情，因為他看到我們是這樣的離開，奇怪的讓人想到『貓頭鷹和小貓咪』[70]的荒謬劇。」[71]但他的人員很幸運，他們完全沒有傷亡，雖然一些人坐水陸兩棲戰艇漂向日軍重型機槍陣地，對方就朝水中開火。英軍無法驅逐這個機槍陣地，第二師用炮火轟炸他們，用格蘭特坦克轟他們離開這個陣地，颶風式戰鬥機攜帶火箭也來攻擊，都無效。最後第四旅的蘭開郡燧發槍團的槍手在第三卡賓槍隊的一個連的支援下，殲滅了日軍，但連長陣亡了。第二師的冒險渡江，有一陣子看似失敗，但最後成功了。到二月二十六日時，第五及第六旅在坦克保護下從東岸登陸，開始向東往阿瓦（Ava）和曼德勒前進。

第三十三軍渡江的過程就是這樣了。第四軍渡江，第七師

70　譯註：「貓頭鷹與小貓咪（*The Owl and the Pussycat*）」，是英國打油詩人愛德華·利爾創作的一首荒誕詩歌，於1871年首次出版；後被收錄在《荒誕書》（A Book of Nonsense）之中。敘述一隻貓頭鷹和一隻貓咪一同出海航行的故事。

71　White, *Straight on for Tokyo*, p. 236. 多賽特（Dorsets）大隊長形容，在這兒伊洛瓦底江水流速是四節，印度官方歷史記載（*Resconquest of Burma*, II, p. 278.）說是二又二分之一節。兩者都會讓船隻不易操作，移動的沙洲更複雜。

坐在車內,按照安排好時間前進,正如我們所見,與第二十師幾乎同時接近敏努,讓日軍指揮官分心困惑。敏努在伊洛瓦底江的很下方,在伊文斯的旅攻擊河岸前,英軍精心設計了一個欺敵計畫。計畫取名「披風(Cloak)」,即隱藏第四軍的成員,避免日軍知道有一個軍正由密特哈的甘高(Gangaw,曼德勒山谷)下來,使他們以為木各具是渡江點,而實際上在他處渡江,使他們以為英軍渡江後的目標是仁安羌的油田,而不是密鐵拉。[72]

第七師先渡江,第十七印度輕裝師和第二五五坦克旅將通過橋頭堡,然後快速通過東岸與密鐵拉之間的炎熱又多沙塵的沙漠區,讓日軍不知道發生了甚麼事。印第十七師與坦克旅無線電保持安靜,直到準備好渡河。第二十八東非旅的存在使日軍以為第十一東非師也有份。第二十八東非旅假裝在色漂(Seikpyu)渡河,位於主要渡河區南方,欺騙日軍以為目標直指俏埠(Chauk)。

第二十八東非旅在主力前趕路,沿著一條窄小的道路下甘高山谷,第七師部隊在後延伸一長列超過 350 哩,最遠的還在科希馬。英軍自二月十九日開始前進,田中的第三十三師團想要封鎖這條路,在一條 3 哩長的路上砍倒幾百棵樹擋路。這是個很難克服的路障,但英軍炮兵部隊的車輛及 10 隻大象把樹移開,部隊只耽擱了一天。二月十日,經過了紅土風沙飛揚的高速行軍,整個師到了伊洛瓦底江。[73]

面對他們的是日軍第七十二獨立混合旅的四個大隊,沿

72　1945 年 1 月 25 日第四兵團作戰命令第 124 號,*Reconquest of Burma*, II, p. 499.
73　Slim, op.cit., p. 422. 譯註:作者的日期有誤。

著河岸部隊散開 50 哩長,報告含含糊糊說印度國民軍第二師有 5,000 到 10,000 人,在俏埠和良屋村(Nyaungu)之間,另有第二一四聯隊在西岸的木各具。第七十二獨立混合旅在第二十八軍櫻井省三中將的指揮下,到此之前一直駐守在阿拉干,現在則負責伊江的下游,守區與第十五軍接壤於良屋村,此村成為渡河戰十分重要的地點。良屋村是伊江這一帶最窄處,第七師師長伊文斯與同僚做了特別詳盡的空拍圖,來選最佳渡河點。地圖不太可靠,因為沙洲位置每年改變,現在有新的沙洲,橫過直接路線,表示要走斜線渡河。這就是史林姆說的二次大戰中在敵軍威脅下,渡過所有戰區裡最長的一條河。[74] 再往下兩或三公里下游,就是緬甸的舊都浦甘(Pagan),有 1,200 座紅白色相間的佛塔和寺廟以天空為背景襯托的剪影,景色引人入勝。從伊洛瓦底江經浦甘或良屋村都不是到達密鐵拉最短的路,捷徑毫無疑問的是在木各具,木各具另外還有一個優勢,就是有用碎石鋪的道路直通包克(Pauk),那處的甘高山谷口連接平原。雖然第七師打算強行,但這個選擇太過明顯,難以讓日軍繼續猜疑。此外,良屋村是最窄渡河點,那裡河寬四分之三哩,意味著船和竹筏可以更快的來回。[75] 伊文斯可以很快的渡江,但渡江會很容易被觀測到。沿著伊洛瓦底江東岸有 100 英尺的懸崖,若要更高的觀測點,還可爬上許多的佛塔其中之一。日軍在一月底也在甘高河谷進行了的一個罕見的空中偵察,報告在提林(Tilin)和包克間,有很長的車隊。田中信男中將看過報告,但因為沒有更多的報告,他認為這個圖像不太重要。

74　同上, p. 425.
75　Evans, *The Desert and the Jungle*, p. 141.

伊文斯師長想用第三十三旅渡江，最後卻被擺為殿後，取代它的是第八十九旅和一一四旅在師的側翼。他新從第一一四旅得到南蘭開郡步兵團（South Lancashire Regiment）的兩個營，他們有海上登陸的經驗，還曾從法國維琪政府搶奪馬達加斯加。南蘭開郡團提供一營作攻擊先鋒，他選在二月十二日、十三日行動，當抵達包克時，他才知道用來攻擊船隻的狀況很糟，令他沮喪，行動被迫延至十四日。[76]

　　為了要得知對岸的情況，伊文斯師長派出海上偵察隊測試河流條件，還有一個舟艇特勤隊，配有蛙人在天黑時渡江偵察。其中一名軍官在良屋村偵察時被殺，但沒有引起日軍的懷疑。錫克第十一團第一營清理密特契（Myitche）村以及清理木各具和密特契村之間地區。在干拉（Kanhla）叉路上發生戰鬥，日軍也都不知。錫克軍又派出一小組巡邏隊在浦甘渡江，回報說，在村的南邊沒有日軍。

　　二月十四日早上，在這麼大的行動中，再有知識及經驗，也不能避免意外。因為有經驗而特別挑出來的南蘭開郡步兵團犯了很可怕的錯誤。原訂凌晨登船，天已經半亮了，仍是一團混亂。第一段路程要安靜，所以完全下河以後，再開啟船舷外機；但下河後，有些船舷外機無法啟動，有些船裂了。司令官拼命想無論如何至少要有部分船隻要登岸，他不管船隻有沒有照順序，下令前進；結果後備隊在前，水流將他們帶往下游漂去。其餘的船以為他們是對的就試著跟進。當他們漂到與敵軍相對時，機槍向他們開火，幾分鐘內，兩位連長陣亡，幾條船沉了。防守在對岸的，不是日軍，而是狄龍（Dhillon）少校的

76　同上，p. 146.

第四游擊團（尼赫魯 Nehru 旅）的上尉，是鮑斯的印度國民兵的小隊，大部分是斯里蘭卡的泰米爾（Tamils）人組成，或在馬來亞招募的，這時印度國民軍（INA）總指揮鮑斯在密鐵拉。[77] 只有在飛機來低空轟炸時，印度機槍手才會低頭找掩護，英軍殘兵們才能藉機退回原地。登陸 C 岸的計畫，真是大潰敗。

軍司令發現了沉船和掙扎的人員，十分混亂，於是乘小飛機飛過渡江路線查看，並帶資料回總部，此時早上六點三十分，渡江開始後兩個半小時。他問伊文斯：「怎麼回事？我們所有的船走錯路了。他們都回來了，激戰還在進行呢！」這是伊文斯得到的第一個提示，事情沒有照計畫進行，真是奇怪。他就起飛去看個究竟。在 200 呎下的坦克炮火射擊時，震得小飛機搖搖晃晃，但小飛機也救起許多船隻造成的傷兵。[78] 美軍駕駛 L5 型飛機，將他們從沙洲救回安全地，當時美國陸軍航空隊野馬、米切爾及雷霆戰鬥機閃電攻擊日軍機槍陣地，英國皇家空軍則掩護轟炸機與偵察機。

上午九點四十五分，旁遮普第十五團第四營渡江的康羅伊（Conrooy）中校，接收孤立在那裡的南蘭開郡步兵團的指揮，該隊受命領先在大部隊前，於凌晨成功渡江，並留在岸邊警戒。第二天南蘭開郡步兵團建立灘頭堡，第八十九旅渡江，並部署南進浦甘，印度工兵用機動筏將驢子渡江。前一天的慘敗已忘了。第一緬甸團攻擊日軍在良屋村岸邊的地下坑道，還調用空中火力，大炮坦克也開火，甚至用到燃燒彈，造成城鎮大火。日軍卻毫髮無傷。最後決定很簡單地封死隧道出入口，把日軍

77　Shan Nawaz Khan, *INA and its Netaji.*, p. 154.
78　Evans, *The Desert and the Jungle.*, p. 151.

活埋。二月十六日據報,該城已經清理完畢。[79]

在主要渡江點南方6哩處,驚險地避開了另一場災難。錫克第十一團第一營奉命佯攻,引誘日軍離開良屋村。當情報說對岸沒有敵軍,命令才改變,叫他們真的渡江。二月十二日漆黑的夜晚,他們運送裝備、物資到河中的一個小島,第二天上午十一點,報告進來與之前相反,說浦甘已有敵軍占領。二月十四日早上四點,錫克團決定從島上冒險進行第二階段渡江。對面機槍開始掃射,緬甸船伕大驚,錫克官方輕蔑地報導,「嚇得蜷縮在船的底部」。[80]我們真是同情他們,有時被推入一方的炮火下,有些又被另一方強迫同夥。無論如何當船沒人掌控,船就被流水帶走,緬甸船伕被哄著,再把錫克團划回到島上。

錫克的問題,接下來要如何,竟然自行解決了。一隻小船駛離浦甘的河邊,上面的人舉白旗,上了小島後,說他們屬於印度國民軍要投降。印度國民軍屬於日本第二十八軍指揮,部署在第二十八軍與十五軍之間,結果證明這是最無效的封鎖。一小隊的錫克兵渡江去浦甘,接收印度國民軍投降,其餘的錫克部隊毫無阻礙的渡江。史林姆很輕蔑的寫道:「我想,這事件是緬戰中,印度國民軍對敵對雙方的主要貢獻。」[81]

第一一四旅拿下西岸的木各具,緣於另一個欺敵手法是,第二十八東非旅在俏埠佯攻非常成功。日軍反應激烈,把東非旅在西岸打退好幾哩。怕日軍會在從包克經過甘高河谷去良屋村的路上造成威脅,軍司令增援去阻止日軍。這是一個小挫折,

---

79　*Reconquest of Burma*, II. p. 286.
80　同上, II. p. 287.
81　*Slim*, op., cit., p. 429., 這個事件在印度官方戰史中沒有提及,只提到浦甘的撤退。(*Reconquest of Burma* II. p. 288.)

雖然各種意外事件，在某時看似會讓整個大事搞砸，第七師還是在二月的第三週渡過了伊江。二月十七日史林姆的戰略計畫開始成形，橋頭堡6,000碼寬4,000碼深，接納了第十七印度師。在知道事情真相後，日軍拼命要把他們趕出去。一個飛行小隊駕駛隼式轟炸機，轟炸橋頭堡，但無效。日軍第三十三師團從木各具過來，要去良屋村對抗，被第三十三旅狠狠的擊退。日軍第七十二獨立混合旅團，從仁安羌來想打出一條路，切斷第八十九旅（旅長克羅瑟Crowther）從浦甘向南進，也沒有成功。一切太遲了。二月二十一日，英第二五五坦克旅的坦克和考萬少將的機械化步兵，已經部署好要攻擊了。

橫渡伊江包含了多次工兵的勝利和大災難，結合了隨機和精心的計畫。他們的運作本身，正像一場戰役。史林姆將兩個軍，在五週內，渡過了世界最寬的河流，如他的傳記作者指出：「強調他的功績是應該的。如果拿蒙哥馬利在渡萊茵河時所占的優勢來對比，在蒙哥馬利元帥第二十一集團軍後面有西北歐廣大有效的公路、鐵路網，在他前方有空降師。他的機械配備豐富又先進，包括了持續的煙幕、兩棲車輛等等。大量的炮兵與充足的軍火，給他無限的支持。和伊洛瓦底江相比，萊茵河較窄，它的水文又早就算好知道了。」[82]

第三回　奪回曼德勒

里斯的第十九師最先渡河，也最先達成目標：奪回曼德勒。

82　Lewin, *Slim*, p. 221.

廓爾喀來福槍第四團第四營攻占曼德勒山頂，但殘餘日軍在山腳下的坑道中，隨時準備扣下機槍板機射擊他們。工兵想出辦法，但方式非常可怕。他們在象徵安寧和非暴力理想的寺廟山丘下，用炸藥把山坡表面的混凝土外殼炸開，從裂縫中倒入汽油，流向日軍的坑道，然後點火。又用反坦克炮火炸開鋼門，將汽油桶滾進去，再用手榴彈引爆，這可怕的大火，就是勝利關鍵。到三月十二日，曼德勒山已無敵人。[83]「本來應該早就清理完，」印度軍方歷史寫道，「但里斯少將決定不轟炸聖地寺廟。只用機槍由空中掃射要塞。」里斯少將是曾經在曼德勒服役的年輕軍官，無疑也知道宗教中心的重要性。但在究竟用空中轟炸和汽油桶爆炸之間各有千秋難辨。其目的竟是美感，而不是道德。一九四七年麥肯齊為了寫他的印度陸軍史，而遊覽曼德勒，一名廓爾喀營長向他解釋不破壞山丘而想消滅日軍的困難。他說他希望美軍在義大利也應如此謹慎……「我不得不用曼德勒山和義大利卡西諾（Cassino）做對照。」[84]

杜佛林要塞是下一個目標。（參下圖6-2）5.5吋榴彈炮炸垮了牆，閃電式轟炸機轟炸南邊護城河上的橋，第十二邊防兵團第八營和廓爾喀來福槍部隊第六團第一營探測進攻方法。但日軍反應強烈，他們的槍炮阻止了坦克和廓爾喀部隊前進，攻擊暫停！幾天下來，英軍炮彈持續攻擊要塞；但50呎厚的土牆紋風不動，只是把槍彈給吞了。

里斯少將決定用一種戰術，就像日本武士道小說裡的安靜、又看不見的殺手「隱者」一樣。所謂的「杜佛林行動」就是要

---

[83] Masters, *The Road past Mandalay*, p. 307.
[84] Mackenzie, *All Over the Place*, p. 110.

第六章　越江奪堡

秘密進入要塞裡,先建立足點,再來利用。里斯將軍堅持傷亡犧牲不會很大:

> 我想要的行動是一種奇襲,無聲地開始,快速拿下橋頭堡。不是使用棍棒方式不惜代價強行進入。如果因為敵人有警覺與準備,無法用很少的代價完成奇襲,那麼就是用所有的代價也不會成功。[85]

他將行動託付給旁遮普第十五團第一營,和第六十四旅(旅長弗盧伊特 Flewett)邊防軍第十二團第八營,他們留下鋼盔、靴子,換成膠底鞋,夜裡乘著工兵人力操作的攻擊船,到堡壘牆邊,準備梯子,6 具單人用火焰發射器,一個機槍連支援火力,時間是三月十七日晚上十點。在黑暗中,他們到達要塞東北和西北角,但當他們正在進行破壞時,日軍開火,擊沉了一艘船。十八日凌晨,一個排在要塞西北角的鐵道橋上建立立足點(鐵道通過要塞的西邊),但遇到機槍掃射,並被逐退,火焰槍部隊距離太遠沒有用到。由於意識到,早上天一亮,在牆上的人員一定會被發現並遭擊斃,里斯將軍叫他們在凌晨三點半就撤退。[86]

杜佛林行動失敗後,戰鬥再度展開。皇家空軍轟炸北面牆,但沒有用。6 呎榴彈炮在北牆和東牆造成十七處缺口,理論上說,日軍只能派人守住少數的缺口,不能防守全部缺口。B25 轟炸機用 2,000 磅炸彈,作低空彈跳式的轟炸,這種方式曾用

85　*Reconquest of Burma*, II. p. 359., 譯註:義大利卡西諾(Cassino)也是古城,二戰中整個城被炸毀。
86　Kirby, *War against Japan*, IV. p. 361.

在默訥（Mohne）水壩[87]，結果除了造成牆上一個15呎破洞，其他甚麼都沒有。里斯在BBC訪問中形容，在攻擊要塞的初期，三月十日的行動，只是每日的例行攻擊：

> 讓我們探探究竟。邊防軍現正攻擊曼德勒一處要塞，也許你可以聽到大炮聲，迫擊炮聲。我就站在牆邊，半圓的水泥牆。我們的夥伴們穩定地前進，稍微有點擠在一起，他們進行得很好。坦克也正在前進，努力向牆上開火，你可以看見我們的中口徑炮，直接發射，在牆上造成缺口。你可以看見，子彈在我前面的地上彈跳，我想這是我們坦克的子彈，坦克的同軸機槍開火，在步兵前面使人窒息。我看見一名步兵跑向前，正接近牆邊。
>
> 我要戴上眼鏡。
>
> 我看到缺口，但有很寬的護城河在這邊。我可以看到前面一些帶頭的步兵。他們蹲在水泥掩體的後面，掩體是工兵在戰前建的。我們站的就是工兵作業線上的位置，在曼德勒要塞，正確說是杜佛林要塞北方，而裡面有座宮殿。
>
> 很多巨響持續著，也有很多煙，靠近牆對步兵來說是件好事。我不太清楚那些射擊是敵人發射的。我看見一些步兵在坦克旁跑動，靠近坦克不是件聰明的事，我看見更多步兵跑過來，跑近坦克，他們帶著寬

---

[87] 譯註：默訥水庫是德國的人工湖泊，位於該國西部多特蒙德以東45公里，一九四三年被英軍第六一七中隊炸毀。

圖 6-2　曼德勒

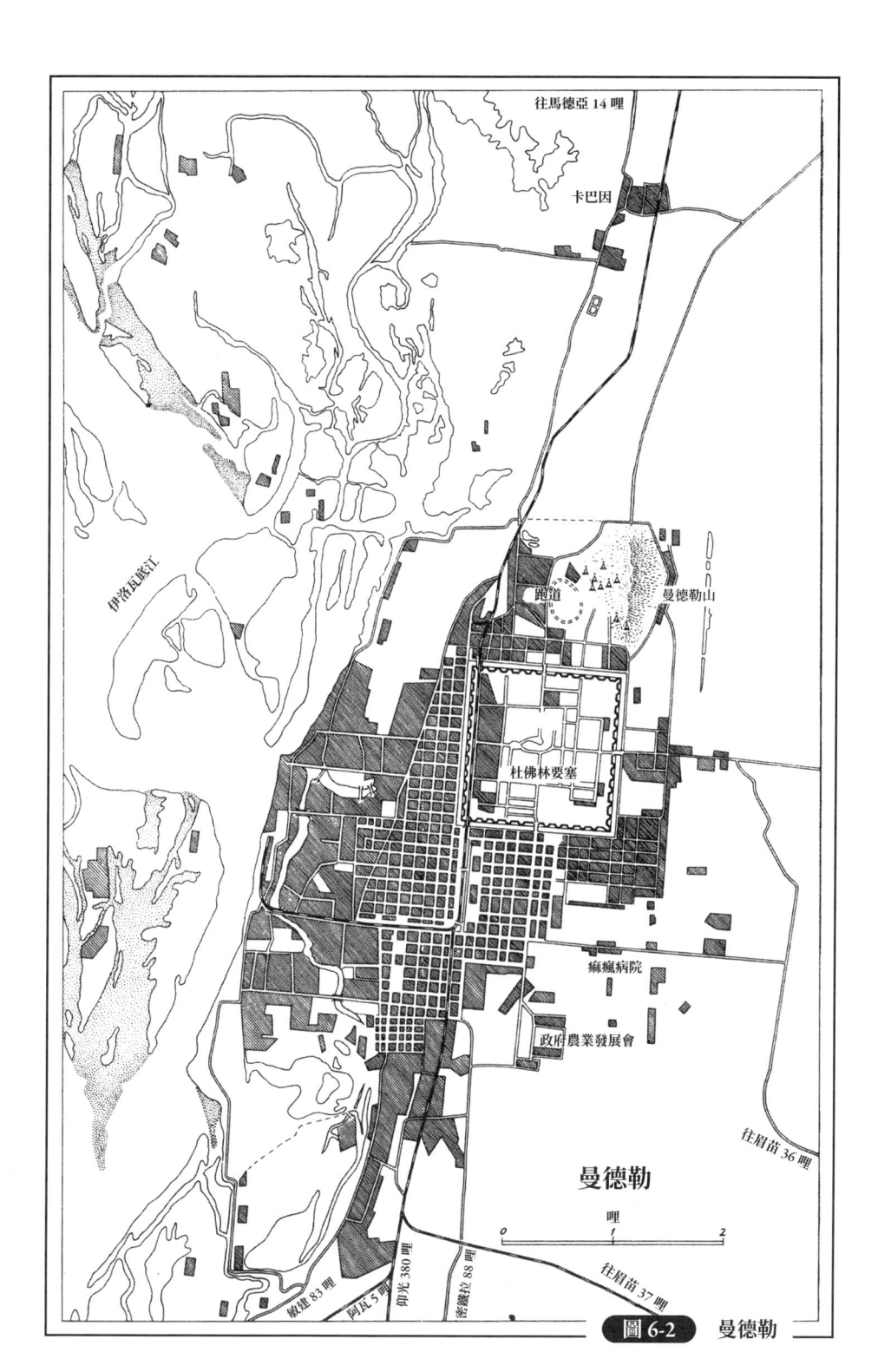

邊軟帽、澳洲帽、廓爾喀帽,容易區分。

里斯軍長指示:避免不必要的破壞曼德勒,證明越來越難遵從。史林姆堅信可以繞過要塞,而奪下要塞只有新聞價值,沒有軍事上的利益。[88] 里斯卻不願像密支那的僵局再度重演,拚命想用強硬的方法,用炮火和空襲的大頭棒式攻擊。杜佛林行動是失敗了,但他記得在戰前,緬甸政府軍事秘書長曾說,他曾探查要塞,發現在護城河下有條涵洞。他決定去找出來,派出一個突擊隊,跟隨一個熟知曼德勒地下水道的緬甸人。他們涉過下水道,工兵發現可以從下面通到要塞,爛泥深達大腿。[89]

這將是一場很噁心骯髒的出擊,令人高興的是,出擊不用了。三月二十日下午稍早,在另一場空襲之後,四個英裔緬人[90]舉著一面白旗和一面英國國旗從北門出來,四人是被日軍關押的平民囚犯。十五軍軍長片村將軍,正被印第十七師,攻入中緬而煩惱,不希望士氣越來越低落,對守備軍放寬了些。步兵第五十一和第六十聯隊受命對第十九印度師最後攻擊,然後撤退,這是三月十八日下的命令。第六十聯隊據守政府農場建物區(日本文獻稱為農業大學)在城的南邊。三月十九日晚,第十五師團主力撤出曼德勒,他們像里斯一樣,知道:從護城河下的涵洞出去。[91]

消息傳來時,史林姆正在蒙育瓦。空軍副元帥文森立刻派

88　Slim, op., p. 469.
89　Frank Owen, *The Campaign in Burma,* HMSO, 1946, p. 124.
90　' Six Burmans ' ……from the east gate' (*War Against Japan*, IV. p. 300)
91　戰史叢書(OCH),《伊洛瓦底會戰》,頁 142。

出皇家空軍第一九四中隊的一架 L5 哨兵式（Sentile）輕型飛機，在兩架噴火戰鬥機的護衛下，載他去曼德勒，接受勝利遊行行列致敬。[92]

第二師也參與遊行典禮，但才剛剛加入。第五旅旅長魏斯特（Michael West）奉命去聯絡在曼德勒第十九師與他相同階級的旅長。三月二十一日，他帶著多賽特郡團（Dorsets）指揮官懷特上校，一小隊的格蘭特坦克兵，一些裝甲運輸車上路。到了約定的交叉口，沒有人，只有一名不明狀況的憲兵，送他們去要塞。他們駕車通過戰後城市的廢墟，懷特感受到那荒涼的壓迫氣氛，接著經過錫袍國王宮殿的遺址，直到遊行集合場。第十九師就在市政廳，這裡有史林姆、梅舍維和三位師長。懷特後來寫著：「也許是非常恰當，多賽特郡團不請自來，正好代表第二師，因為我們（多賽特郡團）和近衛隊龍騎兵團的第三大隊正好是第二師唯一參加曼德勒戰役的隊伍。」

更巧的是，多賽特郡團都帶著阿瓦（Ava）戰鬥榮譽勳章，因為是在一八二四至一八二六年的緬戰所頒，但那次沒有進入曼德勒。另一個奇怪的巧合，杜佛林阿瓦侯爵四世就在三月二十三日，在阿瓦和杜佛林之間，與印度戰地廣播單位在一起時，遭遇埋伏被殺。[93] 正當第七十二旅開進來時，國旗被升上在杜佛林要塞。史林姆說是里斯升的或官方史說是皇家炮兵第一三四團的一名槍兵升的。到了正式閱兵典禮時，史林姆又重複升旗儀式，確保每個人都了解，是許多師的合作才能奪取曼

92　Wilfrid, *The Friendly Firm, A History of Squadron*, Royal Air Force , 1972, p. 65.
93　White, *Straight on for Tokyo*, p. 262., pp. 266-267.,1886 年印度與上緬甸合併時，英國駐印第一個侯爵將自己的名字杜佛林作為曼德勒要塞的名字。（Kirby, *War Against Japan*, IV. p. 290. n3.）

德勒,「取得曼德勒,是在密鐵拉及其他各處,以及附近所有地區作戰勝利的結果。我的每一個師都扮演好他的角色,這是整個軍隊的勝利。我想把事實表明,對每個人都好。」[94]

94　Slim, op.,cit., p. 470; *Reconquest of Burma*, II., p. 363.

第七章 重槌攻城

攻占密鐵拉

- 第 一 回　戰車疾馳密鐵拉
- 第 二 回　進占密鐵拉
- 第 三 回　圍城再戰
- 第 四 回　重整旗鼓

日落落日：最長之戰在緬甸 1941-1945（下冊）

摘　要

　　一九四四年十月十五日，緬北的戰爭已經重新起動，由盟軍駐印軍中的新一軍，向八莫的日軍第二師團，及緬北的第十八與四十九師團展開攻擊。十二月再挺進南坎，進攻十八師團、四十九師團殘部。一九四五年二月九日至三月二十六日，又推進至新維、臘戍，擊潰第十八及第二師團。

　　敵對的英日雙方，對密鐵拉的重要性看法不同。史林姆認為要引誘日軍到伊洛瓦底江畔寬闊的鄉野進行坦克戰，密鐵拉是重要的兵站，需先占領。日軍卻不相信敵軍會如此深入後方。

　　英日的重燃戰火在一九四五年二月十七日展開，以英第十七師的裝甲旅為前導，越過伊洛瓦底江，四天之後，從橋頭堡發起攻擊。針對盟軍的戰車，日軍負險抗拒之外，更由單兵對戰車展開自殺式攻擊。日第十五軍高層已出現情報短缺，甚至嚴重錯估敵情的窘境，故遲至三月十日才改守勢為攻勢，向密鐵拉急行軍反攻。無奈英軍在二月二十六日開始的行動，早在二月二十八日即已基本上攻下該城。

　　就像史林姆打科希馬一樣，日軍在密鐵拉又被打了個措手不及。日軍基於當地並無戰鬥部隊，所以由第二野戰輸送司令官粕谷留吉少將（Kasuya）負責指揮。如此重要後勤兵站中心、擁有東西南北四座機場的所在地，沒有按照日本陸軍一般的戰法，卻是由跟戰鬥最不相關的輜重部隊負責防守。木村的司令部由於缺乏情報，沒有準備任何的應變措施，最終當然失去密鐵拉。密鐵拉的被攻取，粉碎緬甸方面軍司令官木村想重整緬甸中部戰局的所有機會。

但在英軍行使掃蕩期間，各地日軍仍就地英勇防衛，其工兵甚至使用自殺隊以摧毀敵軍。可惜所有電信通訊網路幾乎全斷，使第十八、四十九、三十一等師團，也就是三十三軍與十五軍之間，甚至與位在仰光的方面軍總部之空中通信都失靈；無法探知敵情，指揮當然也失敗了。即使如此，作者仍細緻描述日軍奮戰的詳情。

華軍廖耀湘原新六軍的第五十師，與英第三十六師於一九四五年三月二十九日在皎脈會師。對手則為守在仁安羌油田區與伊江流域之間的日第二十八軍；該軍面對自地面與空中多方襲來的聯軍，已無力再戰。作者所刻繪日軍處理本軍傷患的手法，令人髮指。

第一回　戰車疾馳密鐵拉

縱使史林姆輕視曼德勒的戰略價值，但不表示日軍有理由失去曼德勒。日軍高層指揮部不是很願意承認「誰控制曼德勒，誰就控制緬甸」這說法，但該城的失守，讓日軍與緬甸國民軍之間已經搖搖欲墜的關係更加受到衝擊。從純軍事的層面來說，這意味著日軍到第十五軍與三十三軍的聯絡線崩潰了；而眉苗（Maymyo）的陷落，則代表位於北撣邦的第五十六師團遭到孤立。但是密鐵拉被攻取，才最終粉碎緬甸方面軍司令官木村想重整緬甸中部戰局的所有機會。

印軍官方戰史敘述，將攻占曼德勒的重要性列於密鐵拉戰役之後；日本則剛好相反，日方的直覺是對的。對史林姆而言，密鐵拉是「致命一擊」[1]，對伊文斯（Geoffrey Evans）而言，是「決定性的戰役」。[2] 當然，伊文斯早就預備好了發起猛攻的跳板。他在橋頭堡東側的木各具，以及西側的色漂（Seikpyu），阻止了日軍的兩面夾擊，並攻占位於伊洛瓦底江與欽敦江匯流處附近的敏建（Myingyan），確保史林姆部隊可以獲得來自葛禮瓦（Kalewa）的水運補給。敏建在稍後成了第十四軍團主要的後勤補給基地。攻取這地方並不容易，因為日軍正從木各具撤往敏建。透過一些實際的例證可以讓我們明白，將日本人從敏建趕出去需經歷怎樣的硬仗。在進攻的過程中，伊文斯的手下一口氣獲頒了兩枚維多利亞十字勳章—這兩人都是旁遮普第

1　Slim, *Defeat into Victory.*, p. 235.
2　Evans, *Slim.*, p. 196.

十五團第四營的錫克兵。³

考萬少將的印第十七師,在一九四五年二月十七日渡過了伊洛瓦底江,四天後由橋頭堡發起攻擊。因為是由裝甲第二五五旅擔任先鋒,戰場上也就無可避免地充滿著騎兵的風貌。該旅包括了皇家裝甲第一一六團,一支原本由高登高地(Gordon Highlanders)⁴ 步兵防衛隊改編為反戰車單位,然後再轉入皇家裝甲團;除此之外,還有印度陸軍騎兵、第九騎兵團(皇家德干騎兵 Royal Deccan Horse)與第五女王皇家騎兵隊(普羅賓騎兵團 Probyn's Horse,他們喜歡自視為印度版的皇家近衛騎兵團 The Blues)。裝甲部隊的指揮官由霍德森騎兵團(Hodson Horse)出身,具有冒險精神、高瘦而有著引人注目羅馬鼻的邁爾斯・史密頓(Miles Smeeton)上校指揮。在他所著《變化的叢林》(*A Change of Jungles*)⁵ 一書中,對密鐵拉戰役留下了生動活潑的記述。該旅的機械化步兵為印度孟買擲彈兵第四團第四營,第二五五旅長由一位極為優秀的騎兵隊長,同時也是國際馬球選手的克勞德・珀特(Claud Pert)上校指揮。他在圍攻因帕爾時,擔任印度第二五四獨立坦克旅的副旅長。

史林姆遠在密鐵拉整體作戰計畫在心中成形之前的一九四四年九月,就為了視察該旅曾前往因帕爾。一旦英第十四軍團進入緬甸中部的開闊地帶,正是裝甲部隊大展身手的

3　Evans, *The Desert and the Jungle*., p. 136.
4　譯註:Gordon Highlanders territorial unit 高登高地步兵防衛隊不是全職軍人,其成員需在平民職業外,每年參與至少十九至二十七天的軍事訓練。一般是志願軍。
5　Miles Smeeton, *A Change of Jungles*, 1962. 同時也納入其指揮的有第十一輕騎兵的B小隊。

好機會。當他被引導在旅內各處視察時，當面質問旅副官阿拉斯達·塔克（Alasdair Tuck）少校：「什麼是使用裝甲部隊最重要的原則？」塔克照本宣科的答道—機動打擊力，步兵的保護……。但史林姆打斷他的回答說：「這些答案我都知道，但**最最最重要的是可靠性！**」如果發生機械故障，戰車反而會變成累贅。接著他繼續問道：「這些雪曼戰車（M4）的妥善率如何？」塔克回答：「非常好，長官」，「如果有足夠的燃料與重要的零件，還有能在夜間進行維修保養的話。」史林姆回喝道：「你說得最好對。」接著攀上他的吉普車離去。[6]

為了要抵達攻擊發起線，戰車靠著自己的履帶前進，行駛超過了履帶能承受的距離。因為戰車運輸車載著戰車從因帕爾順著河谷一路往下開，早已超過極限而經常拋錨。非常奇妙，戰車運輸營成員幾乎都來自英格蘭的同一家巡迴劇團，這些人包括了演員、電工與舞台工作人員，他們經常將兩輛拖車聯結在一起就地開演。而且這些破爛的車輛，轟隆隆地駛過充滿鋸斷樹樁與坑洞的道路時，常常還得要雪曼戰車協助拖曳，這就是為什麼在路程中最後的三分之一，戰車都是靠履帶自力完成。在行駛了 210 哩後，戰車運輸車終於在馬維（Mawle）報廢。戰車自力機動的缺點是，儘管移動得比較快，卻會將單線的道路破壞成爛泥，並因而導致可怕的意外。當時史密頓的吉普車司機正將一封信交給指揮官時，車子突然在雪曼戰車旁的爛泥中打滑，司機伸手試圖推開避免撞到車子，卻反被捲進戰車的履帶中。

---

[6] 阿拉斯達·塔克（Alasdair Tuck）上校，提出 1944 年占領密鐵拉有關第 255 獨立戰車旅（Independent Tank Brigade）這部分的紀錄，共 18 頁附有地圖。1979 年由 Tuck 私下與作者聯繫。（在該戰後期間，塔克是少校。）

第七章　重槌攻城

　　將高登的高地部隊留下，做為第七師的裝甲部隊後，第二五五旅在二月十八日開始橫渡伊江，當其中一輛德干騎兵團戰車正由筏子載著渡河之時，一架日軍戰鬥機突然出現，並以機槍掃射。操舟的工兵跳進水裡攀附運筏的兩舷，運筏就這樣在河中央緩緩的轉圓圈。戰車組員用炮塔上的白朗寧防空機槍，對著尾隨而來的兩架戰機連續射擊。但這兩架卻不是敵機，而是追擊日軍奧斯卡（隼）戰機的英軍颶風式戰鬥機。這時正在刮鬍子的副旅長拉爾夫‧揚格（Ralph Younger）上校，在堤防上見狀憤怒地跳了起來（不過雙方都沒受到任何損失）。

　　從良屋橋頭堡到密鐵拉有 80 哩遠，沿途路況艱難，戰車滑下峽谷的乾河床，再爬上另外一邊，揚起滿天塵土。他們是通過了叢林；但這簡直就是沙漠之戰。第一天他們僅僅前進了 15 哩。

　　當第二天進攻歐英村（Oyin）時，遭遇初次抵抗。由東沙鎮（Taungtha）通往密鐵拉的兩條道路中的一條，經過歐英村，有道泥土堆成的堤岸，與仙人掌叢、高聳的樹林以及挖了地下室的民宅，混合成為日軍第二師團第十六聯隊狙擊手絕佳的隱蔽所。拉傑普特（Rajputs）第六團第五營是掩護戰車的步兵，卻很快被敵火所壓制。這些步兵就像史密頓所想的一樣，希望戰車先去掃蕩村莊，讓他們的挺進更容易些。但戰車卻因為已和步兵分開，所以對自己的情況深感脆弱不安；儘管戰車裝有車外電話，但理論上戰車與步兵的通聯並不容易。當前導戰車進入歐英村時，一名日本兵突然衝出藏身處，縱身鑽進中隊指揮官的戰車底盤下，引爆一箱炸藥，殺死了自己，以及錫克駕

駛兵,使戰車停止前進。[7]

這是一種常見的對戰車自殺攻擊模式。木製的箱子裡填滿了黃色火藥(picric acid),[8] 箱子連上一條起爆用的引信,捆在單兵的胸前,當他撲向引擎排氣口或履帶之間,就拉下引信。戰車的安全有賴於戰車組員的警覺與步兵的注意,[9] 史密頓看著衝過來的日本兵的面容,感到十分驚愕,「他們帶著決心與因絕望而強烈苦惱的表情,以微不足道的力量來對抗如此龐大的軍隊。這種不顧一切的勇氣是吾人知之甚微,但卻令人驚愕、敬佩與憐憫的狀況……」。[10]

史密頓對日本人的天性越發好奇。歐英村之戰結束,日軍陣亡了差不多 200 人,在拉傑普特兵傷亡的 70 人之中,包括了陣亡的拉傑普特連長,還有一名戰車車長的頭部遭到射穿。[11] 他走回村莊,跨過了散兵坑,看到日本兵的屍體橫陳,有些被子彈打爛了,有些屍體的軍服正在悶燒。接著他注意到「這些日本兵的相貌之端正、體格之強健與年輕,令人驚訝。」這跟他所見慣的宣傳漫畫完全不同,他只能坦率地承認這些日本兵的勇敢:「如果英軍團隊面對絕對優勢的敵人對抗時,能像日本兵一樣勇敢的話,這樣的故事將永存於歷史吧!但是對日本人來說,這樣的作戰卻是司空見慣的……」[12] 塔克則想,像這

7　Smeeton, op., p. 89.
8　譯註:即日軍用的下瀨火藥
9　*Tuck, MS.*, p. 12.
10　Smeeton, op. cit., p. 90.
11　史密頓認為戰車作戰經常因過於小心而受限制,因而拒絕讓其戰車指揮官關閉它的炮塔。其結果則是,5 名戰車指揮官被擊穿頭部,但他仍堅持這種作戰方式的優點值得冒險。
12　同上, p. 91.

樣的頑強精神,表示往後得要解決的日本軍人有多少:答案是全部。[13]

就在歐英村戰鬥發生的二月二十二日這一天,盟軍飛機越過密鐵拉上空投下傳單。一名緬甸方面軍司令部的軍屬吉市繁光(Yoshiichi),[14]當時正在密鐵拉,撿起了一張傳單讀了起來。這是一份警告,寫著:「我們說要轟炸曼德勒的話,就一定會轟炸。我們說要轟炸阿曼納普拉(Amanapura)[15]的話,就一定會轟炸。盟軍空軍已經決定要在二月二十三日轟炸密鐵拉的補給設施。非戰鬥人員以及珍惜自己生命的人,勸你們在盟機飛臨時,撤到 3 哩之外的地方。」[16]

吉市並不知道曼德勒跟阿曼納普拉發生的事,但他很認真地看待這個威脅。文件被收走,而人員則奉命堅守各自崗位。二十三日下午兩點鐘,敵機出現了,僅僅只有 3 架飛機,而且看來是朝著軍官宿舍投下的 100 磅炸彈,不是成了未爆彈就是根本丟偏了。之後,雖然吉市不知道是什麼原因,敵機猛烈地轟擊的,是位於日軍防線以東 1 哩的村民茅舍。

當晚,有很重要的參謀會議,來自各方的汽車開到了密鐵拉。南方軍參謀長沼田多稼藏(Takazō)中將也為了與駐緬甸各軍的參謀長討論未來的計畫,而從西貢抵達密鐵拉。會議由田中新一中將主持,此時他以木村緬甸方面軍司令官的參謀長身分,在撣邦的卡老(Kalaw)設置了前進戰術指揮所。

吉市奉命擔任與會人員的接待。保密措施是如此的嚴密,

---

[13] *Tuck, MS.*, p. 12.
[14] 軍屬是在陸軍服務的文人。
[15] 譯註:拼錯,應為 Amarapura。
[16] 吉市繁光,《緬甸軍屬物語》,頁 212-213。

甚至在給長官們送茶時也是如此，他是唯一獲准進入會議室的人，就算準備要送茶進去時，還得先由一個站在會議室外 50 碼的人確認身分。會議場所是在距離湖畔的軍官宿舍 200 碼的一棟大型建築內，會場前有哨兵來回巡邏，前門與後門出口也有衛兵站哨。吉市試著告訴他的部隊長，他覺得會議的消息已經洩露，而這就是為什麼空襲變得如此稀少。或許英軍真的打算想在會議當天來一場真格的偷襲也說不定；但長官卻告訴他管好自己的事就好。[17]

曼德勒遭到包圍，盟軍越過伊洛瓦底江的橋頭堡，敲開了日軍第三十一師團的防線，迫使日第二十八軍推遲與第十五軍的會師，緬甸中部地區的日軍陷入「八方塞がり」—也就是「四面被包圍」的境地。這場會議得要解決這些問題：首要的議題是：第十五軍還能在伊洛瓦底江西岸發起一場攻勢嗎？時機雖然稍微遲了點，但緬甸方面軍私下表明希望這項行動可行。原本木村已經決定不在瑞保（Shwebo）平原進行大規模會戰，但這時情況不同了。由於獲得了第十八師團與第七十二混成旅團的增援，第十五軍打算從實皆的堅固據點發起前進攻勢。如果這場從三月十日左右發動的攻勢作戰，可以持續兩個星期的話，所獲的戰果將會極為豐碩。

第十五軍表明了希望沿著下列軸線行動的立場；第三十三師團與第七十二獨立混成旅團，則從敏建北邊渡過伊江發動攻勢；位於曼德勒北方的第十八與第五十三師團，希望盡可能

---

17 吉市繁光，《緬甸軍伕物語》頁 213-214。「日本的紀錄並不確定這場會議的真正日期，但認為是在 2 月 23 日舉行。」英國官方歷史的記載，（*War Against Japan*, IV, p. 272, n.3）。從吉市繁光的書與《伊洛瓦底會戰》的記載看，參謀軍官在 2 月 23 日的傍晚集合，而會議則是在次日舉行。

在穆河（Mu River）下游地區將英軍捕捉、包圍。為此，第五十三師團將以敏建與曼德勒之間所有的兵力，據守伊洛瓦底江南岸（也就是東岸）。[18]

這些計畫只是白日夢般的囈語。當田中希望第十五軍在伊洛瓦底江兩岸的作戰盡可能的保持彈性，而向沼田要求額外的空中支援時，沼田卻什麼都沒有回答。局勢的變化之快，遠超過他們所想像。當參謀們還在密鐵拉修改這份徒勞無功的計畫時，英軍印第十七師與第二五五裝甲旅的前鋒部隊已經排除了輕微的抵抗，從西南向東沙發起猛烈攻擊。當地距離日軍開會的地點不到43哩。普羅賓騎兵團與第六十三步兵旅在當天下午抵達時，宣稱已經征服了緯倫（Welaung）至東沙一線的各村落，並在其中一村的交戰中殲滅了65名日軍。

即便如此，第二五五裝甲旅的塔克少校仍舊感到不安：他覺得該旅不應該在此停止與敵人交戰，而是應該一鼓作氣突破日軍防線，不顧任何抵抗朝密鐵拉疾馳挺進。毫無疑問，戰車可以輕而易舉地達到目標，但這樣就無法完全肅清道路上的殘敵。躲在道路旁村落中的日軍在戰車部隊通過後，可以輕易地封鎖道路，埋伏那些缺乏裝甲保護的步兵運輸車輛。塔克發現東起默萊（Mahlaing）、西從緯倫到東沙間的道路，所形成三角地帶中，「日軍的狙擊手在小灌木叢生的荒野裡爬來爬去。」[19] 俾路支團第七營（7 Baluch）在掃蕩這些日軍的過程中，殲滅超過100人。

對所有發生的事，田中的會議中仍天真地一無所知。儘管

18　戰史叢書 OCH，《伊洛瓦底會戰》，頁152。
19　*Tuck, MS*, p. 14.

考萬的部隊從橋頭堡發起攻勢已經過了三天，從二十二日起就一直在歐英村持續與日軍交戰。但很不巧，與普羅賓騎兵團交戰的左京福藏（Sakyō）少佐的第十六聯隊第二大隊，連一台無線電發報機都沒有，因此包含東沙戰況在內，高層對一切都毫無所悉。如果日軍能取得來自第五十三師團的情報，日軍應該會立刻停止「在伊江西岸攻擊英第十四軍團」這類過於浪漫的空想。

事實上，就在高參們散會，各自返回駐地的三小時後，一封來自駐防敏建南方的小部隊的緊急電報傳到了密鐵拉：「木各具方面的敵軍，已經渡過伊江，侵犯東沙。東沙的敵軍推斷為由兩輛戰車前導、搭載約80人的8部車輛。」第二天早上（二月二十五日），第二份報告送達：「在東沙的敵軍似朝向默萊前進，以4輛戰車為前導，共有20輛卡車、兵力300名。」當吉市注意到敵軍兵力增加時，他驚覺如果英軍衝得夠快，將會在三個小時內抵達密鐵拉。[20] 這自然讓他心神不寧起來，密鐵拉沒有防禦工事，也幾乎沒有武器。後勤補給人員都是無武裝的，倒是守備隊為了防衛緬甸中部最具重要價值的機場群，配屬了第五十二與第八十四兩個飛行場大隊與第三十六野戰高射炮大隊。因為密鐵拉是個大型軍醫院區，是收容傷患或者後勤部隊的第一〇七兵站醫院之所在。後勤軍官們召開緊急會議，並且通知臨近的戰鬥部隊，將採取措施留住其他單位在密鐵拉城內的兵員。這些人員編成了一個對戰中隊。密鐵拉大約有4,000名日軍，但戰力卻相當薄弱。[21]

20　吉市繁光，《緬甸軍屬物語》，頁212-213。
21　「這些總數約1.2萬的人」，史林姆寫道，Slim（*Defeat into Victory*, p. 42.）但這個數字對這個城鎮而言並不真實，而是大約稍後從第17師集結而成的。

第七章　重槌攻城

　　奉命負責傳令的吉市繁光，前往尋訪四名還待在總部宿舍的軍官，卻發現許多人在早上就已經離開了。他盡可能禮貌地告訴這些軍官，他們不可自行回到所屬部隊，如果他們未經許可離開密鐵拉的話，將會以逃亡罪論處。

　　當吉市告訴他們早上收到的兩份報告內容時，「是不是哪裡搞錯了？」其中一個軍官爭辯說道。「敵人能如此深入這種後方地帶，是怎麼一回事？」第五十三師團送來的報告，敘述觀察到 2,000 部車輛與戰車正朝著密鐵拉而來，如果他們收到這份報告，就會不那麼懷疑了。這封緊急電文是在二月二十四日下午由東沙北方的第五十三師團所發。[22] 第五十三師團的值星官報告：在波巴（Popa）山區看到裝甲縱隊朝向東移動，並給出了「戰車與卡車，至少 2,000 輛」的數字。但該報告卻未記載發現敵軍的日期與時間。[23] 第五十三師團發送了這份電文，其他各部隊則是在二月二十四日收到這份電報。第三十三師團長田中信男中將在日記中記下了這封電報的日期；但是田中師團長對此也抱持懷疑，他在日記中寫下「這數字太高了」的記載。因為他收到了來自英軍橋頭堡附近的第二一四聯隊長作間喬宜大佐的另一份報告。在這份報告中宣稱敵軍兵力為 30 輛戰車與 300 輛卡車。[24] 就在同一天，第三十三師團參謀三浦佑照少佐也在波巴山上，他立刻打電話向第十五軍司令部緊急通報類似的數字。但接到這通電話的姓名不詳的參謀軍官，聽到三浦回報的數字時只說了句：「別白痴了！」就把電話掛掉了。[25]

22　戰史叢書 OCH，《伊洛瓦底會戰》，頁 162。
23　同上, 頁 564.
24　同上, 頁 564.
25　戰史叢書 OCH，《伊洛瓦底會戰》，頁 564-565。

就這樣,不論是第十五軍司令部也好、第三十三師團司令部也好,在第一時間都抱持相當懷疑的態度。

像史林姆當初打科希馬一樣,日軍就在密鐵拉又被打了個措手不及。由於當地沒有戰鬥部隊,所以由第二野戰運輸司令官粕谷留吉少將負責指揮。如此重要兵站中心、擁有東西南北四座機場的所在地,沒有按照日本陸軍一般的戰法,卻是由跟戰鬥最不相關的輜重部隊負責防守,非常不理想。儘管盟軍使用空降部隊進行長程滲透的能力早已獲得證實,但木村的司令部卻對距離伊洛瓦底江畔只有80哩的當地防禦,竟然沒有準備任何的應變措施,實在是太令人驚訝。

第十五軍司令部在二十五日收到第五十三師團的訊息。如此重要的電文,竟花了整整一天的時間才傳到高階司令部,正反映了第十五軍的新任參謀們欠缺危機感的實況。辻政信大佐當時正調到第十五軍司令部,卻看出了這封電報是緬甸戰役新階段開始的徵兆。當他剛抵達第十五軍司令部時,被安排睡在一個小帳篷內。清晨,走出帳篷,腳趾觸及冰冷的沙,讓他感覺到相當愉快。到了他在行軍床前用臉盆裡的冷水梳洗時,參謀脇坂一雄少佐帶著一封電報走來。這封來自第五十三師團參謀長的電報內容中聲稱「目擊到的戰車數至少100輛以上、卡車約超過1,000輛」。[26] 辻強力要求第十五軍司令官片村投入所有戰力來防衛密鐵拉。片村同意了這項要求,但此時已經是二十七日了。對於第十五軍所傳來的這封電報,位於仰光的緬甸方面軍司令部是如此答覆:「密鐵拉方面之敵不足為懼……貴部應繼續朝在伊洛瓦底江畔進行決戰的目標邁進。」片村可

26　辻政信,《十五對一》,頁225。

第七章　重槌攻城

不服輸，因而回電道：「密鐵拉戰局驟變，究竟是否僅為戰場上的局部騷亂，以後可由事實證明。但方面軍總部不可將此現況以局部騷亂等閒視之。」[27] 由這些往返電文的語句中，顯示了兩位指揮官之間缺乏互信與互敬。日本的戰史認為其原因恐怕與電報通訊的缺陷，或者是緬甸方面軍對此情報抱著某種懷疑有關。也就是說方面軍司令部與下級單位之間的某些人，懷疑這封電報將「原本的」數字 200 誤加了一個「0」。至於「原本的」數字是根據駐緬日軍，參加地區性山地作戰慣常估計的數量。方面軍參謀長田中新一，幾天前才在密鐵拉待過，這讓他回憶起一九四三年對溫蓋特的遠征軍出現也發生過類似的緊張狀況；儘管如此，因帕爾作戰計畫，仍然繼續進行。如果緬甸方面軍將充作預備隊的第四十九師團（欠兩個聯隊）迅速派往支援，應該足以應付對密鐵拉的奇襲，而無損於防備來自伊洛瓦底江畔威脅的部署。

　　日軍通訊部隊的相關人員否定了這個「0」造成錯誤的說法。第四十九師團參謀古賀俊次（Koga Shunji）少佐，根據他擔任緬甸方面軍司令部電報班長的經驗，認為這種說法是不可能的事：「電報通訊最要求注意的就是數字，電碼是根據數字與符號雙重發信，所以不論是把 2,000 變成 200、或是相反的情形絕對不可能發生。另外，當時擔任情報班主任的鈴木中尉，他在戰爭結束時自殺。他是公認盡忠職守的人，完全無法想像會隨便在電報上漏掉一個『0』。」[28]

　　相反的，曾任緬甸方面司令部情報主任參謀的河野公一佐

27　戰史叢書 OCH，《伊洛瓦底會戰》，頁 163。
28　同上，頁 164. 譯註：發文的第十五軍的數字是 2000，方面軍得到的數字是 200。

（Kōno Kōichi）少佐，卻推測可能是方面軍電報班自行將電文的最後一個「0」刪掉再交給參謀部。不論是誰幹的，誤讀情報的責任絕對不在發文者的第十五軍，而是在受文者的緬甸方面軍電報班或參謀身上。

第十五軍司令官片村下定決心推動「密鐵拉會戰計畫」了。由第十五軍的炮兵主力與第十八師團，以及第十五師團、第三十三師團中各抽出一個步兵聯隊，從三月十日起向密鐵拉發動攻勢，而伊江防線的各師團在這段時間則採取守勢。第二運輸司令官粕谷少將負責指揮密鐵拉當地部隊，以確保車站區。緬甸方面軍對該計畫表示強烈反對。田中參謀長強硬地主張應繼續既定的作戰方針，但方面軍司令木村卻斥退了田中的反對而接受了片村的方案。片村下令第十八師團從揮邦急行軍，並將第三十一師團的重炮兵大部、第十四戰車聯隊、第一一九步兵聯隊，以及第三十三師團的第二一四步兵聯隊派往密鐵拉。很顯然地，上述作為將迅速削弱這些師團的持續作戰能力，但此時木村已確信，密鐵拉方面的危機是關鍵。

第二回　進占密鐵拉

二月二十六日下午二時以前，德干騎兵團已經抵達位於密鐵拉北邊15哩的塔普貢（Thabutkon）機場跑道。一路上，他們通過小河交錯的寬闊田野，有時候戰車還得拖著卡車才能渡過滿是砂礫的河床。機場在考萬的計畫中極為重要。師部的工兵清理完機場跑道後，留在普勒爾（Palel）的第九十九旅（旅長圖佛 Torver）就可以空運進來。三月二日之前，該旅在毫無

意外傷亡狀況下完成了移防，戰車燃料也以空投補給的方式取得，儘管塔普貢（Thabutkon）在這一兩天曾遭受零星的步槍與機槍攻擊。[29]

二十七日，發生了一點小衝突。輕騎兵第十六團的裝甲車輛在前往密鐵拉方向偵查時，於距離密鐵拉 8 哩處遭遇到強烈抵抗。日軍把橫跨小河的石橋炸掉並埋設地雷，又在道路兩旁挖了寬約 150 碼的戰壕與鐵絲網陣地，還有大量的機槍以及 75 公厘與 105 公厘炮的支援。第六十三步兵旅協同普羅賓騎兵團與第一二九野戰炮兵團突入該陣地，一場典型教科書式的戰鬥於焉發生。第九邊防團與普羅賓騎兵團 A 營向北迂迴，破壞了日軍炮兵陣地，封鎖了日軍後方。第十六輕騎兵團的裝甲車輛雖然對橋樑進行正面攻擊，但遭受日軍炮兵近距離射擊而被迫撤退，故呼叫美國陸軍航空隊的 P-47 雷霆式戰鬥機空中支援。隨後，裝甲車輛讓出道路，改由普羅賓騎兵團 C 營協同一個步兵營去攻擊橋頭堡，雪曼戰車穿越雷區與狙擊手的間隙，橫越道路上的壕溝向前突進。接著，日軍就潰散了。當他們撤往密鐵拉時，埋伏的 A 營從他們的路障向日軍開火。這場戰鬥造成 80 名日軍傷亡並俘獲了數門火炮，但塔克所記得的，卻是美國陸軍航空隊方面可怕的災難。

第二五五旅有個與塔克非常友善又相當有趣的美軍聯絡官，後來，塔克忍不住問他，為甚麼他的吉普車那麼臭。這美國人回答他說，他看到一架雷霆機的飛行員在俯衝投彈之後太晚拉起機頭，結果機尾撞上地面。這位連絡官相信那個孩子在美國的雙親應該想見他最後一面，所以將飛行員的殘餘屍塊集

29　Perrett, *Tank Tracks to Rangoon*, p. 165.

中在屍袋中,放在吉普車的工具箱裡。塔克拜託他將屍體埋了,把飛行員的兵籍牌連同參考地圖送給他在美國的雙親,等到以後再蒐集遺骸。最初,這位聯絡官頗為不願,但二十四小時後,

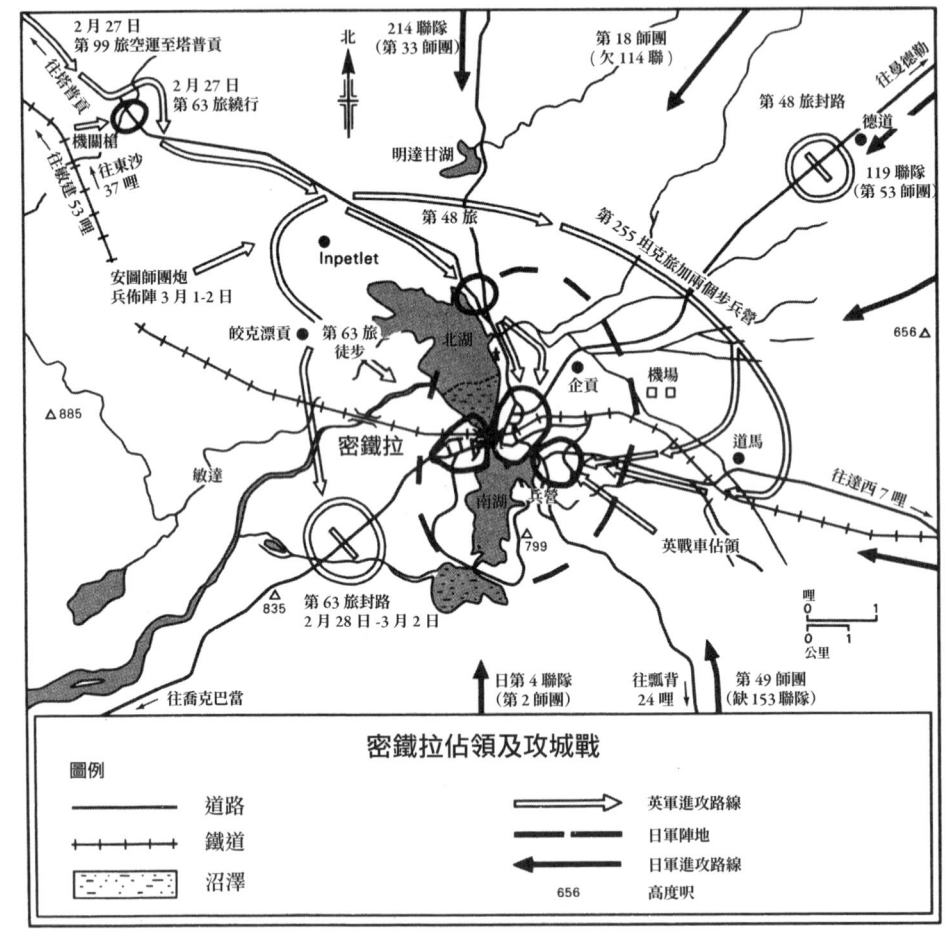

圖 7-1 密鐵拉圍城及占領

第七章　重槌攻城

緬甸中部的高溫讓他不得不屈服了。

那一天，二月二十八日，考萬完成對密鐵拉的攻擊準備。由於密鐵拉機場對維持補給非常重要，所以必須不計一切代價拿下。在日軍重新奪回東沙後，與橋頭堡的聯絡道路被切斷，原本第四十八步兵旅在東沙與日軍激戰，但該旅後來加入了考萬第十七師對密鐵拉的攻勢。這些湖泊的幾何形狀決定了進攻的型態。在地圖上（圖7-1），密鐵拉的北湖與南湖由狹長湖水相連著，看起來就像是一個被人用手從中間緊緊捏住的汽球。北湖朝西蜿蜒，袋狀的南湖邊，則覆蓋由南邊從飄背來的路線。鐵路與公路由12哩之外的達西（Thazi）從東邊進入。這條鐵路支線（從南北湖中間穿過）繼續通往敏建，因為曼德勒往仰光的主線沒有直接經過密鐵拉。從北方80哩遠的曼德勒來的公路，（也從兩湖中間）穿越市鎮的東北，在北機場與東機場之間。往西南方就是通往喬克巴當（Kyaukpadaung）與油田道路，而西北方則通往默萊（Mahlaing）與東沙。[30]

密鐵拉鎮跨坐於兩湖中間咽喉湖水的兩邊，而日軍的兵站區則是設在鎮北2到3哩的北湖兩畔。在承平時，密鐵拉是一個美麗的景點。從它高雅的紅磚建築與樹林中的舒適別墅，可以眺望西南方圓錐形的波帕山。樹林中滿是小鳥與蝴蝶，破曉的天空，染上橘紅與金黃色彩；從高處，黃金佛塔俯瞰在耀眼的晨光中閃爍的市鎮。炎熱的三、四月間，儘管水位下降，但湖水還是帶來了一抹涼意。城鎮的四周圍繞著600到900呎的山丘，流經城鎮邊緣的河流，沖刷出了東面的峭壁。二月與三月間河水幾乎是乾涸的，但這些村莊中偶有井水可用。與緬甸

30　編著：本段與下段原為一段。

其他的地方不一樣,這裡的森林稀疏,低矮的荊棘讓行走變得痛苦難耐。仙人掌與英國的不同,相當的堅硬與尖銳,讓人想起日軍帶刺的鐵絲網。堅硬的紅土,挖掘它很費力。城東的土地雖然早已開發,但城西的耕地還是稀稀落落。三、四、五月間的酷暑與缺水意味著除了棉花、花生與豆子之外,沒甚麼東西長得出來,它與盛產著稻米、菸草、洋蔥與其他蔬菜的曼德勒、瑞保或皎克西周遭有肥沃的土地正好相反。然而,日本本土仲夏時分,令人窒息的溽暑比密鐵拉攝氏40度的高溫更為難受。對在此療養中的日本兵而言,二月的密鐵拉真是沙漠中的綠洲。

　　條件就是這麼剛好,正如同在曼德勒將叢林戰轉變成為中世紀的圍城戰般;在密鐵拉,戰局又走向了沙漠戰,對英軍而言再恰好也不過了。因為軍長法蘭克・梅舍維(Frank Messervy)曾經在北非的西沙漠指揮過大名鼎鼎的第七裝甲師。

　　考萬奉令不得沒監督而擅斷進攻密鐵拉。對梅舍維與史林姆而言,太多事取決於密鐵拉,要搔到癢處正好就在這個點上。因此考萬就在兵團長與軍團司令都掐他脖子的狀況下,進行了這個計畫與作戰。對史林姆而言,密鐵拉的風光並不重要,他所在乎的是強大的日軍防禦陣地。[31] 房屋與彈藥庫成了堅強的據點,兩座湖泊阻擋了從西邊與南邊接近的路線,使道路變成了狹窄的堤道。敵軍炮火可以輕易封閉道路,也讓戰車沒有機動的空間,它們會受到四周農村遍布的灌溉水道影響而減緩前進速度。市中心區的寬度差不多就是1,200碼,火車站就在裡

31　Slim, op. cit., pp. 442- 443.

面。市鎮的東南方，有一座標高 800 呎的台地，長約 1,000 碼、寬則約 500 碼，公路與鐵路橋樑行經其上，另外有一些磚造平房位在山丘的南邊。再往西超過 3,000 碼，就是注入湖裡的蒙代溪（Mordaing Chaung）的鐵橋。[32]

史林姆帶著沉重的心情前來視察突擊。因為二月二十三日蔣中正以中國將要發動一場大攻勢為由，要求駐緬美軍[33]與華軍全數離開緬甸撤回中國。在蒙巴頓抗議下，蔣中正建議中國軍隊等待返國之際，將不會超過臘戍到昔卜（西保）再到皎脈一線。這條線位於曼德勒東北 80 哩，而第十四軍團也應停止於此。雖然舊都曼德勒一旦收復，英軍第三十六師就將繼續南下接替印軍第十九師，但由於北部作戰司令部（NCAC）已經幾乎停止了對敵行動，這讓木村能夠將其部隊轉至南方。無獨有偶，史林姆在密鐵拉與其他地區作戰所需的飛機，也將轉用於補給第三十六師及載運中國軍隊返國；但直到戰車部隊向密鐵拉挺進之前，他對此事仍一無所知。

蒙巴頓爭辯說，他沒有多餘的運輸機可以從緬北釋出，這些飛機是分配給全緬，而不只是供北部作戰司令部使用。第三十六師沒有義務在中國軍隊撤出後接手北部作戰司令部的任務，更何況又要將運輸機拱手讓人，[34]這種事實在難以接受。英軍參謀長委員會向美軍參謀長聯席會議表示支持蒙巴頓的看法，而邱吉爾在三月三十日也以私函致信馬歇爾，強調在攻克仰光之前，都需要確保史林姆能使用這批飛機。馬歇爾的回覆

---

32 *Tuck MS*, p. 17.
33 用步兵的術語來說，第 5332 旅就是著名的火星旅（MARS Brigade）、加拉哈（GALAHAD）的繼承者。
34 Mountbatten, *Report*, pp. 134-135.

讓東南亞指揮部鬆了一口氣，他聲稱沒有任何意圖要在六月一日或攻克仰光之前，撤走東南亞地區的航空部隊。然而，這對史林姆來說卻又是一個不小的刺激，因為這代表他最晚在五月底之前，就必須打進仰光。從密鐵拉到仰光之間，可沒有停下來摸魚打混的時間。如果沒攻下仰光，等到雨季來臨的時候，史林姆就等著陷入運送補給卻沒有港口可用、飛機又撤個精光的窘境了。[35]

史林姆心頭掛念著這些事，他與梅舍維一同搭乘美國陸軍航空隊的 B-25 轟炸機飛往前線，因為英國皇家空軍以塔普貢（Thabutkon）機場不夠安全為由拒絕載他：「我所聽到的是，皇家空軍非常樂意隨時載我的參謀到任何地方，但是不能載我，也不能去密鐵拉，現在不行。」[36] 但史林姆到了，發現塔普貢非常平靜，儘管遠方不時傳來一些炮聲，偶有日軍屍體在跑道邊。然後考萬開著吉普車，帶他與梅舍維，進入「本次作戰中最艱苦的惡戰」。[37]

考萬計畫用第二五五裝甲旅，從小鎮的北邊遂行大範圍的迂迴，同時用第四十八旅突擊日軍在北湖邊上據點的軍事設施。第六十三旅負責封鎖往西南方俏埠的道路，阻止日軍從仁安羌前來增援，然後從西邊攻入密鐵拉。裝甲部隊將會以半圓形的包圍拿下東機場，並經由日軍營區攻入鎮內。師部炮兵則集中在第六十三旅後方幾哩處，在步兵營的屏障下，掩護整個作戰行動。

35　Lewin, *Slim*, p. 224.
36　Slim, op. cit., p. 446.
37　同上，頁 447.

第七章 重槌攻城

　　主攻由東面發起,考萬將炮兵與空中打擊部隊部署於第二五五旅下,此旅也指揮一個 25 磅自走炮的炮兵連。該旅首先攻占了俯瞰密鐵拉東側的制高點八五九高地,步兵隨即跟上,在一陣強大且精準的空中轟炸之後,步兵對城區發起攻擊;但是在最後一刻趕來的粕谷(Kasuya)部隊抵抗卻極為猛烈。日軍炮兵正面迎擊英軍戰車,從一組碉堡工事中,狙擊手將大量的火力傾洩在挺進中的步兵身上。攻擊最遠深入到了火車站,當黑夜降臨,考萬不想將戰車停在廢墟中,命令他們撤退到密鐵拉郊外 2 哩處。為了確保奪取的陣地,考萬派遣了巡邏隊;但無可避免的是,在接下來幾個小時的暗夜中,執拗的日軍又再次滲透進來,收復原本失守的陣地。

　　隨著戰況的進展,塔克注意到雖然粕谷並不缺乏包括 75 公厘山炮與 105 公厘榴炮在內的步兵武器,但幾乎沒有可供反戰車使用的高射炮,也沒有反戰車地雷。後來塔克才聽說,日軍以一種特殊的方法運用防空機關槍與 250 公斤飛機用炸彈;大炮使用穿甲彈的話,尚有機會在 50 碼距離內對戰車產生威脅,但防空機關槍就算直擊裝甲板也無法貫穿,這就是為什麼當天作戰結束時,戰車看起來就像是插了針的墊子。在某處突擊點上,當普羅賓騎兵團試圖穿越介於鐵路與灌溉渠道間的樹林時,日軍在岸邊挖了坑躲在裡面,使他們遭受烈焰的威脅。原來日軍早將樹林充作汽油堆集所,因此當戰車逼近樹林時,躲在渠道旁的戰壕裡的日軍就對準汽油桶開火,引發巨大爆炸將樹林化為一片火海。[38]

　　史林姆離開考萬,到鎮的北邊去,在那有第四十八旅廓爾

38　*Tuck MS*, pp. 19-20.

207

喀步槍兵第七團第一營的兩個排，正朝著一座看似毫無防備的草叢密布小山丘推進。然而，當史林姆在 500 碼外，拿起他的雙筒望遠鏡一看，映入眼簾的卻是一縷縷槍管過熱的重機槍特有的熱煙冉冉升起。接著，他還看到了隱藏在山丘上的槍眼，以及聽到廓爾喀兵前進時自動武器射擊的聲浪。在一輛隱藏在戰車壕中的雪曼戰車進行的間歇射擊，以及迫炮射擊的掩護下，廓爾喀兵團發起衝鋒。這輛戰車緩緩開出掩體，開了幾炮之後，又退回日軍碉堡視線之外的戰車壕中。史林姆一行人步下佛塔的平台，將自己隱蔽在一叢仙人掌後面，以取得更好的觀察視野。當戰車射擊時，先對著掩體的射口發射幾枚榴彈，並接著發射實心穿甲彈，接著戰車繞著碉堡後的小樹叢轉一圈再次射擊。這時，一枚流彈竟直直地朝著史林姆、梅舍維與到訪的美軍將領所在之處飛了過來。所幸大部分的人迅速趴在地上而毫髮無傷，但有位美軍空勤人員就沒那麼幸運，他老兄二話不說，就對著一叢仙人掌直接跳了進去。根據史林姆的描述，當他爬出來的時候，像極了個「沾滿血的針墊」。

　　廓爾喀士兵繼續前進，把湯普森衝鋒槍抵入碉堡射口去掃射內部，6 名日軍跑出他們的庇護所，被自動步槍給撂倒。史林姆注意到，這群人中有個傢伙個子比其他人高，然後戰車炮將他解決了（史林姆認為其實並不需要特別強調）。這裡可不是個讓軍司令及其麾下軍長久待的好地方，但卻是史林姆接掌第十四軍團以來，最接近戰鬥現場的地點。事實上，史林姆特別喜歡由他擔任榮譽上校的廓爾喀步兵團所完成的這場經典步戰協同作戰。[39]

39　Slim, op. cit., pp. 449-450.

第二天,三月二日。第四十八旅以逐屋戰鬥的方式攻擊日軍,直到將日本人逼退到南湖湖畔為止,同時第六十三旅則從鎮的西邊掃蕩日軍。在第二五五裝甲旅的防線上,日軍在三月一日至二日夜間對密鐵拉東站發動逆襲,還費心採取了一種手段以期摧毀英軍戰車。在沿著戰車接近的開闊地上,日軍挖了大量的散兵坑,每個坑都躲了一個士兵。在他們的雙膝之間放了一枚插好信管,彈尖朝上的250公斤飛機用炸彈,然後每個人手上發一塊磚頭。這個點子是要士兵等到戰車開到他們頭頂上時,用磚頭對著引信猛敲一下,在爆炸中將自己與戰車一起送往西天。如此,這塊區域就成了人肉反戰車地雷陣。

在這場戰鬥中,最冷靜沈著的行動,是由德干騎兵隊(第九騎兵團)中校阿蘭・威克菲爾德(Alan Wakefield)所完成。他並非戰車部隊的指揮官,而是在旅上擔任情報任務,又派回原屬的騎兵團。他的部隊前一天還曾通過這塊地區,現在,他卻注意到地上滿是整齊的坑洞。他告訴戰車停止前進,並且用戰車炮掩護他。接著他單槍匹馬的摸向地雷陣,對著每個人肉地雷的腦袋就是一槍。每隔一陣子他就會停下來重新裝填彈藥,然後再朝著下一排坑洞摸過去。沒有任何一個日本兵引爆炸彈—因為他們奉命只能對戰車引爆,但威克菲爾德並不是戰車—更神奇的是雖然據守火車站的日軍對他開火射擊,但威克菲爾德卻奇蹟似地毫髮無傷。在現場親眼目擊的塔克認為,他的勇氣值得頒發一枚維多利亞十字勳章,但威克菲爾德當時任職中校,所以也就沒人推薦他。地面肅清乾淨了,戰車也就繼續前進。[40]

---

40 *Tuck MS*, p. 21.

到了三月三日，粕谷拼湊出來的守備隊結束了有組織的抵抗。印第十七師開始驅逐殘存的狙擊手與拿著手榴彈躲在碉堡裡的散兵，掃蕩企圖逃跑的小股日軍。在八五九高地東邊，一群逃竄的日軍被第二五五裝甲旅截獲，結果共有 65 人遭擊斃，再加上戰鬥初期所虜獲或摧毀的 12 門炮。[41] 由戰車、裝甲車與輕裝步兵組成的機動縱隊，發起了兩次大規模掃蕩，摧毀了火炮與迫擊炮。掃蕩行動在四日與五日持續進行，作戰結束後，在鎮區內就清理出了超過 2,000 具的日軍屍體，俘虜數則為 47 人，對日軍來說，這是相當大的數字了。此外還有 48 門火炮為英軍所虜獲。[42]

　　塔克認為死亡人數要比清點到的數字多，一部分的原因是日軍無心逃跑，反而還常常回到原先的陣地裡，甚至是醫院裡的病患也是如此。他這樣寫道：

> 　　無法取得武器時，就用削尖的竹竿用火烤硬，充當代用刺刀。沒人投降，全部都戰到最終。除了極端少數處於失去意識狀態下遭發現，否則俘虜不到人，甚至這些人之中還有試圖自殺者。接著好幾週，屍體都還從湖中浮出。許多日兵因為出口與入口都遭破壞，而葬身於地下碉堡與坑道裡。少數還活著的，雖然試著自殺或服毒自盡，只是在經過十來天飢渴之後，因為過於孱弱而無法造成大的傷害，但他們在遭到射殺

41　*Tuck MS*, p. 22.
42　蒙巴頓，《報告》（Mountbatten, *Report*），頁 131。

第七章 重槌攻城

或制伏之前,都準備好了要「拚到底」。[43]

運輸人員以及病院療養的日軍傷患,因為第四十九師團的先遣隊第一六八步兵聯隊的到來而士氣大增。代號為「狼」的第四十九師團,於一九四四年八月抵達緬甸之後,一直擔任方面軍直轄預備隊而未曾參與戰鬥。該師團所轄的第一五三聯隊已經於二月十四日在色漂,以及稍後在雷瑟(Letse)投入對抗東非部隊的作戰行動。至於第一六八聯隊,更早在一九四四年八月就與第五十六師團並肩於雲南與緬北,對抗四個軍的中國部隊,結果該聯隊從日本出發時編制的 3,521 人中,損失超過 600 人以上。一九四五年二月四日,該聯隊收到向南撤往密鐵拉的命令。聯隊在皎克西(Kyaukse)集結,先頭部隊則是在二月二十七日抵達密鐵拉,其兵力包括聯隊本部與第一、第二大隊的一部以及兩個山炮中隊,總計約 300 人。[44]

當吉田四郎大佐的第一六八聯隊,在聯隊旗的前導下開進密鐵拉時,吉市和他的朋友們自我安慰:「現在可以安心了」。「狼部隊不是支強悍的部隊嗎?」「是啊,能及時趕到真是太好了!」士兵們從默萊的道路行軍而來,卻沒有一絲疲態。[45]當二月二十八日結束時,吉田聯隊與英軍第四十八旅在北湖東邊的叉路上激戰,但是當夜色降臨時,日軍撤退到湖的西邊。他們目睹了考萬的炮兵與空中攻擊,將密鐵拉化為廢墟,還有魚肚翻白浮起的死魚,飄浮在血紅的湖面上。

當印第十七師重新發起攻擊時,吉田聯隊僅憑一門放置於

43　*Tuck MS*, p. 23.
44　東南亞翻譯審問中心(SEATIC),《公報》,編號 244,1946,頁 46。
45　吉市繁光,《緬甸軍屬物語》,頁 237。

湖西的野炮應戰。他們在三月二日早上遭到第六十三旅以 20 輛戰車猛攻的全面打擊。野炮一開，阻止了戰車前進，但不久之後英軍就找出其位置並將之摧毀。到了下午兩點，第一大隊餘部與聯隊本部也完全潰滅，聯隊長吉田大佐戰死。聯隊的殘部與安藤混成大隊（由醫院傷患組成）[46] 一同繼續戰鬥，但有組織的抵抗已逐步遭到粉碎，倖存者向南方與東方逃離市鎮。

三月三日，清朗耀眼的陽光並沒有帶來喘息的機會。菊池（Kikuchi）山炮大隊，用日人所稱的「夕彈」[47]（穿甲彈），在 250 碼的距離擊毀了兩輛戰車。但其他戰車繼續前進，並從燃燒中的戰車殘骸後方朝著兩門山炮集中開火，擊碎了山炮的炮盾，接著直接命中這兩門山炮與炮手。這時山炮兵大隊只剩下一門火炮，菅波（Kasuya）少尉在午後用這門炮與 3 輛戰車交戰，最後他率領殘存的部下高呼「萬歲」，衝向死亡。在他倒下後，大隊長菊池大尉也步上後塵，因傷重而亡。粕谷少將的防空壕入口被手榴彈炸毀。最後，指揮輜重混成中隊的岩村大尉的戰壕，則是被一輛戰車從上頭直接壓垮。入夜時分，戰車部隊撤退，但步兵留下來與日軍守備隊在燃燒的建築物之間駁火。粕谷稍早之前已經下達了預料中的命令：「死守密鐵拉」，但此時已經無法與上級單位取得聯絡，他覺得部下們已經盡力了。[48] 粕谷下令身邊僅剩的 30 到 40 名殘存者「向東突圍到達西」。他將他們分成數個小組，從考萬包圍圈的間隙突圍而出。

---

46 二月在密鐵拉有 700 名病患，200 名重病患被撤離到後方地區，而安藤混成營則是由剩下的 500 名可以行動的病號組成。

47 為日軍使用的一種穿甲彈。其原理為特殊設計之圓錐形彈頭（內藏有以特定角度安裝之金屬鑲板）命中目標時，炸藥引爆鑲板產生高熱、高速之金屬噴流貫穿戰車裝甲，故又稱成形裝藥彈。

48 戰史叢書 OCH，《伊洛瓦底會戰》，頁 174-5。

粕谷抵達達西之後又轉移到克馬漂（Kemapyu），最後出現在揮邦的兵站司令部。[49]

史林姆評論道：「在四天內攻占密鐵拉並殲滅其守軍……確係部隊的豐功偉業。」[50] 然後，史林姆以行動表現了他的讚賞：交第四軍軍長梅舍維，飛到密鐵拉現場，頒發第二五五裝甲旅旅長珀特准將一枚傑出服務勳章（DSO），以表彰其領導機械化騎兵部隊的優異戰功；日軍也打得很好，像是在史林姆書中所作證據，後來就為日方的官方戰史所引用。岩原寬一少尉所提出的苦澀評論，就可窺見一二：「在密鐵拉的各部隊被說成毫無作為就潰散了，實在令人無法接受。自吉田部隊（第一六八聯隊）以降，到後勤部隊，乃至於病患等，直至絕望為止，都死命戰鬥的事蹟，傳載於戰史之中，正是吾等生還者的義務。」[51] 會抱持這種感覺的理由，恐怕是當時日軍已從四面八方開集結鐵拉，誓志重頭再戰的緣故吧。攻城戰一經結束，包圍戰卻接著展開。

第三回 圍城再戰

當日軍獲悉英軍部隊從良屋的橋頭堡突破時，他們認為這是一支如同溫蓋特縱隊式的突襲部隊，或是在伊洛瓦底江稍遠

49　依據緬甸方面軍參謀，當時擔任第 49 師團司令部參謀的嘉悅博少佐的情報，他於 1945 年 6 月在泰國清邁遇到粕谷。這位將軍仍擔任第 2 輸送司令官，繼續跟密鐵拉守備隊的倖存者一同擔負勤補給任務。（ビルマ軍事情報摘要，第 1 號之 1,「メークテーラ守備隊の末路」，仰光，1946）

50　*Slim*, op. cit., p. 452.

51　戰史叢書 OCH，《伊洛瓦底會戰》，頁 176。

上游地帶建立橋頭堡的部隊。考萬迅速攻占密鐵拉,正若晴天霹靂。日軍的反應雖然夠快,卻缺乏協調。對密鐵拉的態度,仰光方面,木村的緬甸方面軍司令部內部,後勤參謀與作戰參謀之間似有分歧。後勤參謀對於作為第十五軍與三十三軍不可或缺的補給基地,同時也是從仁安羌油田到緬甸中部的燃料補給運輸線的密鐵拉的失守,感到憂慮。作戰參謀卻對這樣的顧慮嗤之以鼻:「密鐵拉的事就別擔心啦,只要動用第四十九師團,再加上一週的時間就可以解決啦。」一名後勤參謀認為如此天真的樂觀情緒,是因為方面軍的作戰參謀中,沒有任何一個人接受過步兵教育訓練。這位後勤官擔心,就算作戰參謀們只估計英軍開來了 100 輛戰車,但每部戰車上都有一門戰車炮,這樣不就有遠超過第四十九師團全部炮兵的火力嗎?[52](這真是個好問題,因為第四十九師團在密鐵拉實際損失了 46 門火炮。)[53]

如前面所看到的,木村派遣了第四十九師團前往密鐵拉,而第一六八聯隊在那裡幾乎遭到全殲。該師團的戰鬥司令部於二月二十七日移出勃固,二十九日抵達瓢背(Pyawbwe)。到了三月六日,第一〇六聯隊已經抵達瓢背北方,準備投入作戰。此外,該地也是密鐵拉攻防戰倖存者的收容站。當第四十九師團長竹原三郎(Takehara Saburō)中將於三月四日清晨,抵達瓢背南方 4 哩的民丹(Mindan)時,獲知了密鐵拉已遭英軍攻占,日軍守備隊傷亡殆盡,吉田(Yoshida)聯隊長也已經戰死的消息。這時英軍似乎還停留在密鐵拉,沒有再向前推進的跡

---

52 後勝,《緬甸戰記》,頁 114。
53 《東南亞翻譯審問中心公報》,編號 244,頁 48。

象。同時還沒有吉田（一六八）聯隊的生還者的消息。

翌日，有一份來自第一六八聯隊的神田富一（Kanda）少佐的報告送達：「概估約400名士兵現正於達西車站集結中，是吉田聯隊增援部隊與從密鐵拉突圍的殘部。當下防守達西。」對竹原師團長而言，阻擾英軍攻占密鐵拉為時已晚，為今之計唯有從南方與西南方重新奪回密鐵拉。[54]

其他的師團也在這場奪回作戰中付出貢獻：第三十三師團的部分軍隊將從北邊發起攻擊（第二一四聯隊長作間喬宜，是長年以來帶給考萬麻煩的「老對手」），第十八師團由東北方進攻，而第二師團的一個聯隊則從東方發起攻擊。宛如一隻被刺瞎眼睛的章魚，憤怒地伸出觸手，試圖拔刺，之後再戰。

戰鬥的經過可以分為兩大階段：三月六日開始的機場攻擊戰與指揮權從第十五軍轉移到第三十三軍，以及從三月十日和十二日以後到三月二十八日本多中將下令從密鐵拉撤退為止。

木村已經計畫調動第十八師團從緬北南下，僅留一個聯隊在孟密（Mongmit）負責遲滯英軍第三十六師的前進，師團主力則向曼德勒轉進。第十八師團長中永太郎（Naka）接獲指示，向大約位於曼德勒與達西半途的古美（Kume）行軍。當他於三月四日抵達古美，隨即奉命重新奪回密鐵拉。所用兵力除了自己的師團之外，還加上了第十四戰車聯隊的9輛戰車，及長沼三郎（Naganuma）大佐指揮擁有49門火炮的重炮兵群，以及第三十三師團的二一四聯隊（作間部隊）[55]的兩個大隊。在密鐵拉北方的平大勒（Pindale），第五十三師團第一一九聯

54　戰史叢書 OCH，《伊洛瓦底會戰》，頁641。
55　譯註：サクマ（Sakuma）漢字可為作間，或佐久間。

隊負責掩護中中將麾下各部隊集結,之後納入其指揮。作間聯隊先行於三月三日離開東沙。中永太郎下令該聯隊開往密鐵拉西南方,協同第四十九師團發動攻勢。七日,第一一九聯隊已抵達西機場地區。中永師團長本人連同在密鐵拉東北的溫得溫(Windwin)完成戰備的第五十五聯隊,準備由北邊與東邊發動進攻。山炮兵第十八聯隊與第五十六聯隊則負責掩護通往默萊方向的道路線。[56]

然而,當十八師團長中永太郎受令之時,卻對所將遭遇英軍的作戰單位毫無所知。而第十五軍也是如此。該軍還告訴中將軍對手不過只是第五或第七印度師,他的任務是於阻絕敵軍朝西突圍的出口,並配合第四十九師團將之粉碎。

考萬自無理由空坐密鐵拉讓這一切發生,積極防禦是他的方針。當他鞏固整座城鎮後,接著就重編部隊並對當地的連外道路發起一系列攻擊。步兵第九十九旅(旅長圖佛Torver)負責防衛密鐵拉,包括了機場與物資堆集所。在南湖周邊的六座高地,各部署了一個配有迫擊炮與機槍的步兵連充作靜態防禦;其中三個連來自第九十九旅,另外兩個連來自第四十八與第六十三旅,最後一個連則是來自印第十七師的師部營。另外還有兩個營負責防衛機場與物資堆集所。

三月六日,英軍以五路縱隊由密鐵拉沿著放射狀道路線向外掃蕩,分別指向默萊、札野共(Zayetkon)、瓢背、達西與溫敦,只有最後一支前往溫敦的縱隊遭到日軍堅強抵抗。三月八日到十二日間的第二次掃蕩,在密鐵拉南方10哩的因多(Yindaw)遭遇強烈的抵抗。此外,在密鐵拉西北方

56　Kirby, *War Against Japan*, IV, p. 295.

10哩處,為路障所阻的第四十八旅遭受來自部署在明大甘湖（Myindawagyan）附近的長沼炮兵隊重炮火力攻擊。在三月十三日與十四日的第三次掃蕩中,在通往瓢背的道路約7哩處爆發激烈衝突,經過持續一天的鏖戰後,英軍清點到了84具日軍屍體。四天後,德干騎兵團的C營在東北方的紹比根（Shawbyugan）碰到麻煩,日軍打開村莊周邊的灌溉水閘,乾硬的土地化為一灘爛泥。戰車為了嘗試避免陷入泥沼之中,卻因此踏入了由戰防炮火力所涵蓋的陷阱之中,結果有5輛戰車遭到摧毀,迫使C營徹底退出作戰。

其中一場最慘烈的交戰,是源自作間大佐所發的一封電報。他在三月九日中午致電中永太郎將軍,所部已經占領西邊機場,其中一個大隊並已抵達默萊公路路標8哩之處。中中將下令第五十六聯隊與工兵隊迅速前往路標6哩處,並在炮兵的支援下確保該要點。接獲命令的第五十六聯隊長藤村義明（Fujimura）大佐,指派第一大隊（大隊長池島俊一 Ikejima 大尉）帶著一門聯隊炮前去占領路標6哩處。池島興沖沖的出發了只是沒地圖可拿（在密鐵拉作戰期間,日軍大多處於極度缺乏地圖的慘況中）,由明大甘湖,朝西南方前進,在十日早晨抵達路標6哩處。

到達指定位置後,池島下令立即開始挖掘工事,但一支從密鐵拉出擊的強大兵力已經朝著他殺來了。池島數了有17輛戰車,這批部隊是準備前去解救一支在默萊遭挺進中的作間截斷的運輸車隊（由400輛非裝甲車輛所組成）。由於地面堅硬,使池島他們沒有足夠時間去構築防禦工事,炮兵隊也來不及完成準備,所以池島被迫在開闊地上對抗英軍戰車。雪上加霜的是,密鐵拉的英軍第二五五裝甲旅派來的增援部隊也抵達了,

結果池島被逐出了公路。直到當天下午長沼的重炮兵介入作戰，才解救池島脫困。

就在對池島的苦境一無所知之下，中永太郎師團長正忙著制訂後續的作戰計畫：由第五十五聯隊（山崎 Yamazaki 四郎大佐）占領明大甘湖南方，並繼續朝南攻擊，而第五十六聯隊（藤村 Fujumura）將在重炮與山炮的支援下攻占默萊公路路標4 哩處的周邊區域；作間支隊從西南方向密鐵拉發動攻擊，同時第一一九聯隊（第五十三師團）則繼續擔任預備隊。日軍很顯然打算要從北邊與西邊將密鐵拉包圍起來，因此在十日晚間開始行動。但是當中師團長獲悉池島大隊的狀況時，他立即取消原令，並草擬了一道新命令，要求藤村聯隊趁夜占領默萊公路北方的高地。參謀們拿著修正過的命令急忙派了出去，但是套句日本格言「射出去的箭就收不回來了」。[57] 參謀既不知地貌長相，在暗夜之中也很難找到部隊。

藤村下令屬下工兵在路標 5 哩與 6 哩一帶預備路障，並預先埋伏好了步兵反戰車小組。戰鬥在十一日的清晨開始了，在 47 公厘反戰車炮的掩護下，藤村試圖封鎖從密鐵拉出擊的英軍縱隊，但一點用都沒有。在英軍的優勢火力下，藤村的大隊長、中隊長們傷亡慘重，他只能棄守路障。工兵擬定了以敢死隊摧毀戰車的計畫，但是卻反遭協同戰車前進的英軍步兵攻擊，結果傷亡超過 200 人以上，只有兩名小隊長從戰鬥中生還。日軍戰防炮大隊付出了巨大代價，但英軍也有 6 輛戰車遭擊毀爆炸。入夜時分，戰鬥結束，英軍撤退回密鐵拉，藤村聯隊與師團工兵隊的兵力，只剩下當天戰鬥開始時的三分之一。

57　戰史叢書 OCH，《伊洛瓦底會戰》，頁 182。

作間聯隊於十一日清晨在密鐵拉西方約 4 哩處正面遭遇英軍裝甲部隊,儘管日軍遭受猛烈的炮火洗禮,但英軍並未趁勝追擊反而鳴金收兵。三月十日至十一日間的這場交戰,後來被第十八師團的軍官們稱為:「(本師團)歷來作戰中,最為淒慘之戰。」其損失除了聯隊炮與反戰車炮之外,還付出了超過 400 條人命的代價。[58]

由於計畫失敗,中師團長將注意力轉向密鐵拉的另外一側以及東邊的機場。考萬與良屋橋頭堡的地面聯繫於東沙遭日軍截斷,現在完全仰賴空運補給;在這消耗汽油、彈藥數量如此龐大的時刻,如果考萬失去對機場的控制,所有東西都只能用空投的方式丟給他。另一方面,中中將也一樣心神不寧,他已獲知第三十一師團在伊洛瓦底江的防線遭到突破,英軍正朝向謬達(Myotha)進發,從而得以由北面對他產生威脅。

在此之前,日軍偵查隊已經於三月九日和十日夜間刺探過機場,而且離開。白天供盟軍飛機起降的機場,入夜之後部分地帶卻可讓日軍大刺刺的自由出入。英軍並未在溫敦公路通往機場的一側構築堅強的陣地,他們判斷卡車在白天出現意味著此處是英軍的物資堆集場,也就是防禦陣地的「脆弱核心」。中師團長計畫在三月十六日對機場發起攻擊行動。然而,由於日軍在部署時缺乏協調的惡習,這時名為「森(Mori)」的特種部隊已經先到達機場了。

該部隊的正式稱呼為第五游擊隊,是為了潛入盟軍戰線後方,準備在雷多公路通車時,對油管設施進行破壞而編成的部隊。當英軍攻擊密鐵拉時,該部隊正在東固附近訓練。隊長小

---

58 東南亞翻譯審問中心,《公報》,編號 244,頁 28。

松原遡男（Komatsubara）大佐為日軍情報專家，曾經以中國東北為基地進入西伯利亞從事間諜活動，後來又在「光機關」擔任勤務。[59] 森部隊受第四十九師團節制，該師團對攻占東機場自有一些盤算。

此時，第十八師團儘管知道第四十九師團的無線電頻率，卻未能建立無線電聯絡，地面聯絡則既緩慢又費力。第十八師團在三月十六日派遣一名軍官與准尉前往位於因多的第四十九師團司令部，但直到十九日之前都還回不來。同時，也沒有任何一個第四十九師團的聯絡官來到第十八師團。不消說，這兩個師團分別隸屬不同的軍司令部之下，第十八師團隸屬第十五軍，第四十九師團隸屬第三十三軍，兩師團之間的作戰地境線穿過機場東南邊的道馬村（Tawma）。某些攻擊行動透過軍司令部傳達時，可讓友軍事先知情，但有時卻並非如此，小松原對機場的攻擊就屬於後者。

小松原率領特種部隊指揮部與第十七游擊中隊抵達機場東北端，並於三月十五日凌晨3點攻擊機場，摧毀了一架停放於地面的飛機，燒掉了幾個油槽。在接下來的數夜裡，他從好幾個不同的滲透點，對機場重複發動了三次夜襲，但第五游擊隊在十八日遭遇強大的逆襲，小松原也負了重傷。小松原麾下的另一支游擊第十六中隊，曾一度挺進到密鐵拉的西南隅，並派遣突襲部隊襲擾戰車集結區，但最後還是於二十七日撤回瓢背。[60]

這就是日軍最初一系列對機場的攻擊，投入的兵力約500

59　日本設在印度國國民軍的聯絡單位。
60　東南亞翻譯審問中心，《公報》，編號244，頁32。

名,卻只造成局部的損害。對防禦者而言這是個微妙的時刻,因為第九旅(英印軍第五師)已選定於十五日空運進入密鐵拉。英印軍第五師已經解除預備隊任務,而史林姆已承諾派遣第一六一旅與第九旅協助在橋頭堡的伊凡斯(Evans)。儘管第五師還在700哩外的印度喬爾哈特(Jorhat)[61],但第九旅受過空降訓練,是最容易以空運方式增援考萬的單位。旅長所羅門(Salomons)准將帶領著他的部隊從普勒爾(Palel)機場飛往密鐵拉,美軍飛行員在第一天飛了54架次。該旅的野戰司令部與旁遮普第二團第三營率先抵達,並吃了一驚,這倒不是因為日軍的防空炮火,而是戰場的爆炸聲音以及從下方機場升起的滾滾濃煙。著陸後,飛行員吼著催促下飛機的搭乘者道:「看在上帝的分上,快給我滾下去!」雖說如此,他們還是趁運輸機再次起飛前,對橫陳於飛機旁邊的日軍屍體拍照。當天的行動中只有一架達柯塔運輸機遭擊中。[62]

接下來的三天裡,第九旅的後續部隊仍在日軍密集轟炸與小松原部隊的狙擊下陸續抵達。在這樣的狀況下,該旅竟能平安抵達真是個奇蹟。除了上述那架在十五日中彈的C-47之外,另有一架達柯塔在三月十六日遭擊毀,6人在棄機時受傷。在超過142架次的空運任務中,全部的傷亡人數只有22人。

接著日軍第十八師團登場了。三月十六日凌晨四點,步兵第五十五聯隊(山崎四郎大佐)的兩個大隊,在距離機場鐵絲網外100碼處挖掘壕溝,日方戰史宣稱他們「占領了機場」,事實上卻是他們沒有時間好好地挖好工事,而被迫使用灌溉溝

---

61 譯註:喬爾哈特 Jorhat 是印度阿薩姆邦喬爾哈特縣的一個城鎮。
62 Brett-James, *Ball of Fire*, p. 402.

渠充當壕溝。結果普羅賓騎兵隊的一個營包圍了這批日軍，並且用一陣炮轟把他們給解決了。山崎聯隊長所期望野炮與山炮的支援未能即時到達，因為通往重炮隊的電信纜線遭到切斷，所以也就無法傳遞任何訊息給他們。其中一位名為木村的大隊長負傷，日軍逐漸被逐出主要公路的北邊。

　　三月十七日傍晚，英軍第九旅接手密鐵拉靜態防禦，讓第九十九旅得以擔負機動任務。然而，儘管有第九旅負責機場警衛，日軍不間斷的襲擾與炮擊，讓考萬判斷機場不適於供補給運輸機起降，而要求從十八日起改採空投補給。事實上，日軍有炮兵高手在場。當第四十八旅的一支縱隊在三月二十二日攻擊欽德（Kinde）時損失了 3 輛戰車，該部撤退時日軍還緊追不捨，直到該旅的戰車集結區為止。在該地，日軍將一門 75 公厘炮以人力拖到廓爾喀兵據點 15 碼前。這就是宇賀（Uga）大佐指揮的山炮兵第四十九聯隊，他直接將第四十九師團的火炮開進最前線。這一天，宇賀的山炮摧毀了 3 輛卡車，並另外讓多輛卡車陷入癱瘓。宇賀頭上綁著日本武士式的白色頭帶，用 8 門炮在 100 碼的距離對接近的戰車發射「夕彈」並命中對方。不僅如此，長沼炮兵隊也讓在機場英軍對生命缺乏安全感。傑克・史寇倫（Jack Scollen）是英國皇家空軍第六五六中隊 B 分隊的炮兵觀測官，他負責標定日軍炮兵陣地的位置給皇家炮兵第一二九野戰炮兵團三一一營，也是名參與北非和西西里戰役的老兵，寫出這次他在依貢（Kyigon）遭到日軍持續炮火轟擊的情形：

　　　　日軍持續地炮轟我們兩個半小時，把我們一直困在狹長的壕溝中，每次炮擊之間有十分鐘的間隔。我

第七章 重槌攻城

剛結束早晨的任務著陸，日軍對著我們的陣地一次又一次開炮—剛開始的射擊很緩慢，很可能在進行測量標定，以後就是一陣急促的猛轟。通常在炮彈到達前的一兩秒可以聽到炮彈的咻咻聲，必須趕快趴下去找掩蔽，但這些炮彈似乎是在非常近的距離發射的，我們稍後發現日本人已經將兩門炮帶進距離約莫半哩多的低地，並且趁暗夜在一棵樹上設置可以瞭視我們區塊的觀測站，這可以解釋為什麼他們炮火這麼令人不安的精準。我們每個人都有狹長的戰壕—相當深的一種（我就睡在我的戰壕裡）—儘管數發炮彈在我戰壕20到30碼附近爆炸，其他人則是比這個距離更近，但沒人受傷。有一枚炮彈在誤差不到一碼的距離差點擊中一個戰壕，躲在戰壕裡的人其裝備炸成碎片，而他的身上被泥土覆蓋，但沒有受傷。我蜷曲在戰壕內似乎有好幾個小時之後，身體變得僵硬疼痛，脾氣變得非常壞，而且也非常的飢餓（我在出擊前沒吃早餐）。當炮擊結束後，很高興可以再次伸展我的雙腿。我迅速地吃早餐，大家都彼此慶賀很幸運可以逃過一劫。之後，全部又再來了一次。我們一直到後來才知道樹上觀測站的事，我們當時認為有個日本人一定在隨時看著我們。我們躲回自己的洞裡，不久之後我又開始變得僵硬疼痛與壞脾氣，以及害怕，如同先前一樣。

新抵達的第九旅很快地就領教到宇賀的技術。三月二十三日，接替所羅門擔任第九旅旅長的西約克郡步兵二營貝利中校（K. Bayley），正站在位於陣地最邊緣的旅指揮部壕溝入口與

該旅的副官阿姆爾少校（W. S. Armour）及情報官雷斯列・史密斯（Leslie Smith）上尉談話。突然一枚炮彈直當當地落在旅部外，當場炸死貝利的勤務兵。貝利的背部也受了傷，順著階梯滾進指揮所裡頭。阿姆爾則是手臂與背後中了彈；倒是史密斯毫髮無傷。

阿姆爾後送醫院的驚險漂流過程，令人毛骨悚然。當他被扛進急救站時又遇上了日軍炮轟，結果他又掛彩一次。然後他搭上一架達柯塔準備後送，卻被一門日軍戰防炮擊中，運輸機直接摔在跑道上猛烈燃燒。阿姆爾第三度負傷，而且這次傷在頭部所以連話都不能說。他聽到皇家陸軍醫療團（RAMC）的醫護兵討論該不該將他的「屍體」從燃燒的達柯塔飛機中拖出去：醫護兵們認為他已經死了。阿姆爾直到聽見有人說：「再怎麼說我們不可以把他放著不管就這樣燒掉吧，咱們把屍體運出去啦！」之後才鬆了一口氣。[63]

貝利在三月二十三日取代了所羅門。從因帕爾周遭的鏖戰起，所羅門指揮第九旅已超過一年的時間，然後又率領該旅在密鐵拉箱形陣地堅持了一個禮拜，這時他對考萬攻打密鐵拉方法的不滿日益上升。但考萬可不想被以下犯上，所以把所羅門給解職，這卻讓部下們大大不滿。考萬連手下的戰車指揮官都不服他。「『拳頭』考萬是個棒極了的步兵將領，但實在不了解戰車的問題，而且他與手下的參謀老是要求每次步兵巡邏用一輛戰車伴隨掩護。在花了一些時間讓他們搞清楚戰車部隊的最小編組為三輛一組之前，已經有一大堆戰車被幹掉了。一輛戰車在戰術運行時既無法自己掩護自己，更不可能將自己拖出

63　Brett-James, op. cit., p. 404.

戰場。另一方面,我們也完全明白,如果需要,我們願意犧牲戰車與乘員來拯救步兵的性命,因為這是我們應盡的職責。但我們所想要的只是犧牲是值得的。」[64] 塔克還認為皇家空軍突擊隊(RAF Regiment Commando)所承受的負擔也太重了。日軍無止盡似的每晚派偵查隊來機場摸哨,在夜間的小規模戰鬥中,甚至連中隊長以下的軍官都被日軍全部除掉,讓士氣跌落谷底。

然而很少人知道,考萬在會戰的最高潮時承受著極大的個人壓力。他與史林姆在第一次世界大戰後,曾一同擔任過廓爾喀兵團的年輕軍官,考萬的兒子也加入了他們的老單位—廓爾喀步槍兵第六團第一營。當史林姆視察曼德勒時還曾跟考萬兒子講過話,但幾天之後小考萬卻在攻擊該城時負傷陣亡了。考萬只能在如此強烈悲痛的掙扎之中,指揮這場最激烈且最重要的會戰。[65]

日軍的高層司令部卻處於另一種危機當中:在第十五軍的強烈催促之下,緬甸方面軍司令木村將其任務由伊洛瓦底江戰場的守勢,轉換為奪回曼德勒的攻勢。[66] 當伊洛瓦底江防線崩潰,第十五軍陷入一片混亂之際,木村決定將曼德勒會戰指揮權,從第十五軍改由第三十三軍司令官本多政材統制。由於第十八師團已經派往密鐵拉,本多手上現在只剩下第五十六師團,

---

64　*Tuck MS*, p. 25.

65　這並不是英軍這方唯一在戰場上失去兒子的戰場指揮官,喬治山松(George Sanson),世界盛名的日本史學家,他在入侵馬來西亞時人在新加坡,並且之後擔任英國駐華盛頓大使的商務顧問,在因帕爾(Imphal)作戰中失去了他的兒子。在他的個案中,禍不單行的是,他在第一任婚姻中與一位日本女人所生的兒子,也在日本陸軍服役時陣亡。(來自細谷千博教授的私人資訊。)

66　第 15 軍戰術總部當時在位於皎克西(Kyaukse)東南高地的南崁(Nankan),並且在 3 月 9 日遭受轟炸,當時它的參謀長田中鉄二郎(Tanaka Tetsujiro)大佐陣亡。

軍部則設於昔卜（Hsipaw），以統帥各部對抗英軍第三十六師及向南挺進中的北部作戰司令部（NCAC）攻勢。三月十二日，木村電令本多將第三十三軍指揮權交給第五十六師團長松山佑三，本多則率領軍部參謀全速向「大和村」轉移。暗語所稱的「大和村」是指通往卡老的公路在達西（Thazi）東邊 10 哩的地方。這份命令並未說明理由，本多與參謀們當然深感迷惑，但基於「絕對服從命令」的原則，軍部立即於當天由昔卜開拔。事後，軍參謀田中博厚（Tanaka Hiroatsu）中佐回憶道：「要高階司令部移動卻只說聲『給我到那邊去』，連來這兒是什麼目的跟任務，也不說明白，（木村）統帥這真的非常折騰人。」[67] 為避免盟軍空襲，一行人只能夜間行軍，日間休息；就算如此，盟軍飛機還是發現了他們。結果每天都遭到轟炸。三月十六日，他們終於抵達了「大和村」一棟位於柚木林中的別墅。當夜，緬甸方面軍參謀長田中新一偕同山口英治與河野公一兩位參謀聯袂前來，向本多說明勢況之緊急。

本多奉命從三月十八日起，指揮第十八師團及第四十九師團來擊潰密鐵拉周遭的英軍裝甲部隊。本多疑惑不解，即使奪回了密鐵拉，但伊洛瓦底江防線的戰局早已惡化，這樣做還有什麼意義呢？他認為緬甸方面軍應該佔領並強化在東固的陣地，讓部隊悉數南撤。然而他現在只是個身邊只有一位司令部參謀的光棍司令，既不知作戰區內的地理資訊、又沒有通訊單位、更沒有步兵，然後連張作戰地圖都沒有。儘管憂心忡忡，本多還是在三月十八日起擬定計畫，並將他的軍賦予了新的稱

67　戰史叢書 OCH，《伊洛瓦底會戰》，頁 606。

號—「決勝軍」。[68] 本多將軍部往前線更推進一點,到達了哈萊德(Hlaingdet)。當地位於達西以東,正當撣邦高原出口處與達西之間。這時,辻政信大佐從第十五軍回到了三十三軍,告知參謀們密鐵拉的戰況。依據辻政信建議,本多計畫動用第十八師團由東北方進攻密鐵拉、第四十九師團則由西南邊進攻,攻擊發起日為三月二十二日,兩師團間以東西走向的達西—敏建鐵路為作戰地境線。第三十三軍作戰參謀安倍光男(Abe Mitsuo)少佐派去跟第四十九師團建立聯絡,以傳達該作戰計畫。第十八師團長中中將後來抱怨本多頒布給麾下各師團的命令跟木村一樣亂七八糟。木村在未經事先計畫下,就讓各部隊零零散散的推進到密鐵拉周邊,而且當辻政信在三月十六日歸建第三十三軍之後,密鐵拉戰線就沒有來自高參的指令了。但本多接手後也只說了句:「第十八師團復歸我來指揮,師團應續行當前任務」,然後就沒有更多的指示了。日本官方戰史曾點到,中中將好像把三月二十二日作戰的相關命令給忘了。[69] 因這份命令一直以為東機場從三月十六日早上起,就以在第十八師團手上為前提,但第三十三軍還不知道當天稍晚,英軍就重新奪回機場了。第三十三軍直到攻擊發起前才得知這情報,然而為時已晚,第十八師團與第四十九師團已經分別對東機場及密鐵拉市區展開攻擊。三月二十二日夜間,日軍決心在英軍第四十八旅防線的邊界發動突破,該點位處防禦系統的東南角,由廓爾喀步槍兵第七團第一營及邊防軍第四團負責。雖然日軍有兩門 75 公厘炮支援,卻受困於英軍的鐵絲網陣地。破曉時,

---

68 《錫當,明號作戰》,頁 52。
69 同上, pp. 63-64.

日軍撤退,留下了 195 具屍體。[70]

　　充滿幹勁的宇賀大佐,為了這次攻勢特別準備了錦囊妙計。在三月二十二日於達碼村附近的作戰中,英軍以 10 輛戰車在內的兵力發動攻擊,卻反遭日軍擊退。塔克回憶到:「我們試著不讓敵軍炮兵進入涵蓋機場的射程範圍之內,但他們虜獲了一輛我軍在作戰中放棄且未能回收的雪曼戰車。日軍讓這輛戰車再次發動,雖然它的炮塔卡住了只能朝前方射擊,在連續兩晚的攻擊中,這輛戰車從可以威脅到位在湖東的印第十七師師部,從非常大膽的位置發動攻擊。」[71]

　　也就是說,宇賀大佐虜獲了這輛雪曼戰車並將之修復,然後投入第二天的夜襲。第四十九師團第一〇六聯隊（十時和彥大佐 Totoki）擔任三月二十二日師團夜襲的先鋒,這輛虜獲的雪曼戰車在宇賀的山炮與工兵中隊的支援下,從甘丹（Kandan）大搖大擺地開來。500 名日軍在宇賀的火力傘及虜獲戰車的支援下,對英軍第四十八旅的後勤區發起猛烈衝鋒。當然,宇賀也使出了看家的「大炮上刺刀」絕技:將火炮拉到英軍防線的正前方。日軍成功占領了英軍防線的一角,但英第四十八旅靠著照明彈的亮光以火力猛烈還擊,而鐵絲網及戰壕的防禦網也非常有效,日軍就在那兒直挺挺地被擋住了。在十時和彥最後被迫撤回康藝（Kangyi）之前,日軍共損失了 200 人。依據日方的說法,那輛雪曼戰車是日軍自行炸毀棄置的。[72] 但塔克的版本卻不太一樣:「第一晚,那部車先是困住不動,然後在天

70　*Reconquest of Burma*, II, p. 329.
71　*Tuck MS*, pp. 26-27.
72　戰史叢書 OCH,《伊洛瓦底會戰》,頁 197,他們用「自爆」一詞,指涉毀壞（scuttle）及執行一項自殺式攻擊。

亮時撤走了。到了第二晚，這輛戰車在黑暗中四處亂射一陣之後翻覆，接著就被摧毀。」[73]

傑克·史寇倫聽到這事發生的經過：裝甲兵擔心這部戰車會怎樣用來對付他們，所以他們要求史寇倫用輕航機去炸掉，並標定那部戰車，但宇賀非常小心地將戰車給隱蔽起來。史寇倫記得：

> 幾晚之後，日軍對我軍防禦周圍的南側發動極其果決的夜襲。這成了我長年以來所聽過最吵雜的戰鬥—迫擊炮彈與手榴彈、機關槍與步槍，還不時夾雜著野炮射擊的尖銳爆炸聲，這些炮是日軍拖來支援攻擊的，弄得混亂十足。在混戰之中，當日本鬼子一次又一次的衝鋒時，我們可以聽見鬼子的鬼吼鬼叫。
>
> 過了一會兒，我們十足把握地聽到一部戰車接近的聲音。我和一位裝甲兵軍官一起躺下來看著跟聽著，然後我問他：這是我們丟掉的那台戰車還是鬼子的？起初，他沒法子回答（因為在黑暗中，我們只能靠噪音分辨）。照明彈的亮光不時起起落落，但我們就是看不到戰車在哪？戰車沿著道路越來越近，然後發出了似乎是駕駛正試著轉彎的聲響。
>
> 它的引擎轟轟作響，我身旁的裝甲兵軍官說「沒錯，這東西是我們的。這些畜生不知道怎麼退二擋」。接著，戰車發出一陣極其巨大的噪響，然後嘰嘰喀喀的聲音就突然靜下來了。

---

[73] *Tuck MS*, p. 27.

隔天早上，我們發現這部戰車底盤朝天，一頭栽進公路旁的深溝裡去。[74]

　　以那難以置信的勇氣在最前線操作山炮的宇賀，終究還是迎來了最後一刻。日方官方戰史稱：「他像戰神般的奮戰，最後為炮彈破片命中，身負重傷，在後送的途中氣絕身亡。」[75] 但日軍在密鐵拉使用的炮兵戰術，絕不止宇賀這類型，他們精於偽裝掩藏火炮，並從相當的距離外射擊。探明標定日軍炮兵陣地位置的技巧，成了一種備值推崇的天份，而傑克·史寇倫的輕航機也就更重要。尤其是因為輕航機不需依賴主要機場，只要湖邊一條狹長的小跑道就可以起飛。不過當地是個斜坡，所以實在算不上什麼頂級跑道，但南風式（Austers）[76] 及 L-5 型觀測機在此起降則毫無困難，後來重傷患多從當地空運後送。史寇倫回憶道：

　　　　要標定鬼子炮擊密鐵拉的火炮位置實在不容易。[77] 需要相當的耐心而不能靠一絲運氣，因為他們的火炮幾乎總是隱蔽在深掘的掩體下，無法從空中發現，甚至連炮口火光都難以觀測。有一天（三月二十五日），我正在密鐵拉北方上空巡航，尋找鬼子的一門大炮，

74　MS 密鐵拉戰役回憶，1979 年 John Scollen 與作者私下通訊。
75　戰史叢書 OCH，《伊洛瓦底會戰》，頁 198；另一位冒險的指揮官 Miles Smeeton 也受傷了，但較不致命。在考萬的裝甲部隊橫掃戰場時，他被一顆子彈或一塊炮彈碎片打穿鼻子。他鼓起勇氣摸了一下，認為整個鼻子都沒了，直到另一位戰車軍官再次確認鼻子大部分仍在原位。Smeeton, op. cit., p. 89.
76　譯註：Austers，為英國泰勒飛機公司於二次大戰期間生產之輕型觀測聯絡機。
77　Scollen MS, p. 156.

第七章 重槌攻城

它不定時地發射幾發零星的炮彈打進市區,帶給我們一堆麻煩。我們盡了全力嘗試標定它的位置,卻一無所獲。但這門炮實在是太討人厭了,所以我們只得再搜索,要將它清出戰場。我對所有可疑的地方詳細搜索了超過一個小時,但連一點蹤跡都找不到。我聽著無線電裡一直傳來這傢伙又開火了的報告。它似乎總是沒有理由地亂發射,而我卻很難觀測到它,而且不只一次,我可以從座椅上感覺到它開火射擊時的爆炸傳來的震動。然後,正當我差不多準備放棄,要返航降落時,我發現到它了。

我在空中已經將近兩個鐘頭了,所以油量也所剩無幾。天色開始暗了,於是我跟己方炮兵回報要返航了。正當我轉彎向南,飛離之前搜尋過的地區時,我坐在椅子上轉身,透過座艙後方的透明壓克力玻璃盯著這片地區。就在這一刻,我看到它了。絕對錯不了,這是一門野戰炮的紅色炮口火光,就像過去標定炮口火光時見到的景象一樣,於是我對著無線電大吼,我逮到那傢伙了,並且下令我方炮兵再次準備行動。當我操縱飛機掉頭飛回,準備下達射擊命令及觀察彈著點時,一直目不轉睛的盯著發現火光及炮口硝煙的位置。這門炮隱藏在叢林深處,就算我的飛機從他上方飛過去,我還是看不到火炮或是炮班人員。

我沒有多少時間了,所以必須盡速標定目標。我讓中型火炮先行開火,大概20枚左右的100磅炮彈落彈於目標附近。我看到其中兩枚炮彈精確地落進了敵炮所隱藏的茂密叢林中。我看不見它們的效果,但炮

彈的爆炸涵蓋了整個目標區，然後這門炮就再也沒有炮擊密鐵拉了。這是第一次有人在飛行中，用這種方式標定敵炮並進行反炮戰，而且就一位「前炮口火光觀測官」（ex-Flash Spotter）來說，這讓我心中舒暢，因為，逮到這小子了。

第四回 重整旗鼓

　　當史寇倫發現這門炮時，日軍在密鐵拉只剩下三天了。自從第三十三軍接手會戰任務這週以來，雙方的傷亡均相當慘重，辻政信大佐判斷，日軍可能沒有獲勝的機會了。

　　他估計敵軍的損失是 50 輛戰車被擊毀，約 300 人傷亡，但日軍損失則是 50 門火炮遭摧毀，以及約 2,500 人傷亡。也就是說每摧毀一輛敵人戰車，日軍就需要犧牲掉一門炮加 50 名官兵。我軍的戰車至少有 100 輛以上，所以要把這些戰車全數摧毀，日軍得要有 100 門炮及 5,000 名士兵才行。但第三十三軍的所有兵力加起來，火炮卻連 20 門都不到。

　　這些數字讓視察第三十三軍木村司令的參謀長田中新一中將心生警惕。持續了幾分鐘的沉默之後，這位魁偉的田中將軍腦袋裡，有了替代方案。終於，他開口了：「我將依據參謀長權限，修正方面軍作戰命令。第三十三軍首先掩護第十五軍撤退。」本多軍長答道：「我希望方面軍司令部正式以書面或電報發布命令」，但他還是接受了任務變更：這時他不再是「決

勝軍」，而是個「抵抗軍」的軍長。[78] 第十五軍正陷入一片混亂之中，從曼德勒及伊洛拉瓦底江大河彎迤邐南撤，退往安全的撣邦山區與東固。

為了要攔截南撤的日軍—主力是第三十一及第三十三師團—格雷西（Douglas Gracey）的第二十師從英軍橋頭堡地區開往皎施（Kyaukse），再往南朝著密鐵拉的方向推進，並在行軍途中殲滅了大量日軍。從二月中到三月底的六週裡，該師擊斃了超過 3,000 名日軍，同時虜獲了 50 門火炮。[79] 一支戰車與步兵組成的縱隊負責掩護從平吉（Pyinzi）、平大勒到溫敦（位於密鐵拉東北約 17 哩）長約 70 哩的前線。該縱隊是由巴羅（Barlow）中校指揮，所以又稱為「巴羅縱隊」，該縱隊殲滅了在這些村鎮中的日本守軍，然後開上密鐵拉公路，與印第十七師會師。接著，格雷西命令巴羅北上古美，將大約 300 名日軍趕入山區，並擊斃超過 100 名日軍。到了三月底，從曼德勒以南到溫敦一線，差不多都落入英印第三十三兵團（XXXIII Corps）[80] 囊中，而且已有兩兵團準備隨時接手。

在北部對抗華軍與英軍第三十六師的日軍防線正在崩潰中。由於第三十三軍與第十八師團轉用於密鐵拉戰役，第五十六師團除了採取遲滯作戰之外別無他法。在二月十九日的激戰之後，英軍工兵於密山（Myitson）搭了一座 500 碼長的木橋，橫跨湍急的瑞麗江，第三十六師（師長費斯汀 Festing）攻

78　辻政信，《十五對一》，頁 525。
79　蒙巴頓，《報告》（*Report*），頁 140。
80　譯註：XXXIII Corps 第三十三軍是 1943 年 8 月 15 日在印度成立的印度兵團，首任司令是菲利普克里迪森 in India on 15 August 1942，第二任是史托福，英國殖民地的部隊單位，統制兩個或多個師。

占了孟密並在當地建了一座機場。三月十九日,該師進占緬甸紅寶石產地的摩克(Mogok)。費斯汀迅速挺進,翻過孟龍高地,前鋒的第二十六旅(旅長傑尼斯 Jennings)在三月二十九日抵達了南紹(Namsaw)。在他東側,廖耀湘將軍的新六軍第五十師,輕鬆地開進曾為本多司令部所在的昔卜。蔣中正曾明令華軍將領進軍最遠不可超越臘戌到昔卜一線,但在蒙巴頓的壓力下,蔣同意華軍最遠可以挺進到皎脈(Kyaukme)與英軍第三十六師會師。其實這是蒙巴頓解除對美軍「戰神特遣隊 Mars Task Force」(威利准將 Willey)所轄步兵及騎兵團指揮權,並將之移交給中國—他不顧李斯(Oliver Leese)中將的反對,後者認為此舉將對史林姆的作戰產生負面影響—以及同意華軍於六、七月間撤退的交換條件。三月三十日,費斯汀的第二十六旅與「戰神旅」下的華團會師。三月七日,盟軍收復臘戌,臘戌到昔卜一線現在安全了。費斯汀的官兵脫離北部作戰司令部的指揮,納入第十四軍團之下,該師迅速派至曼德勒接替了第十九師的任務,後者將前往伊洛瓦底江下游繼續作戰。通往中國的最後一道環節打開了,一九四五年二月四日,一支運輸車隊抵達昆明,為中國運來了 75 公厘與 105 公厘榴彈炮以及補給物資。昆明市內處處燃放煙火歡迎車隊的到來,雲南省主席老軍閥龍雲也舉辦盛宴歡迎他們,並邀請美國歌劇名伶莉莉‧龐斯(Lily Pons)及其夫婿,俄裔音樂家科斯特蘭尼茲(Andre Kostelanetz)出席(但兩人都不知道龍雲經常與日本駐華派遣軍總司令岡村寧次聯絡)。五月,華軍開始飛回中國。此時仍有五、六千名日軍據守撣邦山區,有能力、也有必要掩護在曼德勒及密鐵拉附近作戰的日軍部隊撤退到泰國。一群由美國軍官率領,兵力大約有 2,500 名,稱為「一〇一分遣隊」

的游擊隊[81]，奉命摧毀這些日軍，以免妨礙史林姆南進。[82]

當阿拉嘎帕（Allagappa）與實皆（Sagaing）之間的伊洛瓦底江橋頭堡被史托福的第三十三軍拿下，考萬也明顯不願放鬆包圍密鐵拉時，木村手上現在只剩下這張牌可打了：攻擊英第四軍在良屋的橋頭堡，因為英軍意圖由當地突圍以增援第十七師。此一重任落在第二十八軍軍長櫻井省三身上。在阿拉干的要塞裡，即使在「八號作戰」失敗之後，櫻井跟他的參謀們還是不太尊重在仰光（這座三年前為櫻井所攻占的城市）的木村及方面軍司令部。對木村而言，阿拉干已經成了一處不重要的化外之地，他需要第二十八軍在仁安羌油田區及伊洛瓦底江流域間扮演拖延角色。因此，收拾餘部，重新變更名稱與番號。

一九四四年五月，第二十八軍已經抽出了第二師團給緬甸方面軍，由第五十五師團取代它在伊洛瓦底江三角洲的任務。調動於一九四四年七至九月進行，由在馬由（Mayu）及卡拉丹（Kaladan）河谷的櫻部隊（櫻井德太郎少將）負責掩護。十二月底，櫻部隊在卑謬（Prome）地區重新納入第五十五師團節制。同月，第七十二獨立混成旅團（貫徹兵團）在山本募少將麾下於仁安羌編成。山本曾於申南到普勒爾地區指揮過第三十三師團的步兵團。

第二十八軍軍長櫻井省三中將老早就預料到，總有一天得幫緬甸方面軍在伊江地區火中取栗，所以從一九四四年十月到

81　譯註：Detachment 101，一○一分遣隊由美軍軍官指揮，其下不超過200名美國人，加上當地徵召的克欽族。

82　Romanus and Sunderland, *Time Runs Out in CBI*, p.141; Allen, *End of the Wan in Asia*, p.220; Kirby, *War Against Japan*, IV, p.194; Mountbatten, *Report*, p. 134.

十二月間,他開始沿著波巴山(Mount Popa)構築防禦工事。波巴山海拔高500呎,控制了方圓好幾哩之內的廣大平原,其坡面提供了優良的防禦陣地,同時也是惡名昭彰的眼鏡蛇王,一種會追逐及攻擊人的毒蛇的藏身處所。櫻井任命第一一二步兵聯隊長古谷朔郎大佐擔任防衛波巴山的干城兵團指揮官,使用第一一二聯隊的兩個步兵大隊以及由丹那沙林調來的野戰重炮兵第五聯隊第一大隊。第五十五師團的三個步兵大隊配上炮兵及工兵,編組為「振武兵團」,由長澤貫一少將指揮,鎮守三角洲的西南地區。緊鄰振武兵團北邊則是第五十四師團(宮崎繁三中將),負責固守伊洛瓦底江與海岸之間的阿拉干若開地區。

按著上述的方案,第二十八軍準備構築從孟加拉灣經阿拉干山地,越過伊洛瓦底江,最後抵達仰光公路的防線。[83] 第二十八軍將軍部設在岱枝,當地位於仰光往北,接近伊洛瓦底江東岸的道路上。很湊巧的,正當日軍再度面臨來自克里迪森(Philip Christison)第十五兵團的壓力時,櫻井就把駐阿拉干的部隊撤了個精光。英軍第十五兵團下轄兩個非洲師,第八十一東非師及第八十二西非師正從河道與叢林交錯的地帶齊頭進逼,藉海岸地帶的第二十五印度師協同陸戰突擊第三旅、一個中戰車營、中口徑炮兵團、三艘巡洋艦組成的炮轟艦隊,以及皇家空軍第二二四聯隊200架飛的機幫助,好不容易攻占了阿恰布。這把萬鈞大刀,正準備於一九四五年一月三日朝著屠弱的鬼子頭上砍下。但是,當一名炮兵觀測官飛越該島時,

---

[83] *Burma Command Intelligence Summary*, No.1, 'The History of Japanese 28 Army'; *Dai nijuhachi-gunsenshi*(Campaign history of 28 Army), ed. Tsuchiya Eiichi, privately printed, Tokyo, 1977.

卻發現沒有任何活動跡象。他大膽的降落一探究竟,島上居民告訴他日軍早就跑光了。克里迪森與第二二四聯隊長班納德(Percy Bernard)空軍少將親自前去視察。這是真的,日軍已經棄營遁走了,留下了重要的機場,這座從一九四二年十二月以來,不知多少戰略計畫與戰役死拼不放棄的目標,就這樣不勞而獲了。克里迪森下令取消轟炸,但登陸作戰照樣進行,下此決定或許是想讓手下官兵來點實戰訓練,況且蒙巴頓與史林姆早已急令不惜一切代價拿下阿恰布,作為日後向仰光挺進時,就近發動空襲及補給的基地。東固現在已經近在咫尺了,而且當第二十六印度師(師長錢博斯 Chambers),於一月二十一日及二十六日分別拿下蘭里島(Ramree)及奇都巴島(Cheduba)時,仰光也近在咫尺了。蒙巴頓已經有了所想要的阿拉干部分地區,一旦來自伊洛瓦底江橋頭堡方面的壓力增加,剩下的很快也會崩倒。[84]

日軍重新攻占良屋橋頭堡,以切斷第四軍到密鐵拉補給線的嘗試失敗,而英軍第七師攻占敏建,確保了水運補給可以順著欽敦江直達橋頭堡。同時,隨著英軍占領東沙,通往密鐵拉的公路再次開放。梅舍維將第四軍軍部遷往東沙,準備下一階段向仰光挺進。

據守波巴山的日軍及印度國民軍,對梅舍維生命線的威脅,隨著第二師推進到皎勃東與第二六八旅及第七師會合,而遭到削弱,這是日軍在伊洛瓦底江東岸與仁安羌油田之間的最後據點。儘管古谷大佐的干城兵團猛烈攻擊位於良屋與緯倫(Welaung)中間點的賓賓(Pyinbin),卻未能切斷第四軍的

84　Kirby, *War Against Japan*, IV, pp.141-142.

補給線。印度國民軍的師團掩護波巴山防線的右翼,但即使有來自木庭知時少將麾下的第一五四旅團支援,失去向心力的印度國民軍,開始大量向英軍投降。多賽特營長注意到這些投降者不像那些一年前在塔木和他交戰的狂熱士兵,他推斷這些印度士兵絕大多數應徵入伍是為了抵達前線時一找到機會就立刻投降。但是陣前逃亡並非易事:

> 日軍有種令人相當不悅的習慣,就是當他們抓到逃兵時,就用軍刀砍斷逃兵的胳膊。當我軍攻占印度國民軍第二師師部時,我讀了一些他們第二部命令書的內容(以英文寫成),裡頭記載了遭軍刀砍傷而獲准後送軍醫院的人數,這清楚顯示了那些在重返己方陣營時,遭日軍查獲的人有多麼不幸。[85]

更遠的東邊,格雷西的第二十師再次發起行動。四月十日,第三十二旅的一個營拿下育亞光(Zayatkon),並且馬不停蹄地南下納茂(Natmauk)。雖然他的兩個旅還在溫敦及密鐵拉,但第三十二旅早已遠遠推進到通往馬圭(Magwe)─當地位於仁安羌南方、伊洛瓦底江東岸的公路上。四月十九日,第三十二旅抵達馬圭。此外,第二十師直屬的北安普敦頓步兵第一營也派去跟波巴山西麓的第二六八旅建立聯繫,以切斷當地日軍殘部。至此,櫻井根本無法威脅第四軍通往密鐵拉的交通線,第二十八軍現在反而陷入得在油田周邊尋找防禦陣地,以面對來自四方威脅的境地。伊洛瓦底江下游的多路刺探,現在

85　White, *Straight on for Tokyo*, pp. 275-276.

成了史托福第三十三軍的責任，其轄下的第十九師雖然歸建梅舍維的第四軍，卻接替了伊文斯的第七師，與格雷西一同，經卑謬，朝仰光方向推進。此時補給情況突然變得很吃緊，所以英方決定將兩個英軍師：第二師及第三十六師以空運方式撤出緬甸。四月二十六日，尼古拉森的部隊全數撤離緬甸，第五旅是最後撤離的。而第三十六師所屬的印度營則與第二十師的英國營互調，這樣向仰光衝刺時就只剩印度軍的部隊了。梅舍維，與第五師、印第十七師及第十九師，現在開始從密鐵拉向南進發。

日落落日：最長之戰在緬甸 1941-1945（下冊）

第八章 再擊仰光

追擊：從瓢背到仰光

- 第 一 回　瓢背戰役
- 第 二 回　「吸血鬼」待命
- 第 三 回　「吸血鬼」咬住仰光
- 第 四 回　籠中鳥飛了

摘　要

追擊：從瓢背（Pyawbwe）到仰光

　　盟軍中負責北緬作戰的中美聯軍，於一九四五年二月八日上午占領臘戌，殲滅日軍第五十六師團的第一四六聯隊，而告個段落。但駐印軍與遠征軍在邊境的芒友會師的日期，則在更早的一月二十七日，這是中日緬甸大戰的部分。而英日之戰，則還沒完。

　　一九四五年三月底，英軍第十四軍團肅清密鐵拉，希望在雨季來臨之前奪下仰光；但對蒙巴頓來說，他認為緬甸只是他奪回馬來亞和新加坡的一個中間目標而已。李斯催促發動兩棲和空降突擊行動，四月二日，加爾各答明令用一個師進入仰光，一個傘兵營空降象角。考萬師長的部隊包圍瓢背，四月八日攻下了耶瑙（Yanaung）。

　　日軍從東沙行軍至此早已兵疲馬憊，根本就無暇構築防禦工事，野戰炮和重炮都已經被毀殆盡。四月十日整個瓢背的西部地區均已淪入英第六十三旅之手。瓢背是緬甸戰爭中最具決定性的戰役地點之一，這可是日軍密鐵拉至大海之間的最後一道可恃防線了，因此英軍認為日軍會在此全力一搏。

　　三月二十二日的會議中，英國為了從海上夾擊日軍，特別為動員皇家海軍，而制定「吸血鬼」行動的時間表，計畫在仰光河的入海口處以兩棲方式登陸。因此，考萬特別派出一個旅「Claudcol 克勞德縱隊」，囑咐以戰車繞道攻擊瓢背日軍。

　　史林姆原以為日軍在仰光的防禦非常堅固，但四月二十四

第八章　再擊仰光

日得知司令官木村將司令部轉移到毛淡棉。木村想將部隊撤到毛淡棉，他意圖控制緬甸的東南部，盡其所能的阻滯盟軍進入泰國。

四月底緬甸政府軍、鮑斯的印度政府以及木村的司令部，都已經從英軍的羅網脫離，不過還有一整支的日本軍隊－第二十八軍被孤困在勃固北方的山區。

英軍大費周章地安排上述戰車特遣隊之外，更令海軍組成「吸血鬼」大行動，自海上發射 23,000 發艦炮，並投入 54,000 名部隊，1,000 輛軍車等等，再加上飛機轟炸，來聲援陸上攻擊。面對英軍極為優勢的兵力，日軍的反應卻因階級的不同，而有相當的差異。結果，仰光確實收復了，問題是原以為手到擒來的籠中之鳥，卻不知何時已經飛了。

日落落日：最長之戰在緬甸 1941-1945（下冊）

第一回　瓢背戰役

　　要從密鐵拉到仰光，距離 338 哩，選一部適合的車子，辛苦地開上一整天便可抵達；而聰明的安排則是在平滿納過夜休息，隔天再到仰光。一九四五年三月底，英軍第十四軍團肅清密鐵拉，將梅舍維的司令部轉駐該鎮之後，直到五（四）[1]月六日，而考萬印第十七師的前鋒部隊廓爾喀第七團第一營，及其坦克在萊古（Hlegu）停駐，距離仰光僅 27 哩之遙為止，則已花了 36 天。

　　此外，另有一條路線也可通到仰光，就是沿伊洛瓦底江東岸行駛一段，通過東沙、仁安羌和卑謬，這路線的距離為 441 哩。史林姆打算這兩條機動路線都並用：第三十三軍的第三師和第二十師，外加第二六八旅，就是要走較遠的這條路；而第四軍的第五師和印第十七師以互相超越的方式，與第二五五旅，則走上面較短的路。另要第十九師負責確保曼德勒至密鐵拉之間區域，保護向南推進的第四軍左側翼之安全。史林姆相信日軍已無足夠的兵力，來同時阻止他的雙路並進，而其中必有一個軍，會突破日軍防線。

　　重點是必須在雨季來臨前奪下仰光。三月二十二日當第四軍還在密鐵拉苦戰時，在蒙育瓦召開了一個會議，會中論及因為抽調運輸機去中國，而導致史林姆的攻勢不如預期。但對蒙巴頓而言，他的目光早已超越仰光，做更深遠的規劃。他認為緬甸只是奪回馬來亞和新加坡的一個中程目標而已。參謀長們

1　譯著：原作 p.459 誤寫為「四」月到六月。

244

認定英軍會在六月一日前拿下仰光,故下令占領克拉地峽(Kra Isthmus)外的一座小島,來做為反攻馬來半島的跳板。這小島就是普吉島(Phuket)。而由於幼稚的幽默和對泰語拉丁化認識的不足,蒙巴頓的一些計畫參謀,將這計畫由泰文取個英文名字為「羅傑作戰(Operation Roger)」。在這之後,接著是「拉鍊作戰(Operation Zipper)」,預定將於一九四五年十月,在馬來半島西岸的施威特漢港(Swettenham)到迪克森港(Dickson)之間投入四到五個師登陸。接著,在「拉鍊作戰」成功後,盡快進行「鐵拳作戰(Operation Mailfist)」,重新奪回新加坡。

所以蒙巴頓的時間表很緊湊,而且他也不想在仰光的事務上冒險,認為必須在五月的某日就完成攻占。[2] 他不太相信史林姆的陸路進攻計畫能夠及時拿下仰光;因此已經預擬一個兩棲登陸和空降突擊計畫,即由海上進攻,並空降傘兵到象角(Elephant Point)以壓制仰光河口的日軍炮火。軍部高階指揮官如吉法、李斯和史林姆都反對,認為這意謂著會抽掉第十四軍團的兵力,此時一兵一卒及每噸物資都十分重要。

邱吉爾在一九四四年十月於開羅時,曾召見蒙巴頓,告訴他德國人的抵抗超乎預期。這表示,原定要投入奪回仰光的「吸血鬼」計畫所需海運和空運物資,將無法如期提供。這一事實,加上軍部當場的反對,使「吸血鬼作戰」面臨困難。一九四五年二月十四日,蒙巴頓與他的總司令們開作戰會議,獲知地面的攻擊部隊,可望四月中旬抵達仰光。這表示「吸血鬼作戰」

2　Mountbatten, *Report*, p. 145., para 500

沒有必要執行了。³ 九天之後，在加爾各答，李斯向他報告，對第十四軍團之進展十分有信心，還認為「吸血鬼」沒有必要執行，所以根本沒有必要從「羅傑作戰」中抽調兵力來執行「吸血鬼」。因為如果歐洲沒有提供資源，那麼只有轉調「羅傑作戰」的兵力才能完成「吸血鬼」作戰。因此，決定不採用修改過的「吸血鬼」計畫。印度官史無情地評論道：英人「在做此決策時，唯獨沒有把日軍將會負隅頑抗第十四軍團的可能性納入考慮。」⁴

在蒙育瓦會議中，李斯懷疑第十四軍團能否在雨季來臨前抵達仰光。四天之後，他電告蒙巴頓，認為「羅傑作戰」的部分兵力應該轉用於修改後的「吸血鬼作戰」。因為參謀長們告訴李斯，「羅傑作戰」無法在仰光收復之前發動。⁵ 而史林姆這時對第十四軍團能否收復仰光，不是那麼肯定。他對密鐵拉戰役中，日軍的激烈抵抗印象深刻，「我除了被震懾之外，無做他想」，他事後寫到：「在雨季，處於補給線末端的仰光最不穩定，密鐵拉戰役的困境會重演。」⁶ 所以，他催促著兩棲和空降突擊行動，應該在此時發動，達成他所說的「前後夾擊」。⁷ 四月二日，在加爾各答的決定改變了，命令即刻發布：動用一個師進入仰光，一個傘兵營空降在象角，而此一行動，最遲於五月五日前必須完成。

三月三十日，考萬部隊開始從密鐵拉向南移動。

3　*Reconquest of Burma*, II, p. 417.
4　同上, p. 419.
5　Mountbatten, *Report*, p. 145., para. 499.
6　Slim, *Defeat into Victory*, p. 481.
7　同上, p. 481.

第八章　再擊仰光

　　日軍方面，第三十三軍在本多政材中將的指揮下，計畫於密鐵拉南方 26 哩處的瓢背，攔截英第四軍的進攻。以第十八師團為防守主力，另命第四十九師團固守瓢背至密鐵拉間的公路。不過事實上，日軍也沒有其他兵力可用，第十五軍的第三十一和第三十三師團其破爛的殘部，正往主要公路東面的撣山庇護處前進。第五十三師團則正從東沙越野，十天後，也就是四月六日，才撤到瓢背西面的耶瑙（Yanaung）。幾乎再也沒有比這個更倒楣的時刻了，因為英第十七師的裝甲鐵拳正準備對日軍施予重擊。

　　考萬將第九十九旅空投入密鐵拉東面的達西，並指示立即再向瓢背南進。第四十八旅由密鐵拉沿主要公路往下移動，而第六十三旅則繞過瓢背西面，再從西南方進入。這是在以前日軍機動力較強時，所愛用的典型鉗形攻勢，但考萬還在其他方面作了額外的加強：克勞德‧珀特（Claud Pert）旅長派出「克勞德縱隊」，簡稱（Claudcol），越過密鐵拉西南，切斷瓢背西面的村子，包括因多、瓦丁（Ywadin）、耶瑙和瓦丹（Ywadan），然後東轉，切斷瓢背和央米丁（Yamethin）之間的主要公路，如此一來，就幾乎完全包圍瓢背。

　　「克勞德縱隊」包括兩個大隊：第五槍騎兵（Probyn's Horse）的 A 跟 C 大隊，及第十六輕騎兵的兩個裝甲車營，一個自走炮連與工兵，加上支援的步兵，另有孟買擲彈兵第四團第四營以及拉傑普特第七團第六營。這是一支戰力強大的小型特遣隊。珀特於四月四日將「克勞德縱隊」從密鐵拉啟動，並強襲因多（Yindaw）。

　　因多村周圍有高堤和溝渠，都是反坦克的天然障礙，村子的另一邊是個小湖，這意謂著對一支裝甲縱隊而言，除了主要

圖 8-1　瓢背

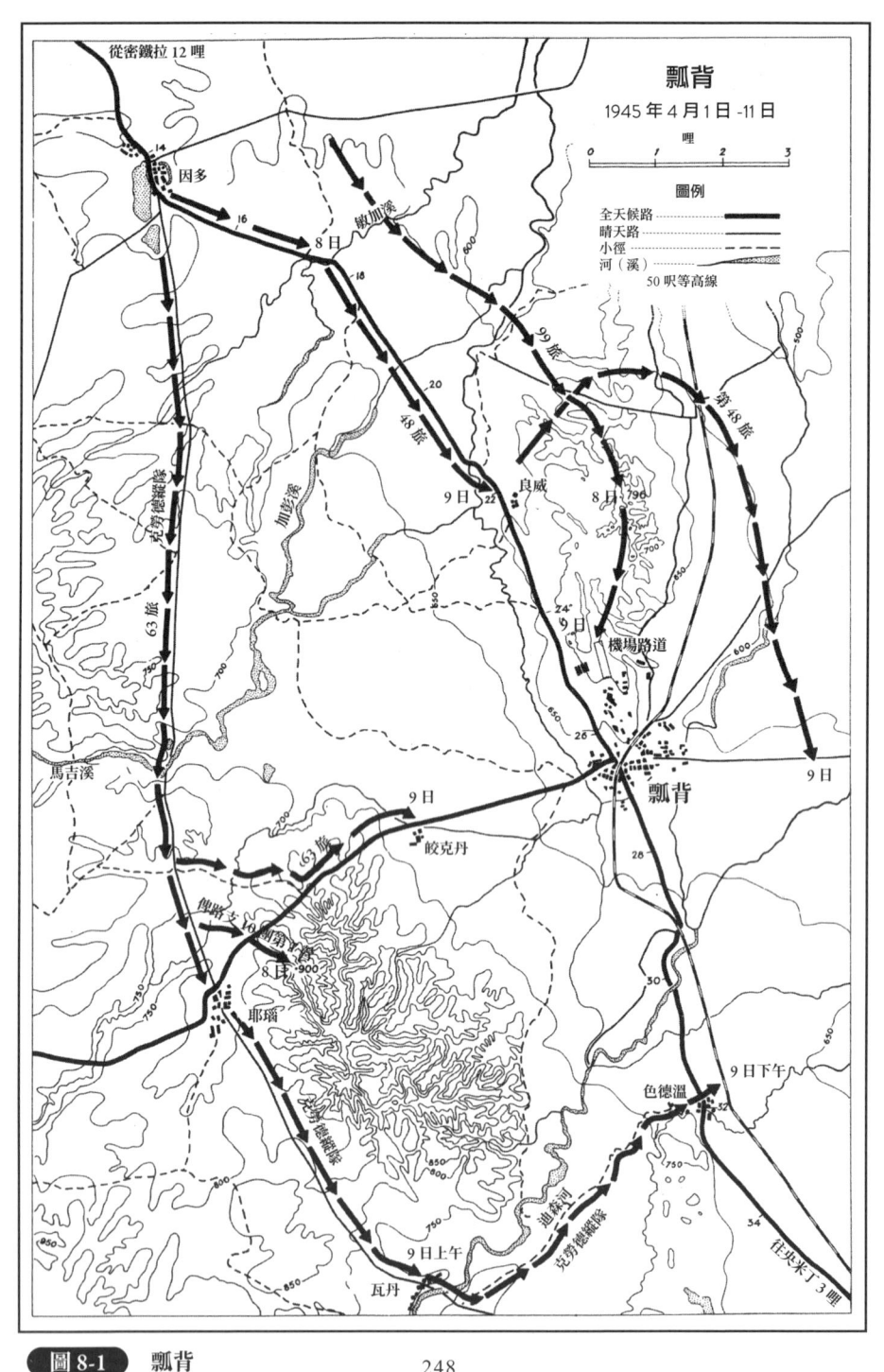

道路別無他選。這裡的守軍是日軍第四十九師團，兵力約 1,000 人，配有反戰車炮，不過已經飽受盟軍炮擊和空中轟炸。拉傑普特營向北方的堤防發起攻擊，卻被日軍猛烈的火力給擊退，傷亡慘重。戰車因無法進入村子支援，只能朝樹林射擊空中爆炸的高爆彈，以火力支援步兵。該營在折損了兩個連長之後，攻擊被迫中止。珀特知道沒有必要越陷越深，因此決定迂迴，繞過因多，將村子的後續掃蕩交由後面的第五師接替。[8]

「克勞德縱隊」在四月八日攻下耶瑙，炮火落在武田（Takeda）的第五十三師團殘部。第五十三師團狀態相當可悲，殘存火力只剩兩門反戰車炮，兩門迫擊炮、38 具槍榴彈發射器、11 挺重機槍、27 挺輕機槍，野戰炮和重炮都已被摧毀殆盡。這股日軍打從東沙行軍至此，早已兵疲馬憊，根本就無暇構築防禦工事。當他們被派上場抵抗英軍特遣隊時，就如日本人所說，好像螳臂擋車一般，被英軍打得稀巴爛。[9]英軍擊斃敵軍 230 人，並摧毀了他們的反坦克炮。當日軍重新聚集在一起時，本多命令他們南下到辛德溪（Sinthe Chaung）構築防線，期望能與在塔空（Thatkon）的第四十九師團並肩作戰。

同時，「克勞德縱隊」也轉移到瓦丹。著實出乎日本守軍意料，他們擊斃了超過 200 名日軍，虜獲 4 門火炮。珀特派出一支分遣隊向南前往央米丁，部隊主力由南方開始，沿主要道路往北，直驅瓢背。

珀特不知本多本人和第三十三軍的司令部，都設在瓢背附近。本多曾經拜訪竹原（Takehara）在因多的第四十九師團；

8　Perrett, *Tank Tracks to Rangoon*, P.219
9　*Sittan; Mei-go Sakusen*, P.197

並從他那裡得知，有一支強大的英軍裝甲部隊正繞過因多南來。本多現在手上的兵力，大約只有一個師團在堅守瓢背，他緊急命令第五十三師團的第一一九聯隊前來瓢背，並派出犬童不二男的游擊隊去切斷主要公路。不過第一一九聯隊卻無法及時趕到，而且犬童的游擊隊慘遭考萬的裝甲部隊痛擊，慘不忍睹。

珀特的縱隊，已經摧毀或打散日軍一支從央米丁出發有11輛卡車的增援部隊，在深夜裡，還擊毀了從瓢背撤出來的本多所轄的幾輛剩餘坦克。領頭的日軍坦克發現燃燒的卡車時，一開始還猶豫了一下，然後又繼續前進，完全沒有想到瓢背南方有英軍裝甲部隊。邁爾斯・史密頓（Miles Smeeton）描述了後續發生的事情：

> 當日軍戰車開到我們對面時，我俯身向前輕拍了巴哈德（Bahadur Singh）的肩膀，隨即戰車炮冒出火舌，日軍的戰車緊接著中彈著火冒出黑煙，眼見第一輛戰車爆炸。
>
> 看到前面的戰車爆炸，尾隨的第二輛日軍戰車立即向右轉，鼓起勇氣朝著我們猛衝過來。然後驚見到前面一整排如長城的雪曼戰車隊。它的駕駛於是馬上再右轉，往下離開，距離雪曼戰車僅有幾碼的距離；而我們戰車射手努力壓低主炮的炮管，瞄準那輛矮的日軍戰車，準備送它上西天。當它被整排英軍戰車及壓低的炮口夾擊，在路上被火舌吞噬，看起來像是英軍在對這輛戰車作最後的致敬。如果這輛戰車和英軍戰車保持非常近的距離，那或許還有機會逃脫，但它想溜回道路上反而慘遭摧毀。

第八章 再擊仰光

　　第三輛戰車以同樣的速度後撤，但在較高的橋樑上轉彎過度，最後掉落在起伏的河床上，摔了個倒栽蔥。[10]

　　「克勞德縱隊」推進到瓢背，摧毀一支由 39 輛卡車和參謀官乘坐的汽車所組成的縱隊。當他們接近時，可以聽到皇家德干騎兵團的戰車，以火力支援第四十八和第九十九旅在村子北面的戰鬥。步兵在日軍機槍火網下傷亡慘重，因為德干騎兵團的戰車無法壓制日軍火炮，而且日軍的壕溝位於反斜面。最後雪頓辛（Sheodan Singh）上尉實在忍無可忍，他決定冒險一搏，帶領他的戰車隊衝上山脊；雖然他不知道，山的另一面守軍有什麼火炮等著他們。不過這招顯然奏效，步兵隨即士氣大振，並將日軍逼退至水廠的據點繼續頑抗，不過隔天也被英軍給收拾。到了四月十日整個瓢背的西部地區均已落入第六十三旅之手，日軍也在十一日撤退。

　　珀特（Pert）錯失將本多及其參謀一網打盡的機會。第三十三軍已在瓢背的南邊 1,000 碼處一座不知名的村子裡設立指揮所，一面被葡萄園遮蔽，而且地形是下沉的道路和梯田，這對於戰車的機動力而言，是再差不過了。片村（Katamura）率領的他那殘破的師團穿越山頭東面的公路，並致電給本多，感謝他將作間的第二一四聯隊重新歸建，雖然第三十三師團仍在苦戰當中。然後他匆忙趕往東固，也就是木村指示他一旦瓢背落入英軍之後，必須要建立第二道防線的位置。[11]

10　Smeeton, *A Change of Jungles*, pp. 108-109.
11　辻政信，《十五對一》，頁 258。

當本多和他們參謀人員正在用餐時,辻政信大佐也在其中,他們聽到密集的槍聲,從西南方傳來。他們從槍聲的方向瞧過去,非常訝異地看到 10 輛戰車揚起煙塵,正在逼近當中。辻政信壓根兒就不相信那些會是日軍的戰車,因為日軍的戰車不會這樣在白天大剌剌的運動。他拿起望眼鏡一瞧,果不其然他們是英軍的 M 4 中型戰車。顯然英軍已經突破了第五十三師團的右翼防線,正沿著公路大舉推進,要對瓢背完成包圍。然後他們離開道路,開始穿過葡萄園,直搗第三十三軍的司令部。槍彈無情地落在本多和他的人員周圍,車輛調度場也開始冒出火焰。這雖然不是本多第一次深陷槍林彈雨,但是他從來沒被敵人戰車當成活靶。[12]

　　日軍被這群不速之客;也就是辻政信稱之為「克勞德縱隊」的戰車搞得天翻地覆。因為這些人都是行政單位官員、醫官和醫療的人員,為數約有 300 人,他們見狀便鳥獸散,逼得辻政信必須使出一些手段以穩定軍心。此時除了一些天然的凹地外,可供隱蔽的地方並不多。他的目光隨即注意到營地中間的集水站及沐浴站。這一整天,他都還沒有辦法好好放鬆自己,全身臭汗和沾滿灰塵,突然間他腦子閃過一個念頭,於是他脫掉軍服,拿起水桶給自己淋上一桶冷水,暫且忘掉戰鬥緊張的情緒與炎熱的天氣。

　　管理部長氣喘吁吁的跑過來,他臉色蒼白,頭上還帶著鋼盔,全副武裝。「發生什麼事了?」辻政信問到,「我正在沖個冷水澡,你要不要一起來?」辻政信開始抓了條毛巾擦身體。他看到人們都圍著他,目瞪口呆,且不由自主的笑起來。此刻

12　同上, p. 259.

他們仍深陷英軍的彈雨中,但是他們恐慌的情緒卻瞬間消失了。另一方面,本多卻還在為下一步所苦惱。他窩蹲在一座散兵坑裡寫他的遺囑。[13]

槍聲在葡萄園和司令部附近,一直響到夜幕降臨後才停歇。看起來英軍突然停火了,本多和辻政信相當幸運,儘管日軍的無線電報早已被英軍截收。有關其活動的訊息都被位在蒙育瓦的監聽站給定期破譯,並且傳送給史林姆知悉,包含了有關日軍指揮所的位置;但是,關於本多正在瓢背前線出現的訊息,英軍印第十七師並未被告知。顯而易見,這表示著第三十三軍的無線電通信早已中斷,所以根本就沒有訊號可被英軍截收,而珀特也壓根兒不知道本多會出現在英軍的戰車視線內。如同在因多的戰鬥一樣,珀特並不想將這裡變成主要戰場,因此他才決定停火,以為後續在瓢背的決戰做準備。

本多無法使用無線電通信,這意謂著他得派遣聯絡官攜帶著他的作戰命令去給他麾下的各師團。為了與位在瓢背的第十八師團取得聯繫,辻政信指派了剛從中野(Nakano)學校畢業的藤本(Fujimoto)少尉。藤本當時年僅二十三歲,曾在第三十三軍擔任情報參謀,因為辻政信注意到他在戰火下,仍然保持冷靜的特質。他說道:「藤本,你攜帶此書面命令去給第十八師團長,並試圖找出第四十九師團的位置,與他們取得聯繫。」

藤本臉上面無表情,先將制服放到一邊,然後換上籠基,身著頭巾,這個模樣跟一般的緬甸人沒有差異。他把作戰命令藏在腰結裡,並攜帶一枚手榴彈,放入他的襯衫,然後與跟他

13　同上, pp. 260-261.

一樣裝扮的一等兵宮地（Miyaji），此人是辻政信以前的勤務兵，他倆慢慢地走出村子。在炙熱的陽光下，他們越過英軍的戰車，一路往北走，直到他們的身影消失在煙硝當中。辻政信看著他們離開，心想這兩人根本就像要逃離戰爭喧囂的緬甸人。

當他們抵達瓢背，印度兵就包圍他們。藤本不能冒著被搜身的風險，他等印度兵靠近一點，迅速掏出了手榴彈扔了過去。由於手榴彈爆炸，幹掉了這群印度士兵，藤本和宮地得以逃脫。幾分鐘之後，他們抵達了第十八師團的司令部。藤本親手將作戰命令交給中永太郎中將，聽取了該部隊目前狀況與爾後行動。然後再度穿越戰場，來到第四十九師團。在夜幕降臨之前，一邊吃著香蕉，一邊漫步返回第三十三軍部。

多虧藤本，本多才能將他的作戰計畫傳達給第十八和第四十九師團，也就是辻政信期望能以空間換取時間。即每一處都不能輕易放棄，他們是要爭取更多的時間，盡量拖延梅舍維直到雨季來臨，使英軍坦克部隊深陷泥淖而停滯，並中斷其空中補給。四月十四日，本多報告說他麾下的第十八師團現有兵力為 3,100 人，火力有 4 門山炮；第四十九師團有 1,600 人，只剩一門山炮；第五十三師團只剩 1,600 人。一刈（Ichikari）的支隊有 800 人（從曼德拉地區撤了下來的第二師團的步兵第四聯隊），尚存一門炮。軍的重炮火力，目前也僅能湊出 3 門 15 釐米榴彈炮。隸屬於第五十三師團的步兵第一一九聯隊，則改由軍直接指揮。此舉讓本多可以多了 500 名的兵力和一門炮。他目前的兵力仍不足 8,000 人，約相當於半個師團級的標準而已。如果他服從木村自仰光發出魯莽且無知的命令的話，就要以現有的殘缺兵力，去阻擋英第十四軍團的機械化裝甲部隊。

史林姆現在距離目標尚有 312 哩，在雨季來臨之前，約有

第八章 再擊仰光

三個星期的時間去完成;而瓢背則是木村最後的賭注。在第四軍攻抵仰光之前,會有艱苦的戰鬥;不過誠如史林姆所言,瓢背是緬甸戰爭中最具決定性的戰役之一。「它不僅摧破了本多的軍隊,甚至決定了仰光的命運。」[14] 這是密鐵拉至大海之間,日軍的最後一道可恃的重兵防線。

第二回 「吸血鬼」待命

英國皇家海軍制定了「吸血鬼」行動時間表。本計畫是以兩棲部隊在仰光河入海口實施登陸。主要在避免任何日本海軍艦隊可能的入侵(其實這個考量是多慮的)[15];為此,這支海上突擊的編隊,包括:兩艘巡洋艦、四艘驅逐艦,還有四艘護衛航母(屬第二十一載機艦中隊,由海軍奧利弗 G. N. Oliver 將軍指揮)提供海上艦隊的空中掩護。戰術性的空中緊密支援,則由皇家空軍負責,第二二四聯隊有一支大隊在皎漂(Kyaukpyu),另一支大隊在阿恰布,可提供長程戰鬥機。另外 8 架解放者轟炸機和 4 架米契爾轟炸機中隊,則全部來自美國陸軍航空隊,提供強力的轟炸支援。

海上遠處,還有海軍副司令沃克(Walker)所指揮的第三戰艦中隊,可從特林可馬利(Trincomalee)襲擊安達曼群島上的機場,全程掩護此次行動。光是這支編隊的戰鬥力,就足以讓日本海軍畏懼。沃克擁有的伊莉莎白女王號和自由法國的黎

---

14 Slim, op.cit., p. 496.
15 譯註:因為此時的日本海軍艦隊幾乎已經不存在了。

賽留號（Richelieu）的兩艘戰列艦，還有兩艘護衛航母、四艘巡洋艦和六艘驅逐艦。四月三十日，這支巨大海上部隊轟炸了卡尼可巴島（Car Nicobar）和布萊爾港（Blair）；同一天，波蘭德（Commodore Poland）海軍少將的驅逐艦也擊沉日軍一支11艘組成的船隊，載有1,000名日軍，由一艘護衛艦保護，試圖從馬達班灣（Gulf of Martaban）前往毛淡棉。這是在「吸血鬼」行動，也就是D日前兩天。[16]

其實鮑爾（Power）上將真正擔心「吸血鬼」的，不是因為戰鬥艦或巡洋艦會遭遇到日軍攻擊；而是在阿恰布和皎漂的盟軍艦隊登陸艇可能會遭遇襲擊。因為一旦雨季來臨，從海上前往仰光的行動可能會很棘手，所以他僅同意最遲在五月的第一週達成目標。第二十六印度師（錢伯斯 H. M. Chambers 少將）隸屬第十五軍，擔任突擊任務；該部隊以前在阿拉干的小河和小港口類的戰役，有和海軍聯合作戰的經驗。海上各型艦艇都編入，包括驅逐艦、掃雷艦和登陸艇，他們由外海的巡洋艦提供炮擊支援，常駛入全新的水域。一九四五年一月四日到三月十三日之間，據估計海軍發射約23,000發艦炮，支援克里迪森中將肅清阿拉干海岸線，奪回阿恰布，並且攻占蘭裡（Ramree）和奇都巴（Cheduba）諸島嶼。在這段期間內，海軍也載運投入54,000名的兵力、1,000輛的軍車、14,000噸的補給品、800頭牲畜到這塊區域。[17]已經有長期的作戰經驗與彼此的認識和信任之後，「吸血鬼作戰」只能算是場演習。錢伯斯深信他的人，投到任何地方都行。因為仰光河口水太淺，巡洋艦停

16　Mountbatten, *Report*, p. 156, n. 1 and charts pp. 148-149.
17　同上, p. 147.

泊在 25 哩遠以外,也就是說登陸艇從放下到實際的登陸點,必須一段長時間。因此再次強調需要陸上機場,以便第二二一聯隊的飛行隊,幫助登陸。蒙巴頓指示李斯的第十四軍團,必須在緬甸南方占領幾座合適的機場,以保障地面部隊擁有空中保護傘。他選定了平滿納和東固,指示梅舍維必須在四月二十五日之前奪下,而且是不計任何代價;儘管此舉要冒著傷亡慘重的風險,因為「吸血鬼」如無空中支援,傷亡甚至會更嚴重。

結果,第五師於占領瓢背之後,接替原印第十七師之任務,展開對本多第三十三軍的追擊,雖然在距離央米丁南方 13 哩處被擋住,但還是很準時。該師的一支前鋒部隊已經先通過央米丁,並回報了敵軍狀況:該鎮只有百餘名日軍。但是在英軍的前鋒部隊通過後,有另一股日軍,約四、五百人正從高地下來,往東漸漸包圍城鎮,並且封鎖了道路,致使英軍的第一二三旅(旅長德諾姆・楊 Eric John Denholm-Young)一直拖到四月十四日才攻占央米丁。

日第三十三軍本多司令指派第十八師團和第四十九師團,在央米丁南方的辛德河,構築防禦陣地;不過英第五師的前鋒部隊,已經在刺探日軍防線,而第五師肅清央米丁的行動還在持續,因此本多的部隊根本就沒有時間構築適當的防禦工事。距離央米丁南方 30 哩處,有座標高約 700 呎的小丘,名為瑞苗峭壁(Shwemyo Bluff),它在主要道路旁,是絕佳的觀測點,在上面可觀測數哩遠。英軍研判日軍必會占據這裡和辛德河,因此佈下重兵。結果,德諾姆・楊的旅,向東展開廣泛的側翼行動,包圍峭壁,他的旁遮普團和多格拉斯團,將山上的守軍全數攆出了陣地。辛德河造成的障礙,並不如本多原先的預期,河川目前還是乾的,不過日軍的地雷和狙擊手,卻讓英

軍第一六一旅及其隨軍的坦克推進相當緩慢。英軍為了持續攻擊的動力，曼瑟（Mansergh）下令第九空降旅，搭乘牛車，因為空降旅未配備機動車輛。四月二十日，第一六一旅抵達了平滿納，珀特的戰車在前，伴隨的工兵部隊配有瓦倫泰式架橋坦克車，以應付河川和被爆破的橋樑。他們本來或許會遭遇大麻煩，那就是在路標248哩處北方4哩的辛德河橋上，已經被埋設大量地雷，並且隨時準備引爆。結果，負責引爆的日軍工兵，居然累癱睡著了，當巴拉克特（Blackater）上校率領的皇家裝甲第一一六團（戈登高地團）的坦克車隊，轟隆隆地駛進了平滿納時，那名日軍工兵還在睡覺。他乍醒過來，霎時間迷糊亂轉，他沒想到自己的處境會如此迅速改變，於是拔腿就跑。[18]

　　他的軍司令官情況也好不到哪。英軍皇家裝甲第一一六團麾下的一個營，配屬了印度皇家捷特兵（Jats）第九團第三營和孟買擲彈兵大隊，對平滿納南方的一個村子展開攻擊。他們認為那應該是日軍的司令部，以為逮住了就要中頭彩。但本多早已將他的司令部人員，約有300人分發到路的兩邊，公路的西邊是醫務、行政及軍械人員；路的東邊則是主要的作戰幕僚群，包括了辻政信以及他的參謀長澤本（Sawamoto）少將。參謀群集在一個小樹林裡，本多就身在他們中間。第五十五師團（忠兵團）的前鋒部隊，已經在平滿納時增援本多，該師團的指揮官是外號「老暴君」的花谷正中將，辻政信早在滿洲里時，就已經認識。這支前鋒部隊是由吉田章雄大佐指揮的第一四四聯隊，辻政信以為他們約有大隊級兵力，並配有兩門山炮。第

18　他後續的命運卻是被相反的報導，例如：「他脫逃了。」巴拉克特回報。（Perrett, *Tank Tracks to Rangoon*, p. 416.）；「在他意識到我們的突然出現之前，就被殺害了。」（Brett-James, *Ball of Fire*, p. 416.）

五十三師團此時連一門山炮都沒有了，它被部署在路的東面，緊鄰著第一四四聯隊，而中永太郎的第十八師團則部署在更東面，已經跨過了錫當河。第四十九師團的部署位置則不明。不過在這階段，本多名義上已經直接掌握了這四個師團，辻政信盤算了一下，目前日軍的實力約有一個炮兵大隊和四個步兵大隊。到四月十八日，他們已經就位。

辻政信在鎮的南北路口，各派一名參謀軍官擔任引導，以收容由央米丁撤退的殘部和從東固趕來的增援部隊。前一天，花谷正抵達軍司令部，還從阿拉干帶來了一瓶啤酒給本多，本多並沒有開飲。相反的，隔天他召集了所有司令部的人員，要他們拿出一個鐵飯盒蓋，由本多親自逐一為他們莊嚴地斟酒，其實也只有一點點而已。辻政信已經許久沒有嚐到或聞到日本啤酒了，不過也只聞聞而已，他明瞭這是死前的祭酒，本多似乎在暗喻他們的死期或許到了。辻政信想，可能這也不算最糟的葬身之處，附近有幾間茅草屋頂的小廟。這座村子大概只有二十間小屋，和一簇簇的針葉林，對四處掠殺的戰鬥機而言，這是極佳的掩護。

四月十九日，辻政信才剛坐下來準備寫後續的作戰命令，就聽到小型武器的射擊聲和炮聲，從平滿納北方約一哩處傳來。約有 10 架戰機飛掠而過，接著戰車炮也加入了行列，沒多久平滿納就被黑煙給淹沒了。東方竄出血紅的太陽，辻政信不記得，敵軍曾經這麼早就如此兇猛地攻擊。然後 4、5 輛卡車像脫韁的野馬般往平滿納衝鋒；同時間，醫務區開始被坦克炮猛烈轟擊受到重創。原來，約有 20 輛坦克跟在卡車的後面。司令部位於邊坡上，辻政信無法理解的是為何坦克會殺上來。他也立即看到花谷正的空座車，就棄置在平滿納的南邊，英軍戰車已經發

現它,所以從那邊開過來。

　　瞬間,幾間廟就都失火了。辻政信和他的一名參謀田中（Tanaka）跳進一個只能容一人的散兵坑。一枚炮彈差點就打中他們,不過卻讓旁邊的小廟著了火。距離之近,辻能夠感受到背部受到灼熱。一輛坦克,在樹林邊緣約10碼的乾稻田中停了下來,主炮轉向他們,戰車乘員打開炮塔艙蓋,露出身子,微笑地環顧四周。

　　很明顯,英軍不知第三十三軍的情況。靠著寺廟燃燒的火光,辻開始草擬軍的作戰命令,也得到了本多和澤本的簽署。不過現在的問題是,要如何分發這些命令給各師團的師團長呢?藤本和另一位僚屬立刻自告奮勇地接下這個任務,他們溜出了英軍的包圍圈,去傳達命令。從早上到現在,他們連口水都沒喝,當然更遑論吃過餐了。在辻的旁邊有一顆爛瓜,他順勢拿起來用他的刺刀給劈開,分發給了他們。經過了一天的折騰,這瓜嚐起來是特別甜美。

　　藤本他們三人,各帶一名士兵,分三組從樹林北邊與英軍的坦克之間溜過。辻以為會有開槍的聲音,但卻沒有。現在他得重新思索,如何讓司令部脫離目前的險境?他已經意識到英軍可以從虜獲的傷兵中,套出第三十三軍司令部已經走投無路,一旦黎明乍現,他們會被殺個片甲不留。

　　大約有50輛坦克成圓形散開,在他們之間有部署哨兵警戒,不過,英軍應該將其主力部署在南面,以切斷日軍的撤退路線。這不是基本的用兵常識嗎?辻評估了一下從樹林邊緣而來的英軍戰車實力,然後擬定了一個計畫。司令部人員將向北實施突圍,一旦擺脫英軍,就立即右轉向東行軍,前往鐵路線,然後沿著鐵路線南下。一路上重傷者會由擔架抬著之外,其他

人都得徒步。本多就在隊伍中間，每個人除了攜帶一枚手榴彈外，什麼都沒帶，其他一切的軍品都將燒毀或丟棄。部隊將於十點出發。

辻政信認為只要抵達鐵路線，就還有一線生機，因為英軍的坦克無法沿著鐵路線移動，部隊也不用擔心會迷路。在當天的戰鬥中，日軍有40人陣亡、60人受傷，其中有10人是重傷。陣亡官兵的頭髮與手指都被切了下來要帶回日本。在找出前線警戒最弱的地方後，第三十三軍司令部人員，小心翼翼地一吋一吋匍匐前進。辻從英軍位置傳來的聲音研判，他們正在喝威士忌，已在等待勝利的到來，而且歡笑聲愈來愈大。眼見機不可失，他先溜出英軍的警戒線，其他人也隨後跟進，很幸運地所有人都逃了出來，無一遺漏。當他們到了水稻田後重整隊伍，依據羅盤轉向東面移動，然後更換抬擔架的人，讓他們休息。

突然間，在暗黑中，他們的前方隱約有人影，辻抓起了他的武士刀，向前靠近，認為對方一定是英軍，他必須硬殺出一條血路。還好是從第十八師團派出的巡邏官，辻要他們等一會，以便給他們下達書面命令，為了要遮蔽光線，他得在微弱的火光下用潦草的字體下達作戰指令。姑且不論那三組自願擔任傳達的勇士能否順利傳送命令，額外的謹慎總是有必要的。

一直到抵達鐵路，大家才有安全感，此時正值午夜時分。他們飲用從鐵路橋下的河中所裝的飲水，並將水壺再打滿，而傷者也終於首度敢對於本身的疼痛發出哀號。辻有些志得意滿，他決定給他的敵人留下臨別禮物。於是他把信號板跟文具拿出來，寫下留言：

各位辛苦了：

> 抱歉給你們造成這麼多的困擾。
> 本多中將就曾駐紮在此。
> 下次再加油吧。
> 莎喲娜娜！[19]

他們的確很走運，在第二天的早上，他們找到了一座有豬和雞的緬人村子。此時他們可以確定昨夜離開的地方，在黎明時分，受到英軍炮火不停地猛擊。「儘量炸吧！」辻政信心裡這麼想。大約中午時分他那三個聯絡組也沿著鐵路返部歸建。[20]

不知本多是否曾懷疑過，英軍主要是追捕他本人。在一九四六年二月，在仰光召開了一場英軍和日軍的將領會議。當議程結束後，他們坐著休息，有一名英軍上校把本多拉到一旁，問道：「你知道嗎？在平滿納戰役時，我們確信你這位第三十三軍司令就在裡面，所以朝那裡猛攻。我們想知道究竟你是如何溜掉的，希望你能詳細解釋給我聽。你知道嗎？我們是從特務的報告中，得知你就在曼威佛塔附近。」[21]

第三回　「吸血鬼」咬住仰光

「我認為，要有效空中支援吸血鬼作戰，那麼最重要就是東固機場應該在四月二十五日前，落入本軍手中。」蒙巴頓寫

19　史林姆不曾理解本多竟然輕易地就脫逃了，他寫到「他的參謀車跑得比我們的坦克還快。」，*Defeat into Victory*, p. 498.
20　辻政信，《十五對一》，頁 264-275
21　《錫當，明號作戰》，頁 216。

第八章　再擊仰光

道。[22] 東固位於平滿納南方 69 哩、仰光北方 187 哩。計畫由第十七師第六十三旅集中全力奪取機場，而該師第二五五裝甲旅和第五師的第一二三旅則負責奪取該城，第一六一旅在後跟進。[23] 結果，在四月二十二日早上十點剛過，英軍戰車便已殺到東固機場。隨之而來的，卻是重新納入第一二三旅管制的約克和蘭開斯特團（Yorks and Lancs）第七營，發現城內早已空空如也。盟軍的飛機前一天轟炸此地，而且本多的司令部也曾設置於此，史林姆根本沒有料到會這麼順利。[24]

木村司令原先的構想，是要第十五軍繞行曼德勒到仰光公路東面的山間小徑，由東固出來，接替第三十三軍，駐守第二道防線；不過木村的部隊從未到達那裡。因為，英軍一三六特種部隊（Force 136）和克倫部隊發揮了關鍵作用。第十五軍進入皎施（Kyaukse）東面的山區後，從卡老（Kalaw）和壘固（Loikaw）的西面下來，然後再轉向西，沿著薩爾溫江的公路，從凱馬漂（Kemapyu）通過茂奇（Mawchi）來到東固，也就是所稱的茂奇公路。史林姆下令克倫部隊，要他們等攻擊信號，四月十三日是他們在等待的時刻，便是執行代號為「特質（Character）作戰」。一三六特種部隊在第十四軍團進攻前就投入戰場，他們不但遭到日軍的伏擊或殺害，也無法喚起當地居民的響應；在二月二十一日至二十五日之間，當軍官們降落克倫族地區時，他們所獲得的接待是冷漠的，因為當地的居民非常擔心日本人會報復。[25] 不過，當英國人表明他們是認真的，

22　Mountbatten, *Report*, p. 153., para. 531.
23　*Reconquest of Burma* II, p. 400.
24　Slim, op. cit., p. 500.
25　Kirby, *War Against Japan*, IV, pp. 249-250.

並送來更多的官員和武器之後,徵募自願加入義勇軍(Levies)行列的,一下子上升到了好幾百人。當日軍沿著山路下來時,便遭到克倫義勇軍伏擊,「橋樑就在日軍面前被炸、徵糧隊被屠殺、哨兵被摸、參謀座車被破壞。」[26] 等日軍抵達茂奇時,義勇軍已經大致準備好進行正面對決。結果,第十五軍無法即時趕赴東固,擔任前鋒的第十五師團(山本清衛 Yamamoto Seiei 中將),在四月十九日,才抵達目標區的東方。同一天,本多的第三十三軍在平滿納被掃蕩。木村的參謀長田中新一中將前往東固要加強防守,不過收效甚微。一位第十五師團的參謀官山中雅太(Yamanaka)少佐,前來東固和他面議,田中參謀長告訴他,要第十五師團集合所有的兵力,帶往東固以阻擋英軍南下。山中雅太認為,說的容易做起來難。因為第十五軍和第十五師團,已將其戰鬥指揮部設立在東固東面的毛齊公路路標14哩處,不過那就是他們所有的人了,他們的大部隊都還沒出現。田中感到非常惱火,將山中少佐訓斥一番,然後離開東固,向北去找本多。四月二十一日他返回到仰光,這也就是英軍第五師攻入東固的前一天。本多的殘部和片村部隊的行動速度相同,在四月二十七日他們抵達東固地區,錫當河東岸下方。此刻英軍已向南突進了好幾哩,到達勃固(Pegu)的邊緣。片村所能做的只有設法接近,去騷擾仰光公路的英軍兵站,而本多則沿著錫當河,拖著疲憊腳步南下。[27]

　　稍晚,日軍的航空隊也決定投入作戰。四月二十三日晚間,英軍第一六一旅駐防東固的北方陣地,準備次日發起攻

26　Slim, op.cit., p. 499.
27　《錫當,明號作戰》,頁 245。

擊。有 8 架日軍戰機朝他們展開攻擊，低空掃射並扔下炸彈，造成該旅超過 30 名官兵陣亡，不過這對英軍的攻擊，並沒有造成影響。在戰車前導下，該旅的皇家西肯特團（Queen's Own Royal West Kent Regiment）的步兵第四營越過驃溪（Pyu Chaung），遭遇日軍該地一門隱藏的 75 公厘山炮，擊毀了 A 中隊一輛指揮官的戰車。日軍已將道路及橫跨鐵路橋給炸斷，但英軍的工兵冒著日軍狙擊手的火網，在溪的上游 1 哩處，架設了兩架剪刀式橋，[28] 跨越了 120 呎的河道，幫助前鋒部隊渡河；同時，工兵還架設一座倍力橋，通往主幹道。[29]

由於都渴望成為領頭羊，第七師自然對第五師的似乎沒有服從命令感到不安。第五師不滿足於攻下驃市（Pyu），和接受印度國民軍第一師的投降（包括 150 名軍官和 3,000 名士兵，並將他們立即徵用，去修復東固機場），第五師的前鋒部隊，奮力沿著路又前進 20 哩，進入貝內貢村。他們重複之前消滅日軍爆破組的經驗，在貝內貢的日軍爆破小組，就像之前在辛德河的那個孤單的工兵一樣，累得睡著。「他們再也沒有醒來過」，史林姆冷酷地評論。[30]

四月二十五日，印第十七師在貝內貢超越第五師。隔天就在良禮彬（Nyaunglebin）的北方，距離目標還有上百哩路。在該處，前鋒的裝甲部隊，擊退一支編組怪異且在撤退中的日軍，隊伍裡面什麼都有，還包括騎馬的騎兵。珀特身為一位印度軍領頭的騎兵軍官，這一景必定讓他感到相當滿意。到了傍晚時

28　譯註：Scissors bridge 裝甲車架的橋，橋身從摺疊狀態展開，在幾分鐘內跨過障礙物形成可通行的橋面，剪刀橋具有跨度大的優點。可摺疊成二節或到三節。
29　Perrett, op. cit., p. 228.
30　Slim, op. cit., p. 501.

分,英軍已經擊斃上百日軍,虜獲上百軍馬、兩列火車和三個火車頭。

在賓邦基,也就是莫因基(Moyingyi)水庫邊,日軍企圖封鎖道路。水庫本身橫跨 6 哩,道路的西面是沼澤地,所以英軍的裝甲部隊,只能被限縮在道路上活動。當輕騎兵第七團的斯圖亞特坦克接近賓邦基時,連長哈爾帕塔普・辛格(Harpartap Singh)中尉察覺到村子似有異狀。村子從道路的兩邊延伸半哩,卻沒有見到半個村民。有座橋已被炸毀,橋的另一頭可以見到一輛翻覆的汽車堵住了道路。

雖然辛格中尉並不知情,不過這卻是第四軍與木村首度擦肩而過。在最後絕望的關頭,還待在仰光的日本平民,不論是職員、行政人員或商人,都被編入第一〇五獨立混成旅團(敢威兵團 Kani),由松井(Mataui)少將指揮,以增強仰光的防禦力。其餘還有海軍警衛及港勤部隊、第八二機場大隊、防空單位,及各行政機關隨行人員,也收編在一個大型的司令部。平民則匆匆換上軍服並準備上陣。在四月二十七日,木村命令松井派出部隊,防禦勃亞基(Payagyi)至勃固之間的防線,因為該鎮介於錫當河和通往仰光的主要公路的重要十字路口。一旦勃固陷落,便會將仰光與丹那沙林的日本守軍,包括揮邦和克倫山區的殘餘守軍,完全切斷。松井也受命守住通往沃鎮的公路,以阻滯英軍第十四軍團向毛淡棉推進,同時他也組織了防禦部隊,擔任警戒任務,以保衛勃固北方幾哩的勃亞基(Payagyi)。這支部隊就跟敢威兵團一樣,是一支雜牌軍,裡頭有後勤軍官、陸戰隊運輸營、幹訓班、鐵路人員、兩個防空連和來自第二十四混成旅下轄的第一三八營,這些全部交由根本操大佐指揮。幾週之前,他還是仰光碼頭下方第三八港勤

第八章　再擊仰光

部隊的指揮官。

日軍的防衛部隊有足夠的工兵專業，製造英軍裝甲部隊的困擾。辛格中尉決定不讓他的戰車部隊，冒險進入這位於勃亞基北方，看似寧靜卻詭異的賓邦基村，他要求炮兵支援。第十八野戰炮兵團承擔此任務，然皇家德干騎兵團的雪曼戰車接著推進，B營在左、C營在右，配上拉傑普特第七團第六營的兩個步兵連。儘管C營在沼澤地帶被擋，坦克沒受損，不過步兵的傷亡可慘重。廓爾喀步槍兵第三團第一營受命來援，那輛翻覆的汽車，不只用來當路障，也是個巨大的陷阱。當第二五五旅要求雪曼戰車推土機向前，要將路面障礙推開時，炸藥在汽車下方引爆，一舉將雪曼戰車及伴隨的工兵炸得粉碎。

日軍在下一座叫巴亞蓋（Payagale）村莊也是故技重施，讓英軍的戰車和步兵在進入村子肅清之前，得先上下來回折騰一番。有一輛皇家德干騎兵團B營的坦克在清理路面時，不慎引爆了一枚航空炸彈，將引擎炸出，步兵在日軍逼近中，向前搶救戰車乘員。另一側的A營損失兩輛戰車；一輛是被埋設的炸彈炸毀，另一輛則是被75公厘山炮擊毀。日軍也發動竹桿綁炸彈，及自殺式攻擊一直持續到傍晚。

勃亞基村是英軍攻擊的下一個目標，而且傳聞日軍早已加強防禦，因此在四月二十九日展開空襲和炮擊，第六十三旅接著推進。不過竟發現村裡空空如也，於是直接朝勃固推進，裝甲車如今處在充滿深刻回憶的鄉間。一九四二年的戰役中，英第七裝甲旅在此開了第一炮對抗日軍。在多場戰鬥中，唯一倖存的斯圖亞特坦克戰車（外號：「蘇格蘭的詛咒 The curse of

Scotland」），仍是輕騎兵第七團的指揮車。[31] 沿著勃亞基通往沃鎮，也就是印第十七師從錫當橋撤退的路上，考萬派遣戰車和廓爾喀步槍兵第三團第一營的一個連，前去設置路障。以便能堵住還留在勃固和仰光之間日軍的唯一逃脫路徑。這條路從仰光經勃固，穿越沃鎮，並在莫巴林（Mokpalin）越過錫當河，通到毛淡棉。

日軍以為這條路仍可通行。四月二十八日晚間八點三十分時，一支日軍護衛隊接近這路障；而廓爾喀兵早就在卡車周圍挖好陣地，這是一支裝甲部隊和一支斯圖亞特坦克部隊。三輛坦克和三輛裝甲車，朝這支由一輛參謀用車領軍，後面跟著載有步兵三輛卡車的日軍，展開近距離射擊，那是一場屠殺。英軍唯一的傷亡是廓爾喀的連長，他遭到日軍參謀車內的還擊而陣亡；不過參謀車內兩名日軍大佐和一名印度國民兵的高階軍官，也接著被擊斃。[32]

考萬正在與時間賽跑，他的對手並不是日軍，而是雨季和「吸血鬼」。因為已經下過幾次「芒果雨」，這種小雨通常是雨季來臨的前兆，理論上距離雨季應該還有幾個星期。史林姆則在四月二十日，已經告知麾下指揮官梅舍維跟史托福，「吸血鬼作戰」將於五月二日開打。這是一道機密的信息，只有軍和師司令部的首席參謀軍官知悉。就考萬而言，這一戰對他有特別的意義，因為可以一雪前恥。一九四二年，當第十七師在錫當橋大潰敗時，他正擔任史密斯（Smyth）的參謀長。最近，他又想起那一段椎心刺骨的日子，當一名英軍軍官，走進

31　同上，p. 232.
32　同上，p. 232., *Reconquest of Burma*, II，p. 403.

第四十八旅位在賓邦基北方柯達（Kadok）的司令部，宣稱他是在新加坡被俘，從此過著戰俘的日子，而剛被日軍釋放，因為通往沃鎮的道路已被封鎖，日軍無法帶著戰俘去錫當。他們被安置在勃固東北方的村子，總數超過 400 名。噩運並未因此而中止，其中一些人就在剛釋放時，遭盟軍戰轟機所誤殺。盟軍戰機低空俯衝，只能看制服顏色，因為當初他們被俘時是穿卡其色，而不是此時通用的草綠色制服。所以被當作是日軍的隊伍而加以掃射，造成不小的傷亡。[33] 部分的戰俘是來自印第十七師，先前被關在仰光監獄，包括了首席醫官麥肯錫（Mackenzie）上校。考萬在史密斯離開之後，接掌師指揮權，一路展開反擊，經過緬甸，一直打到印緬邊境。他的師有五個營，從那時就和他一起，全程參與由印度反攻，從因帕爾，沿著滴頂公路，越過伊洛瓦底江，直達密鐵拉。還有誰比由他的師來擔任第十四軍團先鋒，以凱旋式重返緬甸首都更戲劇性，也更合適？

梅舍維已經做好奪取仰光的計畫，在四月二十八日，發出作戰指示。他打算要印第十七師從北面逼近，第五師從北面和東北面發起攻擊，然後在扎雅溫（Zayatkwin）向南轉彎推進。但是，首先得拿下勃固。

考萬的裝甲部隊就位在鎮的邊緣，在四月二十九日的晚上，距離作戰目標仰光僅 50 幾哩。在全緬，勃固是最重要大城之一，內有一座著名的、大約 200 呎長、側躺的大佛像，還有數目繁多的佛塔。勃固橫跨勃固河，有兩座鐵路橋連通，並且在

---

[33] Slim, op. cit., p.502. 官方歷史卻否認此事。史稱「他們已經疏散以避免遭到皇家空軍的攻擊」，（Kirby, *War Against Japan*, Ⅳ. p. 390. n. 5），「但卻在兩天內全數被找到。」

公路路標 49 哩處，有一座公路橋。兩座鐵路橋都可通往鎮的北方，但公路橋則直通市中心，周圍被綿密的建築物圍繞。考萬指示第二五五旅，先奪取鎮東南方的開曼奈（Kamanat）村，然後轉向東北，與從主要公路直下的第六十三旅在市中心的橋上會師。同時，第四十八旅渡河到西岸奧波（Okpo）小村，然後攻占火車站。這樣城的兩邊將收復，而第九十九旅就停在勃亞基長駐。

當地守軍統由松井少將親自指揮，他在四月二十八日才到勃固。在抵達前一天，接獲木村命令，要他守住勃亞基和勃固，並給他一些時間，前往破壞或焚毀一切在仰光無法遷移的設施，諸如發電機、碼頭設施、重型防空炮……等等。在這份命令中也提到，還能夠走路的戰俘已經在四月二十五日押解出仰光。他留給最後剩下還在城裡的日軍單位指示，要他們在離開時釋放其他的 1,100 名俘虜。松井發現當他抵達勃固時，川野（Kawano）大佐的海軍陸戰隊和金子（Kaneko）中佐的防空部隊已經抵達，不過其他的部隊還在路上。他不感到意外，因為大部分的交通工具，都已經被用去執行從仰光轉往毛淡棉的運輸任務了，而他還必須徵集城內還能修復的交通工具；即便如此，大部分的人還是得靠雙腳徒步。

英軍第四邊防團於四月三十日上午十點三十分，受命在勃固河建立橋頭堡，幫助第四十八旅渡河到西岸向車站推進。該團在下午一點出發，在 D 連肅清河東岸的村莊直到奧波（Okpo）村的同時，A 連向最靠近城鎮的鐵路推進。當 A 連接近鐵路橋時，日軍把橋給炸了。連長下令一個排以火力掩護他前去查看受損情形，他發現橋有兩根大樑仍然完好無損。於是命令他的排持續射擊，並要求炮兵火力集中射擊橋頭堡地區，

第八章　再擊仰光

另一排以單縱隊橫跨殘存的橋樑。冒著對岸掩體射來的炮火,這個排三三兩兩成功地到達對岸,不過有一些傷亡。該排長下令士兵們上刺刀衝向日軍陣地,日軍反擊非常激烈,而且英軍第二排一直到入夜之前,都無法加入第一排。D連試著去另一座橋碰碰運氣,但發現也被日軍給炸斷了,還有兩輛日軍戰車部署在鐵路線上,於是D連決定在東岸等到隔日清晨再說。A連在晚上遭到日軍的反擊,不過都擊退了所有的攻擊。到五月一日早晨,令他們感到意外的是,日軍已經主動脫離戰鬥,消失得無影無蹤。A連就沿著鐵路,向南去協助D連渡河。

車站地區已經被炸,日守軍向西逃竄,B連和C連移入。廓爾喀的第十團第一營和俾路支(Baluch)第十團七營,在主要幹線的陸橋遭遇日軍激烈反抗,廓爾喀的第三團第一營和孟買的擲彈兵第四團第四營,從東面發起攻擊,但沒什麼成果。皇家德干騎兵團的坦克則被一條乾溝渠擋住。在四月三十日夜間,英軍派出了偵察部隊進入鎮內,他們回報說在主要路橋區有車輛進進出出,而且火炮都被拖往西面。事實上,日軍已完全從東勃固撤退。隔天,印第十七師肅清了該城鎮,重新集結,向仰光進擊。

在勃固戰鬥開始的幾小時,日軍頑強抵抗,以及炸斷橋樑,期望著松井能延長抵擋考萬部隊攻擊的時間,縱使無法一直擋住。然而考萬正被另一強敵所苦,因為雨季提早了兩個星期來臨。四月二十九日,[34] 勃固在一場暴雨之後,嚴重淹水,就像緬甸其他低地一樣。剛奪取的機場,馬上就受影響,皇家空軍

34　蒙巴頓也說是四月二十九日,但史林姆說是五月一日下午,(*Defeat into Victory* p. 505.)

第二二一聯隊除了留下從東固來的一個中隊以外，[35] 不得不撤走所有支援的中隊；大雨讓戰車和卡車都被迫留在主要道路上。除去炸毀的橋，任何泅渡勃固河的企圖，都因為河水暴漲，而被迫放棄。

史林姆曾飛臨戰場上空視察，還遭日軍防空炮射擊，立即將整個第四軍的軍糧配給減半。[36] 史林姆保存補給品的作為是正確的，但是考萬已經喪失先馳進入仰光的機會。「吸血鬼」已於五月二日發動，同一天，考萬也繼續前進，穿越洪水區域。在勃固的那兩天，使戰況完全改變了。如果松井部隊沒有這麼兇猛的抵抗，那印第十七師就可能會比「吸血鬼」早先到達目的地。然而，松井為何又突然撤軍，還讓道路敞開呢？

松井在四月三十日，接獲木村的命令：「貴旅團應全速轉進仰光，並死守之。」[37] 松井並不是個笨蛋。他知道四月二十七日命令最後一段的意涵。然而，他無權去質問緬甸方面軍的命令，所以他乾脆命其手下從勃固撤退。河野（Kawano）大佐在戰鬥中陣亡了，而松井的殘部在往萊古的公路上，一直被英軍印第十七師追殺，若照這個速度下去的話，松井認為會全軍覆沒，所以索性就離開道路，以免慘遭英軍裝甲部隊殲滅。他選擇遁入勃固的山頭，在龐吉（Paunggyi）集結殘部，以繼

35　Mountbatten. *Report*, p.155., para. 539
36　事實上座機有被防空炮火擊中，其中一名美國軍官福勒頓（Fullerton）少校最後失去了一條腿。「我常懷疑」，梅舍維寫道，「如果我們飛到仰光，之後會做什麼？我覺得，假如我們發現機場已清空、也能著陸，我們或許也會像比爾史林姆一樣，就憑一個人就奪回仰光！這該多好。」（*War Against Japan*, IV, p. 399.）
37　《錫當：明號作戰》，頁 343。

第八章 再擊仰光

續執行他那「死守仰光」的不可能任務。[38]

當然這已經太遲了,「吸血鬼」六支突擊艦隊,已在四月二十七日傍晚五點,至四月三十日的清晨五點之間,分別從阿恰布港和蘭里島的皎漂港出發,向距離480多哩的仰光前進。五月一日大清早,一三六特種部隊的一支特遣隊及一個目視管制小組被空投到象角以西5哩的地方。半個小時以後,一個傘兵營(傘兵第五十旅的一個混編營,由桑薩克的倖存者重新整編而成)從38架達科塔運輸機跳傘下來。首批空降的過程還算相當順利,不過隨後的廓爾喀傘兵就不那麼幸運了。他們得徒步2.5哩才到達目標區,而那時解放者式轟炸機(Liberators)正在轟炸設在象角的火炮。轟炸機投彈有一些沒有擊中目標,還造成了友軍傘兵30多名的死傷,目視管制組於是通知它們取消轟炸,才避免後續更嚴重的誤擊。另一方面,廓爾喀部隊長途跋涉,通過了同樣阻滯印第十七師的暴雨而抵達。下午較晚時分,只見他們壓制日軍炮兵,日軍全數一共有37人,頑強戰鬥,不過只有一人生還。一旦航道的水雷清除,登陸艇隊馬上可以搶灘。[39]

前一天,空軍飛機掠過仰光上空,發回的報告指出,他們看到在仰光監獄的屋頂上,有用油漆寫著英文字。事實上,有兩段:一段是「鬼子跑了(JAPS GONE)」,另一段寫著只有英國皇家空軍才看得懂的軍中密語,「火速搶救(EXTRACT

38　小宮德次,一名服役於仰光防炮部隊的軍官,深信松井根本無心重回仰光作戰,假如他真要這麼做,為何要釋放戰俘?更大的可能是他企圖在勃固抵抗,然後朝錫當河撤退,小宮也相信松井無法報告第二十八軍,關於他將要離開仰光乙事,並非意外或忘掉。因此謹慎地不服從寺內的死守命令,他也認為第二十八軍知道此事。《緬甸戰,戰爭的人間紀錄》前篇,現代史出版會,1978,頁 110-112。

39　Kirby, *War Against Japan*, IV, p. 394.

DIGIT）」。[40] 第一段話或許是個詭計，不過第二段就很難不去相信了。儘管如此，還是決定按照計畫完成「吸血鬼作戰」，掃雷艇清出了航道並放置了浮標。在五月二日凌晨兩點十五分時，突擊艦隊放下他們的登陸艇，海軍對於有關情況惡化的風險考量是正確的。登陸艦艇得冒著大雨和浪濤航行 30 浬，轟炸機對灘頭實施地毯式轟炸，登陸行動沒有遭到什麼抵抗，錢伯斯（Chambers）的第二十六師很快地就在東岸大舉登陸。

有個人對屋頂上的信號非常關注，他就是皇家空軍第一一〇中隊的指揮官桑德斯（Saunders）中校，他在五月二日下午，對仰光執行了一趟空中偵察。從空中看下去，仰光城內已經沒有日本人的蹤影，所以他決定下去瞧瞧。他駕著蚊式機（Mosquito）飛到敏加拉洞（Mingaladon）機場的上空並試著降落，這時讓他感到沮喪的是，盟軍的轟炸效果太好，整座機場的跑道被炸得滿目瘡痍，不過無論如何他還是著陸了。可惜他的蚊式機也受損到無法再起飛的程度。他的領航員帶領他前往仰光監獄，有超過 1,000 名的戰俘還留在裡面。戰俘告訴桑德斯，日軍在四月二十九日深夜就已逃離了。[41] 桑德斯不管原來的目的，神氣十足地往碼頭走去，他徵用了一艘舢板，開心地沿著仰光河而下，欲與即將抵達的第二十六師會面，而由該師在五月三日早晨把他接上船。「我們都相當欣慰的是第十四軍團」，史林姆記得，「假如我們無法第一個攻入仰光的話，那退而求其次的，就由第二二一兵團的成員來達成，我們認為

40　史林姆書中原文：Japs gone. Exdigitate.（深夜就已逃離了），參見 Slim, op.cit., p. 506.
41　Kirby, IV, p. 366.

該兵團與第十四軍團有袍澤情誼。」[42]

五月六日下午四點三十分,廓爾喀第四十八旅第七團第一營與第二十六師的林肯郡縱隊在萊古會師,他們距離仰光北部僅 27 哩。

第四回 籠中鳥飛了

所以,籠中鳥已經飛了!即使遲至密鐵拉的戰役結束,史林姆還以為仰光防禦非常堅固。他寫道:「很難獲得日軍作戰意圖的情資,但是可肯定的,此時並沒有證據顯示,日本人會在我們接近的時候,從這座城撤離。」他在四月二十四日,已得知木村將他的司令部移到毛淡棉,但這並未告訴他所有他想知道的情報。仰光將會被全面棄守嗎?還是木村會留下敢死隊死守仰光呢?情報指出,木村將會盡全力鞏固位於勃固的聯絡中心,但不知道,在四月二十二日之前,木村已經決定撤出仰光,而無視於寺內壽一元帥在西貢發過來堅守仰光的命令。[43]

史林姆不知道這些是情有可原的,因為連位在仰光的高級司令部也不知情。到了四月二十五日,葛溫(Gwyn)准將在「東南亞盟軍地面部隊」司令部報告,在仰光半徑 25 哩內的日軍減少了 3,000 名,使已知的總數減至 11,300 名。隔天他示意總數

---

[42] Slim, op. cit., pp. 507. 第二十六師的史官,當然了解在最後一刻,被別人搶走風采的感受,不過這並不會感到遺憾。他寫道,「重新奪回仰光對第二十六師而言已經是很偉大的成就了,因為這兩年在眾所矚目之下,該師於阿拉干擾亂日軍補給線,並建立空中及海上的交通線,以維持東南亞盟軍部隊的戰力上,扮演舉足輕重的角色」。(Tiger Head, p. 36, in *Reconquest of Burma*, II, p. 427, n. 52)

[43] 蒙巴頓 Mountbatten,《報告》*Report*, p. 154, para. 535

可能會再降到 9,450 名。三天後他才能用「極限（ULTRA）」小組的情報報告上級，緬甸方面軍司令部已撤離，而從被破壞的設施來看，日軍已經接受失去仰光的事實。他大膽假設，如果運輸工具允許的話，日軍可能會盡全力從仰光撤至勃固。在「吸血鬼」展開行動前，日軍在這地區的各種兵力加總起來，可能已經縮減到 8,000 人。[44]

即便是木村的部下，缺乏像蒙巴頓和史林姆一樣的特權可讀到木村的密電，也都不知緬甸方面軍司令部已經準備要放棄仰光了。木村雖然不具備頑抗到底的性格，但他意圖把緬甸的東南區域變成一個阻絕區，盡他所能的阻滯盟軍進入泰國。他知道如要達此目的，必須先集中留在丹那沙林的兵力，那裡的邊界與泰國連接，南方是馬來亞。如果他能統領從北方來的幾個師團：殘破的第十五師團、第三十一師團、第三十三師團和仍然具有堅實戰力的第五十六師團，還有櫻井省三從阿拉干和伊洛瓦底河谷來的第二十八軍。這樣的話，他或許還能建立有效的防線，不過他卻認為在仰光與丹那沙林之線試著建立一道防線，是沒道理的。從仰光到丹那沙林的交通線，要不是走海路越過馬達班灣可怕的航道，就是得走陸路，經由勃固和錫當河。不論是選擇哪一條路線，一旦第十四軍團出現在下緬甸的路線上，這就意謂著日軍勢必得衝過英軍的火力網。減少損失更好的做法，是將司令部轉往毛淡棉。

寺內壽一在四月二十日，從西貢打電報給本多，要他守住首都仰光。如果你斜躺在那座法屬位於熱帶地區的省城—西貢，

44　1945 年 4 月 25 日信號：「從 1945 年 4 月 3 日起，日軍作戰序列之改變」；1945 年 4 月 26 日信號 54015/1；1945 年 4 月 29 日：「1945 年 4 月至 1945 年 8 月，日軍作戰序列之改變」（PRO.WO208/1057）

第八章 再擊仰光

還下令要別人戰到最後一兵一卒的話,這說得倒輕鬆。木村在仰光先前情勢還緩和時,就已經對本多下過同樣的命令了,現在處境已完全轉換。「我欣賞這訊息所表達的觀點」,木村在事後回憶中諷刺地說,「但是我同時也對於南方軍參謀完全忽略真實的情況,感到非常吃驚。他們應該明白,我緬甸方面軍不能讓自己在仰光自生自滅,但是仰光和新加坡的司令部是如此害怕仰光會成為盟軍全面攻擊馬來亞的基地,以致於他們下達這種不切實際的命令給我,要我將仰光變成緬甸方面軍的墳場。我決定放棄仰光是非常合理的。」

寺內壽一並非是唯一持反對意見的人,木村的做法,在自家內部也遭到敵意。他的參謀長田中新一中將,在四月二十三日早上剛從東固前線返回,當意識到整個司令部的氣氛是要立刻撤離時,他很震驚。木村告訴他,盟軍的裝甲部隊從卑謬和東固攻過來,很明顯地,可能在四月二十七日就打到這裡,司令部不應該陷入這場會發生的大災難中。田中新一說,他可以了解,方面軍也許有一天,必須從毛淡棉指揮作戰,只是時候未到。想要重振對所有部隊已破產的指揮權威,唯一方法,就是留在仰光繼續戰鬥。方面軍司令部一撤退,馬上會讓各地產生一種仰光被放棄的印象。木村斷然拒絕了他的論點,隨即空襲警報響起,他們進入防空壕,繼續爭論。[45]

田中新一很早就明確表示,仰光應該要寸土必守,逐街、逐屋、甚至每間寺廟,有必要的話也得執行。他曾盡可能地向緬甸總理巴茂說明,「我軍在東南亞部署有超過一百萬的部隊,」田中新一說,「我們會戰到最後一兵一卒。」當巴茂看

45　Allen, *Sittang: The Last Battle*, p. 30.

到仰光大金寺的山上,正在建構防禦工事和埋設地雷,商業區的街道上正在埋設炸藥,讓他徹底了解田中新一的解決方法。巴茂跑去見木村並告訴他,大金塔對於緬甸人和佛教歷史是如何的神聖,如果在那上面安上炮座,後果對日本與東南亞其他國家的關係將會是種災難。木村不置可否,但至少巴茂費力表示,他認為「焦土政策」是不適合用在緬甸的。巴茂決定將這議題趁著一九四四年底,應邀去東京電台演說時報告給日軍的最高階層,他告訴新的首相小磯國昭,還有帝國參謀總長杉山(Sugiyama)元帥,仰光不應該成為戰場,杉山說,他能理解巴茂的感受,尤其是大金塔,「我們會盡最大的努力不破壞你的城市,但我必須提醒你,無論是用何種方式或透過誰,讓敵人質疑我們不會堅守仰光或其他大城市的話,那我軍絕對會不計後果在那裡戰鬥到底。」

　　這似乎是一個多餘的警訊,這既是承諾也是暗示,要巴茂閉嘴。杉山有個敏銳的想法,認為在巴茂的政府成員中,早已有人和英國人秘密接觸,只是在等待時機成熟後易幟。[46]

　　田中確實是決定戰鬥到底,所以當高級參謀青木一枝(Aoki Takeki)大佐,將撤退到毛淡棉的命令草稿呈給他時,他拒絕簽署。青木解釋說,方面軍的無線電台在前一天已經撤走,而司令官飛往毛淡棉也已經確定,一切都已經完成準備。田中怒氣沖沖地又去找木村,並要木村重新的考量,而木村堅定地拒絕了。緬甸政府和日本駐緬大使館已接獲撤離的通知,並準備離開。雖然田中仍然拒絕簽署命令草稿,不過當他還在東固的時候,該命令草稿已經以最快的速度擬定。由於木村本

46　同上, p. 30.

第八章 再擊仰光

人已經批准了命令,所以田中的抵制,不過只是徒具形式而已。[47]

幾乎到了最後,巴茂還是無法肯定田中是否將會為這座城市決一死戰,不過日本駐緬大使石射豬太郎(Ishii Itaro)告訴巴茂,田中新一有意血戰到底。四月二十一日,所有緬甸政府的部長及其家人都已被告知,如果要隨日軍撤退者,必須要在四月二十三日晚上撤離。巴茂召開了他最後一次的內閣會議,並宣布了這項消息。有五位部長願意跟隨他,他也指示要留下的人員,繼續工作,然後就和他們道別。

田中因人在東固而缺席似乎是天意。有三位參謀跟隨他:作戰參謀山口英治、情報參謀高木秀三(Takagi)、後方參謀後勝(Ushiro)。就在他們返回仰光的前一天,高級參謀青木召集其他幕僚一起討論戰況,大家取得一致的共識:撤退勢在必行。沒有人主張堅守仰光戰到最後,所以青木草擬了撤退計畫上呈給木村,而木村的心意已決,所以簽這一道命令是非常的乾脆。青木可能感到很尷尬,因為他未能等到田中返部,不過四月二十二日那一天,梅舍維的裝甲部隊已突穿東固,並且勃固的失守也是指日可待。一旦勃固淪入英軍手裡,那通往毛淡棉的路線就會被截斷,所以一天、甚至是半天的耽擱都將非常要命。

撤退通知的傳遞,並沒有依照應該有的機制執行。四月二十六日,仰光防衛隊總司令官松井(Matsui)秀治少將,匆忙召集當地日僑充當防衛軍。當天大部分的參謀都搭車離開,而木村也已經在三天前搭機離開了。理論上,松井應該將傷兵

---

47 《錫當,明號作戰》,東京,1969,頁233。

納入編組,事實上,他也的確運用這套機制將躺在兵站醫院的500名傷兵編成一個營,但他們顯然是無戰鬥力,所以他只好將他們裝在一條船上,轉運去毛淡棉。在當下,他並不知道木村已經離開。當他聽到司令部的人員已撤離他們的大樓(仰光大學的校舍),松井馬上從他的部隊中派出一個班過去偵察。他們回報發現裡面是一片混亂,拆散的文件散落一地,其中還有功績簿散布在辦公室地板上。原要發給軍隊整箱整箱的香菸,早已被闖入的當地居民洗劫一空。

當這個班歸隊報告所看見的,松井無言了。「我可是仰光的衛戍司令!」他內心狂怒:「他們竟然連一句話都不說,就溜光了!」[48] 就在那時他也決定要處理戰俘的事。他指派仰光俘虜營的所長豐田(Sumida)大尉,帶著身體還能行動的戰俘前往錫當,並給他一個秘密指示,如果情況不利的話,就讓他們走。那些身體殘缺的戰俘便被告知,「從明天起,也就是四月三十日」,松井告訴他們,「你們自由了,想去哪就去哪,我們會留下足夠的食物和醫療用品給你們。英國和印度的軍隊馬上就會進入仰光,隨便你們要不要等待他們。」這份大意如此的告示,被釘在仰光監獄的大門上。隨後松井和他的殘部前往勃固繼續奮戰。他們曾經接到一道命令要去炸毀所有的港口設施,但因為沒有足夠的炸藥,所以他能做的只有炸掉一座橋的部分而已。

婦女和小孩大部分早已撤離了城市,不過還有百餘人留到最後。青木大佐說他們應該與最後的部隊一起離開,但很明顯地,他們根本就跟不上士兵們行軍的速度,所以第七十三兵站

48　Allen, op.cit., p. 35.

第八章　再擊仰光

副官白澤戰治大尉去碼頭想找一艘船給他們。可是他眼見所及只剩下一艘木船，他把婦女和那些在近日戰鬥中喪生的官兵骨灰罈也一併送上船。它們被囤放在仰光等待海運運回東京和進入靖國神社，總計有 37 大箱、約四萬個骨灰罈。不同於在「吸血鬼」準備期間，就被盟軍擊毀的那十一艘船，這艘船順利地抵達毛淡棉。

從方面軍撤離到英軍抵達之間，大約有十天的時間，這城市被劫掠一空。日軍庫存的武器、彈藥並非全數被轉移到毛淡棉，現在卻被洗劫一空。結夥的土匪掠奪了湖邊有錢人的寓所，拆掉屋內所有的配件，包括：水龍頭、閥門、電源開關、燈具……都無一倖免，路上的人孔蓋也被偷，靜止的汽車和卡車也被拆走零件，街道滿是垃圾，巷弄內還有排泄物充斥。街道上鋪滿了百萬張日軍占領時發行的盧比紙鈔，綠色紅色賞心悅目的設計，可現在卻一文不值。

奇怪的是，自由印度臨時政府的領袖和印度國民軍，似乎對仰光的現狀比日軍指揮官或緬甸總理更有良知。鮑斯預判這城市在日軍撤出後，將很容易受到大規模的掠奪，而那裡還有為數可觀的印度人，他指示羅干那山（Loganathan）少將（外號「叔叔」），留置 5,000 名的部隊維持秩序，直到英國人進城，開始新的管理為止。

鮑斯所不缺的，那就是勇氣。他會繼續戰鬥下去，但他的部長們說服他，如果轉移到曼谷，可以做更多的事。在一九四五年的五月，亞洲戰事看起來還可能會持續好幾年，所以鮑斯於四月二十四日派一隊卡車運送他的女兵部隊「詹西女王團（Rani of Jhansi Regiment）」。車隊在前往錫當的途中，他的座車在沃鎮的路上，遭到英軍戰轟機的掃射，造成車輛打

滑掉入8呎深的壕溝中。沃鎮已經無橋樑可用，日軍正用渡船運送人員。磯田三郎（Isoda）將軍是「光機關」的首長，該機構負責日本人和印度國民軍之間的協調聯絡工作，他禮貌性地向鮑斯表示讓他優先渡河。鮑斯對他怒斥。「見鬼了！磯田！」他咆哮說：「除非婦女們都過河了，否則我不會渡河的。」兩天後，當女兵團的指揮官西維斯（Janaki Thevers）要求鮑斯脫下笨重靴子，好讓她幫他洗襪子時，她當場嚇壞了。在這段期間，鮑斯徒步行軍而不乘車，他的雙腳雖然起滿水泡，但仍拒絕坐車。就在當天晚上，他走在縱隊前頭，又行軍了15哩。[49]

鮑斯想到巴茂時就生氣，因為一九四三年十一月，在東京的大東亞會議中，他們是其中的風雲人物，他還對巴茂表達了極大的欽佩。磯田三郎設法弄到幾輛從毛淡棉來的卡車，然後去見鮑斯。車子有空間容納他的參謀和詹西女王女兵團。[50] 士兵則必須徒步行軍，鮑斯憤怒的轉向磯田說：「你認為我是緬甸的巴茂，會怕死而棄我的人逃生嗎？我已經不只一次告訴過你了，除非我的人都上車了，否則我是不會先跑的。」他於五月一日抵達毛淡棉，同一天，廓爾喀傘兵空降在象角。

辻政信表示，木村讓巴茂和鮑斯陷入狼狽不堪的景況，並非事實。[51] 但是木村搭機離開戰場，卻在官兵口中留下不好的名聲，会田雄次（Aida Yûji）回憶到，他在醫院中看到一名士兵右手沒了，還被標記為「適合服勤」。醫官聽見他的嘀咕，把一個傷殘官兵推到前線是多麼可怕，馬上對他咆哮道：「他

49　Shan Nawaz Khan, *INA and its Netaji*, p. 25.
50　譯註：這是印度婦女組成的軍隊，在印度國民軍轄下，是二戰少數全由女性組成的部隊。
51　辻政信，《十五對一》，頁291。

第八章　再擊仰光

也許無法開槍,但仍然可以拉馬韁!前線需要每一種人,即便像他這樣沒有什麼用處的也一樣。這可是將軍的命令!」会田知道這個將軍,每每遇到新的增援部隊軍官,都會說:「前線都沒什麼事可幹,到目前為止,你們的生活都過得安逸,假如你想要有什麼用處的話,那就必須準備好並意志堅定,勇往直前,讓自己像個男子漢般的死去。」「像個男子漢般死去!」会田又重複對自己說:「因為我要搭機,逃到安全的地方去。」

「在緬甸戰役中這真是奇恥大辱」,第二十八軍一名參謀官如此說道,「木村總司令帶著他的參謀跑了,無視於兩、三個星期之前他大言不慚說過的話:只要是與緬甸有關的事,南方軍根本不需要擔心,他可以堅守得住。」在他撤退的兩天前,當時正在討論有關在勃固山區執行游擊戰的計畫時,木村還清楚地對第二十八軍軍長櫻井省三說:「不用擔心,我們會確保東固以北的防線直到雨季結束。」[52]

巴茂的撤離並不順利,一方面是他的女兒正要臨盆,其次是日本人的安排出了問題。平岡(Hiraoka)大佐是他和木村的聯絡官,現在負責他的安全,為他安排了一個小隊的士兵護送。他的部長們及其家人也一同撤離,這意謂著需要30輛貨車才夠。要與他們隨行的岡本(Okamoto)中佐向兵站的後勤官植村秀(Uemura)少佐提出了車輛需求。可是當時間到了要用車時,植村秀少佐根本啥事也沒幹。岡本說道:

> 我無可避免自己去找車,行程也無可避免有所耽擱。我在走後兩天才出發,而當我抵達錫當河渡口時,

52　Allen, op.cit.,pp. 32-33.

遇到了大使石井先生和總領事島津先生,他們都被擋在那裡沒辦法渡河。

我去跟渡河的部隊協調,讓他們優先過河。

除巴茂之外,幾個部長當中有些因為沒車坐,而筋疲力竭,其中一些是從勃固沿著公路徒步過來的。車子從他們的旁邊經過,沒半輛停下,因為全部都超載。他們的情況看起來真是有夠淒慘。

當巴茂渡過了錫當河,他停了下來說不想再走了,打算留在原地。他說,如果去了毛淡棉,他一定會被刺殺。我於是前進往毛淡棉的方面軍司令部,解釋所發生的事情,並要求指示。他們說假如巴茂能安頓在木當(Mudon),就沒有什麼好擔心的,(並)要我陪他在一起。我直接返回,並告訴巴茂司令部所說的,隨即和他去木當。[53]

巴茂心神不寧,車子連夜朝齋托(Kyaikto)行駛。在離錫當河渡口16哩時,他的女兒婷沙(Tinsa)開始陣痛,他們及時找到一間房讓她臨盆。[54]

緬甸政府已經逃離了英軍。鮑斯政府以及木村的司令部亦

53　《錫當,明號作戰》,東京,1969,頁240。
54　Ba Maw, *Breakthrough in Burma*, pp. 397-398. 仍然有許多有趣的註解,談論到有關於英國重新奪回這座帝國偉大的城市,還有插畫來表示社會是如何輕易地遺忘掉這些疑慮。英國的米字國旗重新在仰光由一名叫 Mohamned Munsif Khan 的印度士兵升起。Khan 後來在印度、巴基斯坦分離之後,於巴基斯坦北京的大使館內工作,後來投靠他在英國的兒子。由於行政作業疏失,英國內政部拒絕了他的入境申請,讓他在希斯洛機場被移民局官員給擋了下來。為了抗議英國內政部遣返他的命令,於是他退回了在戰時所獲得的勳章,其中當然也包括了「緬甸之星(the Burma Star)」。(*Sunday Times,* 27 June, 1982.)

然。不過還有一整支的日軍—櫻井的第二十八軍—孤困在勃固北方的山區,他們必須撤出。

日落落日：最長之戰在緬甸 1941-1945（下冊）

第九章 掙扎脫出

日軍由勃固突圍；渡過錫當河

> 第 一 回　山中求生
> 第 二 回　繞水一戰
> 第 三 回　特務探路
> 第 四 回　突圍計畫曝光
> 第 五 回　齋藤與振武兵團
> 第 六 回　櫻井回師
> 第 七 回　堤少佐犯難

日落落日：最長之戰在緬甸 1941-1945（下冊）

摘　要

　　本章細數緬南山中的日軍，在勃固山脈渡河撤離的艱險歷程。第二十八軍與第三十三軍的掙扎求生、英軍的尾隨查探、日帥落寞地脫隊返回原來大勝的地點，與日兵的冒險犯難等故事。

　　日軍第二十八軍，原計畫從勃固山脈橫跨錫當河，進入丹那沙林突圍而出，進行重整。因逢雨季，集結困難，在準備不及的情況下要在山區多待一個月，方可完成突圍準備。而緬甸國民軍此時已改為投效英軍，日軍徵糧更加不易；加上雨季泥濘、洪水氾濫、蚊蟲叮咬，在掙扎脫困歷程中傷亡慘重。

　　第一回敘述第二十八軍在山脈間的生活情況，搭竹屋、吃竹筍、抓雞、釣魚，尋找可食雜草以充軍糧，在竹林裡躲避英軍炮擊、利用竹子拼組船筏等情景；第二回敘述本多中將的第三十三軍殘部已無法奪回仰光，乃決定繞道撤離。雨季改變了錫當河下游的地貌，日軍沿河與英軍對峙，仍不時發生激烈的戰鬥；第三回敘述日軍第二十八軍的情報系統，以及情報蒐集與行動前的情況確認；第四回則敘述英軍在關鍵時刻虜獲了日軍文件，內容揭示了振武兵團的行動計畫，英軍參謀團萊維中尉翻譯各式文件並建立詳盡的圖貌，送達司令部參考，從而全盤掌握日軍動向；第五回敘述振武兵團參謀齋藤弘夫中佐的經歷，以及部隊的突圍行動；第六回敘說櫻井中將踏上歸途時，與部屬們查看渡河的情景，目睹許多士兵得霍亂、瘟疫以及被急流沖走、傷亡慘重而無力救助的悲痛，還有他收到日皇宣布戰爭結束詔書的反應；第七回描寫日軍在仰光的敢威兵團中有

一支海軍警備隊,駐地接近第二十八軍,同樣也在勃固山脈間行進,另以堤新三海軍少佐為主角,敘其見聞及冒險旅程。

　　基於手上許多史料來自戰俘訊問報告,作者得以細緻而深刻地描繪英日大戰的尾端,英美等聯軍在追擊期間,日軍的脫困過程。因此,本書前面八章以英國的主軸。到了本章以及下一章,改以日軍為核心,描繪其落難細節:例如一名將死而未死的日軍,卻被當地竊賊以重器打掉下額,為的是取出他口中黃金做的假牙,而此時這名日軍還在哀嚎。又如有超過 5,000 人在齋藤中佐身邊死亡,但死前仍彬彬有禮,不只沒有抱怨可怖的行軍,還在斷氣之前低語:「得到您的幫助,實在太感謝了。」

　　大和魂,在本章表露無遺。

第一回　山中求生

　　第二十八軍進入勃固山脈（the Pegu Yomas）後的第一件事，就是要存活。原本這不是什麼問題，因為這座山脈不似緬北那些高達數千呎的高山峻嶺。從曼德勒到仰光一路看去，這只是一片低矮的丘陵，看來沒什麼翻越的困難。不過，外表會騙人。勃固山脈最高約 1,800 呎，南北綿延約 80 哩，東固至卑謬之間逾 30 哩寬，其南端從勃固朝仰光一路緩緩下降。山脈為茂密的森林所覆蓋，主要是竹林，即使把象徑都算進去，小道依然稀少而險峻。不消說，聚落也是寥寥無幾。到處都是大片的沼澤地，到雨季就會化為泥濘的湖泊，這恰恰正是第二十八軍通過的期間。最初的計畫設想從五月初至六月底，兩個月的時間裡，第二十八軍從山裡突圍，穿過錫當河谷，進入丹那沙林。然而，並非所有單位都能夠那麼順利完成集結，結果幾乎到了七月底，該軍才準備好突圍。這意味著在勃固山區，多浪費了一個月，致使糧食補給系統完全失控。

　　負責糧食補給的是第二十八軍參謀山口立（Major Yamaguchi）少佐，一個足智多謀、活潑且精力充沛的人，早已盡可能地將彈藥和足以供應部隊兩個月分的糧食給養，運到山上。等到糧食出現短缺時，只得將配給限制到每天 250 克，同時不斷地派出徵糧隊。到這個時候，徵糧已經是件充滿危險的工作了。在山麓西側，徵糧隊試著以各種方式，進入勃固山脈與卑謬至仰光路上的村落。但緬甸國民軍這時已倒向英方，他們會襲擾前來徵糧的日軍，甚至如果徵糧隊人數太少，村民還會將日軍殺掉。糧食的徵集常常陷入毫無紀律的狀態，日軍

第九章　掙扎脫出

經常不顧死活地武力奪取想要的物資,這顯示這支軍隊再也不打算回來。漸漸地,日軍只能靠自給自足來取代緬人的物資。

　　山區能提供的豐富物資其中一項,就是竹子。日本人和竹子相處了幾千年,他們拿竹子來築屋、寫字,甚至拿來當飯吃。各種尺寸的竹管讓日本人做成毛筆,而且還可以拿來當做筆筒。日本木造建築比世上其他國家的木造建築更成功。世界上最古老、最美麗的木造建築就是奈良(Nara)的法隆寺,竹子也是其特色之一。竹、櫻、梅,同為日本繪畫中歷久彌新的題材。況且,竹的嫩芽即竹筍,還可供人大快朵頤。這時正是一年當中採摘鮮筍的最佳時節,所以竹筍稀飯就成了第二十八軍的標準伙食,隨著稀飯裡的白米越來越少,筍子所占的分量就越來越重。如此毫不豐盛的伙食,只得拿山中生息的野生動物加以補充:蛇、蝸牛、蜥蜴以及各種雜草。振武兵團的高級參謀齋藤弘夫(Saitô)中佐,早就預料到在勃固山區裡頭會發生什麼事,所以當部隊還在阿拉干的時候,就開始試食野草。他早就紀錄了十來種的野草是可食用的。當振武兵團首次走進勃固山脈時,他們的給養還算不錯:有收集來的未去殼的稻米(日文稱為「籾」)、並以蔬菜補充維生素的不足,還有家禽充作脂肪供應的來源。只有當上述糧食吃光了,才必須食用野草,隨著需求增加,可食用野草增至 38 種。

　　第二十八軍也發現,在麥查里溪(Mezali chaung)的魚非常鮮美。軍司令官櫻井省三中將也趁著季雨稍歇的時刻來釣魚,而且他還專挑一種不知道叫什麼名字,但看起來像是鯉魚,長約一呎,極為鮮美的魚,山裡還有狩獵比賽。櫻井的副官尾崎(Ozaki)有先見之明,帶了一把獵槍,並四處找尋成群的雉雞添進鍋子裡加菜。除了雉雞之外,當地還有母雞。士兵將牠們

291

趕到小樹林裡，等天黑之後再抓起來。

以竹筍為主食，讓腳氣病患的人數下降，但這意味著他們所吃的筍子，遠超過在日本平時所吃的量，或許超過年平均值1倍以上吧。況且調味也是個問題：在此指的是鹽。事實上，比起調味來說，保命更為重要。人在熱帶高溫的狀態下，從事重勞動時，身體會流失大量的鹽分。如果不能得到補充，接著就會出現熱衰竭，然後是熱痙攣和脫水。印度軍早就遇到這個問題，並且已經計算出一個人在無飲水限制下（水不是第二十八軍的問題之一。無論如何，至少飲水問題是不用擔心的）每小時將會出汗一公升。要補充因汗水而流失的鹽分，需要每工作一小時，就攝取兩克的食鹽，以保持所謂的「氯化鈉平衡」；此外，在每小時休息時，還要再攝取半克食鹽。也就是說以一個人每天工作八小時計算，一天共需要24公克的鹽。如果木村在逃離仰光之前，有妥善分配物資的話，在勃固山脈應該已經貯藏了充足的食鹽才是。然而，這項工作並未執行，所以櫻井的將士們只能找尋替代品。其中一個聰明的辦法就是製作芒果酸醬，澆在飯上吃。雜草、蜥蜴和酸芒果醬，這多少能保住性命，但也就是如此而已，而且這樣的伙食是全軍上下每個人都一樣的。當六月二十五日，由第二十八軍司令官主持的最後一次軍參謀會議召開後，大佐們和將軍們一起用餐，他們那一餐吃的正是野戰口糧配竹筍。[1]

日本兵以竹為食，也結竹而居。勃固山脈開始到處冒出竹屋聚落，柱子和牆由竹子建成，屋頂則以樹葉和草遮蓋。這當然遮不了雨，但總聊勝於無。第二十八軍的參謀四人組，他們

1　《南窗》，〈突破作戰三十週年號〉，東京：1975年7月，頁6。

曾經一同就讀陸軍士官學校[2]，土屋英一中佐、山口立少佐、福富繁少佐和奧平昌功少佐，共享一間小屋。這是棟複雜的小屋，有一間參謀室，附了一座從地上直接挖出來的純日式地爐的辦公室，還有一間寢室，作為第二十八軍司令部。這緣於四月二十八日開始，從仰光往卑謬公路上的岱枝（Taikkyi），移到坦賓貢（Tanbingon），然後又遷入深山之後所建。因為坦賓貢剛好位於汽車路終點不遠的西側山麓，因此只要英軍裝甲部隊決定探索山脈邊緣的話，戰車是可以開到此處的。到了六月初，為求慎重起見，日軍更深入山區內部。第二十八軍司令部遷移至麥查里（Mezali），在英國地圖為「拼麥查里（Pinmezali）」。但對日軍很不巧的是，該地仍在地圖記載的路徑上，而且圖上還標示在麥查里有個平房，這讓英軍推斷該處可能被日軍充作司令部之用，所以英軍開始炮轟此地。

「麥查里（Mezali）初次遭到炮擊」，奧平（Okudaira）在他六月十一日的日記中提到，[3]「當晚七點三十分，總共九發。十日凌晨一點，又是九發。上午七時三十分，再來九發。下午三點和晚間七點，各四發。晚間十點，三發。十三日，炮彈落在司令部。為了防備這樣的情況，在參謀小屋裡挖了壕溝，但山口和福富少佐直接臥倒在地板上，無人受傷。」參謀們判斷此乃隨機射擊，但他們也推斷，英軍在由卑謬往東固的公路，向仰光急速推進之後，現在正開始認真地把注意力轉向在勃固山脈的日軍了。事實上，依據櫻井的回憶，從五月二十一日起，英軍就開始以長程火炮試探日軍的所在了。炮擊規律地在每天

2　譯註：即陸軍軍官學校。
3　《南窓》，〈突破作戰三十週年號〉，（東京：1975年7月），頁6。

的同一時間發生，櫻井推測他們應該成了炮兵射擊訓練的對象。他們逐漸習慣了炮擊，甚至每當炮擊時間快到的時候，他們就看著手錶計時說，「距離炮擊還有五分鐘。」炮擊開始時，他們就數有幾枚炮彈落下，最後等到炮彈打到標準數量後便說聲「炮擊結束！」接著就從自己的壕溝中走出來。[4]

就這樣，竹林餵養並庇護他們，而且更直接地拯救了他們的生命。第二十八軍司令部會竊聽英軍的無線電通信，但因乾電池有限，他們只能偶爾截聽，不過這樣就足以獲悉錫當河灘上，每天都有小船遭到破壞，以防止日軍用於渡河的消息。假如他們抵達錫當河畔，卻毫無任何緬式民船可用時，那麼第二十八軍就只能找其他方式過河，這代表竹子又要登場了。櫻井很幸運地有個好的高級參謀，岡村愛一（Okamura）大佐是工兵出身，櫻井對他說，「你能不能暫時放下參謀的工作，去重新當個工兵？我希望你能想想如何渡過錫當河。」他的答案是竹筏，於是岡村開始在勃固山脈的溪澗裡，試驗需要多長的竹子。他發現每根長16呎的竹竿，共24根綁在一起，足以承載10個人的重量；但一根16呎長的竹竿在行軍時是一個可怕的累贅，結果同意每人可以改扛一根8呎長的竹竿，等到抵達河岸後再接上。

接下來該怎麼辦？山口少佐聽到岡村正擔心著山裡缺乏繩子。沒有繩子，就算光有竹子也沒用。他告訴岡村：「我的部下中，有人看過緬甸人剝下某種類似楓樹的闊葉樹皮來做繩索喔！」岡村命令他的渡河作業班去編這種樹皮繩。這種繩索效果令人吃驚，雖然強度不如馬尼拉繩，但已經比棕櫚繩堅固多

4　櫻井，《緬甸戰線，敵中突破》，文藝春秋，1955年11月，頁62-67。

第九章　掙扎脫出

了,而且這種樹在山中隨處可見。[5] 岡村作業班的工作地點是在德漂(Thabyu),當地比麥查里的軍司令部更深入山區,位於北薩瑪依(North Zamayi)森林保留地一隅。這裡就是岡村稱為「救命繩」的繩索來源。岡村去見了軍司令,並請求他同意下令全軍都必須要剝樹皮,做自己所需的繩索,其長度至少要2碼長,並綁在腰上。如果不使用大竹筏的話,那麼根據岡村計算,三段大約4吋粗的竹子,將它們用樹皮繩子綁在一起,應該就能編出來一艘可足以承載一名士兵和他的步槍、裝備的單人筏,參謀們自己建了這種竹筏的模型並在山澗上試乘。此外,他們還試驗過一個人用一根竹子渡過寬110碼的河流時,這根竹子需要多長?為了那些不願意用一根竹子冒險的人,他們還發明了別種的筏子。像是用汽車輪胎的內胎和竹子編成的籃型容器,就可充作單人或多人筏。這些筏子很輕,可以直接扛在背上揹著走,而且一根20吋長的竹竿就可提供必要的浮力。

雙體船式的竹筏就複雜些,將幾根竹竿用帳篷包起來,就可拼成簡單的獨木舟。將二艘小獨木舟併在一起,就成了可承載4人渡河的小船。除了錫當河之外,在山區裡還會遇到其他非橫渡不可的小河,所以勘測其深度和水流強度,甚至於正確的位置都是至關緊要的。緬甸的地圖舊到不是所標示的河川早已改道,就是原本標示在河邊的村落不知搬到哪裡去。振武兵團的齋藤,對這個問題有完美的解答,他有北村久壽雄(Kitamura)中尉。

九年前,北村曾贏得洛杉磯奧林匹克運動會1,500米自由

5　Allen, *Sittang*, p. 154.

式游泳金牌。這位曾為世界上最優秀長距離游泳選手之一的健將,如今成了第五十五師團的中尉。這次「水中蛟龍」將會發現他的技巧,並非用來吸引看台上欣賞的掌聲,卻可能用於拯救成千上萬戰友的生命。在極度秘密之中,北村以其似乎無盡的精力,一次次地由振武兵團司令部出發,穿梭於緬甸游擊隊營地和英軍陣地之間。他潛入蘆葦叢生的水中,標記水流的強度和記住河中適合涉渡的地點,並且又調查了虛弱的士兵們,於雨季最高峰的時候,在水中可以支撐多久。最後,他還訓練了那些將他當成英雄來崇拜的士兵。

第二回 繞水一戰

錫當河東岸的兩個軍,在關鍵時刻吸引及分散英軍的注意力,從而幫助並保護櫻井突圍。以華麗的「鳳兵團」為名號的松山祐三(Masuyama)的第五十六師團,已經從中國邊境撤到南撣邦,獨力接替第十五軍的任務。松山將軍從駐守巴洛(Palaw)橋東方的茂奇公路(東固和薩爾溫江的克馬漂 Kemapyu 之間)上的第一一三步兵聯隊,派出突擊隊,以騷擾東固以北到藍比亞(Lamebya)以南之間的英軍交通線。作戰地境線是通過彪關(Pyu)的一條東西線。

彪關以南至良禮彬(Nyaunglebin)是第二十八軍的突圍區。從良禮彬再往南到勃固,第三十三軍則不斷派出突擊隊,干擾英軍後方聯絡線。英印軍第五師第九旅已經挺進到錫當河畔,其巡邏隊也截堵了向丹那沙林撤退的日軍,包括第十五軍的第三十一、第三十三師團,以及第三十三軍的第十八、第

圖 9-1　錫當河灣之戰

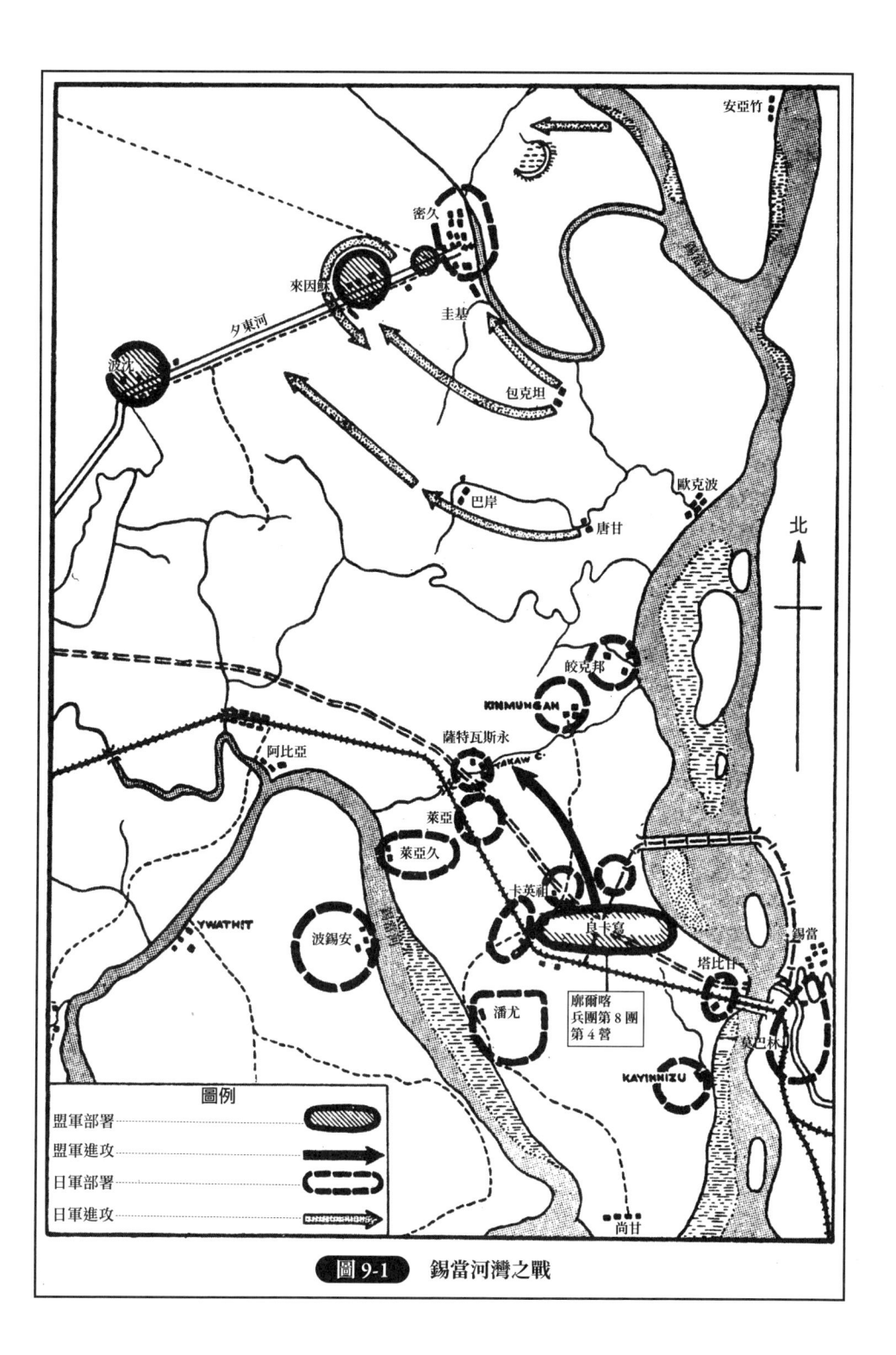

四十九和第五十三師團等殘部。六月二十二日,印度第五師的任務在被印第七師所接替,而為了肅清卑謬以南,與英軍第三十三軍團對峙的日軍第二十八軍,英軍第二十師同第二六八旅和第二十二東非旅,仍然繼續停留伊洛瓦底江沿岸。

　　第七印度師與印第十七師的作戰範圍是從賓邦基和莫因基（Moyingyi）水庫正北一直到密久（Myitkyo）和錫當河。在密久和錫當河口之間,本多的第三十三軍計畫了一場強力的牽制戰。事實上,緬甸方面軍曾要求該軍執行更大規模的行動,第三十三軍卻因為拒絕這個任務,而冒犯了方面軍司令部。或者更確切地說,是冒犯了參謀長田中新一。五月底,本多的參謀長澤本理吉郎（Sawamoto Rikichiro）少將,到毛淡棉的緬甸方面軍司令部匯報。他告訴木村:「儘管所有將士們勇戰不懈,卻無法消滅敵軍的裝甲部隊,以致方面軍被迫放棄仰光。對於這個恥辱,我衷心向您致上最深的歉意。」

　　「不,那是我的錯,」木村回答:「因為我的指揮不力,給各部隊帶來麻煩了。但是,你做得很好！」

　　這時,木村的參謀長田中中將插話了:「方面軍希望第三十三軍立刻進攻錫當河西岸,並一舉奪回仰光。貴軍的情況如何？」澤本大吃一驚。他從最近的經驗知道,田中對於第三十三軍戰力與官兵傷亡的理解與現實有相當大的落差。就算集合第三十三軍全部軍力,也只剩三個步兵大隊和一個炮兵中隊的實力而已,並且他們才剛經歷了將近四十天精疲力竭的撤退。要用這樣子的部隊從史林姆的凱旋之師手中奪回仰光,其答案根本不言可喻。「若下令進攻,吾等將竭盡全力,即使玉碎也在所不惜！」他答道,「但坦白說,就算是您立刻下令也很遺憾,本軍現在一點戰力也沒有。本軍所最迫切希望的,先

圖戰力之恢復,並補充若干重兵器之後,再下令進攻。」

然而,田中的回應卻是:「這不是因為沒有戰力。而是有沒有意願的問題吧?」澤本雖然咬牙切齒,一言不發,情況明顯緊繃。木村悄悄地將他拉進隔壁的房間,「我非常明白。」他說:「田中參謀長的話,只是代表南方軍的要求。我們也認為這是強人所難,所以我已經派一田次郎副參謀長去南方軍,向他們稟報跟你所說的一樣的看法。」

接著,他們談了許多事情。方面軍發布「第三十三軍應於平滿納至東固間,進行遲滯戰策略」命令,讓第三十三軍得以撤出平滿納,拯救該軍免於被屠殺的命運。當澤本得知該命令是木村本人下達時,他衷心的向木村表達了感激之意。[6]

不用說,田中對這段對話的回憶是有些不同的。田中稱澤本對他說第三十三軍已經毫無戰意。

> 「你是說沒有戰力的意思吧?」我給他個下臺階的機會,但澤本回答說:「已無戰意,乃是事實。」
>
> 「第三十三軍司令官接受此事嗎?讓戰士有戰到最後一兵一卒的意志,不就是你們軍與師團指揮該有的原則嗎?」
>
> 最後,因為木村對我的強烈發言面露不悅之色,嘴裡嘟嘟噥噥的,我才不得已結束發言。
>
> 澤本參謀長的發言,是間接暗示第三十三軍拒絕

---

6 《錫當;明號作戰》,頁 323-333。當時軍力;第十八師團 2000 人;第五十五師團 1000 人;第五十三師團 600 人;第四十九師團 300 人;總共 3900 人。《錫當;明號作戰》,頁 312。

執行艱難的任務,這讓我憤慨難耐。[7]

不論如何,澤本還是帶了 20 輛卡車的武器和被服,以及辻政信大佐即將就要調職的消息從毛淡棉回到軍司令部。

在規模大幅銳減的第三十三軍,本多的部下們忙於堆集物資,以備第二十八軍橫渡錫當河成功突圍。在錫當河東岸瑞僅南邊的薩盧姜(Salugyaung),已經儲存了 60 噸的食物、備用被服、足供 3,000 人一個月之用的醫療用品,以及一個月分的電池和無線電真空管補給。在奧波(Okpo)輪渡站以東,有 60 噸糧食留在西比洋(Zibyaung)、90 噸在莫巴林東南的齋托、60 噸在比林(Bilin)東南的帕安(Paan),以及 120 噸在帕安東南方的直通(Thaton)。在七月二十日前,要輸送這些軍需品,並不比作戰行動簡單。雨季的豪雨徹底改變了錫當河下游那些繁榮的村莊和小鎮的地貌。從勃固北往戴可(Daiku)的主幹道與錫當河之間的地帶,有運河、一條鐵路(勃固—瓦烏—阿比亞—良卡寫(Nyaungkashe)—莫巴林)與多條道路交錯而過,而且還包括了巨大的莫因基水庫。鐵路就從錫當村橫跨錫當河,但鐵橋卻早在一九四二年就已炸毀。因為這一帶的地勢都非常低窪,所以地圖上到處標示著「六月至十月間常有洪汛」的警示,這些警告在一九四五年夏天尤為貼切。季風雨灌滿了稻田、大小河川氾濫,使得沃鎮以東的陸地化為一座大淺水湖,跟錫當河連成一氣。唯一移動的方法就是使用緬式小船,或是沿著築得比四周鄉村都高的鐵路路堤通行。步兵巡邏隊發現任務極為困難及不適,這時英軍比日軍更為脆弱,因為他們

7　同上,頁 323。

是在西岸的氾濫地帶行動，日軍大可從東岸堤防的高處監視他們。

沿著這個河岸，第五十三師團除了囤積糧食之外，還收集了渡河資材：十部組裝好了的舷外機馬達、八艘折疊式小艇，以及其他各種形狀尺寸不一的小舟，日軍並試圖在河中架橋。

如同会田雄次（Aida Yuji）[8] 所發現的，撤退絕非毫無風險。他已經歷過了逃離撣邦丘陵的恐怖考驗，他和一位與他成為朋友的中尉在一起，他們都是大學畢業，並且也都樂得離聯隊裡那些油條老兵越遠越好；他發現自己落後聯隊主力達四天行程。他們停在一處其他單位前往集結點時的必經之地，所以就認為他們是在正確的路徑上，然後決定躺下來過夜。這個地方令人感到心曠神怡，黃昏時成群的螢火蟲閃著熠熠螢光、低窪處涓涓細流潺潺流入（這時雨季尚未開始）。然而，這般寧靜卻讓人不安。那兒屍體橫陳，被高熱燒成焦炭之後，還遭到禿鷹啄食。

有幾個從第五十六師團來的士兵，就倒在他們附近的一座雨篷下。有些已死，也有些將死之人。会田餵他們喝點水，但這只是浪費時間，他們連水都嚥不下去，反而順著下巴流了出來。當会田和中尉在打瞌睡時，被一陣奇怪的哽住的叫聲所驚醒。天色漸暗，他們抓著槍，小心翼翼地朝著發出聲音的方向爬去。幾碼之外是一群大約 50 名左右的緬甸人，有男人、女人還有小孩。会田能夠看到他們正在洗劫屍體，很驚訝那些死屍還有什麼值得搜刮的，大部分死者幾乎是赤身裸體，除了一隻

---

8 譯註：當時 29 歲的一名士兵会田雄次（Aida Yuji），後來成為日本歷史學者、京都大學名譽教授。

包在保險套裡,以防雨淋的手錶之外,什麼都沒有留下。

啊!也許還有別的東西吧。会田在恐懼和厭惡下開始後退,緬甸人從死人嘴裡把牙齒敲下來。他看見他們把一顆頭放在一塊石頭上,再用一個大石頭把臉砸開。他們帶了一把拔釘鎚,一旦臉被敲開,他們就開始拔出金牙。会田終於明白他聽到的慘叫聲是什麼,第五十六師團那兩個垂死的士兵,就是死於這種把頭砸爛的方法,那陣慘叫聲正是從他們喉嚨中所發出的最後氣息。他和中尉沒辦法對付那麼多人,只能坐待夜晚降臨,讓黑暗吞沒恐懼。

在路上,還有其他的死亡。会田的中隊曾經有300人的兵力,現在卻銳減到只剩10人,而且第一二八聯隊派給他們的任務是,用一挺輕機槍跟幾把步槍,防守長達數千碼的前線。機槍老是卡膛,所以他們只好用豬油來潤滑。不過這也沒什麼關係,反正他們的彈藥已幾乎用罄,而且看來也不會再有新的補給了。

有一天,会田到一座緬甸寺廟的據點,領他們中隊用的物資,在回程的路上,他發現渡河口改變了,往寺廟的橋樑已經被洪水沖走,而工兵們正試著架設替代橋樑。在這段時間內,他們只能把人用鋼絲吊掛著拉到對岸去。水深及胸,而且就理論上來說,如果抓著鋼絲夠緊,就算水流又強又快,你還是可以把自己拉到對岸去。

他們正準備試著要過河時,一艘緬式小船迅速通過他們面前,當洶湧的河水無情地將船往外海沖去時,船上的人們無助地尖叫著。短短幾秒鐘內,小船就消失在滾滾濁流之中。儘管如此,因為会田和他的朋友們正擔負著搬運軍需品的任務,所以他們無法等到工兵架好便橋。主要的重量是來自一批新到的

靴子,而且是由年紀較輕和未經訓練的新兵奉命負責搬運,老兵們渡河時卻只要攜帶自己的包包和少量的其他東西就好。会田和他從和歌山縣來的朋友吉村,都是學徒兵[9](學生兵),自告奮勇運送這些靴子過河。他們用攜帶的帳篷做成容器,然後各放六十雙靴子在裡頭。吉村將帳篷和靴子綁在背上先走,他很有自信地走進水中,但走了大約十步之後就動彈不得。

> 河水好像在離他不遠處突然變得很深,棕色的湍急水流在他的胸前捲成漩渦。河水開始滲入在他背上的帳篷,使它膨脹起來像個氣球。他不能移動寸步。在絕望和河水的施壓下,過了看來是一段很長的時間。吉村緊抓著鋼絲,接著他面朝上,雙腳浮起,我永遠不會忘記他直盯著我們看的眼神。他未出聲,但他的目光露出絕望的神色,懇求我們幫助。

工兵們開始排成一列抓著鋼絲接近他,但為時已晚。這時已不可能來得及將綁在帳篷上的繩結解開。

> 轉眼間,吉村放開了手,被洪流所吞噬。他翻騰了幾十公尺往下游沖去,而他的腳飛舞在空中,這是我們最後一次見到他。[10]

9　譯註:日文版譯作「學徒兵」,應指一九四三年,日本正式全面徵召大專院校學生,前往戰場的「學徒動員」。
10　会田雄次(Aida, Yuji),《英軍的俘虜》,頁 12。(1966). *Prisoner of the British*:敘述一名日本軍人在緬甸的經驗,由本書作者艾倫(Luis Allen)及石黑英子翻成英文。Hidè Ishiguro and Louis Allen. Cresset Press.

之後,再也沒有人用鋼絲渡河了。会田和其他人等到工兵造好一艘船筏之後,才渡河而去。

会田和他的朋友們所搬運的物資,是送往對岸名為「錫當河彎」的地帶。在河道彎曲之處,本多試圖在七月三日點燃與英軍第四軍的戰火。第五十三師團的2,000人與第十八師團的1,000人攻擊了良卡寫(Nyaungkashe)和阿比亞(Abya)村莊。英軍的陣地由步兵第八十九旅的廓爾喀步槍兵第八團第四營負責防守。[11] 他們發現洪水是個問題,嚴重到某些地帶被形容為「水深到廓爾喀兵無法行動」。但日本人個頭矮,所以洪水同樣困擾著他們。日軍設法切斷廓爾喀人在良卡寫的交通補給線,這代表第七師必須依靠一直籠罩在敵火下的空投區,空投補給。日軍也切斷鐵路線、運河道,還牢牢掌握住村落,這時他們已經占領了周邊四分之三的區域。日軍的炮兵觀測員,也緊緊監視著英軍的一舉一動,很快地廓爾喀人的傷亡就變得非常慘重。

英第四軍原本的計畫是,此時應已奪下日軍炮兵陣地。曼瑟(Mansergh)的印度第五師奉命在雨季之前,奪取齋托,此地位於莫巴林南方17哩的錫當河東岸。要渡過有潮汐的河流和洪水氾濫的水田,又要面對敵人堅強的天然防禦工事,這是一個艱鉅的任務。巡邏隊發現莫巴林的防禦非常堅強,工兵們無法建造從沃鎮到錫當河畔一條距離約17哩的可靠交通線,因為要穿過水鄉澤國;雖然他們已經設法沿著鐵路,建了一條可通吉普車的道路。這時沒有裝甲登陸艇可試著橫渡當地,所

---

11 印軍第7師第89旅在6月21日開始救援第5師第9旅,就在日軍開始炮轟良卡寫和派遣很強的巡邏到該地區的兩天後。

部署的火炮數量也不充足。從中緬甸機場起飛的空中作業經常遭到妨礙，因為大雨讓機場跑道無法使用。延伸到密久的水上交通線也不可用，因為那裡根本沒有適合登陸的灘頭，因此對東岸發動突襲的想法被迫放棄了。日軍一定已經知道英軍的打算，因為他們炸掉了錫當河大橋的另一段橋樑做為額外的預防措施。[12]

再往北，在密久地區，日軍企圖推進至阿比亞和密久之間的勃固到錫當運河一線。但在廓爾喀步槍兵第六團第三營不計代價的拼死反擊，與一系列大規模空襲之下，終於撤退。所有配屬於第四軍的飛機都用於支援第八十九旅，讓日軍不能再越雷池一步；但在良卡寫，日軍卻較成功。廓爾喀步槍兵第八團第四營在七月六日一天就傷亡了85人（其中25人陣亡）。只要日軍仍然切斷阿比亞和良卡寫之間的鐵路，英軍就不可能充分供應廓爾喀部隊的補給或後撤傷患，而且因為炮擊和狙擊造成的傷亡人數，讓據守良卡寫的建議值得懷疑。七月七日至八日夜間，廓爾喀兵撤退了，其實早該這麼做了。就在撤退前一晚，他們遭日軍以150枚105公厘炮彈炮轟了半個鐘頭，其中兩發炮彈就直通通地命中了團急救站，炸死了幾個傷患。

亞瑟·安澹生（Arthur Adamson）中尉於六月至八月間擔任第七師的空中炮兵觀測官，飛越了整個錫當河彎區。他說，在良卡寫部署廓爾喀第八團第四營太過大意了。「這座村子除了一條極長的鐵路與外界相連之外，完全處於隔離狀態。這是很容易被日軍的小部隊給切斷的。最糟的是，當地完全暴露在錫當河東岸高地的俯瞰之下，而且相距只約4,000碼。廓爾喀

12　*IV Corps Narraive of Operations, May-August 1945*.p.6

營是成功地阻滯了日軍步兵的攻勢,但日軍集中了大量火炮在茂密叢林的斜面上。他們總是非常善於隱藏火炮:這些陣地讓他們不可能被發現。當我飛越該地區時,他們保持靜默。當我轉身離開,他們便向良卡寫開火,那讓我有強烈的挫折感,也讓地面第五〇〇炮兵營 E 連的人員焦急地回擊。當飛機不在上空或夜間時,他們就朝著廓爾喀第八團第四營的位置發動轟擊。」[13]

這些突擊,並非会田所屬的第五十三師團所發動的,而是來自更強悍、經驗更豐富的第十八師團,該師團也正在發動名為「戰略游擊戰(tactical guerrilla warfare)」的任務,攻擊英軍在勃固附近的兵站。該任務由 4 個小組負責、每個小組由 15 名士兵組成,他們企圖滲進英軍陣地外圍的緬人警戒線,但不成功。該師團在七月二十六日夜間,還曾對英軍在沙士瓦楊(Satthwagyon)的陣地和阿比亞東方的鐵路橋,發動營級規模的攻擊,四個晚上後,取得巨大成果。三十日,觀察員看見阿比亞南端,有巨大的火柱直竄天空,並開始吞噬營區,也蔓延到整個村莊。日軍大隊長在天亮時,拍發電報,「奇襲成功。大半村落燒毀,主力部隊在天亮前,於阿比亞東方鐵路橋的東南邊集結完成。我方無傷亡,於阿比亞東側留置約一個中隊兵力。」襲擊阿比亞的那個大隊很幸運,錫當河彎作戰行動所造成自己的傷亡與其他地方的戰鬥相比,並不算太嚴重,依據日本官史記載僅有 320 人。

傷亡數字之所以偏低,我想,是因為日軍意識到,他們在良卡寫周圍不斷與洪水奮鬥,是無法取得勝利的。當廓爾喀兵

13　私人信件。

撤出時，不僅帶著傷患，還有他們的迫擊炮和無線電，然後通過一條在沙士瓦楊村，由旁遮普第十五團第四營和一個廓爾喀連所打開的通道，移到一處方形的窪地。他們沒辦法把炮帶出來，三門 25 磅炮太沈重了，且又遭日軍準確炮擊─炮手們注意到日軍的炮擊，比平常精準多了。所以部隊將 25 磅炮破壞後，與廓爾喀營一起撤出。這三門炮就成了第七師炮兵有史以來唯一損失的火炮，而且「即便這是極端的情況，但（把炮丟了）這檔事怎麼樣也不可能讓人舒服的」。[14]

撤退很難，因為傷患必須用擔架後送，但廓爾喀兵訝異於他們竟然沒有受到干擾。其實原因相當簡單：日軍也在做相同的事情。日軍達成他們的目標，但他們跟廓爾喀人一樣矮，也發現到自己不可能在這樣的地形中作戰。當英國皇家空軍的飛機飛越良卡寫，然後以 100 呎的低空，沿著鐵路線往西北飛到拉雅（Laya）為止，卻看不到一點日軍的蹤跡。第八十九旅也認為要守住密久的代價太大了，日軍在七月九日開進了當地，但是卻沒有從那兒向勃固發動任何的攻擊。日本人也開始發現，要在氾濫成災的水田與高至胸口，甚至有時整個人會陷進去的蘆葦叢間行進，是多麼的不便。他們不能使用牛車，只能靠小船巡邏，因此日軍在七月十日又撤回至良卡寫。當天，接替英軍第八十九旅的第三十三旅隨即收復了密久，但雙方只有少許的交戰行動。接下來的幾個星期裡，零星的巡邏隊衝突不斷發生，最後一場攻擊發生在八月二日，當天日軍占領了沙士瓦楊，然後就撤走了。[15]

---

14 *IV Corps Narraive of Operations, May-August 1945*, P.2.
15 Kirby, *War Against Japan*, V, p. 45.

令人感到奇怪是，本多怎麼這麼快就開始在錫當河彎區的攻勢？或許他覺得，提前進攻，可以拖延第四軍的部隊開進該區，讓櫻井爭取到足夠的時間以利撤退。然而，在河彎區的關鍵性戰役只持續了一個星期，然後就只剩下一些零星的戰鬥打到八月。事實上，就算英第四軍調動了相當規模的兵力，進入本多防區，在第二十八軍離開勃固山系之前，仍然有十天時間調回來（截堵其突圍）。再者，真正捲入交戰的，只有印第七師。所以，本多誘使英軍從突圍區轉移軍力的企圖，也就失敗了。或許本多的判斷力，已不如過去那般精確了。這時候，他病得相當嚴重，並且處於不斷遷移司令部的不愉快經驗中。起初，他利用一間在比林北方路上，尚未受到空襲的寺廟充當司令部。但是，當日軍接收之後，他們便注意到當地緬人開始避免接近此處。沒多久就來了大約 20 架轟炸機把司令部夷為平地，寺廟化為灰燼，參謀室也遭摧毀，司令部的一些參謀非死即傷。當地的危險遠不止這些，當辻政信出差至西貢的南方軍司令部，駕車前往機場途中，他遭遇伏擊而身受重傷，滿身是血地送回司令部。第三十三軍和毛淡棉的緬甸方面軍間的公路，已經無法供獨行車輛安全通行了。

　　本多早就知道櫻井打算突圍的日期，這讓人更加費解為何他要將「X-Day」[16]設為七月三日。由於帶進山區的無線電機組和電池狀況不佳，這意味著參謀們越來越仰賴斥候官傳遞訊息。本多需要知道櫻井的意圖，所以派出了一組斥候隊前往勃固山區，去找出他們的位置。斥候隊的成員有御廚（Mikuriya）中尉、藤本（Fujumoto）少尉和幾名士兵，他們在經歷了幾週

16　譯註：X-Day 是指關鍵日。

的艱困旅途後,抵達了第二十八軍司令部。櫻井要求他們回去報告本多,他企圖利用本多所發動的牽制攻擊作掩護,在七月二十日沿曼德勒公路發動突圍。本多在接獲這些回信之後,便於六月二十五日下令開始向勃固公路發動游擊隊突襲,但很顯然他太早把自己的氣力都投進去。

第三回 特務探路

在潮溼的那幾週裡,北村久壽雄(Kitamura)不是唯一冒險穿越英軍和緬軍重重警戒的人。第二十八軍擁有非常高效率的諜報網,並充分利用於偵察離開山區的小徑、預定渡河點附近的英軍兵力,以及在錫當河兩岸可能會遭遇的狀況等。櫻井的參謀長岩畔豪雄(Iwakuro)少將,是諜報戰老手。他曾經代表日本陸軍負責與羅斯福的郵政部長法蘭克‧沃克(Frank Walker)談判,竭力排除日本外交官和美國國務院的干擾,將日本陸軍的主張傳達進總統的耳裡[17]。他也是東京專門培訓情報員和破壞分子的機構「中野學校」創始人之一。此外,曾有一段時間,接替「F機關」(藤原岩市 Fujiwara)負責與印度國民軍聯絡的,正是他主持的「岩畔機關」。而花谷正中將及其屬下在阿拉干的步兵團長櫻井德太郎(Sakurai Tokutaro)少將,也有在中國和滿州從事情報工作的經驗,也深信運用秘密特務的價值。

17　譯註:此指1941年4-5月間岩畔以日本駐美大使館顧問名義赴華府,參與駐美大使野村吉三郎與美國政府間就中日戰爭及太平洋問題之秘密談判一事。

在阿拉干地區的門戶阿恰布,日軍有一個非常有效的組織負責滲透印度,那就是繼承「岩畔機關」在阿恰布的「光機關」,由服部新吾(Hattori)大尉所主掌的支部。服部是早稻田大學政治系的畢業生,同時也是中野學校訓練出來的傑出學生之一。他有一群正規軍出身的特務,越過印度邊境溜進吉大港以及毛多克(Mowdok)附近的山徑,當地的孟魯(Mru)和卡木義(Kamui)部落住民,傳遞第八十二西非師順著卡拉丹河(Kaladan)河谷而下的消息給他。

服部在他的著作《日本平民》一書中,也提到了宗教與日本平民的關係,其中之一,就是超國家主義宗派日蓮宗的僧侶丸山行遼(Maruyama Gyōryō),他會說烏爾都(Urdu)語。日軍為了孟加拉的敵後工作,在卡拉丹(Kaladan)河谷吸收他擔任情報員。丸山戰前就已經在印度活動,並在阿拉干人之間建立關係網,讓他得以相當自由自在地進出戰區,任何有遭到英軍逮捕的風險,總有人跟他通風報信,他們敬佩他在遭遇空襲和炮擊時的冷靜勇氣,當他習慣性地敲著僧鼓和大聲吟誦《南無妙法蓮華經》時的催眠效果,就宛如天主教徒不斷數著玫瑰念珠,重複誦念玫瑰經一樣。

萱葺(Kayabuki)就像隻奇怪的孤鳥,他是個穆斯林,而且是極少數曾經去麥加朝觀過的日本人之一。他曾就讀開羅的艾資哈爾(Al Azhar)[18]大學,直到一九三九年歐戰爆發為止。身為「哈吉(hajji)」[19],萱葺在阿拉干的穆斯林之中,享有如同丸山在非穆斯林之間同等的尊崇,而且這兩人都有辦法利

---

18 譯註:成立於西元972年,為世界上最早的大學之一。
19 譯註:即朝觀者,為對完成麥加朝聖的穆斯林之尊稱。但是,作者拼的英文並不正統,一般穆斯林稱其(哈吉)為"haji"。更正確的譯法是"al-haji"。

用這些信徒們的宗教熱誠為日本帝國服務。萱葺手下的特務們,能來去自如地從日軍占領區走進英軍防線,其中一人甚至可以蹓躂進英軍司令部四處張望,注意有沒有什麼可能對萱葺有用的情報,然後再大搖大擺地漫步出去。[20]

另一個平民情報員是水島盛吉(Mizushima),他娶了個克倫族妻子。當她知道水島將和振武兵團,一同離開三角洲地帶很長一段時間,或許就此一去不復返時,她要求水島帶著她一起走。顯而易見的,即使他隱姓埋名繼續與太太住在這個過著極為愉快日子的巴森(Bassein),只要當英國人回來,遲早還是會抓他。在勃固山區裡,這對夫妻對齋藤弘夫中佐來說,相當有用,因為他們會監視緬甸國民軍的集結區並向齋藤報告。但過不了多久,當地的村民開始傳這對夫婦的八卦,緬甸國民軍就決定將他們抓來問話。某天,他們所在的那座村子被團團包圍,水島感覺得出來除了村民之外,還有別的人在場,當三、四個陌生人動手要抓他時,他掏出了一把手槍,水島早就打算好不論是他本人或是他太太都不會落入緬甸人(以及背後的英國人)的手中。就這樣,他對著自己的太太開槍。當她的身體倒在地上時,他把下一顆子彈打進自己腦門。[21]

除了這些人之外,第二十八軍想要自己擁有一些曾受過特別訓練,準備用於勃固山脈的組織。有段時間,櫻井也認為勃固山區可作為對英軍進行游擊活動的基地,「疾風隊(Hayate Tai)」就是上述的特戰單位之一。該部隊是一九四四年十月,成立於第二十八軍司令部所在的岱枝,它的首要目標是收集長期、而非短期的戰術情報。隊員的選拔條件為五官與緬甸人相

20　萱葺與作者之訪談,1980 年於德蘭。
21　Allen, *Sittang*, pp. 14-15.

似,有辦法混入緬甸人中,而且具備高標準的心智和體能者。可以用四個日文漢字總結上述的理想:「皇心緬形」─在緬甸人外表之下有日本臣民之心,以及被培養模仿緬人的生活方式。緬甸咖哩對於習慣蔬菜和魚鮮香料的日本口味來說,通常是太辣了,但是「疾風隊」訓練新兵要去習慣它,並且以緬甸人的方法排尿和排便。他們放棄日軍理光頭像一名和尚的髮型,允許他們的頭髮想要留多長就留多長。當然,他們打赤腳或穿緬甸涼鞋,以及同樣穿著恩吉(engyi)和籠吉(longyi)(上衣和紗籠式的裙子)。在紗籠式的裙子下,他們的腿毛可能會比緬甸人的長,因此他們拔腿毛,一根接著一根,要像緬甸人一樣光滑。

疾風隊的隊長,是第二十八軍的參謀蜂須賀光男(Hachisuka Mitsuo)少佐。他體型矮小且皮膚黝黑到會被當成緬甸人,而且他還是個靈活、幽默、肩膀寬闊、肌肉發達及非常嚴格的人。在疾風隊存在的短短幾個月裡,共有超過160名成員由他培訓。其中21人留在第二十八軍,其他人則一部分配屬至第五十四師團,成立以日本中世史英雄楠木正成(Kusunoki Masashige)命名的「楠隊」;另外,配屬給振武兵團的第五十五師團的單位,取了明治時期桀驁不馴的武士們曾用過的「神風隊」。[22]「疾風隊」的傷亡率很高。當日本投降後該部於毛淡棉解散時,人數減少到只剩下34人。

蜂須賀跋涉至遠方,逕自帶著一部分的屬下開進了地處泰國邊界、北抵撣邦丘陵、南逾薩爾溫江畔的克倫邦。當他們撤

---

22 *Shinpū* 神風這名字,另一個可能的發音為 *kamikaze*,便是更為英國讀者所熟悉的神風特攻敢死隊。其含義是相同的。

第九章　掙扎脫出

回之際,才知道作為母隊的第二十八軍已經收拾好行李,進入勃固山區。不久,他們就被派往山麓西側,然後滲透到曼德勒—仰光公路沿線的村落,以匯報天候概況與敵軍兵力、火炮的數量。

英軍陣地並沒有用嚴密的鐵絲網完全封閉周界,誰都可以毫無困難、大剌剌地從村子裡進進出出。一組神風隊就這樣輕輕鬆鬆地摸進了貝內貢(Penwegon),看到了當地的英軍兵力有多麼地強大,然後帶著一份村裡駐紮了 4,000 人、60 門火炮和 10 輛戰車,再加上數百名緬甸游擊隊出沒於周邊地區的報告返防。此外,當地還有一支關押日軍戰俘的憲兵部隊。神風隊的滲透者在夜幕低垂時混入貝內貢,並且與某些身陷戰俘營牢籠的日軍低聲細語的交談。這個滲透者實在是太幸運了!一位與他說話的緬甸人識破了他的偽裝,並意識到是日本人,但這個緬甸人並沒有把他出賣給英軍。

第二十八軍參謀土屋英一中佐,派出了 6 個憲兵班蒐集情報,並指示他們要在七月十七日回報消息。其中一組由曹長和一等兵組成的兩人小組,前往位於貝內貢北邊的坤溪(Kun Chuang)和位在甘尤昆(Kanyutkwin)的村莊偵察。他們花了比預期更多的時間,才抵達水位高漲的坤溪,然後穿越洪水四溢的稻田和高大的象草,最後跨過了公路到距錫當河畔僅 2 哩之處。然而當他們回程打算再次通過甘尤昆村時,那名一等兵卻被印軍巡邏隊攔下盤問。他雖然按情報員的一般裝扮,穿著緬甸人的衣服,但帶著一個裝有手槍和手榴彈的包包。印軍對他的解答不為所動,就將他抓了起來,但是那個軍曹卻溜掉

了。[23]

藉著這一連串的偵查，讓土屋所害怕的成為了事實：雨季讓小徑和河道幾乎面目全非。撤往山區為時已晚，突圍出去也不是輕鬆的事。

第四回 突圍計畫曝光

無可諱言，對於英軍來說在收復仰光後便有一種結束感；一種除了掃蕩殘敵之外就沒什麼事，目標達成了以後後續的餘波盪漾超過目標本身。可是到這當下，也沒人懷疑對日戰爭差不多就要打完了。然而在東南亞戰區還有一些作戰正在醞釀中：「拉鍊作戰（Operation Zipper）」─準備奪回馬來亞和新加坡、沿著緬甸邊界的丘陵地帶進攻暹羅，以及最後戰敗的數萬名日軍仍然盤踞緬甸東南部，並希望將當地要塞化。因帕爾會戰已經毀了第十五軍，密鐵拉戰役又摧毀了第三十三軍。到如今，最後一個勉強還稱得上完整的第二十八軍，也就要在突圍戰中被摧毀。

這時盟軍正忙著處理指揮官的全面交接。史林姆中將於六月九日離開第十四軍團返英休假，中將菲利普·克里迪森爵士（Sir Philip Christison）暫時代理指揮官。第十四軍團司令部遷回印度，另外新成立第十二軍團司令部，五月二十四日於仰光由中將蒙塔古·史托福（Montagu Stopford）爵士擔任軍團司令。七月五日，梅舍維少將封爵，隨後將第四軍指揮權交給

23　Allen, op. cit., pp. 163-164.

第九章　掙扎脫出

先前在北非擔任第四印度師師長的塔克「葛蒂」（F. S. Turker 'Gertie'）中將，在緬甸待得比其他資深軍官還久。從一九四二年就一直指揮印第十七師的考萬少將，終於在一九四五年六月離開了該師，交由第七師第八十九旅指揮官克羅瑟（W. A. Crowther）少將接掌。曼德勒—仰光公路沿線，正是克羅瑟與第二十八軍正面對決的作戰地域。這時第六十三旅長由柏頓（Burton）改為史密頓（Miles Smeeton）接任。他卻是帶著依依不捨的心情離開普羅賓騎兵團：

> 第六十三旅，它是支勁旅，但是我深深覺得實在拋不下普羅賓騎兵團。他們一直對我很好⋯⋯這是一段彼此攜手共渡，比我們生命中其他時刻更難以忘懷的時光⋯⋯但是我得接受事實，就像是一艘船的船長，你現在祇得放下跟士兵及其官長們的親密友誼；這種情誼在戰時只有上校跟他的團可以維繫的。總而言之，我認為在當過團長之後，擔任旅長是件枯燥乏味的工作。

或許史密頓一開始是這麼認為的，但在戰爭的最後幾天擔任第六十三旅旅長結果卻變成了一份極其刺激的工作。英軍第十二軍團接手了第七師與第二十師在伊洛瓦底江河谷急轉直下的戰鬥，此外還有第二五五旅與第二六八旅，以及第四軍—現在由第五師和印第十七師承擔錫當河谷的作戰；而第十九師則試圖發動它的旅級單位，沿著道路線朝薩爾溫江方向突穿—第六十四旅朝向卡老和東枝、第六十二旅往茂奇方向挺進。如果戰爭持續進行的話，這些道路會是第十二軍團進入泰國北部清

邁的路線。此時，第四軍還在錫當河灣接戰中，如日軍突圍作戰，該役有時候是在整場戰爭中最惡劣的條件下進行的。

> 一九四五年的雨季大概是有史以來最糟糕的。時而傾盆大雨、時而突然放晴，然後就是連續幾週酷暑悶熱的天氣。[24]

當然，這對日軍來說更是糟糕透頂，因為他們得設法橫渡一片汪洋的稻田，或者在土石流爆發的山路上攀下行，還要渡過短短幾天之內就變為滾滾洪流的小溪。

> 除了這些重重困難外，還加上無數的蚊蟲叮咬、疹子和叢林瘡，讓生活的舒適度掉到跟中世紀概念裡的煉獄差不多。戰鬥的規模雖然很小，但差不多都是苦澀的！因為日軍是死裡求生、背水一戰，所以英軍必須將其全殲，避免讓這些日本兵活著回來再打一仗！[25]

在突圍戰的最終階段，已經沒有步兵戰鬥了，從英軍的立場來看「差不多就是場炮兵之戰」。[26] 理由相當簡單，因為英軍就像因帕爾－科希馬會戰和密鐵拉戰役那樣，在關鍵時刻虜獲了日軍文件，而且在到手後一、兩天左右就在前線翻譯完畢。這份文件洩露了振武兵團全般行動的計畫（而且也可以由

24　Kirby, op. cit., V. 37
25　同上。
26　*IV Corps Narrative of Operations May – Agugst 1945*, 'The Artillery Aspect', p. 3.

此推斷第二十八軍殘部的動向）、彈藥、部隊的健康狀態及兵員數量等等。雖然唯一欠缺的正是 D 日的實際日期（日軍稱為 X 日），[27] 但這點後來也靠其他情報來源獲得補充。依據官史，所謂「D 日」，日期的研判，與截收情報單位無關，而是兩名擔任日軍傳令的士官和憲兵軍曹於七月十八日遭英軍逮捕之故。

一九四五年七月二日當天，廓爾喀步槍兵第七團第一營（第四十八旅）的一支巡邏隊，在勃固山脈東側山麓的謬漾（Myogyaung）村正北方，與印第十七師師部的貝內貢西南方數哩交界處，遭遇一小股日軍部隊，接著在一陣短促的交戰後，留下了 19 名日軍屍體。[28] 此時振武兵團已在謬漾西邊的勃固山區裡整裝待發。這些死者，很顯然是派來偵察通往曼德勒公路和錫當河路線的巡邏隊員。這時廓爾喀兵對虜獲文件的價值早已印象深刻，所以他們搜查了屍體，並將看似普通的紀念品拿走—幾張照片、幾本軍餉簿、一塊兵籍牌和幾隻手錶，以及一件皮面被季風雨淋得濕透的公文袋。在最短的時間內，那個公文袋就放在了設在貝內貢村子裡的印第十七師司令部桌上，裡面的東西則小心翼翼地取出曬乾。

在司令部，有一組從聯合詳細審訊中心（CSDIC）派來的翻譯和審訊戰俘的分遣隊，由萊維（Levy）中尉[29]、日裔美軍

27　這是根據正史提供，在 1969 年發表的，在團長 F. W. Winterbotham 的 *The Ultra Secret* 引發了一系列有關密碼情報揭露的 5 年之前。
28　Kirby, *War Against Japan*, V, p. 44.
29　譯註：Levy 即本書作者路易‧艾倫當時的姓氏，1922 年他生於英國約克夏，出生時取名為 Louis Levy，二戰後改為母姓 Allen。詳見：https://archiveshub.jisc.ac.uk/search/archives/ce851b18-ea13-3689-a5bd-95c5293d4c69，檢索日期：2019 年 9 月 16 日。

田端勝（Katsu Tabata）中士所組成。[30] 萊維最近才從位於勃固的聯合詳細審訊中心行動組司令部調來，正努力跟半死不活的俘虜聊天、套關係，或者從虜獲的軍餉簿判讀日軍部隊番號的工作。看起來，在印第十七師的防線上，像是出不了什麼亂子，甚至還傳出了該師遲早要開往暹羅的謠言。這時候，雨還是下個不停，但是對萊維中尉的前輩：曾經在密鐵拉戰役時處理過戰俘和虜獲文件的查爾斯（Stanley Charles）和喬治凱（George Kay）來說，這裡有許多讓他們興奮的經驗。很懊惱地確定用自己的方法找不出什麼意外收穫之後，萊維只好整理公文袋裡的文件。他把地圖放在一起，這些地圖非常精細，是用上等的薄紙，並用膠粘成一大片，然後放在英軍地圖上面用鉛筆臨摹下來。由於日軍缺乏地圖，所以盡可能地使用英軍軍圖來製作複本。

　　萊維中尉粗略翻看那本不得不看的日記，知道自己很難破解潦草寫下的內容，所以就尋找寫得比較工整的部分。當他開始打出譯文的時候，他把這些文件放在破舊的打字機旁，其中寫有一份作戰命令。查爾斯已經留下好幾天指導他，這時正在背後看著他打字。才只打幾行，查爾斯就嚷嚷著「天啊！這大條了！」接著就飛奔而出，通知師部參謀最新情報出爐了。

　　該作戰命令的署名者為長澤貫一（Nagazawa Kanichi），頒布日期則為一九四五年六月十四日，也就是說命令才下達了兩週多一點，就被英軍截獲。至於作戰命令的內容，是要求整個振武兵團（長澤少將已接替櫻井德太郎擔任第五十五師團的步兵師團長）推進到曼德勒公路和錫當河一線。部隊在金沙

30　Combined Services Detailed Interrogation Centre，聯合服務詳細審訊中心。

（Kintha）村、貝內貢與皎基一線往北，謬漾（Myogyaung）、木耳其藍（Mulch Ram）與第八五二高地一線以南之間活動。師團將分作三路縱隊，並會沿著精確定位、標註在所附地圖之等高線上的道路線、渡河點以及大寫字母的地名之處前進。日軍還註記了需要攻擊和據守的要點，包括跨越坤溪的鐵路橋樑及貝內貢村本身，看到這裡，萊維興趣大增。此外，路線的多處地點將用爆破方式破壞，以防止敵增援軍到達。為避免造成行軍中的縱隊混亂，故嚴禁開槍，為此長澤還特地寫道：「特令使用刺刀」。日軍不僅會盡量避免慣用的路線，而且有三個縱隊還會一齊朝東固方向發動佯攻。在渡過錫當河之前，嚴禁使用無線電，通訊就利用目視信號和傳令。攜帶的口糧需包括鹽、魚乾和鹹魚，這代表就算白米配給減少，也要帶著這些糧食上路。

　　「神風隊」士兵們（由蜂須賀少佐率領的疾風隊，配屬第五十五師團）要徵集錫當河岸的緬式民船，並且準備使用部隊給他們的竹竿，搭配輪胎、管子、汽油桶和馬口鐵罐，拼造成為可搭載三到四人的舢舨。他們將攜帶平常基數兩倍的彈藥，而且未經縱隊指揮官允許，不得拋棄武器。這份命令甚至對駄獸單位都有詳盡的規定，只要時間許可，就需帶著閹牛和馬匹渡過錫當河。駄獸優先搭載的是傷患與物資，每匹馬都必須準備好一套備用的馬蹄鐵、50枝釘蹄，以及每天一公斤為基準，共計一週份的飼料。

　　從情報單位的觀點來看，這實在是一份太棒的文件。它以驚人的細節，揭露了勃固山區的實況和日軍的意圖。然後萊維還開始從公文袋裡的其他文件，去拼湊更為詳盡的圖像。這些發給偵察單位字跡潦草的短箋，是要求提供有關錫當河兩岸沼

澤區地形的細節，包括河道寬度與流速、水位深淺、河灘的狀態、村莊附近是否有叢林、芒草有多高、是否有佛塔之類的地標可供參考、當地現在的地名是否與地圖相符；以及要對某座橋樑實施爆破作業時，該橋是用木材、鋼鐵還是混凝土做的？其跨距又有多少？通訊線路又在哪？如果道路在雨季高峰時遭到淹沒，是否可能從撣邦高原的村民那裡得到稻米和鹽？錫當河谷敵軍空中活動的頻率，容易起霧的地區在哪裡等等。文件的最後則是口令，非常普通，例如有人先喊聲「神」（カミ），對方就要回答「風」（カゼ）。

早在七月七日，翻譯完成的文件，就已經從印第十七師司令部分發出去了。七月十日，最新而更精準的譯文由勃固第四軍司令部譯出。到了七月十六日，這份作戰命令送到了德里的蒙巴頓後方司令部再次校譯，並予最終審定。因為地圖上標示了預定的行軍路線，結果早在櫻井第二十八軍從山脈突圍前兩週，沿著振武兵團前線的全盤作戰規畫，已被英軍徹底掌握。

梅舍維在離開第四軍司令部之前，就已經以這些堆積如山的情報，來研判局勢了。從第十九師作戰區傳來，透過解讀敵方文件和詢問戰俘得來的情報，也開始透露出類似的計畫。這些情報提示梅舍維，日第二十八軍司令部和第五十四師團主要的突圍地帶是在彪關一帶，而良禮彬以南或是東固以北，大概都不太可能會發生什麼事的樣子，所以他就把注意力集中於彪關和良禮彬之間的地帶。印第十七師沿著這地區的主要公路，據守了長達74哩的防線，梅舍維決定增強彪溪至坤溪間的兵力，因為他預判櫻井本人將從該地通過。這樣就必須保留福盧特遣隊（Flewforce），在福盧（Flewett）准將的第六十四旅（第十九師）旅指揮部控制了三個步兵營、一個戰車分遣隊、

一個中口徑炮兵分遣隊和兩連炮兵。大家相信,當日軍突圍時,無論是英第二十師或是英第七師看來都將擠不出多餘兵力,所以這三營步兵就是從福盧特遣隊硬榨出來給英第十七師的預備隊了。

或許很難想像英軍為了將櫻井的第二十八軍屠戮殆盡,投入了多少的努力。雖然突圍之戰發動時,離戰爭結束只有大概三週多一點,但第四軍的官兵絕對不知此時距離戰爭結束,已如此之近;而那時,他們所看到的只是自己所面對的日軍部隊,正越來越多向暹羅或馬來亞轉進。簡而言之,得在日軍從勃固山脈的天羅地網逃離之前,盡可能幹掉越多敵人越好。梅舍維的盤算就是這樣。他看上兩處主要區域作為獵殺地帶:一是在勃固山脈和錫當河之間,另一則在錫當河口和薩爾溫江之間。由於振武兵團作戰命令的發現,幾乎保證英軍在第一處獵殺地帶,無須投入太多步兵兵力即可成功。因為這份文件,戰爭變為一場「炮兵征服戰」。炮兵可沿著幾個星期之前,就測量好了的固定線上的目標開火,再配合英國皇家空軍的協助,就可完成這項任務(美國陸軍航空隊的飛機不參與本階段的行動)。

在部隊於山區完成集結之後,櫻井就糾集部下,使化整為零,盡全力設法混進錫當河谷。英第十七師故意放這些日軍穿過主要幹道,並尾隨著他們往錫當河去,然後就呼叫炮兵和空中打擊,將他們摧毀在河岸邊上。倘若有任何日軍試圖沿著錫當河東岸或瑞僅河尋路南竄時,「緬甸愛國軍(Patroitic Burma Forces, PBF 也就是英軍現在對翁山的緬甸國民軍的稱呼)」將會處理掉這些漏網之魚。但 PBF 的兵力不可能掩護整個區域,所以小股部隊還是可以乘隙而出。要是櫻井決心繼續用相同的方式,讓他的部下滲透出圍,他就有可能取得更大的

成功。但是櫻井卻錯估了英軍據守曼德勒—仰光公路的兵力，不會像實際那樣般強大。他以為英軍在每一處重要據點只部署了一個營的兵力，而且裝甲部隊也還在勃固；第七師也在那，印第十七師則在勃亞基（這一點他錯了），至於第十九師則是在東固，最後，他還相信第二十師也在那兒（這一點他也錯了）。櫻井根本沒有認清事實，他已經被緊箍咒套牢，並且還以為發動大規模的突圍時，英第四軍會沒有法子同時應付在每個渡河點的日軍。他對突圍成功的數字，並不會過分樂觀，但櫻井相信自己一半的兵力能夠在突圍中生還，這可比他們繼續窩在山脈裡自生自滅到雨季結束要好得多。

有趣的是，剛就任印第十七師長的克羅瑟（Crowther），也開始沿著類似的思路構想作戰行動。對方是小股人馬的話，隨便派些小部隊應付大概就差不多了。然而俘獲的文件顯示，第二十八軍將會發動一場大規模的橫渡行動，所以克羅瑟認為作戰計畫需要根本改變。「我認為這是一個更好的計畫」，一九四五年七月十六日，他在「第十七號作戰」指示中寫道：「要在一九四五年七月當鬼子穿越公路，或是接近公路線的範圍時將之殲滅，然後追擊其殘部直到錫當河畔。」雖然印第十七師不能在每一渡河點都布置重兵，還是可以在合適的地方部署強力埋伏（俘獲的地圖上標示了這些地方在哪）。根據（正確的）推測，日軍會在夜間移動，因此埋伏也得在夜黑風高的時候設下，不能慢慢跟隨。只要日軍一進入射程，就要立即開火。[31]

31　*Reconquest of Burma*, II, pp. 454-455; Allen, op.cit., Appendix A, pp. 239-246.

第九章 掙扎脫出

第五回 齋藤與振武兵團

　　振武兵團參謀齋藤弘夫中佐，非常蔑視方面軍的司令官與參謀：「這些傢伙沒有戰鬥經驗，一點前線的情況都不知道，只靠畫地圖制定作戰計畫。一群只會玩女人的無用傢伙！」最後的那段評論是相當奇怪的。日軍不是一個清教徒式的組織；但是齋藤出生於巴黎，在日本的法國教會學校長大。不論是就讀東京陸軍士官學校的四年間，還是在滿洲服役時，都沒有磨鈍掉他那細緻敏銳的感性。更奇怪的是，他竟非常欣賞那些第五十五師團參謀的先輩們的堅毅，像是老暴君花谷正，一個曾當著士兵的面，甩他手下那些資深軍官巴掌，甩到鼻血直流的人。一九四三年當齋藤以中佐身分加入在阿恰布的第五十五師團時，花谷竟然以「又來個菜到出汁的菜鳥啊！」這句話迎接前來報到的齋藤。接著，花谷又這樣訓斥他：「你以為什麼答案你都知道，對吧？其實什麼都不知道啦！你給我小心點，最好別這樣想！要學的東西可多了，讓我看看你怎麼努力學習吧！」而齋藤也非常欽佩岩畔豪雄大佐（後升為少將），他既是第二十八軍參謀長及該軍情報組織的幕後首腦，也曾經在新加坡作戰時擔任近衛戰車隊長。齋藤注意到了第二十八軍與方面軍完全不同：第二十八軍的參謀們知道前線單位的情況，並與士卒同甘共苦，而方面軍的參謀們卻對前線單位的狀況、可投入戰場的兵力和英軍前進的速度渾然不知。河野公一和嘉悅博這兩位方面軍司令部的年輕少佐參謀，充滿了自信和專業能力，但缺乏實戰經驗，只會紙上談兵，而不知道如何真正指揮一支實戰部隊。這就是為什麼當齋藤聽說木村曾誇下豪語，要

粉碎英軍在中緬伊洛瓦底江畔的攻擊,並在密鐵拉打敗英軍,日軍將可確保仰光以北的地帶直至一九四五年秋天,露出譏諷似地微笑的原因了。

齋藤所屬的第五十五師團,為了要營救處於燃眉之急的木村部隊(這時已經太遲了),在花谷正的指揮下,將步兵部隊的主力移師平滿納,卻因此遭到不利的影響。雖然如此,齋藤知道如果他迅速行動,還有機會確保該師殘部不會遭到已挺進到伊江三角洲的英軍切斷。他和長澤在四月十五日奉召前往第二十八軍司令部,聽取櫻井和岩畔對緬甸局勢的概要分析。

有幾個小部隊被留在古亞(Gwa)、施皎(Kyause)和寶塔角(Pagoda Point)。師團其餘部隊以「振武兵團」的代號,在興實達(Henzada)和巴森(Bassein)集合,準備撤出三角洲。最初計畫北上至油田地帶參加作戰,但因為傳來木村已經放棄仰光的消息,所以振武兵團改分三群,分別由井上義幸大佐、木村雄二郎大佐與村山誠一中佐率領,奉命向奧甘(Okkan)和禮勃坦(Letpadan)以東的勃固山脈的山麓前進。司令部原本應該在五月五日從興實達出發,但司令部在兩天前,從第二十八軍收到最終防衛線已遭突破的通報,所以該部立刻轉進,並於次日抵達集結區。

在振武兵團的殘部遭到英軍由仰光和卑謬南北夾擊之前,就先撤離了阿拉干,橫渡伊洛瓦底江,進入勃固山區。為了掩護他們,井上以一個步兵大隊、4門25磅炮和6門山炮的兵力,堅守敏拉(Minhla)到禮勃坦地區,直到五月十二日。但因為井上太早撤入山區了,反而引來了長澤少將的強烈不滿。不過,整個兵團還是在五月二十三日至二十五日之間渡過伊洛瓦底江,沿著禮勃坦和山麓東側的謬要(Myogyaung)一線的

勃固山區蜿蜒展開。

齋藤在擺脫女人之後感到鬆了一口氣,他不像其他那些突圍部隊帶著慰安婦一起逃走,齋藤有先見之明地讓她們搭上(伊洛瓦底江)三角洲地帶剩下的船隻,從海上離開。船舶工兵朝長(Asanaga)大尉是參加過大亞灣(Bias Bay)[32]和爪哇戰役的老將,並且在一九四三年夏天於馬由(Mayu)河與英軍炮艦進行戰鬥,而今則成了負責船舶工兵第四聯隊所屬 40 艘大型發動機艇的主官。齋藤讓傷兵和 80 位慰安婦一同乘船,接著穿過炮火交織的馬達班灣,在仰光落入英軍之手的十天之後,抵達毛淡棉。由於發動機艇保持無線電靜默的時間長達四十八小時,振武兵團的無線電通訊兵,只得輪班交替等待他們抵達目的地之通知。雖然其中有一部分開到了在毛淡棉以南約 180 哩的耶市(Ye),但所有的船隻都安全抵達。然而其餘的慰安婦和隨軍護士就沒有這麼幸運了,她們與第二十八軍命運與共,直到最後一刻。

六月三日奉第二十八軍之命赴軍部的齋藤,返回兵團後向長澤少將報告櫻井希望該部能在禮勃坦(Letpadan)至沙耶瓦島(Tharrawaddy)再到馬比(Hmawbi)一帶進行小規模游擊活動的意向。「由於還不知道突圍是在七月初還是中旬發動,不論如何都得在糧食上下些功夫。總之,取得一個月分的糧食配給量是必須的。」[33]

振武兵團集結預定地馬燕(Mayan),約在距離(與勃固山系東麓平行的)仰光公路和鐵路西邊 20 哩處。要抵達集結

---

32 譯註:即一九三八年廣州灣登陸戰。
33 艾倫,《錫當》,頁 151。(Allen, *Sittang*)

區,得盡可能地從英軍陣地鑽隙而出,如果不行的話,就得要強行殺出一條血路。然而,不像炮兵聯隊長井上義幸大佐那般擁有充分實戰經驗的其他縱隊長,到底有多可靠,齋藤可是一點把握也沒有。就像第二十八軍參謀長岡村愛一大佐,在山區裡的小溪所做的那樣,齋藤也在勃固河進行竹子的浮力測試。他一方面派奧運冠軍北村偵察各條河流,一方面也為了維持人員士氣花了一番工夫。他將行經的山區裡,茅屋林立的村莊取了仿日式的名字,用以振奮那些朝村子去的狼狽官兵們微弱的希望火花。這和溫蓋特使用白城(White City)、皮卡迪利(Piccadilly)與亞伯丁(Aberdeen)等幾個英國著名市鎮為作戰地點命名的靈感一樣。在禮柏坦(Letpadan)東方17哩的是「朝日」(Asahi)村,在其東南方5哩的山路交會點處是「光」(Hikari)村,然後在西麓的兩處地點則是「曉」(Akatsuki)和「月見」(Tsukimi)。齋藤還用該師團編成的四國地名為其他聚落取名—「松山」(Matsuyama)村、「吉野」(Yoshino)村、「高知」(Kochi)村與「琴平」(Kotohira)村。當地還有像「禊」(みそぎ)村這樣,命名中蘊含著更深一層典故的村莊:「禊」在日文中是用於表示淨化儀式,是以潔淨身體的方式向神明祈求美和精神力的高昂概念予以結合,猶如任憑深山瀑布的激流沖打身體,一切的罪惡會從肉體洗淨流出一樣。在禊村裡,齋藤命士兵寫下遺書。然後來到「神兵」村,由「神」和「士兵」兩個名詞組合而成的名字,暗示著在潔淨身體之後,士兵就超脫了生死的意義。最後所抵達的,就是稱作「勝鬨」(かちどき)村的第二二五六高地,「勝鬨」是用於形容「戰場上的吶喊」的日文名詞。這一連串地名的順序是指在經過潔淨、洗刷所有不潔思想的士兵,終於站在即將成功的大門口了。勝

闗村是振武部隊在勃固山脈突圍前的最後集結地。其他還有單純為了欺敵而取的地名,像是曼德勒公路變成日本旅遊景點之一的「箱根山」（Hakone Yama）,錫當河則成了日本的阿爾卑斯山,而由此向東的道路就成了日本史上著名的「東海道」。

一九四五年六月二十六日,齋藤出席位於「香取村」（Katori）第二十八軍司令部的作戰會議。這座村子徒有其名,位於英軍的火炮射程之外的森林深處,櫻井已將司令部遷移至此,但要找到其所在卻相當困難。獨立混成第一〇五旅團與第五十四師團的代表花了一週的時間才抵達這裡。松井秀治少將的第一〇五旅團,因為是由仰光一路敗退而來的部隊拼湊成的兵團主力,所以應該從第二十八軍的最南側突圍,而第五十四師團直到六月十七日才從脫離波卡恩（Paukkaung）的戰役,向山區撤退。師團長宮崎繁三郎告訴代表他出席作戰會議的參謀村田稔他的腹案:突圍時間應該要到七月底,甚至更晚,突圍地點則是在東固以北。他認為如果選擇在東固以南突圍的話,錫當河河道將更為寬廣,他們將不得不拋棄所有比大隊炮更重的火炮,只能讓兵員渡河而已。宮崎稱:如果從東固以南突圍,我們將失去三分之二,甚至更多的部隊。

第二十八軍的參謀們,聽了村田的觀點,卻不表興趣。因為他們並不想改變計畫好的突圍地點或突圍時間。到了這個階段,放棄火炮已經算不上是什麼要緊的問題了。雖然有一些日軍炮手,曾異想天開地試著將火炮拆解後,以人力運進山區;但沒有人指望能帶著所有大小不同的火炮,橫越曼德勒公路至錫當河畔。結果第五十四師團在到達山脈東側前就已經把 75 公厘炮給丟了,而且通信也日益困難。四月二十九日,英國皇家空軍飛機於德耶謬（Thayetmyo）北方掃射了師團通信隊,粉碎

了無線電發報機。宮崎對岩畔參謀長的主張並沒反對：重點應在讓兵員渡河。宮崎曾發誓要不失一兵一卒，從阿拉干橫渡伊洛瓦底江救出部隊，但師團在卡馬（Kama）時，便已損失慘重。

　　宮崎無法忘懷一九四五年初，第五十五師團第一二一聯隊在蘭里島（Ramree Island）所發生的事。當時的聯隊長是長澤貫一，因為長澤總是譏笑第五十五師團不如第五十四師團。就算他被任命為第五十五師團步兵團長之後，也不改變其態度；因而激怒了齋藤。而蘭里島守備隊第一二一聯隊因為撤退命令發布的太遲，故而慘遭英軍殲滅。宮崎跟村田說道：「蘭里島事件將會重演，我們會損失（指五十四師團）大半的兵員啊！」他的判斷，乃基於他確定當他們抵達錫當河畔時，會發生的狀態。「宮崎怎麼知道呢？」岩畔參謀長理所當然地質問村田，但村田回答不具說服力，說宮崎的判斷是出自於一位偵察軍官的報告。他是名憲兵大尉，勘查了整個東固地區，並回報錫當河流速急增，河道寬度也增加到 220 碼。「這和我們的情報不一樣」，岩畔答道。「無論如何，我們還是需要第五十四師團在第二十八軍主力部隊左翼做護盾」。[34]

　　村田不是唯一提出反對意見的人，兵團部內聽到 X 日定為七月二十日時，多認為這日期太早了。結果兵團部雖然接受了 X 日的決定，但齋藤卻盡最後一分鐘的努力試圖修正。他說「軍部的命令如果是這樣，那我們當然實行，但如果可能的話，我想將日期定到七月二十三日」。櫻井軍司令官雖然對此表示同感，但因為他早就通知了本多 X 日的日期，這樣櫻井的話就前後不一了。這份通知是在之前所提及的勃固山會議召開那天，

34　同上，頁 76-77。

由聯絡官親自交付至本多之手的。「重新檢討突圍日期是不是不太好啊？」這是高級參謀岡村的插話，卻讓齋藤更為苦惱。齋藤想起岡村曾經是陸軍士官學校的教官，但他懷疑岡村到底有沒有累積充分的前線經驗。岡村說：「這是已經決定好的事啊。就二十日發動吧！這可是星期五啊。」用這樣缺乏說服力的輕浮心態，駁回了齋藤的請求。第二十八軍參謀再次檢討的結果，於次日提出答覆。X日依然是七月二十日。

岩畔不顧宮崎的反對，堅持自己所定的突圍時間和路線，不單只是固執而已。因為他和櫻井都知道，六月突圍的機會已經失去（部隊在山區集結速度緩慢的結果），現在突圍作戰得要在雨季最高峰的時候進行。東固以南的兩岸將會化為一片水鄉澤國，河道也會更加廣闊、水流更為湍急。但正因為如此，敵軍的壓力也將會減弱：他們認為在這樣的條件下，英軍也將陷入無法作戰的狀態而不可能有所行動。雖然要穿越沼澤地帶相當困難，但絕對可以避開敵軍裝甲部隊的追擊。[35]

對於第二十八軍想要盡快實施錫當河突圍作戰的願望，齋藤有一套自己的看法。不論如何，他對身為首位攻占仰光的日本將軍櫻井抱持一份崇高敬意。當英軍收復仰光時，櫻井曉得寺內元帥是多麼瞠目結舌。知道他已無法再奪回仰光，但依然希望第二十八軍在一九四五年後期，能在丹那沙林積極作戰，如寺內所期望的那樣，固守緬甸東南部要塞。因此，在齋藤看來，櫻井比在毛淡棉的木村，更在意西貢的南方軍司令部之想法，並依此行動。齋藤明白這一點，但如果能再多三天時間的話，就更有幫助了。

35　櫻井，《緬甸戰線：突破敵地》，文藝春秋，1955年11月，頁64。

宮崎應該也是這樣想的,但他不得不接受上級拒絕改變路線的結果。宮崎聽著村田的回報,說道:「這樣的話,我們別無選擇餘地」。「就按照第二十八軍的計畫行動吧!既然第二十八軍以前進東固之南為原則的話,我們就只能以此基礎制定師團的計畫!」[36] 但宮崎心情沈重,深知將要失去很多官兵。

第六回 櫻井回師

櫻井在勃固山區最大的焦慮是通信與飢餓,隨後又加上兩種可怖的疾病。但無論如何,櫻井的首要急務,還是對各部隊的掌握。有張娃娃臉的參謀塚本(Tsukamoto)大尉,被派去聯絡第五十四師團長宮崎,同時宮崎也派了個聯絡官去找尋第二十八軍司令部的所在。塚本在六月十八日回報他找到了宮崎,這讓櫻井大大的鬆了一口氣:第五十四師團是他手上兵力最大的部隊,約 9,000 人。曾經擔任第三十一師團後衛,從科希馬撤退的宮崎,是個精明幹練的指揮官,他將部隊分成兩組撤離阿拉干:一組穿越安埡口(An Pass)、另一組則從洞鴿(Taungup)撤退,留下空無一人的平原,讓克里迪森英第十五軍進駐。就在師團司令部渡過伊洛瓦底江的同時,旗下的步兵團也在木庭知時少將的率領下,從波巴山(Popa)南下與師團會合。

四月二十日,格雷希的英第二十印度師攻占阿蘭謬(Allanmyo),切斷宮崎預定的渡河點,並在五月三日挺進卑謬,同時伊文斯的英第七師也封閉了伊洛瓦底江東岸的缺口。

36　Allen, op. cit., p. 78.

第九章　掙扎脫出

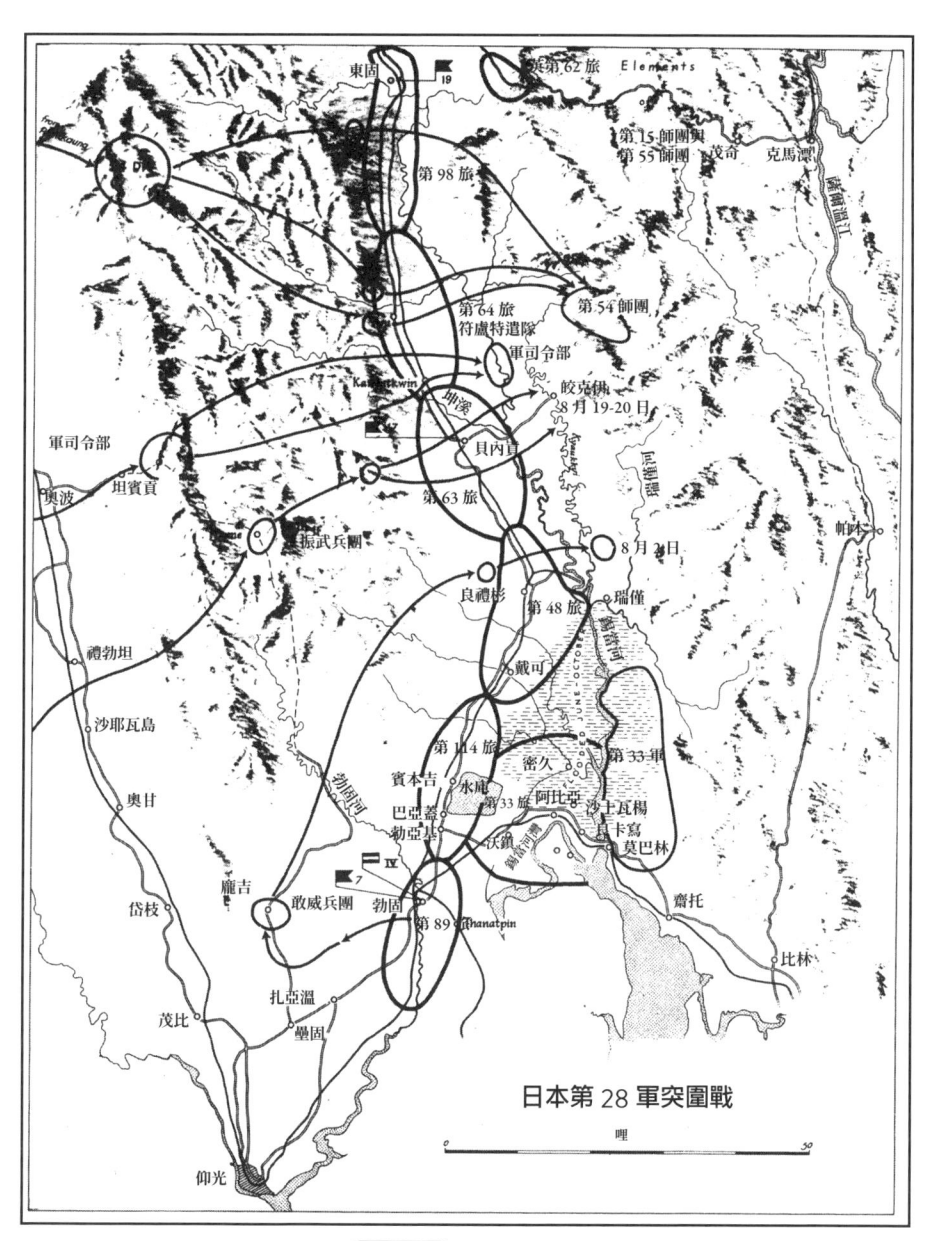

圖 9-2　日二十八軍脫出

在率部從卡馬橫渡伊江的十天時間內，宮崎失去手上大部分的運輸工具和火炮，並且有 1,400 人戰死。當他一路撤向勃固山西麓的波卡恩（Paukkaung）時，英軍第七師仍繼續襲擾不放，那時宮崎的將士們只能以糙米、鹽和水維生。即便是在這樣的情況下，宮崎仍發動反擊。六月六日，該師團山炮大隊所屬的某部[37]在卑謬與波卡恩之間的耶漂（Yebyu），發現一支由 5 門火炮組成的英炮兵部隊。日軍的 3 門山炮立刻從超過 6,000 碼以上的距離外開火，並且第一輪射擊便命中目標。他們擊中了英軍炮兵的彈藥堆集處，引發了巨大的爆炸，火勢猛烈數日未熄。

　　這是短暫的勝利。因為霍亂在第五十四師團的官兵中爆發開了，步兵第一五四聯隊隊長村山一馬大佐是最初的病患之一。季風雨就像是天上倒水似的持續不斷，徵糧也辦不下去了，更糟的是兇猛的霍亂開始蔓延，據報有一百幾十名病患死亡，其中包括了步兵第一五三聯隊隊長武田光大佐；然而命運的捉弄卻讓村山大佐活了下來。爆發霍亂已經夠糟了，而鼠疫卻在濕褥中繼之侵襲飢餓的日本人。宮崎事前未能預料到此，因為雖然鼠疫是在相對濕度較高的地方傳播，但照理來說不會出現在行軍的宿營地裡，況且第五十四師團自四月中旬以來，就一直處於移動狀態之中。六月十二日，宮崎下令部隊進入山區的更深遠處。理論上，他們應隨身攜帶一個月分的口糧，但實際上他們的米飯配給量卻被迫削減了，結果士兵們只能啃山芋，還有撿食沿路倒斃的牲口骨頭邊上生了蛆的碎肉。

37　譯註：此處英文原版僅稱「Three guns of his Mountain Gun Battalion」，但由第五十四師團的編制（三單位制師團）來看，所屬之野炮兵第五十四聯隊每中隊應有山炮或野炮 4 門，故推測接戰之部隊或為一不足額之山炮中隊。

第九章　掙扎脫出

　　伴隨日軍部隊而行的少數女性，其境遇最為悲慘。進入錫當河谷巡邏，以偵查合適渡河點的影陽（Kagehi）軍曹，偶然來到了一間門牌上掛著「憲兵駐屯隊」堂堂名號的簡陋棚寮──這應該是有段時間曾經為憲兵使用的小屋。屋裡有 7 名女性，當影陽和其他 5 名巡邏隊員走近時，女人們緊握著他們的手乞求食物。「阿兵哥，請給我們米。一點點都好！」「我猜她們是慰安婦。」影陽後來回憶：「但無論是我們還是她們，都無法激起彼此間慾望之火。我們有大約 4 公升的米飯，我們各給她們每雙手一大杯，而她們那開心得不得了的神情，是會讓你流淚的」。[38]

　　七月十七日，宮崎抵達了突圍的集結區，這時前景嚴峻。他的主力部隊要在彪關附近渡過，已經有大約 600 名左右的英軍士兵嚴陣以待，而且勃固山系的每一處出口，都為緬甸游擊隊所嚴密監視。曼德勒往仰光公路以東的河水氾濫，水深齊胸，當地村莊沒食物，而錫當河上也沒有小船或木筏。在一次絕望性的嘗試，為阻止印度第十九師從東固公路朝著他們而來的攻擊，木庭支隊的工兵和步兵第一五四聯隊企圖摧毀位於鎮南的卡波恩溪（Kabaung Chaung）橋樑，卻收效甚微。當第五十四師團越過氾濫成災的稻田之際，英軍的炮火也把水田化為一處泥濘與彈片的煉獄，縱隊被打得支離破碎，造成上千人死亡。當宮崎離開山區時，還有超過 9,000 人的兵力，但他在八月初突圍之後於丹那沙林重新集合時，其所能掌握的兵力不足 4,000 人。

38　鳥取，《錫當河漩渦》，第一二一步兵團的歷史，第五十四師團，日本海新聞社，1969，頁 238-240。

第五十五師團所屬的振武兵團情況也好不到哪去。當他們於 X 日—也就是七月二十日撤離勃固山區時，配屬於左翼縱隊的步兵和山炮，緊隨兵團司令部之後開始撤離。然而，因溪流所阻，司令部的轉進拖延了兩個小時。最後，當他們終於恢復行進時，卻聽見了自貝內貢傳來重型和輕型機槍激烈的掃射聲。那是黑田中尉在危急中捨己犧牲對抗印第十七師師部。很快地，氾濫的地面化作一片泥海，水淹到他們的大腿，而且在某些地帶他們還得要在驟雨中渡河。坤溪是最湍急的，士兵們驚恐地看載浮載沉的屍體，從遙遠的上游朝向他們順流而下，齋藤就親眼見到兩名部屬被漩渦給捲走。

　　當他們在村莊間跋涉時，總是盡可能避開英軍炮火。但英軍當然早已知道日軍打算行經的每一條路線，並在好幾天前就已佈好天羅地網。七月二十七日，在經過一夜以羅盤指路的行軍之後，齋藤來到小徑上一處水深及膝的路段，機關槍分隊長山口（Yamaguchi）少尉突然大喊，「我記得那棵樹！從這兒往南走大約 500 碼，有一條我之前曾經走過的牛車小徑。大概再往前一哩多就是委杜（Wettu）（兵團準備前往的村莊），那裡的水沒有這兒那麼深」。但他們前進不超過 200 碼，積水就漲到與胸齊。山口偵察過這段小徑才不過兩天前的事，這顯示即便最近才偵查過淹水地形，要由此渡過錫當河是多麼的不可靠。他不想讓惡水吞噬部下，於是命他們撤退。

　　第二天，他被長澤責備。到了七月二十八日，兵團長已經瀕臨崩潰邊緣。長澤對著齋藤咆嘯，說他一點也不可靠，他的作戰指揮差透頂。齋藤心想，兵團長的舉動出奇精準地反映了部隊的情緒。士兵們已經開始拋棄部分較重的裝備，甚或有一、兩人理智斷線，突然狂歌脫隊，發瘋似地晃蕩，想要原路回去。

這當然不是說，齋藤本人此時還有把握保持自己的理性，反倒有種眼睜睜地看著自己，快要陷入瘋狂的可怕感覺。幸運地是，他還有足夠的意識知道周遭發生些什麼事，所以他爬到一棵樹的枝枒上休息了三小時，以放鬆緊張的情緒。那是八月七日，就在他們抵達錫當河渡河點的伊萊（Yele）之前。第二天，日軍遭受到緬甸游擊隊的攻擊，在一陣激烈的駁火之後，齋藤決定等到黃昏再伺機而動。齋藤判斷，在伴隨著從貝內貢打來的英軍炮火之下，在八月九日約有50人渡河，十日另有300人渡河，渡過這條河得花他們半個多小時。

　在河的另一岸，齋藤的部隊與振武兵團其他單位取得聯繫，他們自皎基（Kyaukkyi）至瑞僅（Shwegyin）南行，在那一路散落著垂死之人或橫屍的路上。英軍飛機開始灑下傳單，告訴他們日本已經同意停戰。長澤毫不懷疑這件事，如果這是真的，他想讓屬下離開錫當河谷下游進入丹那沙林，越快越好。萬一停火，那是最後一塊他還想要留連的地方。在和平降臨的最初那幾天，齋藤腦海裡縈繞著那些在途中逝去的部下們，敗戰的痛苦和悲愴，與對他們白白犧牲，就這樣倒斃於緬甸叢林中，荒廢道路旁的印象，交織在心中。

　對那些戰死者的思念一直折磨著齋藤。第五十五師團在阿拉干損失了超過3,000人，這些人是在堅信日本一定會獲勝的信念下犧牲的。在抵達錫當河之前，那些身陷洪水之中的可怕日子裡，有超過5,000人在齋藤身邊死亡，而令人難以置信的是，很多犧牲者仍然保留著日本人日常所要求的彬彬有禮的紀律。沒有一句對那可怕行軍的抱怨，只有一聲「得到您的幫助，實在太感謝了」的低語，然後生命就此沒入無盡的黑暗中。

　日本可能投降的消息，在正常情況下只會被當成一笑置之

的政治宣傳。但身為軍司令官的櫻井中將卻早知道有些事情將要發生,甚至是當他還在勃固山脈計畫突圍的細節時。此時與其他單位的無線電通訊已幾近不可能了,然而第二十八軍司令部仍然有一台擄自英軍的短波電台尚可運作。在札瑪依溪(Zamayi Chaung)畔的香取村,每天重要的例行工作之一,就是用這座電台截聽,並收集有關敵人狀況的情報。這不僅有利於計畫的制定,也提供櫻井一窺外面世界的機會,雖然這讓他肩上的負擔更為沈重。在他們進入山區約一個月之後,大約是在六月初,無線電傳來了德國已經投降的消息。這是五月八日發生的事,也就是說三個星期之前的舊聞。「全印廣播電台(All-India Radio)」也從德里播報有一組日本企業家已經抵達美國求和。櫻井沒法子忽視這則消息,但只能默存心中。[39] 然而,這已經讓櫻井更難以安下心去制定一場,在下個月可能會導致他一半手下死亡的作戰計畫。當櫻井帶著沉重心情,聽到從山裡傳來的爆炸聲時,他意識到部隊裡有些人已經開始預期自己難逃一死。一些重傷病患明白不能再讓戰友們承受扛著他行軍這樣難以忍受的負擔,或著是受不了病軀穿越泥濘時,遭受顛簸的痛苦,早已超過精神所能承受的極限。緊抓一枚手榴彈,抵著正在作嘔的肚子拉開插銷,畢竟是容易得多。

　　櫻井司令部一行撤離山區時未遭受伏擊,在暗夜中衝向曼德勒公路的氣勢,就宛如乘風破浪般,雖然當土屋看見一枚綠色信號彈化作一道弧線,打入公路上方的夜空之中時,便確信部隊已被盯上。接著福富繁(Fukutomi)參謀靠近他說:「看來還沒有被盯上呢!」是啊,到七月二十四日的凌晨三點鐘為

39　櫻井,《緬甸戰線:突破敵地》,文藝春秋,1955 年 11 月,頁 64。

止,他們的行動實在是順利得過頭了。櫻井不像土屋那麼高興,他察覺到前鋒在抵達公路前便停住了,然後就陷入動彈不得;但後面的單位卻一直向前移動過來,直到現場陷入一片混亂為止。這時還傳來女人尖叫與痛苦的哭聲—令人難以想像她們竟跟著縱隊一路掙扎走來。「這與其說是軍隊倒不如說更像是一群難民啊」,櫻井這樣想。當司令部這群人,在某處甘蔗園裡自行潰散時,他的想法得到印證。一旦他們知道了在什麼地方之後,就開始大砍甘蔗開口大嚼起來。這樣幹的還不只是士兵,連軍官亦復如是。櫻井知道為什麼會這樣:他們已經一連好多天靠著一小把白米和一小撮食鹽過活,而今卻突然發現這裡流滿糖蜜,就如同瑪納般從天降下。[40] 櫻井讓他們又啃了一會兒,然後告訴手下的指揮官重整隊伍好繼續上路。

就在此時,炮彈突然從 5 哩外開始朝縱隊稀哩嘩啦地灌了下來,士兵們朝四面八方做鳥獸散。擔任行軍指揮的岩畔參謀長幾近絕望瘋狂,但是在經過一段時間後,秩序還是在艱難中再次得到控制。然而這對岩畔來說,已是為時已晚了。他已經承受太多的緊繃了,他在縱隊中那些支離破碎的單位間來回奔走好幾個鐘頭,為使部隊重新集結在一起而喊啞了嗓子。很明顯地岩畔正處於崩潰邊緣,於是手下軍官們試著讓他平靜下來。這件事就交由高大魁梧的福富(Fukutomi)參謀,在參謀長真的崩潰之前,用「身體」架住他,防止他倒下,但岩畔抗拒這善意的嘗試,反而把福富推到一邊去。福富用摔跤手擒抱方式

40　譯註:原文為「and they fell upon it」,作者 Allen 應是引用《聖經》典故。Numbers 11:9「民數記」中有「in the night, the manna fell upon it」一句。思高本《聖經》戶 11:9 譯作「夜間露水降在營上時,也降下『瑪納』」,和合本《聖經》民 11:9 則譯作「夜間露水降在營中,瑪納也隨著降下」。

架住他的雙臂,但是隨著一股力量湧現(可以看得出來他的亢奮情緒已經累積很久了),岩畔掙脫了福富,並使出過肩摔,反將福富按進了一攤行人踩出來的泥濘堆中。其他官兵目瞪口呆地看著兩名高級軍官用這種方式扭打在一起,但這樣的威嚇實在是太過火了,於是其中一些人將岩畔從福富身上拉開。矢野耕次軍醫中尉很快給岩畔打了針嗎啡,過不了多久,他就打盹熟睡起來。除了高度緊繃的責任感之外,還伴著一場猛烈發作的瘧疾,在接下來的二十四小時中讓他動彈不得。

到七月二十六日,第二十八軍司令部一行人抵達可永(Kyiyo),往錫當河大約三分之二的路上。土屋英一中佐在此接到擔任第二十八軍前衛的騎兵第五十五聯隊長杉本泰雄大佐戰死的消息。更糟的是,岡村愛一工兵大佐參謀結束偵察任務回報稱,如果第二十八軍按原本預定的位置渡河,將會因遭受來自河岸的伏擊而被困。結果他們決定改往可永東北部的基永山(Kyauksang),但這樣還不夠快。英軍早就料到他們會來,所以當地已經籠罩在英軍炮兵的射程之內,在他們撤離之前就已造成6人死亡、20人受傷。

七月二十八日凌晨,櫻井與土屋終於站上錫當河的堤防。行程的最後幾天,土屋是在極度痛苦中走完的。他的腳已經開始腫脹,沙子已經滲進他的靴子,並在皮膚上長出巨大的紅色水泡。湊近一看,正有如拇指般粗的水蛭,吸附在身上。

櫻井俯看著滾滾洪流沒入黑暗中,此刻沒有任何人可以分享他的感受。三年半前同樣在這一條河,櫻井如此耀眼地擊敗了英軍。他率領部下,以勝者之姿,橫渡錫當河,由此直抵緬甸首都,然後長驅直入中部平原,而今所有的成就都化為灰燼。那支被他打敗的大軍回來了,並在此刻追捕他。他回想起錫當

河,在乾季時節是多麼美好宜人的一條河,映著日光,悠閒地漫步穿越蒼翠森林,但現在可不是這樣!在轟隆的水聲中,櫻井眼見暗夜中,到處都是黑點,這可不是木材或樹幹,是人!是正在尖叫的人!「我們是『兵』部隊(第五十四師團代號),快來救我!快來救我!不要拋下我們啊!」但櫻井無能為力。想當初,敵人的士兵、大炮和飛機,他們照樣能夠殺出重圍。而如今,敵軍的大炮、飛機變成了漩渦般的液態怪獸,他的部下們只能靠自己險中求生。

櫻井的參謀期望能看到將軍平安渡河,土屋英一中佐和山口立少佐在河灘上,來回勘查適合筏子下水的地點,山口脫到只剩條兜襠布[41]、背著刀跑在前頭。櫻井判斷河寬 300 碼,地圖上的記載也差不多。但在旱季時河寬只有 80 至 150 碼,甚至還有可涉渡的渡河點。然而進入雨季,河流完全變樣。

第一批渡河組在七月二十七日晚上八點出發。官兵們將自己連人帶筏扔進洪流中,並試著讓自己對抗強勁的水流,有些人被沖回河畔二、三次之多。

櫻井回憶道:「我在七月二十八日凌晨兩點坐緬式小船抵達錫當河東岸。但回頭一看,雖然有些人已經成功渡河,但也有一些被水流吞噬,拼命求助最後卻力竭身亡沖往下游的人。我只能在心中不停祈禱,求神明的保佑。」[42]

次日,放晴了。這在雨季期間是很不尋常的,有好一陣子天空萬里無雲。軍司令部一行在東岸集合,就像是一群大雜燴。岩畔和其他人同乘軍司令官的緬式小船,這艘船已經往返好幾

41　譯註:日文稱為「褌」。
42　櫻井,《緬甸戰線:突破敵地》,文藝春秋 1955 年 11 月,頁 67。

次把剩下的人接過來,包括有慰安婦和軍官食堂的女服務生。這些可憐女孩已沒有多少女人味,她們為看起來像男生而全部把頭髮剪短,並且穿著寬鬆的軍裝,那些在稻田和沼澤間跋涉的日子,使她們渾身濕透而滿是泥濘。

　　過一天又下雨了,雨大到天空只能隱約可見,但這似乎對英國皇家空軍一點妨礙也沒有。櫻井能聽到英軍飛機在頭上盤旋,所以司令部只得鎮日掩蔽在高大的蘆葦叢裡,直到夜幕低垂。他們距撣邦高原的山麓還有13哩路,土屋明白那些在他們開始行軍時發射的威利式(Very)信號彈代表著什麼。英軍顯然在沿著錫當河的每一座村子裡,都佈下了一組情報網,火炮則開始對準軍司令部的行進路線射擊。儘管如此,渡河時的緊張感已經放鬆了,然後部隊中就開始有人通報病號,並乞求留在村裡。土屋知道這些人就跟被拋下來等死的意思差不多。

　　這第二十八軍及其隸屬單位,花了三個星期,艱苦地向南跋涉了50哩。櫻井的坐騎已經在渡錫當河的時候淹死了,所以他只能騎在牛背上完成剩下的旅程。第五十三師團在第二十八軍穿過其防區時,竭盡所能地辦了場最好的歡迎儀式來接待他們。該師團甚至在滾之可(Kunzeik)設了一座小接待站,提供他們「汁粉」(しるこ),一種美味的日式紅豆湯配年糕。當然,村子裡的存米早已耗盡了,或者說至少緬甸人是這樣表示的。除非是以下的這種情況:那就是日軍有一樣讓緬甸人比什麼都還渴望的日用品「肥皂」。緬人愛乾淨、常洗澡,但光靠水無法防止錫當河兩岸眾多村民,因為缺乏肥皂而長滿疥瘡。有些日軍由經驗發現,在背包裡有塊肥皂,可以成為救命的交易媒介。

　　本多司令官曾派他參謀之一的田中博厚中佐前來等待第二十八軍司令部一行。僅僅幾週之前,第三十三軍才沿著這條

緊鄰錫當河旁的路線撤退。然而，在田中看來，卻很難相信這是同一片土地，或是同一條河流。他從七月二十日起就一直在瑞僅河畔等待，眼看著它從一條寧靜的鄉間小溪化身為一條如同錫當河般的無情殺手。田中自己動手在皎基小徑的路旁，造了間小竹屋，然後就只能坐待其變。

最先到的是死人，他們移動的速度可比靠兩雙腿走路的活人快得多。數以百計的死屍順流而下，一大群的士兵就這樣漂向大海。接著，從八月初起，衣衫襤褸的櫻井部下們零零星星地開始現身。當山口出現時，田中簡直難以置信，感覺十分興奮。在過河之後，山口沒費神去找回制服穿上，而且看來他一整晚和土屋找尋緬式小船，好載他的指揮官渡河時都一直這樣。這時，山口光著屁股掛著一把晃啊晃的軍刀，站在瑞僅河的對岸，身上穿的除了兜襠布之外，一絲不掛。田中向他大喊，山口招了招手就縱身跳進了瑞僅河裡，游了過來。當他渾身濕透地從河裡起身上岸時，他看著田中，他也曾這樣看著土屋。山口像個中世紀的戰士、一個真正的男人，更是一個戰國時代的武士。山口少佐是名現代日本陸軍的參謀軍官，但在他靈魂深處卻是個道地的武士。

從大屠殺中倖存的人們，跟隨山口和土屋穿越瑞僅和馬達曼河之間南下，當地在英軍地圖上標示為「濃密混合林」。田中以為他早已看慣了那些第五十三師團戰死者所遭受的極端痛苦，然而還是比不上那些腳發爛且衣衫襤褸的人們之苦；小腿因腳氣病而浮腫到就像象腿般的大小；雙眼因發燒而灼熱；因痢疾拉出的糞便滴粘到大腿上，其中大多數人還扛著步槍、腰帶上掛著彈藥。當然，這一切就快要結束的想法，驅使他們繼續前進。另一方面，則是變成像是小徑旁的那些白骨，上千隻

的蒼蠅和青蠅湧向他們，禿鷲在田野上空盤旋等待著完成任務。他們之中的一些人已包裹著太陽旗，作為最後的敬意。但有很多人穿著破爛的制服在那裡躺著，他們已無法再走入森林的邊緣去休息或吃東西。

再往北，木庭知時少將知道，要讓他的部隊維持行進是多麼的重要。他撿起一根綠竹枝給自己當藤條用，當他看見有人脫隊時，就走上前去用藤條痛打一陣，並大吼著「給我走！給我走！」他的藤條很快就打到看起來像是根日本茶拂或剃鬚刷，但那兒有的是竹子可用，所以木庭教訓完手下之後，還可以不斷換新手中的藤條。

八月十五日，這一天日本天皇向那些陷入震驚卻又聽不太懂內容的人們，播送了敗戰的消息，並且要臣民們必須「承受難以忍受的事實」。櫻井來到在山尼瓦（Shanywa）的第五十三師團司令部。第五十三師團長林義秀中將與緬甸方面軍參謀副長一田次郎少將，以及本多的參謀長澤本理吉郎少將在那迎接他們。士兵們臨時搭起了一座上頭寫著「歡迎策部隊」（第二十八軍代號為「策集團」）幾個大字的木製拱門。櫻井徒步穿過拱門，然後收到由西貢的寺內壽一元帥及毛淡棉的木村所發，講述突圍作戰成功的電報。櫻井匆匆地瞄了電報一眼，記下了那些冠冕堂皇的賀詞後，就把它折了起來。下午，終戰詔書發布的消息就傳來了。

對櫻井來說，這並不意味著結束。在他於丹那沙林集結各部再次重整為一個完整的軍之前，都還不會結束。所以，就算在他身體裡的每一個部分都哀求著需要休息之時，櫻井依然加緊南行。炮聲不再響起，雨勢也漸趨緩和。戰爭結束的消息已經傳透緬甸人之間，所以現在村民們跑出來，看著日軍經過。

櫻井到達馬達班,並在八月十八日偕土屋搭船抵達毛淡棉,一小群人在棧橋上等著他。這時暮色降臨,但還能認得出人群的身形來。其中一位是緬甸方面軍高級參謀的蘆川春雄大佐;另一位是方面軍司令官木村兵太郎本人,現在是一位名符其實的大將了。在日軍嚴格的「停年序列」[43]制度下,木村晉升為大將的時機是合乎年資的。但奇怪的巧合是,他是在棄守仰光,拱手讓給英軍後的第五天晉升的。櫻井逕自走向木村,沒有儀式,而是緊緊的握著他的手。木村環抱櫻井的肩膀,以溫和而平靜聲調說道:「讓你辛苦了那麼久的時間,對不起!」兩位將軍在黑暗中互望著對方,土屋在櫻井的眼中看到一道奇異的閃光。[44]

在梅舍維離開前線時,指揮英第四軍的法蘭西斯・塔克(Francis Tuker)中將,可是很對自己的勝利沾沾自喜。「不久之後,蒙巴頓上將寫信給我」,他寫道:「為了感謝我,他將這場作戰描述為緬甸戰役中最成功的一戰。但我實在說不上打了場硬仗,(這仗)比我在這次大戰中打過的其他仗好打多了!」[45]這是十分順理成章的:塔克的情報系統提供了完整的全局圖像,而手下的炮兵與河流地形也幫了他大忙。或許對英第十七師來說,當然會感到緬甸戰役終了畫下完美句點。一九四二年,他們被日本陸軍第三十三師團和第五十五師團逐出緬甸,在黑貓部隊撤回印度時,日軍又在第十八師團的

---

43 譯註:指軍官、士官各階晉任必須經過之實職年資。
44 Allen, op.cit., p. 114; 土屋,《緬甸榮譽軍的悲劇》(*The tragedy of the Japanese Army in Burma*),日本週報,第441編,1958年4月,頁41。
45 塔克(Tuker),私人文件,第四軍作戰檔案 3 pp TS on operations with IV Corps,帝國戰爭博物館。

協助下徹底征服了整個緬甸。在那之後,印第十七師於滴頂（Tiddim）和比仙浦（Bishenpur）與第三十三師團再次狹路相逢,擊敗了對手,並將第三十三師團逐出了因帕爾。印第十七師在密鐵拉遭遇第十八師團,也擊敗了他們。現在,隨著緬甸戰役接近尾聲,印第十七師在當年那處全師橫遭截斷的河灘幾乎同一位置上,狠狠地痛宰了第五十五師團。印第十七師在收復仰光時被耍過一次,但此時將會以一種幾何式的對稱,為該師的行動劃下句點。他們要用這最後一球,讓日本陸軍三振出局![46]

第七回　堤少佐犯難

在「邁（MAI）」作戰中受害最深的應當是「敢威兵團（Kan-I Group）」,由仰光防衛隊及依附其下的雜牌部隊組成。是最晚編成而且軍事化程度最低的單位,因為他們在仰光只接受短短幾個星期的軍事訓練之前,還是旅居當地的平民、店主、店員、商人和教師。它那威風凜凜的兵團名號遠遠名過其實：稱號第一個字「敢」代表「大膽」與「冒險」；第二個字「威」則代表「權力」和「權威」。然而,稱號中所蘊含的每一項特質,在這支由松井秀治（Matsui）少將率領的七拼八湊部隊中,皆顯不足。儘管兵團還是有作為核心的獨立混成第一〇五旅團、海軍陸戰隊與防空炮兵聯隊這些訓練有素的精銳部隊；但是敢

46　作者與查爾斯通信。譯註：又原文的「hat-trick」是板球術語,指板球投手連投三球讓對方打者出局。在此為便於中文讀者理解,故以相似的棒球術語代替。

威兵團絕非松井過去所習於領導的那種部隊。他曾任第五十六師團步兵第一一三聯隊長,並且在晉升前已經見識過在緬北的一些艱苦戰鬥。但就結果而論,敢威兵團的表現超過預期,相當值得稱讚,其損失的比例略低於參加突圍的其他大型單位。雖然也有一些慘烈且壯烈的案例,但在松井兵團作戰初始的 4,173 名兵力之中,仍有超過 2,000 名人員倖存(含女性)。

從某方面來說,松井兵團的糧食條件沒那麼糟糕,但他們之中許多人身體虛弱、健康狀況不佳。該部官兵的年齡平均大於第二十八軍殘部,所以更難以抵禦恐怖雨季和緬甸夏天的戕害;不過,他們也有載著稻米、鹽和肉的牛車,當牛車載的稻米吃光了,他們就把拉車的牛宰來充飢。另一方面,因為他們是在一團混亂中離開仰光,這也就意味著輕忽了醫療用品的準備。他們因而發展出嚴苛的新紀律,要是有人無法跟上隊伍,就會遭到毆打並趕到隊伍最前面行軍,以防他們落隊。在曼德勒公路上的行軍,是他們最為艱辛的一段路程。當他們以為接近目的地,卻發發生令人震驚的狀況。因為這些人大多都過了除役的年齡,無法承受身體如此疲勞,於是就紛紛倒下甚至累死。

在敢威兵團各單位中,最有意思的或許是海軍第十三警備隊。這是駐緬甸日本帝國海軍的港口和海岸部隊中,抽調出來參加陸戰的兩支海軍部隊之一。他們不與陸軍共同行動,到最後一刻才試圖自行突圍,卻發現為洪水與無所不在的敵人團團封鎖,幾乎可謂是寸步難行。

史林姆描述他們的處境:

他們總共大約有 1,200 人,奇怪的是,他們留到

了七月三十一日才選擇單獨突圍。他們雖然強行突破了道路線，但過程中卻失去了重裝備。我軍一直緊追不捨，他們在冒著我軍部隊和炮兵的猛轟，掙扎地向錫當河挺進，卻發現我軍早已封鎖了他們的退路，然後遭到追擊而來的一個營夾擊……印軍和廓爾喀步兵營清剿這群水兵，大約花了將近一個星期的時間，原本抵達河畔的400人之中……只有3個僥倖逃脫。

這就是為什麼戰後的日軍戰史在地圖上，第五十四師團、第二十八軍、第五十五師團和敢威兵團，都是用藍線描繪出他們按由北到南的順序，從勃固山脈退往丹那沙林的突圍路線。只有一條線從勃固山脈南部伸出，穿越曼德勒公路，最後結束於公路和錫當河之間畫了個「X」符號的地方，旁邊註明了兩個漢字：「全滅」。

駐緬甸日本海軍的總指揮官是田中賴三（Tanaka Raizo）海軍少將，他是瓜達康納爾（Guadalcanal）戰役補給島上守軍的英雄，因為與在東京的海軍軍令部意見不合，所以遭貶到這個窮鄉僻壤。一九四五年二月十八日，田中所部劃歸緬甸方面軍管轄。當日軍於四月份從仰光撤離時，他乘車前往毛淡棉。麾下一些水手和平民則搭乘掃雷艇與大型發動機艇撤退。然而，海軍第十三警備隊的主力，因為駐紮於伊江三角洲的渺彌亞（Myaungmya），這似乎順理成章地讓他們納入負責防衛阿拉干的櫻井第二十八軍之下。就這樣，將兩、三百名人員用魚雷艇和登陸艇撤回丹那沙林之後，深見盛雄（Fukami）大佐率領剩下的600人與第二十八軍一同向勃固山脈轉進。

第九章 掙扎脫出

　　深見率領的殘部於五月十七日從山麓深入茂密的叢林。五月十九日，他們到達了一座名為幸德沙坎（Sintesakan）的村莊，這是個很小的地方，一處有好幾棟用香蕉葉當屋頂的竹屋的聚落。他們飢渴難耐，便立即奔向流經村落的清澈小溪。他們跳進河裡，不停地喝著，並且灌滿隨身的水壺。甜美冷冽的冰水讓他們重振精神，繼續前進，宛如得到了一付全新的身體一般。

　　當他們往上游行進，大約攀爬了有 300 多碼之後，看到了一些讓他們反胃的東西：一匹死馬倒斃在溪水裡，有一半的身體淹沒在水中。肚子比正常膨脹了兩倍之多，並從折斷的脖子和爆開的屁股裡爬出白色的生蛆。骯髒的黑蠅布滿那爆裂的屍肉。這匹馬就躺在他們剛剛開懷暢飲的清水中。

　　五月二十日，有一支由西迫（Nishiseko）少佐率領的陸軍部隊經過。少佐告訴他們，振武兵團司令部就在他們北方的「乙女村」，即最高點名為奧克欽山（Aukchin Taung）的第一五八一高地[47]。雖然大家都知道「乙女」就是日文「少女」的意思，但在這顯然是用來掩飾司令部所在位置的代號。

　　堤新三主計少佐注意到急於離開的西迫部隊中，有些士兵的樣子不太尋常。這些「士兵」的臉龐看起來比一般士兵更白皙，而且講話聲音如小鳥般尖細―是的，她們都是女人，每一個人都是！她們剃了光頭、穿著寬鬆的制服，一開始堤新三以為她們是新兵；但沒錯，她們是女人。她們每個人都挑著一根長桿，在長桿的兩端各懸掛著一只籃子。除了其中一只籃子裡挑了個嬰兒之外，全部都裝著糧食。她們還在籃子上覆蓋了香

47　譯註：Taung 緬文意思為高山。

蕉葉以保護籃子裡的東西遭雨淋濕。婦女們跟著西迫離開了，在溼滑的山間小徑上攀下行，逐漸離開了堤的視線。

　　堤新三的部隊，從一五八一高地往一二二〇高地踽踽北行，然後抵達了勃固河上游。這裡的河水才只有 60 碼寬、水深也才只達齊腰深度，很容易涉渡。但是達威溪（Dawe Chaung）卻成了一時的障礙，這條勃固河的支流雖然只有主流一半寬，但水勢卻是又深又急。水手們在這裡展現了他們的聰明才智，他們從叢林中收集了樹藤，做成了一條長到足以抵達對岸的繩索，然後將竹桿捆在一起建造竹筏，船頭還裝了個小木環讓繩索穿過木環。這種竹筏一次可以讓幾個人自己拉著繩索過河，但缺點是速度很慢，結果他們花了兩天時間才渡完河。接著，他們來到的是日軍代號中的另一處地點：「赤穗村」。那兒只不過是位於山腰上的一處空曠的平地，但那是處很好的休息站，有大量的竹筍、甘藷、可食的野草，還有流動的水源；因此當深見、堤新三與幾名海軍警備隊員更往西邊深入試圖取得與振武兵團司令部的聯繫時，部隊人員便趁機在此休息。在六月四日，長澤開心地問候他們的到來，當他在阿拉干擔任第一二一聯隊長時就與深見熟識了。長澤介紹深見與堤給他的幕僚認識，齋藤弘夫中佐從由相思樹編的袋子裡遞給堤新三一根香煙。堤新三已經好多年沒有抽煙了，他帶著感謝地抽著。長澤解釋說，振武兵團在接下來的三個星期要準備突圍橫渡錫當河，預定的發起時間是七月二十日。六月五日，深見和堤新三帶著給部隊食用的稻米回到「赤穗村」。[48]

　　這時，深見對屬下的情況深感不安，大約有一半以上的人

48　堤新三，《転進》，頁 17；《鬼哭啾啾》，頁 80-81。

員罹患瘧疾或痢疾,而且更重要的是,在突圍時他們無論如何必須事先準備好一個月份的口糧。堤新三帶了220個最健康的人到勃固河的藏圖村(Zaungtu)去搜尋食物。這是一座相當大的村莊,應該會有一些稻米。然而,當他們走近村落時,卻看到了緬甸的雨季如何改變了當地的樣貌—村莊幾幾乎變成一座在化汪洋的稻田裡載浮載沉的小島,村裡早已人去樓空。他們搜查小屋,只發現了未去殼的大量稻米、鹽及裝醃魚的罐子。堤新三打開了其中一個醃魚罐子的蓋子,他看到頂層已經發酵,且還有大量生蛆湧現。但他已經餓到不會被這點噁心的場面嚇倒了,他刮掉了蛆,品嚐了底下的魚。好吃!而且小屋裡還有緬甸蝦醬(ngapi),這是緬甸特有,以搗碎的鮮蝦佐以鹽和辛香料的美味,通常當作調味料。蝦醬相當刺鼻,但是水手們之前就品嚐過它的滋味。因為他們沒辦法把那麼一大罐的蝦醬整罐扛回去,所以他們砍了院子裡的長竹,把蝦醬滿滿的灌進竹筒裡,才解決了這個問題。這樣充滿美食的地方,讓他們決定就地開飯。配著生長在村落四周的椰子和放養的雞,這頓飯讓他們吃到眼淚從眼眶裡滿溢而出,最後再佐以成熟的芒果當作飯後甜點結束。

這場盛宴其後果就如預料般成為了一場美妙的災難。他們的胃早已不再適應此類的食物或是這麼大的食量。堤新三的部隊裡有十個人因腹瀉或相關病痛而無法繼續行軍。只有一件事是堤可以做的,他告訴部下,他們已經在藏圖村待了超過四天了,該是帶著去殼的稻米回到「赤穗村」的時候了。在回程的路上,他注意到士氣正在下滑。人員開始脫隊,然後就聽到了這些人在附近森林裡用手榴彈自殺的爆炸聲;另外,還有些人一聲不響悄悄地溜走了。堤率領的220人中,有三分之一的人

在這段時間陸續脫隊。七月二十四日，剩下來身體還比較好的人要走出山區時，留下了大約 40 個人跟慶應義塾大學醫學部出身的年輕醫官木下（Kinoshita）中尉在後面。他們為傷患們留下了必要的配給，自己只帶了到達鐵路線為止所需要的足夠糧食。當堤新三來告辭時，木下反而開朗地鼓舞堤新三說「你一定會成功！」堤回了句「那麼，保重了」作為告別，最後又跟他握了手，才轉身出發。多年之後，堤新三心中一直縈繞著木下年輕臉龐上稍縱即逝的笑容，以及那雙彷彿知道這就是永別的清澈眼眸。此後，無論是木下或是傷患，都再也未曾聽過他們的消息了。[49]

當堤新三一行人接近曼德勒公路時，遭到了 16 架英國皇家空軍飛機的機槍掃射；幸運的是在他們穿越公路時，一發子彈也沒打到他們身上。然而，當他們在八月一日凌晨三點，準備穿越一片在公路和鐵路之間積水的墓地時，夜空突然被綠色和黃色的信號彈撕裂開來。日軍遭到從兩側射來的重機槍火網夾擊，接著迫擊炮加入攻擊。水手們利用手邊僅有的武器奮力反擊：擲彈筒、步槍和機關槍，但毫無逃離英軍火網機會，英軍目的就是要密集砲轟他們匍匐的地帶。砲彈鑽入地底後炸開的土石如豪雨般從天而降，幾乎將地面上的堤新三活埋了。在槍林彈雨的射擊達到最高潮時，他看到部下的身體炸成粉碎，屍塊在空中飛舞。倖存者沿著一條小溪的溪畔掙扎前進，找到一處水勢平緩的地點游過 20 碼到達對岸。然後，進入了一座為茂密樹木環繞的小村裡充當掩護。這時，堤新三可以聽見偵查他們行蹤的觀測機從他頭上飛過的引擎聲。他想，英軍下一步就

49　Allen, op.cit., p. 212.

第九章　掙扎脫出

會炮轟這座村莊了,於是下令部隊再往東前進一哩多。堤新三告訴部下「我們在這裡等到天黑」,「接著往東南方移動會與司令會合」。當他們照著堤的辦法,終於找到深見部隊時,後者已經損失慘重。在八月一日的伏擊中,深見失去了超過 400 名水手,包括 14 名軍官和士官。

八月七日,剩下來 148 名倖存者,沿途經歷小規模接觸戰,終於三三兩兩地進入達拉結可(Dalazeik)村。達拉結可位於錫當河岸,他們希望在此渡河,但此時村莊早已為英軍所占領,而且英軍一發現日軍就立即開火。

深見部隊只好繞過村莊,用僅剩的四具擲彈筒反擊,這樣的火力意外地讓英軍暫停攻擊,讓他們有機會向河岸前進。然而,在這場不幸的遭遇戰中,指揮官深見身中致命的一擊——他在帶領部下穿越泥濘區時,手榴彈的破片劃開了肚子。

他們把深見放在擔架上,花了兩天的時間,穿越了 6 呎高的象草,直到錫當河的堤防映入眼簾。他們抵達錫當河畔的日子是八月八日。然而,就在他們停下來的瞬間,子彈突然從北、南、西方,以三面包夾之勢射擊而來。堤新三回想當時,只聽得到槍聲和叫喚的回音從象草叢裡穿越而過,卻看不到近在咫尺的敵軍身影。這時,他們只剩下手槍、武士刀及刺刀了;突然,四下一片沈寂,原來他們趁機突圍,逃進附近的一片樹林裡去了。堤新三集合下屬,這時他早已嚇得魂飛魄散。抵達達拉結可時還有 98 名官兵活著,但在這場跟由英國軍官指揮的廓爾喀部隊交戰後,第十三海軍警備隊只剩下 17 人了。大多數的軍官,其中包括深見,都在八月八日這天的埋伏中戰死了。

堤等日軍殘部所在之處,錫當河道有幾百碼寬,所以他們必須找到船才能渡河。在十六日天色漸暗時,他的一名部下報

在上游一點的位置，有艘小船划到河這岸來了，於是堤新三決定要搶下這艘船。不過，這並非那麼簡單的事。他們發現船拖上了岸，放在一棟小屋樓下用鐵絲網保護著。當他們走近時，有人開始向他們射擊，迫使他們撤退。

第二天當印軍以四列縱隊整齊地經過時，他們躲在高大的蘆葦叢中。縱隊一列又一列，持續不斷地前進，他們一定有一個營的兵力，後面還尾隨著有十來個肩挑裝了雞和香蕉擔子的緬甸人，很明顯那就是緬甸小販。印軍沒察覺到日軍的存在，但是緬甸人察覺有異，他們開始查看行經的蘆葦叢。「不要開槍！」堤新三低聲告誡部下，「不要動，他們還看不到我們」，但是他們看到了。堤新三率領部下撤退，一個小時過後，十來個英軍在緬甸人的帶路下，回來掃射堤他們剛才躲藏過的蘆葦叢。

夜幕低垂。堤新三想找艘船，如果他不能在村裡找到船，那就只好拆了牛棚的竹子自己做艘竹筏。他真的這麼做了，而且把步槍、手槍、手榴彈、背包和水壺都綁在竹筏上。竹筏的筏體還另外伸出三根突出的竹竿，可以讓六個人分別在竹筏的兩邊用肩膀頂著竹竿游泳過河。為了禦寒，他們特地穿著軍服游泳。八月十八日晚上十一點，他們把竹筏推下了水流湍急的錫當河裡。

當他們把竹筏推到河中央時，湍急的水流讓他們難以渡過。他們努力嘗試游向對岸，但河水卻無情地硬將他們帶往下游。此時，夜空乍現黎明來臨時的銀色光芒，堤新三和他的部屬發現有其他人也和自己一樣在水中掙扎。等等，還有其他人也要過河嗎？不，這就只是幅掙扎的假象而已。他們看到的是那些企圖在比較上游的位置橫渡錫當河卻淹死的士兵。這些屍體為

第九章　掙扎脫出

水草所纏繞，又隨著水勢漂流擺盪，在河裡載浮載沉來回漂浮著。

有那麼一瞬間，堤新三感覺自己的腳底好像踢到河床了。媽媽，請保佑我吧！請幫幫我吧！堤向母親祈禱，懇求她的眷顧；這也是他對那些從渡河一開始就一起奮力對抗強大水流壓力的兵士們的祈禱。「各位，就差一點點了！」他喊道，「現在使出全力，加油啊！」終於，他們爬上了河岸。這是一九四五年八月十九日的早上六點。他們還不知道的是，戰爭結束已經過了四天了。

因為堤一行人不知道早已停戰，所以事情在他們看來根本沒什麼變化。他們穿過濕地與草原，來到一座村莊的邊緣時，從小屋裡卻傳來了一聲槍響。「天皇陛下萬歲！」古根村（Konemura）兵曹在高呼聲中倒下了，一顆子彈貫穿了他的右肺，撕裂了這個器官。然後自知逃不過的他，輕聲複誦佛教禱詞，「南無妙法蓮華經」，直到斷氣為止。

他們繞過村莊，向東南方行進。他們泡濕的地圖，現在已經沒用了，堤新三利用羅盤指引著大家方向。

他們到底走了多少天？堤新三已經記不得了，但是他的腳已經因長期泡在錫當河水中而浮腫蒼白，在腳趾間留有紅色的擦傷潰爛。終於，他們走到了一棟盍立於田中的小屋，令他們吃驚的是，他們並不孤獨。一個中年緬甸人毫不吝嗇地提供他們吃的東西，有雞肉、雞蛋和鬆軟的白飯，自從在藏圖村之後，他們就再也沒有嚐過這樣的食物了。這就如同日語俗諺中所說的「在地獄裡見到菩薩」一樣。他們掉靴子，其中一名水手開始用他的鋼盔磨碎芝麻，想要做點能止腳痛的藥粉。那緬甸人說他還有要事要做，於是就離開了。

他離開了一段很長的時間。到了下午三點，小屋瞬間成了射擊的目標。他們飛奔到外頭並開始還擊。在射擊暫歇的空擋，堤新三聽到有什麼東西緩慢而不間斷地滴落到他身邊竹板上。一個念頭閃過他的腦海─不是所有人都從小屋裡出來了。「原田！」他大喊，「你在樓上嗎？」原田呻吟著回答說：「他們打中我了，我不行了…」「等一下，我就來了！」堤新三一邊回答，一邊繼續射擊。隨著天色逐漸昏暗，槍聲逐漸稀疏，然後四下沉寂。堤新三急忙從樓梯爬上小屋。進去一看就知道發生了什麼事─原田背上中彈，朝前倒在地上，大量的鮮血從外衣汩汩流出，漫流到鋪在地板的竹蓆上。當堤新三輕輕地脫去原田的外衣時，螞蟻已經爬滿他的身上。原田的傷口慘不忍睹，背上開了個一呎寬大洞，鮮紅的血肉看起來就好像是一朵綻開在皮膚上的石榴花。螞蟻一窩蜂地擁向圓形的傷口。堤把傷口上的螞蟻清掉，並要其中一名水手解開原田的綁腿洗乾淨，準備當作代用繃帶止血。

原田乞求著要水喝，但堤新三拒絕了他，因為堤知道這只會讓原田死得更快。他餵原田稀飯，但他一吃就吐了出來「我幫不了你啊，原田。」堤新三心想，「對不起，我真的沒辦法了。」半夜，一陣東西倒落的響聲驚醒了所有人。只看到原田倒在樓下，臉上血色全失。他顯然爬下樓梯來喝水，將嘴唇靠近瓶子喝了水，便倒了下去。

埋葬原田之後，他們於八月二十四日再次啟程。如今只剩下4個人了。他們來到一處綿延數十哩的巨大湖畔，但地圖上卻沒有任何這座湖的記載。他們走進湖邊一看，才知道這不是湖泊，而是氾濫的錫當河淹沒河道兩旁陸地的結果。所幸洪水積水不深，而且在他們試圖游泳穿越氾濫區時正值香蕉盛產期，

所以他們把香蕉葉的莖綁在一起充當浮具,推著這艘小小的「蕉筏」在水中行進。在他們下水之前,最後的食物已經吃光了。然後他們每游 50 碼就休息一次,這樣持續游了五天。入夜時,他們尋找在積水中露出枝枒的樹木假寐,而且睡覺時還不敢張口打呼,免得可怕的水蛭爬進嘴裡。入睡時,他們還用綁腿將自己緊緊綁在樹上,以防睡到一半掉到水裡。但樹上還有螞蟻,牠們從樹梢上有如哈密瓜大小的螞蟻窩爬出來,爬到熟睡的水手身上,在他們的手和臉上叮的到處都是。到了第五天,水手們終於離水而出,在湖對岸一處低矮的小斷崖邊登陸,走到一條山徑上。這時,他們的雙腳幾乎難以適應再次踏上堅實大地的感觸。

在渡過那看似一望無際的「假湖」煉獄後,突如其來再次踏上路面的喜悅,賦予他們繼續前進的力量。他們向一組半路遇到的陸軍士兵要到了一捧米,然後繼續向前邁進。過了十天之後,堤一行人來到一座橡膠園的一角。堤新三從林相的變化判斷,他們一定是在瑞僅鎮東方某處,據說第二十八軍是從這裡渡過瑞僅江往南敗逃的。他們遇到了聚集在樹蔭之下的一群死屍,其他沒在樹蔭下的屍體,則成了遭禿鷹剝食乾淨的白骨。

突然間,敵機從頭頂上飛過,他們這一次撒下的是傳單而非炸彈。

「日本士兵們!」傳單上說,「這場戰爭已經結束了。請暫時在樹蔭下休息吧,當夜深人靜時,你們會感受到鮮花盛開的氣息,就像是過去那樣。但要是你們在緬甸的曠野逗留太久,那就會染上瘧疾。所以,請各位盡快現身吧。」堤新三不會上當,因為他之前見過這樣的傳單,於是他繼續往前走。

九月九日,他們一行與半路相遇的六名士兵一齊渡過瑞僅

江,穿越橡膠園向南前行。次日,當他們在單調的橡膠樹林行進時,聽到了有人用日語叫著「有部隊在這嗎?有部隊在這嗎?」的聲音。堤新三決定先等那聲音的主人出現。過了一會,他看到兩個穿著日軍制服的人從樹林間走了過來。他命令屬下們散開到附近的草叢裡趴著躲起來,並繼續盯著這兩個陌生人。在前面的那個,舉著日本的日之丸國旗,後面的那個則舉著一面白旗。

堤新三命令部下上刺刀。這兩個人一直走到距離緊握著手槍的堤新三大約十步左右才停下來。來者手無寸鐵,站在前面的那個看起來約二十七、八歲,留著一嘴整齊的小鬍子。

「我是若生尚德(Wako Hisanori)少佐」,他以平靜的口吻說著。「我是緬甸方面軍派來的軍使,是來通知各位戰爭已經結束了。我有天皇陛下頒布的終戰詔書」

當堤新三看到他們舉著白旗過來的時候,他的第一個反應是這些人是戰俘,[50] 為英軍利用來哄騙脫隊的日本兵束手就擒。到目前為止,堤還不能確定對方來意,所以他先叫部下們將那兩個人圍住,然後才接下若生帶來的公文,半信半疑地讀著。

這份日皇終戰詔書,是以正楷書寫在厚紙之上,並且還附上了八月十八日十四時,在毛淡棉的木村大將下令駐緬甸日軍全體停火的命令書。堤新三看完了詔書,沈默地還給了若生他們。「我十分清楚貴官在想什麼!」若生脫口而出。「我跟你所想的完全一樣;但是戰爭結束了,這是事實。請相信我,這是天皇陛下的命令,也是全軍的命令」。[51]

50　堤新三,《　進》,頁44;後來在《鬼哭啾啾》,頁200中,堤新三只提到懷疑若生一行人遭英軍利用。

51　堤新三,《鬼哭啾啾》,頁201。

第九章 掙扎脫出

若生看起來似乎不像是會為敵軍所利用的人。堤注意到他的部下圍得更近了,並用眼神吞噬著他和若生。「可以讓我把這份公告唸給大家聽嗎?」若生問道。堤新三深思了一陣子便同意了,因為他需要知道「停戰」這詞對他們來說意義為何?若生把整份詔書都宣讀了一遍,而且也宣讀了櫻井頒布給第二十八軍作戰序列下所有單位的命令書,以及文末的一段警告:

此絕非英軍騙局。為周知全軍,軍司令部已派出大量軍使。以此方式傳達命令之因,乃無線電通訊已經毀壞無法發揮作用之故。敵軍雖仍持續進行偵察飛行,但已停止在前線進行全面轟炸。各位或因炮聲之沈寂而有所疑惑,然此即為戰爭結束之明證!屏棄疑念,遵守此令乃最高優先!並將此令傳達至周遭各單位。為帝國與皇軍之將來,諸君須忍所難忍,隱忍自重、以誠從命。全體將校須儘速歸建原單位。依中央指示,詔敕渙發後立即放下武器者,得不以戰俘身份對待。

櫻井這份命令後面簽署的發布地是位於帕安(Paan)的司令部,日期為一九四五年九月七日。當若生以穩定的語調宣讀完命令時,每個人都保持沈默。若生感覺得到他們心中強烈的苦悶感,知道他們現在所想的,不只是身處在這神所遺棄之地的自己,還有祖國的未來,即將遭遇做夢也不曾料想到的命運的可能。「戰爭確實已經結束了。」他再次說道。「請相信我,

這是真的。」堤新三的內心強烈的動搖中。是的，他從詔書與軍司令官命令的形式可以感受到那的確是真的。他的一名部下靠上來說：「如果戰爭結束是真的，那我就會自殺！」其他人似乎也同意他的想法。這時，若生突然插話進來，他的聲音不再平穩了，而是以尖銳的聲調直言道：「你別這麼做，自殺什麼的太荒唐了吧！你難道沒有理解陛下聖言與軍司令部命令的意思嗎？無論有多痛苦，我們都必須忍耐下去啊！」當若生說這最後一句話的時候，喉嚨裡早已哽咽，泣不成聲地說完的。[52]

堤新三完全感受到了若生發自內心的慟哭，（對日本戰敗投降這件事）他再也沒有任何的疑問了。但事情仍舊遠非那麼簡單。堤告訴若生，這些跟他一路走來的水兵們可以跟著若生去收容所。「不過，我是海軍。」他告訴若生，「所以我必須回毛淡棉一趟，親自向所屬的第十三基地司令部報告深見部隊發生的事。」

「如果你這麼做我會很困擾的」若生回絕道：「請考慮一下我身為軍使的立場，我希望大家跟我一起回去。」

「我不能跟著回去。我能理解貴官的立場。但是，若我進了收容所，從此就會失去行動自由。無論如何，我都需要盡快前往海軍司令部報告，讓長官知道深見部隊全滅的真相。更何況我跟清水（Kiyomizu）兵曹現在還走得動啊。」

堤新三一步不讓，若生最後只能同意他的要求。當若生離去時，他在堤的身旁說：「你們海軍弟兄的日子也不好過，不是嗎？」同時，給了他兩根煙，且點燃其中一根遞過去。他們

52　同上，頁 205。

是培萊爾香菸（Players）[53]，而堤新三永遠沒能忘記那股香氣。

在他跟若生第一次分手兩天後，九月十二日的下午，他和清水再次聽到迴盪於樹林間的聲音：「有日本兵在這嗎？」堤新三與清水面面相覷，「什麼啊，又來了？」

當若生來到他們跟前時，垂頭喪氣地跟他們承認「是的，我們又見面啦」。而且，這次主客形勢逆轉，換成若生不再讓步了。若生還率領緬甸雜工帶來吃的東西。「即使這次我假裝沒見到你，這些緬甸人回去時也會講你的事。」他解釋說，「所以英軍就會知道是我放你走的。我知道你的心情，而我也感同身受。但若是放你走的話，我就要負上責任問題了。我會因為抗命遭到問罪的。」[54]

總之，他們同意先在一間小屋中留宿，徹夜長談直到黎明升起。天亮後，他們一起朝瑞僅的方向動身，到了大約中午左右，堤新三爬上一座小山坡，往若生所指的地方看去。他能看見在遠處瑞僅郊區，有一座看起來像是軍營的地方，在中間的廣場上有幾百個日本官兵。就在這一瞬間，堤新三終於在心中說服自己一戰爭結束了。所以，一切都結束了，不是嗎？是的，他感到絕望；但也鬆了一口氣。

在山腳下有一座小湖，堤新三仍然帶著「兼吉劍」（Kenkichi），這是他從祖父那裡繼承而來的。他堅決而憤慨地將劍丟進湖裡，將劍扔了總比交到英軍手裡好得多。[55]

當日稍晚，一艘小船從瑞僅出發，越過河流來到文卡內因

53　英國 Players and Sons co. 出產的香菸。
54　堤新三，《鬼哭啾啾》，頁 207。
55　堤新三，《鬼哭啾啾》，頁 208。

（Winkanein）村，若生、堤新三和他們的部屬在那兒等著。船上有一名年輕的英軍中尉，迅速地爬上岸走了過來。雖然若生說那人是英軍中尉，但從外表上一點也看不出來。他只穿著緬甸人的紗籠和一雙緬甸木製涼鞋，既沒穿英軍的制服上衣，也沒有別軍階章。不過這個人似乎和若生相處融洽，而且還向堤新三敬禮，用日語問候。這人日語的語調聽起來不像一般外國人那樣生硬，但其實文法亂七八糟到讓堤新三快要抓狂。

中尉好奇地盯著他看，在他的人生中，從未見過如此充滿野性的人類。這時的堤新三，烏黑的頭髮已經長如亂草，鬍子蓬鬆雜亂，衣服破爛不堪而惡臭四溢，眼中還閃爍著被迫投降的怨恨目光。不論是從什麼角度看，他都像極了活生生的《魯賓遜漂流記》主人翁。

堤新三站起身來，往小船方向走去。中尉知道引起這場戰爭最根本的原因是什麼嗎？他知道是美國經濟帝國主義所造成的嗎？

「日本在正常情況下絕不會投降的！」當他們走到岸邊時，堤新三喊著。

「是啊，絕對不會。我相信你說的都對！」中尉回答：「但過去幾個星期，有一種新式的武器被使用了，這是跟以往所投下的任何一種炸彈都不同。否則，我敢說日軍是絕不會投降的！」他們所在的地方，就在瑞僅溪與錫當河匯流點不遠處。這條小溪流過兩岸茂密的森林之間，午後的陽光照耀在水面上閃閃發亮，它異常的平靜。當他們的小舟划到河中央時，中尉因陶醉於陽光和蔥翠的綠蔭而開始吹起口哨來。堤新三聽出來有幾段是貝多芬《田園交響曲》的旋律。原本，在他的心中依舊帶著憤怒的黑暗，但隨著音符充滿林蔭之間，他覺得自己的

第九章　掙扎脫出

憤怒感逐漸消失,而且有什麼東西取代了那種憤怒的感覺。為了不甘示弱,他也用口哨吹起了交響曲。他已經扔掉了祖父傳下來的名劍,祖國也陷入失敗的痛苦之中,而且他還永遠失去那些戰友和夥伴。然而⋯他從一場難以置信的冒險旅程活了下來,在這場旅行結束時,澎湃的血液依然在他的體內流動。生命─蘊藏著各種的可能性,仍然在前方等待著他。

日落落日：最長之戰在緬甸 1941-1945（下冊）

第十章 敗北談降

日本投降

> 第 一 回　首度和談
> 第 二 回　圖瑞通報
> 第 三 回　最終投降

日落落日：最長之戰在緬甸 1941-1945（下冊）

摘　要

　　本章敘述日軍在天皇於一九四五年八月十五日宣布投降後，駐緬日軍向英軍投降的情形。除了詳細史實外，作者從南方軍最高元帥，到代表「軍」的談判校官與尉官，再到一般的部隊，描寫投降日軍將領與官兵們的心態及行為。面對戰敗，日軍心情上挫敗落寞，態度上卻能勉強自持，這其中的尷尬難堪，由作者分三回合細膩描寫，充分深入日軍本性，的確入木三分。

　　第一回「首度和談」，敘述日軍第二十八軍的庄子大佐、澤山中尉以及其他三人與英軍第四軍史密頓准將在阿比亞談判始末，說明日軍態度的改變：從不相信戰敗，到放棄抗爭，接受命運。

　　第二回合「圖瑞通報」，藉由一個意外事件，說明日皇投降後帶給雙方的緊張氣氛。事情肇因於英軍一名完全未經授權的圖瑞少校，企圖主動通知日軍：天皇已經投降。這突發事件引起戰地的英日雙方恐慌，幸好很快誤會解除，圖瑞少校被送至出現之地，安全回到英方。

　　第三回合「最終投降」說明日軍最高指揮官南方軍總司令寺內壽一元帥最後的下場。一開始無法相信，直至聽到天皇廣播，流淚接受日本投降的事實，再到蒙巴頓安排他轉赴馬來亞囚禁（幽居），最後在囚禁中再度抓狂與中風，死於當地橡膠園。

第一回 首度和談

堤新三少佐與若生尚德少佐初次見面的交談，點出了英日雙方在緬甸的戰爭正式地結束所面臨的問題。對大多數日本人來說，投降是無法想像。對個人是如此，對整個國家來說，更是如此嗎？在他們開始接受這無法忍受的投降之前，日軍必須先相信他們已經被擊敗。談判開始時，最先就是幫助日軍認知這個他們一直認為「不可能發生的事實」。當局採取了一些措施，減輕他們面對這個「不可能」的困難。在若生宣讀櫻井命令的最後一段時，明言在國家宣布戰敗後，那些投降的日軍，將不會被視為戰俘。堤新三無疑考慮到，對他以及數以千計的日軍而言，不被視為戰俘是相當重要的一點。盟軍因此決定稱日軍投降者為「日本投降人員」（Japanese Surrendered Personnel，簡稱 JSP），這個標準的官方修飾性說法，當然有其明顯目的。盟軍也同時決定要日軍自己負責維持投降後的紀律，絕對禁止日軍掠奪。

在仰光的（東南亞戰區）司令史托福（M. Stopford）中將早於八月十一日即被告知，日本極可能投降。他知道，對分散在英軍第十二軍團控制區內的日軍而言，要他們有組織地投降，會比在東南亞戰地已停戰區域的日軍，來得困難得多。八月十五日史托福下令所轄英軍暫停對日軍的攻擊，同時也要緬甸游擊隊瞭解這一點。另一方面，在叢林中獨自作戰的日軍，恐怕還不知天皇已經投降，所以英軍還得維持嚴密的戒備。投降的日軍，會被盤問軍隊的地點、司令部以及食物供給這些問題，史托福知道這些只是照本宣科，因為他自己的情報幕僚對

日軍在緬甸的分布，比木村中將還要清楚，而其司令部的地點，也根本不是秘密。[1]

由印第十七師的一支部隊，先開始與日軍接觸是非常恰當的[2]。八月二十二日，印第十七師的旁遮普第十五團第六營巡邏隊，在良卡寫西南約一哩處，遇到一組 8 名日本人，他們表示願意投降，並說第二天在波薩貝（Posabe），會有一名日本軍官來做正式的安排。

史密頓准將所屬第六十三旅的情報官查爾斯上尉，接待這 8 名日人。查爾斯與他們談話，並進一步安排第四軍的代表與日軍當地指揮官的代表於八月二十四日在阿比亞（Abya）會面。當天一名日本上尉與一名中尉抵達，在廓爾喀步槍兵第十團第一營，討論了一個鐘頭又四十五分鐘。[3] 日軍表示，在他們長官沒有下達投降命令之前，無法投降。但他們已收到停火通知，命令他們停止在瑞僅地區的對抗，清除所有在錫當河西邊的地雷與陷阱。所有人員要在五天之內退到河西，也要釋放之前俘虜的一三六部隊的軍官。日軍緊守口風，不願透露他們的部署，但同意在八月二十六日另派一名資深軍官重新開會。英國官方歷史並沒有記載日方也帶來當地日軍指揮官佐藤（Satō）大佐寫給查爾斯上尉的一封信，這封信非常清楚表達日軍當時的態度：

送陳：勃固地區指揮官代表查爾斯上尉
寄自：日軍錫當區指揮官佐藤大佐

1　柯比（Kirby），*War Against Japan*, V. p. 252.
2　因印第十七師是 1942 年日軍侵緬時，最早接戰的部隊。
3　同上，p. 252.

第十章　敗北談降

一、由於通訊困難，我已於（日本時間）昨晚八時收到您日前所傳之信。（顯然是指查爾斯於八月二十三日從波薩貝〔Posabe〕傳給日本軍官之信函。）

二、雖然東京已在討論投降條約，我相信在這個小地方操作上仍有困難。為求完成依照雙方所收到的命令，和平地終止敵對行動，很明顯地你我雙方必須步驟一致。目前我方已禁止所有的個人行動。

三、日軍根據天皇陛下的命令已經停止戰鬥。同時，我們的部隊根據上級的交待，已經退守到沙杜楊—BM 33—波薩貝（良卡寫的西南）一線，藉此避免在前線，因為不小心或因誤解與對方產生對抗。

四、如果上級給我們繼續作戰的命令，日軍會不計代價奮戰到全殲；但如果上級有不同的指示，我們會在道德上忍受這不幸的結果。因此，您最近表達的想法，因沒有上級長官的命令，很抱歉，礙於權限我無法照辦。只要沒有收到上級的命令，我不會貿然進行任何攻擊；但如果日軍遭到小單位英軍或本地緬軍攻擊，我們無可迴避，只能選擇應戰。我們懇請貴國監督這樣的舉動，或是不必要的陸地或空中，或緬甸軍隊的攻擊。

五、我們對大英帝國的紳士風範與貴國軍隊的光榮有著至高無上的信心。

六、只要上級指示,我們會與您進行面談。我誠摯希望這方面的問題,能經由貴國指揮部與我軍最高元帥寺內壽一大將接觸而得以圓滿解決。

前往阿比亞的英方軍官們,已經得知八月二十六日之後,會得到更多詳細情報。二十六日當天,寺內壽一的參謀長沼田多稼藏(Numata)中將飛到仰光,接受蒙巴頓將軍的指示。沼田參謀長抵達之前,第四軍內部已在當地自行再更進一步的協商。指揮部一名中校陪伴史密頓准將抵達阿比亞,日軍代表有陸軍本田中將、第三十三軍參謀長庄子長孝(Shōji)大佐,還有澤山勇三(Sawayama Yūzō)中尉。澤山曾是新聞記者,後成為緬甸方面軍司令部人員,奉一田次郎副參謀長指示隨行,並跟他說:「你回到日本後,這會是個很好的題材」。另外還有三個同袍,分別是仰光新亞洲貿易公司的前經理齋藤(Satō),一位攜帶國旗的兵長(指士官長),還有一位號角兵。這號角兵很憂心,面容哀悽地問:「我要吹奏甚麼曲子,澤山先生?」澤山不知。日本軍隊的相關規定中沒有投降這個動作,因此沒有任何適合投降儀式的軍曲。澤山答道:「去問庄子大佐。」大佐也不知。[4]

澤山早在幾天前,就感覺到山雨欲來。八月十八日晚上,無線電室同袍就告訴他,BBC與澳洲廣播公司詳細報導日本投降的消息。澤山將消息轉報司令部,被告知要把消息壓下來。

---

[4] 在本書作者 Allen 另一本書 *End of the War in Asia*. p. 3;以及《密錄大東亞戰史》,東京,1953,頁 367-381,都寫道:「澤山拿著白旗」。

但第二天所有司令部的人都知道了,雖然大家都假裝沒聽到。他們繼續往北,穿過馬達班與齋托卡,到達距離錫當河 10 哩的第十八師團司令部。第十八師團每個人聽到這個消息都很激動,不斷追問接下來會發生甚麼事?他們會被送到印度嗎?送到泰緬鐵路?送回日本?他們一起分食總部食物,吃的是沾有草根和樹葉漂在上面的豆腐。他們被告知第二十八軍的土屋英一中佐會來一起討論:如果分散各地的日軍拒絕相信這個投降消息時,該如何處理。[5]

跨過錫當河後,日軍代表徒步前進,軍官卸下配劍。一個鐘頭後,經沃鎮來到火車站。拿著日本國旗的旗手與號角兵走在最前面,庄子大佐與土屋中佐尾隨其後,澤山和齋藤殿後。淚水在號角兵的眼中打轉,「長官,我不知道要吹甚麼曲!」庄子因為在想別的事情,不耐煩的說:「你喜歡就好」。土屋心情似乎還好,他回答說:「但不能吹衝鋒曲」。

三百碼外,一群人影慢慢地在濛濛細雨中浮現,兩個人在前,後面跟著一些廓爾喀兵。英軍指揮官作手勢要他們往前,「你是木村將軍的特使嗎?」齋藤回答:「是的。」然後又馬上說:「是。長官!」

日軍代表被帶去坐吉普車,然後被帶到一棟緬式房屋的指揮部。他們爬上樓等候,兩、三分鐘後,一位高大的英國男人緩慢地走進來,後面跟著一位矮胖的軍官,還有那個和他們一起坐吉普車,會說日語的少尉。日軍代表站起來,高大的英國男人逐一檢視他們的臉龐。被檢查的時候,澤山心裡想這個英

---

5 澤山誤記為是「從第十八師團來的一名少佐」,其實是來自櫻井司令部的土屋中佐。

國男人臉刮得很乾淨，他有著一張很長又橢圓的臉，皮膚蠟黃，充滿血絲的眼睛嚴厲地盯著他們。英國人接著坐下，示意他們也坐下。雖然目光兇猛，但態度一點都不盛氣凌人。

這倆日軍並不知情，但史密頓將軍也和他們一樣費腦筋，想給對方留下一個好印象。廓爾喀司令部，不像澤山回憶的設在一棟緬式房子，而是在火車站，先爬上一個垂直樓梯，再穿過地板上的暗門可到樓上。史密頓想如果（待會兒）他從一樓的門洞，像玩偶一樣蹦出來，這樣看起來不會很有尊嚴。如果他坐在桌子後面，面對日軍代表一個一個這樣鑽出來，他也懷疑能否保持嚴肅表情。指揮廓爾喀第十團第四營的年輕上校提出一個建議。因為房間裡有個壁櫃大小的凹穴，如果將軍毯掛起來遮住入口，史密頓將軍就可以先藏在後面。對日方代表而言，他就像從辦公室裡面走出來一樣。史密頓將軍就是這樣出現的，他等日軍爬上樓梯喘氣結束，很戲劇化地從軍毯後走出來。他誤以為日軍其中一位是將軍，並且很有趣地觀察到日軍看起來「並不害怕，也不驕傲，也不沉默寡言。」[6] 相反地，和他一樣，日軍非常用心地要將會議按照相關程序開好。

當時的條件很直截了當：英軍要退到沃鎮以西，日軍則退到錫當河以東。土屋提出一個問題，第二十八軍生病和受傷的官兵是否可以退到日軍後方？拿出地圖查看雙方部署，兩方都做了調整。在悶熱的房間中，談了一個鐘頭之後，澤山襯衫與短外套都濕透，並開始打瞌睡。然後，他開始打量史密頓。

史密頓的臉不像他想的那麼蠟黃，而是被太陽曬黑了。那是張和一般人很不一樣，非常男性化軍人的臉。臉部不時抽搐

6　Smeeton, *A Change of Jungles*, p. 115.

著,頸上肌肉抽動清晰可見,手指間也不停地轉動一支鉛筆。對第二十八軍的問題很堅持,他要該軍停止南撤,全部集中在英軍所準備的營地。木村卻要他們前進到毛淡棉,那裡他會提供食物與醫療設備。三位英軍要內部自行討論,就走下樓梯。不久日軍聽到樓梯又有聲音,以為史密頓將軍回來了,結果是一名廓爾喀兵帶來一壺熱咖啡,還有四個軍用大杯子。日軍喝完咖啡,廓爾喀兵馬上又再送上一壺。澤山把自己的水壺裝滿,滿到庄子和土屋都覺得噁心。

史密頓又回來了,提議則讓他們十分意外。為什麼不去仰光呢?就他來說,要改變第二十八軍的意思,這是越權。可是仰光方面或許會有不同的決定,因為那天沼田參謀長將會到仰光。「我明白你們的意見,」史密頓告訴他們,「但另一方面,我也不能不顧我自己的命令,隨意聽你們的。」[7]庄子和土屋知道沼田參謀長可能不理解第二十八軍的問題。帶著這個懸而未決的問題,日方離開了。「就像一個老邁的消防員不想去面對滑桿一樣,」史密頓這樣回憶著,「他們一個一個從活板門下消失了」。[8]

在出去的路上,史密頓對他們說:「我真的對櫻井將軍感到很驚訝!這真是一件很魯莽的事!」他指的是突圍的事。他還提到了英方一名一三六特種部隊軍官,仍被日軍某部隊扣住。他們應該盡快與該部隊聯繫,釋放那名軍官。日方代表曾聽到一個傳言,前奧運游泳選手北村九壽雄,帶領一支部隊還駐守在山中。[9]該名軍官是否在他們手中?日方答應會盡力幫忙。

---

7 Allen,前引書,p.12。
8 Smeeton,前引書,p.116。
9 其實不然。我(作者)緊接著不久,就在仰光監獄會見了北村。

在離開時，澤山發現廓爾喀兵也給旗手和號手咖啡喝，他們報告：「英方要我們的國旗，我們不能給他們我們的國旗，對嗎？澤山長官。」在澤山回答前，庄子說：「沒關係，可以給。」澤山看了庄子一眼，態度已在改變中。

第二回　圖瑞通報

在這些初步談判中，一三六特種部隊一名軍官的命運不時成為話題的，就是圖瑞（Turall）少校。他完全未經授權，突如其來企圖單槍匹馬通知日軍投降，引發在仰光的第十二軍團總部和在錫蘭的蒙巴頓將軍的驚愕。

一九四五年八月十六日傍晚，圖瑞出現在錫當河東岸，他的游擊隊已開始在那裡行動，該區離干城兵團（第五十五步兵師團第一一二聯隊）北方約兩晚的行軍路程。圖瑞攜帶了一瓶威士忌，一些食物和一面白旗。日軍讓他越過一條小河來到他們陣地，注意到他已留下幾個有無線電設備的緬人在對岸。圖瑞對他們喊道，「世界大戰結束了！讓我們停止這些無謂的戰鬥。請帶我去見這裡的高階長官！」很明顯，他期望日軍也能和英軍同樣，快樂迎接這個投降消息。然而，相反的是，日軍抓住他，不把他當特使而是戰俘，並且吃光喝光他帶來的食物和威士忌。此時，日軍可以看到對岸緬人開始發出聯絡信號。

該地區的上級軍官是指揮干城兵團的古谷朔郎（Furuya Sakurō）大佐，這支軍隊位置比第二十八軍其他部隊更偏遠與孤立，這是圖瑞的厄運。原因是日軍干城兵團奉命與印度國民軍合作，派去對抗要南進仁安羌和俏埠油田的英第三十三軍（剛

第十章 敗北談降

好古谷是日本陸軍少數可以講烏都〔Urdu〕語[10]的人之一,戰前是駐印度使館館員),但干城兵團被史托福猛擊逼退,逃至勃固山脈棲身。古谷當時並未與第二十八軍接觸,但知如果必要,可以退入勃固山脈,然後前往攻擊錫當河谷。

不等高層進一步的命令,古谷決定不要繼續留在勃固山脈,他的軍隊於六月初自行突圍脫離山區。這樣一來,就領先第二十八軍的其他部隊。當他們七月初抵達預先約好的皎基時,得知櫻井其餘的軍隊還在勃固山脈,不免感到納悶。古谷只好盡其所能準備,一旦振武兵團突破英方封鎖時,干城兵團就能在皎基和瑞僅之間迅速接應。

當時部隊士氣已不好,有個兵從部隊逃走了,古谷後來才知道,原來他是被英國人抓走。另外,雖然他們發現了有食鹽的存貨,但有些軍官沒用心補充庫存,導致隊員的腳開始長水泡和膿瘡,在雨季中期,這對皮膚真不是好事。

俘虜圖瑞的日軍將他帶到干城司令部,並報告也看到圖瑞的隨從躲了起來。此時(八月五日至二十四日間),儘管古谷對緬甸地名的記憶並不是很準確,他的司令部似乎是在皎基和瑞僅路上,離最甘(Kywegan)東面半哩處。該處叢林非常濃密,「你甚至無法看到10碼以外的小屋。」古谷知道在此,有英國游擊隊和間諜活動單位,當然認為圖瑞是其中一個派來的間諜。「我不相信日本軍隊投降了。」他馬上這樣告訴圖瑞,但因圖瑞是以和平使者的身分而來,古谷會善待圖瑞。於是下令將他鬆綁,並給他一個帳篷可以睡覺。[11] 古谷命令副官永井

10　譯註:烏都語(通行於印度和巴基斯坦的語言)。
11　古谷朔郎,〈波帕山的防守和撤退之後—干城兵團的回憶〉,南窓社,1965年7月,頁19。

（Nagai）大尉，讓圖瑞吃得飽，還派一個守衛看守他的帳篷，確保圖瑞不會逃跑。永井受令要盤問圖瑞，找來代理伍長，夏威夷出生的第二代日裔美人上等兵松村（Matsumura）來做翻譯。他們以為圖瑞（Turall）的名字叫「太郎（Tarō）」，這對日本人而言，是很自然的假定，因為日語有這樣的名字，這就是為什麼古谷在多年後提到圖瑞時，仍用日文名字來稱呼他。這種混淆可以理解。因為日語沒有「L」的音，所以圖瑞的名字會被音譯為「Tararu」，而不懂英語的日本人就會用「太郎」來稱呼他。

透過松村的翻譯，圖瑞給永井解釋，他曾收集在丹那沙林山脈地區的情報，然後出於自己的意願，決定跑來告訴日軍戰爭結束了，日本已無條件投降，該地區的炮擊和轟炸也已經停止了。他是自己主動安排的，「帶我去見日本高級長官，」他重複說。「我在第一次世界大戰軍隊時，是中尉（圖瑞比大部分一三六部隊軍官的年紀要大許多），當停戰宣布時，就是我去告訴德國人的。我在那時作為一個和平使者，而且覺得如果能夠重複這個使命，會是莫大的榮譽。我想要一些食物，跟較好的寢具。」[12]

古谷被「太郎」的保證感到相當震驚，並簡短的告訴他，別想得到比他目前更好的待遇。他必須接受現況，但是感到困惑的古谷，決定暫緩護送「太郎」到第二十八軍，好讓他有時間去思考整件事情。

兩天後，英國飛機飛越干城兵團，丟下一堆傳單，內容有著蒙巴頓的背書：

12　古谷朔郎，同上，頁 20。

第十章 敗北談降

> 日軍將我的和平使者當作囚犯,這不僅違背了你們天皇的旨意,也違反了日本的武士精神。日本已經無條件投降了,我命令你們要馬上返還和平使者。

古谷左右為難,如果沒有上級命令,他不能就這樣接受日本投降。他決定按兵不動,繼續拘留看緊圖瑞。松村繼續訊問圖瑞,在談話間,他摑了圖瑞的臉,藉口是他侮辱了日本軍團。[13] 古谷很清楚這檔事不僅不愉快也不適宜,還會在以後引起麻煩。他下令松村向圖瑞道歉,並跟圖瑞要到一封寫給蒙巴頓的信,說無須擔心,因為日軍沒有對圖瑞不妥。

圖瑞並未過分發飆,「我自己也沒有表現得非常好。」他說,「算了。」這字條是古谷之後的護身符。很明顯,古谷並無英國或緬甸的通訊兵可資聯絡,也沒有任何可以和他自己總部取得聯繫的方法,更別提蒙巴頓了。

幾天後,古谷試圖通過聯絡官聯繫櫻井中將,他派杉山少佐去找第二十八軍總部,並告訴他帶著圖瑞。他們在途中遇到了一名日本參謀,這名參謀告訴杉山少佐說投降的消息是真的,而且他應該和圖瑞回到干城兵團。杉山少佐現在面臨了兩種互相矛盾的職責,為解決此困境,他只好一方面遵守古谷大佐先前的命令,自己繼續聯繫第二十八軍,另一方面遵循參謀的指示,派人護送圖瑞回部。

在回干城兵團部的路上,圖瑞試圖要溜走。他為什麼這樣做並不清楚,也許懷疑被帶走意味著生命會面臨危險。無論如

---

13 我(作者)在這個事件後幾個月,恰巧審問了在勃亞基(Payagyi)俘虜營的伍長。這是同一個曾擔任棚橋大佐和卡文迪西旅長間口譯員的松村(Matsumura)。他1943年4月在阿拉干的 Indin 被俘。

何，監視圖瑞的護衛對他開火，沒射中，然後在他身後衝刺，又把他抓回來。當古谷大佐知道這事，冒了一身冷汗。如果那名士兵失手殺死圖瑞，古谷知道，他將要負重責，並且他可以預見他的軍旅生涯，將因殺害英國戰俘，而在戰犯審判中結束。

八月十九日，長澤少將的振武兵團司令部到了。古谷大佐詢問長澤少將對圖瑞事的意見，因為這名英國人是他現在的主要噩夢。經過一番討論後，他們決定最好的做法就是讓他在憲兵護送下，回到他第一次出現的地點，然後從那裡送回英方。古谷大佐鬆了一口氣。在很短時間內，圖瑞跨過錫當河回去了。當時有這個結果，也許圖瑞永遠都不會了解自己有多幸運！

第三回　最終投降

日軍在緬甸的命運，不僅取決於蒙巴頓，也取決於在法屬越南的南方軍總部元帥寺內和他的幕僚，如何接受日本戰敗的消息。跟蒙巴頓一樣，寺內是皇室貴族的近親。幾個月前，當東條首相一九四四年七月因為日本日益惡化的戰略地位，被迫辭掉陸軍總參謀長和總理的位置時，有一段時間，寺內被提出來要接任首相。政府的軍方是支持這個想法的，東條首相自己則不同，他否決這個提案。最後，小磯國昭（Koiso Kuniaki）大將就任首相，而寺內就留在南方軍的職位上。[14]

這個錯過是很致命的。並不是說寺內壽一對於政治桂冠有

14　F. C. Jones, Hugh Borton, B. R. Pearn, *The Far East 1942-1946*, London, 1955, p. 123; and R. J. C. Butow, *Japan's Decision to Surrender,* 1954，1967 再版，p.31，註 6。

特別的野心,雖然他過去曾是陸軍大臣,但事實上,他身為南方軍最高元帥,必須負責掌管日益惡化的局勢。其中不僅包括英國成功地奪回東南亞,還有在南太平洋與菲律賓,美軍迅速不停地逐島跳躍,已日益逼近日本的本土。之前菲律賓的失守和曼德勒的陷落,讓寺內在一九四五年四月十日腦出血。他當然早該被替換,但其幕僚卻把這個消息隱而不言。[15]

日本天皇在八月初發給寺內電報:「回來日本報告。回東京,你要明白你將不會再回到戰場上。」[16]寺內壽一原本計畫在十八日或十九日離開,但在八月十日時總部向他報告從華盛頓來的廣播,大意是說日本已經投降。不管是否中風,寺內非常迅速地做出反應,並對未來展開精明的部署。他一直都想離開西貢難耐的酷暑和潮濕,而南方軍學早期帝國時期的英國人,將總司令部撤到山上車站。蘇卡諾和穆罕默德‧哈達(Hatta)已經從爪哇抵達大勒(Dalat)要討論印尼的獨立。[17] 當寺內了解華盛頓廣播所暗示的內容,他召見蘇卡諾和哈達,馬上承認印尼的獨立,並批准日本軍隊在爪哇和蘇門答臘剩餘的武器轉移給新的印尼政府。然後在大勒最大酒店的草坪上,棕櫚樹下的湖邊,寺內壽一舉行了一場隆重的儀式。他戴著瑞寶徽章(Order of the Sacred Treasure),用他高亢的嗓音讀出賀詞,蘇卡諾承諾向日本效忠。蘇卡諾和兩位印尼同事很高興地回到雅加達,然而他們卻對印尼獨立的贊助者日本,已瀕於毀滅一

---

15 和田敏明,《證言!太平洋戰爭》(Wada Toshiaki, Shogen! Taiheiyo Senso;*The Pacific War: an Eye-Witness Account*)光文社,東京,1975年,頁162-163。

16 沼田多稼藏,〈南方軍寺內元帥之死〉Numata Takazo, 'Nampo Sogun Terauchi Gensui no Shi'('The death of Southern Army's Field-Marshal Terauchi'), Bungei Shunju, November 1955, pp. 114-119(文藝春秋,1955年11月,頁114-119。)

17 Allen,同前,p.76。譯註:蘇卡諾後來是印尼總統,穆罕默德‧哈達是副總統。

無所知：在收到寺內壽一遲來的禮物前夕，第二顆原子彈已經在長崎投下，俄國人亦在同一天入侵滿洲。

八月十三日，寺內召集幕僚開會，整個討論令人困惑。如果日本確實投降，那麼南方軍該怎麼辦？這個問題似乎是多餘的，但在當下卻是相當認真的。南方軍早就計畫採自衛以及自給自足的政策，無論日本本土會發生什麼事，南方軍區將靠自己存活，日本占領軍隊會繼續戰鬥下去，日本的中國派遣軍也有類似的想法。一些幕僚抱持這種態度，其他人則說帝國大本營打算要他們停止敵對狀態，所以他們就應該要服從。寺內聽著，一開始什麼也沒說，然後說：「各位，好好研究這個問題。」然後沉重地走回他的房間。

寺內不是在逃避問題。他召集總參謀長沼田中將，「我不打算回日本，」他斷然宣布，「將這訊息發出去，並召集所有方面軍參謀長開會」。

第二天晚上，南方軍收到中國派遣軍總司令官岡村寧次上將向天皇直接上奏的電報副本：「我們非常團結。作為陛下您的軍隊，我們準備奮戰到底，我們希望能夠繼續這場戰爭。」[18] 這可能在某些程度上動搖了寺內壽一。但另一則消息卻搶先於此，要大家在隔天，即八月十五日聽電台廣播。然而，這來自中國的電報，已經對幕僚中的一個人產生強大影響—戶村盛雄（Tomura）中佐，起草了一份類似的上奏稿，讓天皇知道南方軍指揮的部隊狀態，並宣誓他們將繼續作戰。八月十五日凌晨一點，戶村持草稿給寺內。寺內的反應是，「參謀長已經看到這封電報？」「我是依沼田中將的指示」，戶村回答，「他已經看到了。」「戶村，

18　沼田，同前，第 115 頁。

你真的知道天皇在那一刻是怎麼想的嗎?」寺內嚴肅地質問,戶村沉默不語。「如果陛下在天亮之前看到這封電報,他就會無法安心入睡。如果我們假設他決心投降,他可能也是沒法睡覺。但是,如果他收到以我名義發的這封電報,那他一定會更憂煩苦悶吧!你們到底明不明白這些事?」戶村感到羞愧,因為他認為他和他的同僚太輕率,沒有詳加考慮,這也是為什麼寺內要他好好想想。「我會留著這個電報」,他要戶村「去想想,今晚陛下心中到底會經歷那些想法。好好想一想。」

天亮後,寺內和他的幕僚,來到無線電設施最好的同盟新聞通訊社的電台。他冷靜地聽著天皇的演說,在結束的那一刻,閉上了眼睛,任由淚水滑落。沼田(Numata)告訴他:「緊接在後面的是首相、海軍鈴木上將的廣播」。「我要回去了。」寺內回答,並返回官邸。

沼田擔心寺內可能會自殺,但什麼都沒發生,他已經告訴寺內元帥的副官後藤(Gotō),拿走他身邊任何可能成為自殺的工具。

然後十六日,日軍陸海軍將領們都出現了,這一消息已經洩露給了西貢街道上的人群。法國人感覺到自由近了,忍不住興奮起來。越南人則早就決心抓緊獨立,保大皇帝(Emperor Bao Dai)已在順化宣布絕不可能再恢復法國的統治。另外,柬埔寨也已率先宣布獨立。西貢這時一片混亂,好像要警告他們日本仍然大權在握,日本憲兵密切注意那些似乎認為和平在望,而看來心志動搖的日本人:他們甚至逮捕了總領事河野(Kōno)的夫人,在總部審問了她好幾個小時,直到憲兵被迫奉令釋放。

在這種興奮和動亂的氛圍裡,寺內的指揮官們展開了辯論:包括第七方面軍司令官板垣征四郎(Itagaki Seishirō)上將,

第三航空軍司令官兼駐新加坡司令木下敏（Kinoshita Satoshi）中將、南方派遣艦隊司令官福留繁（Fukudome Shigeru）中將和幾個月前才在東固作生死鬥的花谷正中將——他代表第十八方面軍軍長中村明人司令官，花谷正是他的參謀總長。板垣和花谷都是中國（及滿洲）老手，肩負日本在亞洲軍事擴張的沉重責任。大家都判斷他們會口徑一致，然而令人驚訝的是，他倆之間卻有著南轅北轍的看法。「我們仍然不知道陛下的真實意圖，」板垣宣稱，「如果是這樣，難道我們不應該盡我們所能繼續奮戰？」「這非常不正確，」花谷插入說，「我們已經聽到陛下的廣播了。在這之後，唯一能做的事就是依照他的指示，將戰爭結束。」討論仍然沒有結論。

由於在東京的內閣左右搖擺猶豫不決，迫使天皇為他們做出決策，所以，在越南大勒，寺內壽一表明了自己的立場。

> 我收到了帝國大本營的命令，我希望皇軍有尊嚴的結束。在我指揮下的部隊其實不是我的，他們是屬於天皇的。你們跟我一樣收到命令。我急切希望你們盡全力把官員和日本部隊人員有尊嚴地送回日本，任何人有異議嗎？

當他講完，每個人都站了起來。「沒有異議。」大家一致同意。

十七日，總部就從山上車站搬到西貢，接著第二天迎接天皇特使閑院宮春仁（Kanin）親王。在這次訪問之後，已經沒有討論「日本帝國意志」的空間了。春仁親王把話說得很清楚。這場戰爭要結束了。

然而沼田心中不清楚的是，要如何去實踐這件事。來自新

德里的無線電廣播已經指示寺內,用一個同樣的無線電臺與蒙巴頓聯絡。[19] 日軍已經停止行動,說等他們得到東京的指示後,會完整回覆。到二十三日,顯然地,每個日本的指揮部都會遵從帝國大本營,沼田準備去仰光,當場洽談投降。他帶了南方軍副參謀長中堂觀惠(Chūdō)海軍少將及兩名軍官,其中一位是軍醫中尉,還有兩個平民,即白洋貿易公司的勝守(Katsumori)與藤井(Fuji)擔任翻譯。

很自然地,談判的意見不同。英國人熱衷於展示誰是主人;日本方面則表示他們仍有拳頭。蒙巴頓寫道:「上級代表是沼田中將,南方軍總司令(寺內)的總參謀長」,自己則由他的參謀長斐特烈・布朗寧(F. A. M. Browning)中將代表。「沼田和他部屬的態度,完全正確;但毫無疑問,日軍來仰光,他們感覺對我所立下執行投降的條件,是站在一個討價還價的位置,或至少可以發表意見。」[20]

日本代表接到一份文件,指出寺內壽一得完全負責命令所有日軍停火,並確保這個命令會被遵守:消除雷區、禁止單位間聯繫使用密碼,並在盟軍抵達東南亞接管各國之前,負責維持法律和秩序。仰光會議,是九月十二日在新加坡舉行的正式投降前的序曲。盟軍戰俘將會復員,盟軍飛機將在日本控制的領土上空飛行,盟軍艦船也會駛入日本控制的水域。[21]

當蒙巴頓回想起中堂觀惠要求海軍的特別安排是很困難的,雖然第十方面艦隊是在福留繁(Fukudome)海軍中將控制

---

19 英國官史說是八月二十日,(*War Against Japan*, V, p. 236.);沼田認為是在 15 日左右。(沼田,同前書,頁 116。)
20 蒙巴頓,《報告》(Mountbatten, *Report*),p.184,第 643 段。
21 柯比,《對日作戰》(Kirby, *War Against Japan*), V,p.237。

381

下,實際上是由寺內直接指揮。「但是英軍布朗寧中將態度非常堅決,他不允許在規定的條款中有任何其它意見,只允許日方提出對英方各項條款需要說明的問題。」[22]

沼田的記憶卻不是這樣的。日本代表團赴仰光的初衷有三個目標:他們希望保有自己的指揮體系,自己解除武裝,交出武器和裝備,並讓日本人員盡快回到日本。當他們被告知盟軍打算馬上解散總部,同時日本每支軍隊會個別在盟軍控制下撤防。他說,談判因此停頓,他們的心情比他們表露出來的還要絕望。沼田的參謀戶村盛雄轉向他說:「將軍,我們只能死一次。如果我們現在就自盡,即使是英國,也會注意到這一點。他們之中可能有些人會了解,我們不能做不合理的事。我們有氰化鉀,我們何不現在自我了斷?」[23]

沼田告訴他,他們的死可能在另一場合更有價值。死在這樣匆忙和憤怒的時刻實在是沒有什麼意義。正如沼田所見,當盟軍注意到從國際媒體來的新聞記者們,開始變得躁動不耐煩,極想知道投降協議到底何時要簽署時,盟軍對他的意見終於讓步。於是投降協議在八月二十八日凌晨一時四十二分完成簽署。

繼沼田在仰光之行後,多不勝枚舉的日軍投降也在各處進行。史托福命令木村的總參謀長去仰光,代表木村接受在緬甸日軍投降的細節。一些英方人員也重新進入在丹那沙林山脈南方遙遠的莫巴林、墨吉和土瓦。九月十三日,一田次郎(Ichida)少將代表木村中將,在仰光總督府,簽署緬甸方面軍指揮下所有部

22　蒙巴頓,《報告》,p.184,第643段。
23　在新加坡,一個謹慎的美國醫官,害怕日軍可能會模仿赫爾曼·戈林在紐倫堡的自殺,要日本代表們在受降儀式前接受口腔檢查。當沼田回憶起來(他是投降者的其中一位),覺得非常噁心,因為那位軍官,在每一次用一個像鞋拔的儀器檢查之後,都沒有消毒雙手。(沼田,前引書,頁116-117。)

第十章　敗北談降

隊的投降。這日之前，板垣征四郎將軍眼中帶著憤怒和怨恨的熱淚，已先在新加坡，代表生病的寺內壽一簽署投降條約了。十月二十日，正式投降儀式於仰光賈德森學院（Judson College）舉行，其間木村將他的佩劍交給史托福，而櫻井中將、一田少將和緬甸的高級海軍軍官將他們的佩劍交給第十二軍團的高級官員和在緬甸的英國海軍。英軍印第十七師奉命占領整個丹那沙林山脈，而本多第三十三軍司令也於十月二十五日在直通向史托福投降。到十一月六日，所有在緬甸的部隊完成投降，全部幾乎有 72,000 人。剩下的日軍也都越過山頭進入暹羅在那裡投降，憲兵則被關進監獄。雷金納德・多爾曼－史密斯（Sir Reginald Dorman-Smith）總督已回來一段時間，緬甸外觀上也漸漸回歸到平時的秩序。

沼田擔心寺內失去指揮權的反應。他會自殺嗎？如果他想自殺，應該阻止他嗎？為了控制場面，沼田指示渡村帶幾位憲兵到官邸站崗。如果盟軍來抓他，睡在樓下的渡村，會用憲兵先阻擋他們逮捕陸軍元帥，這將使寺內有足夠的時間自殺。原先計畫渡村會是寺內切腹的「介錯」。[24] 把元帥交到盟軍手中將是無法想像的，所以渡村決定改睡在他的樓上。

事實上，蒙巴頓盡可能不要讓寺內有壓力。「我已經召喚陸軍元帥寺內，出席東南亞戰區在九月十二日於新加坡舉行的正式投降。」他寫道：「寺內稱說健康欠佳，要求不用出席。為他檢查的英方醫護人員，已經證實讓元帥旅行是不明智的。而且他也不可能在任何情況下，能夠有尊嚴的參與投降儀式；因為他在失去曼德勒之後中風殘廢，也從未完全恢復過。」[25]

24　釋註：「介錯」指在開腔剖腹自殺之後，立即用劍將他斬首，以減輕痛苦。
25　蒙巴頓，《報告》（Report），p.184，第 643 段。

皇家海軍伯特（Birt）上校外科醫師[26]是蒙巴頓自己的醫生。伯特飛到西貢診視寺內。沼田遠在仰光，而寺內壽一正在接受日方軍醫梛野巖（Nagino）中將軍醫的治療。當伯特上校走進來，正在恢復期的元帥走下樓喊道：「我生病了，你知道的！」然後漫不經心地向外走去。沼田被告知他有腦出血的跡象，但沒有什麼後遺症。然而，伯特上校的報告宣稱寺內病情嚴重，他不能走路，不能搭飛機，或乘坐任何車輛。這個判斷，與蒙巴頓的決定，不強迫寺內去新加坡的投降儀式，展現了蒙巴頓的「騎士精神」。沼田確認了這點，當蒙巴頓接受了兩把劍，一金一銀，是寺內為了自己十一月三十日在西貢的投降而從日本取來的。蒙巴頓飛到那裡拜訪法國司令雷克萊爾（Philippe Leclere）上將和道格拉斯·格雷西，後者的第二十師占領越南南部。寺內來到機場為蒙巴頓送行。蒙巴頓告訴他，「你一定要再好起來。我希望你能強壯到可以盡快回日本。」

　　但在一九四六年三月，蒙巴頓將寺內元帥轉到馬來亞，靠近柔佛州新山，他跟一小群下屬住在令金（Rengam）一個橡膠園的平房裡。他的心智仍然足夠察覺到其中的差別，因為他曾以一個征服者進入新加坡，進入他所攻占的堡壘；如今日本人在街頭辛苦勞役，就是這痛苦的證據。一個日本記者，直言不諱地描述他當時的狀態：「說穿了，他已經沒用了。在精神上和肉體上，他是一個活死人。」[27]

　　沼田陪寺內到柔佛，他的觀點則不是那樣。在一九四六年六月十一日，他在和他的下屬吃飯時，討論內容轉向了日本士

26　譯註：Surgeon Captain Birt, Royal Navy，英國海軍體制 Captain 是上校階級。
27　和田敏明（Wada Toshiaki），同前書，頁 166。

兵在新加坡碼頭試著罷工。因為當他們看到從緬甸來的軍隊在返回日本的路上經過新加坡,這些人很憤怒,還需要第七方面軍的參謀長綾部中將的阻止,才能平息「送我們回家!」的哭聲。寺內還是有激烈的反應。

還有一個例子,是有關盟軍已經開始調查的某個憲兵中佐。這中佐來到總部,要求迅速將他送回國,因為他怕自己會變成被審判的戰犯。「沒有一條可航行的船。」南方軍法務部長這樣告訴他,於是他口出威脅:「如果他們抓住我,我就把憲兵全部的勾當曝光!我會告訴他們憲兵所做的一切!當這種情況發生時,憲兵中有些人就會被處絞刑!」法務部長日高巳雄(Hidaka)說他孬種,因為他只會為了自己脫罪而連累別人。

餐桌上聽了這些談論,元帥突然暴怒,「立刻去處分那個傢伙!」飯後喝過茶,他似乎還是很激動。夜裡時渡村聽到從元帥房裡有人呼喊,「渡村!渡村!」他匆匆趕進去,發現房內的窗戶開著。老人的眼睛也是張開著,但是無法言語。寺內二度中風。「長官,你不會有事的!」渡村安慰他道。寺內好像聽到,但是只能眨眼回應,渡村叫來醫官,先給他打了一針,接著做人工呼吸急救。

當日天空萬里無雲,直到夜裡凌晨兩點;然後一陣大暴雨侵襲了整個夜空。在傾盆大雨中,寺內斷氣而亡。

沼田認為寺內對埋葬在日本,並不感興趣,很異常。相反的,他曾要求,「讓我化為南方泥土。將我的遺骨埋在南方這裡。」英方告訴沼田:「你們可以舉行任何你們喜歡的葬禮儀式,但是你們必須要自己負責辦理。你們如果需要任何東西,包括錢和器材,我們都會提供。」沼田對此印象深刻。寺內的遺體在新加坡日本公墓火化。一部分骨灰埋在該處,他部隊裡的志

願者為他製造石碑豎立墓上；另一部分骨灰則運回日本家鄉。

為什麼蒙巴頓一直這麼關心寺內元帥的命運？沼田說，因為蒙巴頓是一個偉大的統帥，他要展現英國傳統的完美騎士風範。但對於隸屬南方軍總部的日本新聞記者之一的和田敏明（Wada Toshiaki）來說，他看透這場戰爭，從頭直到西貢的投降，蒙巴頓跟寺內一樣都是王室貴族，都有服役的傳承。寺內的父親曾是朝鮮總督和日本首相，蒙巴頓的父親騰堡格親王（Battenberg），曾效忠於皇家海軍服役，直到第一次世界大戰時被惡意偏見，擠出英國海軍高層，主要因為其父的德國血統。當寺內壽一的父親寺內正毅（Terau cho Masa take）上將在倫敦服役武官期間，透過一個奇妙的巧合，蒙巴頓發現寺內正毅上將是他父親的友人。

因此，當格雷西少將傳來關於寺內元帥在聖雅克角集中營（Cap Saint Jacques）的異常表現，蒙巴頓早就注意到了。該營是越南日軍回家前的集中處。最後，蒙巴頓認為應該對抓狂的老元帥伸出援手，在他能力所及之處，他決定親自對他密切注意，並將他帶到在柔佛州的令金看管。此外，沒其他方法可做。[28]

沒錯，是的，也許裡面還有文章。寺內的父親在二十世紀初期，對在東京的英國公使館而言，一直是一位受歡迎的訪客。英國公使克勞德・麥克唐納爵士（Sir Claude MacDonald）會提醒初出茅廬的翻譯專員，當介紹到寺內正毅上將時，他們應該握上將的左手，因為他的右手在一八七七年的薩摩之亂受傷而成殘廢。寺內正毅曾在巴黎當過武官，也曾用日語或法語迎

28　同上，頁 168。

接當時的賓客。一位年輕的英國武官弗朗西斯·皮戈特（Francis Piggott），許多年以後，回憶起當年他替戰爭部大臣達夫·庫柏（Duff Cooper）帶信給當時在東京的陸軍大臣，即老將軍的兒子寺內壽一伯爵。[29] 那是在一九三六年，一個對日本軍隊而言很尷尬的時間點。年輕的軍官們在東京市中心造反，殺害了許多政要。寺內用激烈行動壓制反叛，導致首要叛亂分子都被判死刑，但這並沒有阻止他對英國訪客表示最大的熱誠。皮戈特發現他在外型很像他的父親，在社交上更加平易近人，親切且和善。寺內壽一在一九三六年當皮戈特第一次任武官造訪時，拿出了一大瓶香檳招待，帶他參觀新的國會議事堂時，表現極大的蔑視。「建立兩個師團豈不是會更好嗎？」寺內說了，笑了起來。皮戈特回答說，對於這個問題的看法，可能會有分歧，皮戈特一向外交官身分優先於軍人身分。[30] 英國大使羅伯特·克雷吉（Sir Robert L. Draigi）爵士，也就是皮戈特的主管，很快地看出寺內壽一非常專斷獨裁。「他以巧妙而貴族式的態度蔑視國會」，克雷吉指出，「總理也好不到哪去，堅持要修改國家所有高級文官的任命。尤其是，他拒絕籌組中的內閣部長有任何政黨政治的色彩。」[31]

縱使寺內壽一無疑是軍國主義的貴族，但他的過去，並不缺乏與大不列顛的家族和私人的人脈關係。英國可能有在那些最後的日子裡幫助他，在一九四二年他將英國軍隊打得支離破碎，並在東方征服了幾乎所有的歐洲帝國殖民地。當三年後，

29　F. S. G. Piggott, *Broken Thread*, p. 32.
30　同上，p. 265.
31　Sir Robert Craigie, *Behind the Japanese Mask*，p. 35.

日落落日:最長之戰在緬甸 1941-1945(下冊)

盟國把他們英國的資產從寺內手中奪回,並將他這個瘋狂老頭俘虜,直到在他們的囚禁中,死於馬來亞的橡膠園。

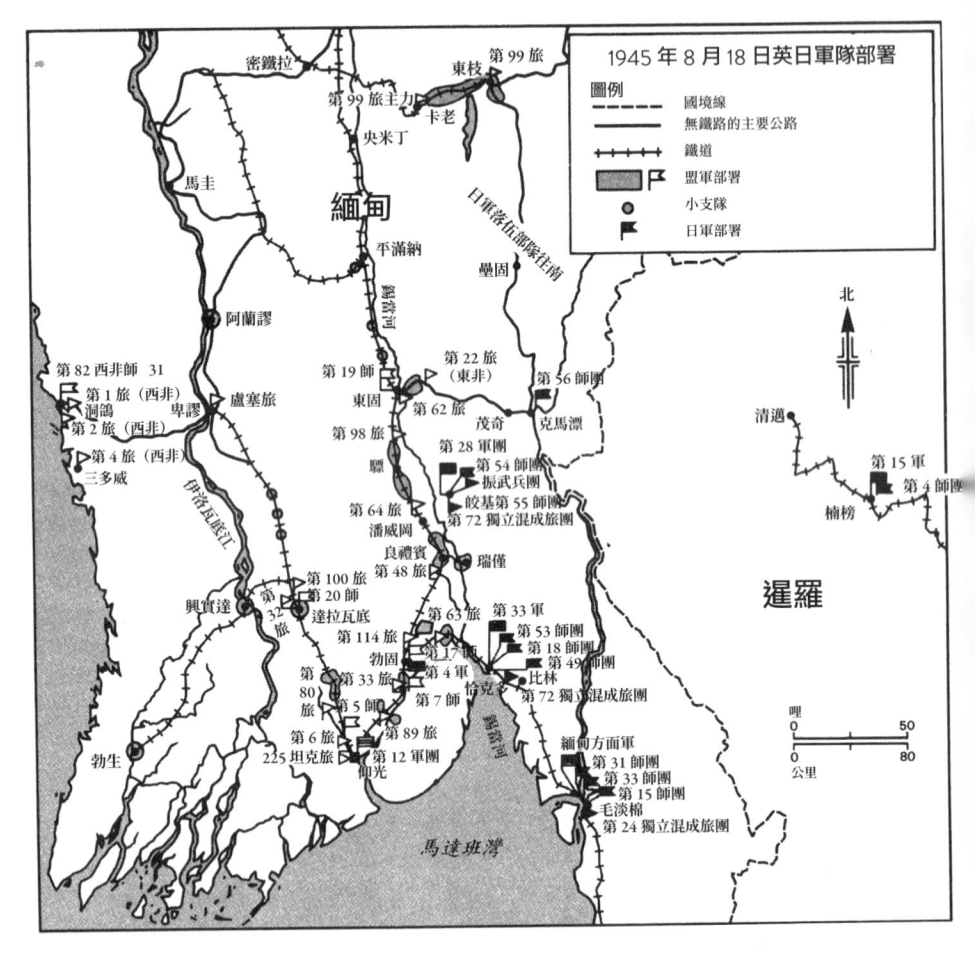

圖 10-1 1945 年 8 月 18 日英日軍各部隊部署圖

第十一章 本土反正

緬甸的戰爭與政治

- 第 一 回　鈴木與翁山
- 第 二 回　巴茂做作
- 第 三 回　設局淺井
- 第 四 回　特務一三六
- 第 五 回　翁山反正

日落落日：最長之戰在緬甸 1941-1945（下冊）

摘　要

　　英、日軍交戰在緬甸領土上，但目的都不是為了緬甸，而是要將對方的勢力趕出去。英軍的任務是確保大英帝國在亞洲的統治及影響力，而日本則宣稱要將亞洲從歐洲殖民列強中解放。

　　日本南機關的鈴木敬司大佐與緬甸德欽黨三十志士結盟，曾經宣誓讓緬甸在一九四三年獨立，但立即失敗。縱然日本「解放」了緬甸，但是並未誠懇實踐諾言，帶來緬人對日本的許多不信任。一方面因為日本意在剝削，故在緬甸生產或進口到緬甸的物資極少，另一方面也因為緬甸社會對日本的宗教非常不以為然。在日本的扶植下，巴茂組織了政府，雖然極力為日本辯護，強烈支持日本的種族言論，但日本政府也不信任他。日本一名激進學者淺井德一，甚至認巴茂為英國間諜，於是策畫並親自進行暗殺。但最終並未成功，而為鬧劇一場。

　　一九四五年，鈴木所培養的「緬甸獨立軍」舊屬：「緬甸國民軍」統帥翁山，帶領緬甸國民軍，與緬境的英國一三六特務部隊結盟，宣布反正抗日。英國政府則明分政治性與刑事性審判的差異，蒙巴頓與史林姆更明確表態，純就軍事層面默許翁山舉兵反正，並將其視為政治性議題。英國政府與駐緬部隊都維持中立，不干預翁山，同時又撤換反對翁山的緬甸流亡印度的總督，使反正的局面更加明朗。從中亦了解，翁山戰時犯下所謂的刑事案件，其實自有其苦衷。因此，在英國政、軍兩方面的默許與不作為之下，翁山順利將緬甸的日軍勢力從根部清除。

第十一章 本土反正

　　日本投降隔年，緬甸總理巴茂向英國占領軍投降。一九四七年，翁山在倫敦與英方簽訂協議，讓緬甸一年之內完全獨立。但國內不同政黨與不同族裔的紛亂，並未停息。同一年翁山被保守派刺殺身亡。其職位由悟努取代，於一九四八年一月四日成立緬甸獨立聯盟。在脫離大英國協之後，緬甸就捲入恐怖的內戰當中。

第一回　鈴木與翁山

　　緬甸成為英軍與日軍的戰場，三年內就有兩度全面性大戰。日軍占領緬甸，目的是要將英方勢力趕至邊陲，而不是要修復緬甸經濟的物質損失。英軍落敗之後，整軍經武重返，主要目的是擊敗日軍，維護緬甸社會結構則是次要的。喬治・羅傑（George Rodger）所描述一九四二年被毀的曼德勒，可類比緬甸其他有規模的城鎮的遭遇：

> 　　曼德勒曾貴為阿瓦王朝首府。這座沉浸於悠久傳統的古城，如今只是一片荒煙漫草的廢墟。以前的商業圈和本地人活動區，如今只剩成堆灰燼，並冒著縷縷青煙。這整片地區徹底被毀了，僅存的只有廢墟下散發出死屍的惡臭，焦黑的屍首遍布街頭。圍繞達夫林堡的玫瑰紅城牆，布滿蓮葉的護城河上，漂浮著腐敗的屍塊。城牆外所有的一切都被摧搗。一座戰火燒黑的佛塔，塔尖還撐著，像煞在向四周冒煙的灰燼挑釁。一棵棵被燒成灰白的樹幹，舉著仍冒煙的殘枝，拜向蒼天……所有的廟宇都毀了，所有的市集和商家都沒了，十五萬居民的家也都不見了；曼德勒整座城也不在了。[1]

　　兩年後，杜蘭（Lt Durant）上尉也是這樣描寫孟拱：

---

[1] George Rodger, *Red Moon Rising*, pp. 97-98.

第十一章 本土反正

> 在和平盛世，這裡絕對非常宜人，路樹鱗比的寬廣街道，美麗佛塔，祭司寓所和一些大型石造建築……還有一些具有緬甸風味、非常堅固的木雕高樓；這裡曾是本地方圓數哩內的商賈中心，也是北緬的糖業重鎮。
>
> 我們抵達時，整個地方已經荒蕪，只留些骯髒野狗和掙獰野貓。
>
> 沒有一棟建築未遭戰火吞噬，所有窗戶都碎了，屋頂坍塌，磚牆毀損，金塔不是缺角，就是被夷平。街頭滿是彈坑，整座城雜草叢生。[2]

重新奪回緬甸的主力是印度軍。紀錄戰史的史官，用尖銳筆調記下，印軍乃為大英帝國而戰，非為印度，印度根本沒有置喙餘地。彼得威爾（Shelford Bidwell）寫道：「直到一九四四年六月，緬甸戰史基本上就是：一個推翻另一個戰略規劃的故事。因為美國與英國各懷鬼胎：美國方面，試圖利用印度讓中國留在戰場，好藉中國直接攻擊日本。英國方面，則要重振其在東南亞的帝國勢力，以便在太平洋事務中舉足輕重。他們根本罔顧印度的利益，緬甸的意願也不考慮。」[3]

這場戰事的空中運輸，主要由美國空軍支援。然而對美方而言，緬甸不過是個達到目的的手段。美方更高層，總統及國務院的政策，傾向於將殖民帝國勢力逐出遠東地區，對英國能

2　Bidwell, *The Chindit War*, p. 273.
3　*Reconquest of Burma*, I, p. xxv.

否維持在緬的勢力興趣缺缺，對日本也是如此。一旦往中國的道路疏通了，撤出美國空軍只是時間問題。而在秘密行動方面，美國的戰略情報局（OSS）[4]指示：在緬甸和暹羅地區的人員，要與英軍情報組織保持距離，如一三六部隊（Force 136）[5]，以免美國向大英帝國的政策妥協。

無論如何，一九四五年三月二十八日，當翁山和他小型緬甸國民軍反正抗日的時候，不再只是緬人與英人間的談判，也是與一群特別的英國軍人和官員的談判；這些人無意讓總督德曼‧史密斯所領導在西姆拉（Simla）的流亡政府，搭上史林姆軍事勝利的便車回歸。蒙巴頓之所以這樣，部分緣於他太急於確保軍事運作的順利，而不願意鎮壓緬甸反抗軍，以免造成傷亡與武器浪費，而樂於假手政治來解決。後來他也向荷、法兩國表明這樣的態度。荷、法重回東南亞司令部（SEAC）時，原也想要輕鬆重掌先前的殖民地。然而時不我予，印尼和印度支那的人民早已不同，再也不如往昔。

很大的程度上，所有東南亞國家都因日軍的占領，而使情勢大為改觀。究竟日軍的占領，是真心想解放這些國家，還是企圖利用這些國家的資源？連日本歷史學家也無有定論。若是後者，日軍不過是替代了舊帝國主義。左派史學家認為：日軍在亞洲的行動，代表的是日本資金，向亞洲大陸延伸，以及使自己本國社會軍事化。對他們而言，解放亞洲的說法只是個幌子。就終極動機而言，這些史學家或許是對的；但是在中程看來，也確實達到了解放的效果，並且影響了戰後緬甸的發展。

4　譯註：Office of Strategic Services 中情局的前身。

5　譯註：Force 136 是英國二戰期間特別行動局（SOE）。支援敵後反抗行動或秘密活動，1941 到 1945 年東南亞戰區的組織。

第十一章 本土反正

很多參戰日人,並不只是軍方帝國意志的工具,他們真相信緬甸可以獨立。就如同當初在馬來亞和新加坡,將印度戰俘組成印度國民軍的日本人一樣,他們無疑想服從日本在東南亞的目的,又更真心相信日本會帶領亞洲,從歐洲殖民勢力解放出來。為完成這項任務,日軍成立了眾多包含不同理念和文化深度的組織。

一九四〇年代日本在東南亞設立「機關(Kikan)」的角色,大家並不陌生。這種單位的命令是由權力核心的東京所發號,成為與因某種戰略目的,被利用的各地代表之間的「緩衝墊」。每次行動都懷著解放的動機,雖然很淺薄;對東京而言,解放比較像手段,而非理想。

在這種情況下,事情發展可想而知。為求工作有效,居間者不僅要傳達指令,也會對被利用的亞洲人產生移情作用。一旦如此,其心理會受影響。與當地人民長期接觸,情感會有所改變,結果造成這些人,會在原始命令,和其與亞洲其他人民自然建立的關係之間左右為難。

或許以下是最好的兩個例子,一是「南機關」(三十志士的上級機關)首領鈴木敬司大佐和緬甸國民軍之間;另一是藤原岩市少佐(後升中佐),他在一九四一年於北馬來亞叢林招募戰敗後的莫漢‧辛格上尉為日方效命,並建立第一支印度國民軍,來瞭解這兩極的掙扎。

鈴木追求的緬甸獨立,實現了;但很快就被返回的英軍推翻。接著在一九四八年,又被他的子弟兵翁山奪回,緬甸脫離大英國協,結果是緬甸與英國雙輸。某些史學家認為印度的情況不同,因為印度國民軍在一九四五及四六年捲土重來,以及英國在一九四五年審判三位印軍領袖,造成反彈,這些壓力讓

英方退讓，印度才得以獨立。我認為上述說法禁不起檢驗，因為它忽略了直到一九三九年，二十多年來在印度和英國持續進行的強而有力的獨立運動，更完全忽視英國在一九四五年，工黨重新執政時的民心向背。

不論歷史如何看待追求獨立所造成的傷亡，其中涉入的兩個日本官員的人格，倒是耐人尋味。二者中，鈴木對上級的指揮反彈較大，藤原則是對印度同僚情深義重，並且常常在衝突產生的時候介入，居中為印軍與日本高層協商。舉例來說，一九四二年十二月莫漢‧辛格上尉因為與印度獨立聯盟（Indian Independence League）產生齟齬，而解散第一支印度國民軍。他遭到日方逮捕，一直拘留到戰爭結束。但是藤原從來沒有鼓動他們去反抗日本當局，他完全為日本目標奉獻。他在一九四〇年接受派任到印度時，不諱言對印度毫無所知，而且令他沮喪的是，日軍大本營（GHQ）能提供的資料及參考書僅一打左右。[6] 他對印度的知識因此大多來自當時參與印度革命人士的訊息，例如自一九一〇年便旅居日本的瑞希‧比哈里‧鮑斯（Rash Behari Bose）。藤原對於莫漢‧辛格上尉遭到逮捕，以及第一支印度國民軍的解散感到相當悲痛，他向這位錫克人的上尉致敬，淚流滿面，甚至考慮自盡。他稍後寫道：「在我內心深處，我明白我夾在日軍與印度軍之間，只能一死，才可避免這矛盾的情形。」[7] 最後藤原並沒有自殺，但是他確實留下遺書和一束頭髮作為遺物。有趣的是，藤原在面對這場危機的時候，並沒有選擇反叛，情願用日本傳統的「解決辦法─自盡」。他下定

6　《藤原機關》（*F. Kikan*）英文版由明石陽至翻譯，以及作者與藤原的對談。
7　*F. Kikan,* 同上 pp. 336-337.

決心:「絕不向印度人說謊,也不做無法兌現的承諾。」[8]

另一方面,一九四二年一月鈴木督促年輕的德欽黨員,陪著日本的入侵部隊,在土瓦宣告緬甸獨立。翁山和揚昂(Yan Aung)之前也曾因鈴木的安排,得以避開緬甸英國警察監視逃到廈門,再從廈門前往日本,而在海南島的三十志士也由鈴木訓練。[9] 戰爭發生後,飯田第十五軍從暹羅抵達緬甸,鈴木利用這些志士,在側翼進行偵查和翻譯。

翁山在思想與心靈上,都受制於鈴木,似乎無庸置疑。對統治方式專精的巴茂,很快就察覺到,這種對鈴木的過度忠誠,必定會使緬甸新成立的軍隊,隨著鈴木垮台而受影響。他知道鈴木在其他駐緬日人當中引起恐懼、疑慮和妒忌,裂痕遲早會浮出檯面,部分原因是鈴木本身緊繃的個性造成。鈴木本性叛逆,但在成長過程中卻被教導要循規蹈矩。他是位個人主義者,故不易與人共處。他也很粗暴、專橫、易怒,時而凌厲、殘暴、野心勃勃,卻又非常務實,隨時準備為夢想拋棄一切。「他當時的夢想就是相信:身為緬甸解放軍的日本領袖,光靠他自己就能結合兩個民族,迎向勝利。換句話說,他就是掌握緬甸命運的那個人。」[10]

一位三十志士曾向巴茂強調,他們與鈴木關係緊密:「他創立了我們這支小軍隊,我們完全聽命於他。」他說:「用緬語來說,我們從年少就怕他,也愛他。因此他與日本軍隊相處

8　兜島裏《參謀》,頁45。
9　編按:鈴木訓練緬甸三十志士分初階與高階兩段,並在不同地點舉行。初階的體能與基本教練訓練的確在海南島,但高階的火炮訓練,加上謀略戰、干擾、破壞以及情治活動訓練則在臺北與玉里(花蓮)。然後再從臺灣混入越南、泰國,之後分批進入緬甸。
10　Ba Maw, *Breakthrough in Burma*, p. 141.

的方式,也變成我們的方式。更重要的是,我們喜歡這樣。因為這讓我們分享了伯牟究(Mo Gyo)[11](鈴木)的獨特和重要,而且讓我們覺得大家是為緬甸而戰,而不是為日本。」[12]

第十五軍負責協調日緬關係的平岡(Hiraoka)大佐告訴巴茂,日方認為鈴木是他們最棘手的問題。「你們像小孩子一樣服從他」,他補充說道,「長期看來這並不是件好事。」巴茂聽進去了。他與翁山接觸,並開始種下不信任的種子。他和其他德欽黨員應該認識的日本高層有幾位?答案是沒有,所有的事情都是由伯牟究經手。

一九四二年六月,鈴木被召回東京時,巴茂不但沒有向翁山表達慰問,反而認為這是良機。翁山將因此成為緬甸唯一的獨立義勇軍領袖,可直接與日方高層接觸。沒了中間人鈴木(儘管非常盡心),緬甸是真正獨立了。

可是緬甸獨立義勇軍不知道,甚至在鮑斯的指揮下,印度國民軍自主性非常有限。同時緬甸獨立義勇軍也從來沒有重要的軍事行動要執行。戰後,日本歷史學界認為日本創立這支軍隊,是對緬甸獨立的最大貢獻,也證明因此促成三十志士掌握實權。但只要緬甸被強勢又積極的日軍所操控,緬甸無法真正自主,除非日軍式微。

緬甸在一九四三年八月宣布獨立,但德欽黨懷疑這種獨立的實質意義,開始試探與英國和解的可能性。然而與戰敗者同盟,有好處嗎?另一方面,戰勝的一方也不認為需要與德欽黨合作。緬甸畢竟還有個流亡政府,等著和史林姆的軍隊一齊打

---

11 編按:"Mo Gyo"是緬甸人給鈴木取的名字,意為「霹靂」,表示有神通,很厲害。
12 Ba Maw, 同上 , p. 142.

回來;而且其中多人認為翁山只不過是普通的殺人犯,希望將他繩之以法。

鈴木與德欽黨三十志士間的連結,有兩種深遠的影響:一是確保軍事的實質力量落在德欽黨手中,並且壟斷政治,使任何反對黨無法生存;於是德欽黨的黨旗成了國旗,黨歌成了國歌。二是讓日方對鈴木的不信任,轉移到他的門徒。結果,直到一九四三年八月,才在東京軍方高層與政府的支持下,正式宣布緬甸獨立。

人都有缺陷,鈴木個性激烈,對於獨立有強烈的使命感。這些特點,讓他一開始就得到東京大本營的授權,使他有相當自主權;但也因此,日軍駐緬指揮官和參謀,很快發現這支私人小部隊,實在令人難以忍受,後來發生的情況也確實如此。

德欽黨員悟努(Thakin Nu)回憶他和鈴木第一次見面的時候,鈴木開頭便說:「不要為獨立操心。獨立不是你們能從別人手中乞求而來的,你們應該自己宣告獨立。日本人拒絕讓你們獨立嗎?很好,那就告訴他們你們要獨立……自己宣布獨立,並且建立自己的政府……如果他們宣戰,你們就反擊。」[13]

面對緬甸社會和族群衝突時,鈴木毫不遲疑的就是站在德欽黨這邊。他與巴茂在最靠向日本時的態度一樣,強調血統與種族,倘若緬族[14]與克倫族或緬族與印度人發生衝突時,鈴木總是支持緬族。其中最不堪的例子是,在伊洛瓦底江三角洲渺彌亞(Myaugmya),一個很大的克倫族聚落(另一個克倫族

13　U Nu, *Burma under the Japanese*, pp. 24-25.
14　譯註:緬族(Burman),緬甸主體民族,主要居住在伊洛瓦底江中下游一帶,即所稱的「緬甸本部」,從雲南邊來。克倫是一個居住在緬甸東部及泰國西部的民族,在安達曼群島也有少量克倫族移民,是著名的象伕民族。

居住的地方是位於東邊的錫當河和泰國邊界之間）。緬族不喜歡克倫族，因為克倫族大多是基督徒，受過英國的軍事訓練，[15]而且在英軍挫敗後，仍支持英國。越來越深的種族仇恨和傲慢，使鈴木支持的緬甸獨立軍要求住在三角洲的克倫族繳械。部分村落在照辦之後，沒有了抵抗力，卻被跟著獨立軍來的流氓幫派所攻擊。克倫人抱怨獨立軍的軍官不但袖手旁觀，甚至加入掠奪，認為德欽黨根本就是要搶奪和殲滅他們。[16]鈴木贊同要消滅克倫族，因為他有個部屬在一次克倫族攻擊緬甸村落中喪生。他很快就下令，將兩座克倫村落卡納札貢（Kanazogon）和泰雅貢（Tayagon）夷為平地，所有的村民格殺勿論。他們在夜晚包圍這兩座村落，村子一端遭到放火，村民在慌亂中衝向另一端，但獨立軍「部隊」已經等在那裡，見人就砍，沒死的傷者被棄置當地，再用火燒死。巴茂觀察到，從這場屠殺以後，就是公開的種族戰爭。[17]這情景與勞倫斯（T. E. Lawrence）當年的作法相近。[18]勞倫斯因夥伴塔拉兒（Tallal）在土耳其人攻擊塔法斯村（Tafas）時喪生，因此拒絕庇護戰俘以及之後由村落撤退的土耳其人。[19]即使後來日本人離開了，三角洲事件已經完全破壞了緬族和克倫族之間的關係。

15　在 1939 年，英帝國所轄緬甸防衛隊有 427 名緬族，而克倫族、欽族和克欽族人則有 3,197 人。（F. Tennnyson Jesse, *The Story of Burma*, p.169.）
16　Ba Maw, 同前書 p. 188.
17　同上, p. 189.
18　譯註：「阿拉伯的勞倫斯（Lawrence of Arabia）」是一名英國軍官，因在 1916 年至 1918 年的阿拉伯起義中，擔任英國聯絡官的角色而出名。
19　Lawrence, *Seven Pillars of Wisdom,* 1935, pp. 630-633.

第二回 巴茂做作

　　為了鞏固後方，日本第十五軍必須制止獨立軍的破壞，他們說做就做。緬甸獨立軍經過整肅及改組之後，成為翁山領導的「緬甸國防軍（Burma Defense Army）」。鈴木在一九四二年夏天束裝返國，[20] 原本在鈴木支持下，於一九四二年三月二十三日擔任緬甸中央政府（Bama Baho Government）首席行政官的敦奧克（Thakin Tun Oke）遭到撤換，改以巴茂為首，成立更廣泛的平民政府。巴茂在英殖民時期，曾擔任緬甸首任總理（一九三七至一九三九年），稍後卻因煽動叛亂罪而身陷囹圄。巴茂是在歐洲接受教育的律師，他夠老練，知曉日本軍方的結構，即便是方面軍階層，也並非堅不可摧。他開始與第一位司令官飯田祥二郎中將結為好友。他認為飯田不像其他某些種族意識過深，帶著優越感，從中國和韓國來到緬甸，自稱是種族問題專家的官員。巴茂裝成超越具有種族意識的日軍，其實只是作個樣子。他本人和他們一樣，在一九四三年十一月東京大東亞會議（Greater East Asia Conference），都是大言不慚的種族主義者。會上他宣稱：「我彷彿聽見亞洲在召喚其子女要團結，那是我們亞細亞同胞的聲音。」而且用一種極度種族主義的用語說：「這不是用心智，而是要用我們血液思考的時代。正是這樣，我才會從緬甸來到日本。」[21] 他身為國家元首，並在一黨獨大的體制下，喊出「同一血統、一種聲音、一個命

20　他在戰後曾經再訪緬甸。在三十年後，他和南機關昔年夥伴相聚，依舊造成社會爭議。

21　Ba Maw, 同前書 p. 343.

令」的口號，他已實質走向獨裁。

這就是巴茂在一九四三年接受緬甸獨立時的心境，但是在此之前，他還必須和寺內的南方軍司令部內，思想根深蒂固的反獨人士對抗。其中私人的關聯不難察覺，總務科高級參謀石井秋穗大佐（Colonel Ishii Akio）就是很好的例子。他在《南方軍政日記》[22] 中說明為什麼他認為獨立不可行，以及軍政府必須存在的原因。鈴木一頭熱，他的干預來得不是時候，因為當時日軍仍然陷在複雜的戰事中。如此一來，任何獨立政府都必須對強大的軍事壓力退讓，要是一般民眾看出這力量是日本在主導，他們會對日本產生敵意，在中國的汪精衛事件就是一個警惕。汪精衛因為日本的煽動，一九四〇年脫離蔣中正的國民政府，在南京建立由日本支持的傀儡政權，卻呈現出在保護中國人權益方面，顯得和蔣一樣果決，有些日本人甚至認為汪是蔣的代理人。

因此石井決定要對抗獨立的壓力。南方軍在一九四二年二月十日收到來自東京的電報，要求寺內在奪取仰光後建立獨立緬甸。因為石井相信緬甸會淪為另一個汪精衛的中國，因此他開始遊說每個到寺內南方軍總部的訪客：包括飯田中將和他的手下（一九四二年二月九日），參謀總長杉山（Sugiyama）大將（一九四二年三月二十三至二十五日）、參謀本部戰略課長武田功（Takeda Isao）大佐（一九四二年三月二十三至二十五日），以及支持早日獨立新上任的南方軍參謀長黑田重德（Kuroda Shigenori）中將（一九四二年八月三十日至十月五日）等等。石井在一九四二年這幾個月積極奔走遊說，加上鈴

22　防衛省防衛研究所戰史研究中心收藏。

木大佐激烈的自治主張,和新建的緬甸獨立軍的脫序行為,無疑幫了石井一臂之力,讓原本認為應該儘早獨立的擁護者,終於知道他們其實操之過急,因此獨立延緩了一年。這次的遊說也帶來另一方面的影響,沒想到在年輕的緬甸士兵和官員心中,種下不信任日人的動機的第一粒種子。「日本不是派遣軍隊去占領緬甸,」飯田回憶道,「緬甸人民是我們的朋友,我們必須幫他們獲得期望已久的獨立,……但因為才剛剛開始,我們還不能這麼說。」[23]這一延遲竟導致了深遠的影響。

在此同時,巴茂漸漸瞭解飯田:

> 我覺得他是位獨特的日本軍人(他稍後寫道),人性化、充滿父愛,而且非常善解人意。他表面上是一位軍國主義者,但是內心深處卻不盡然如此。至少他總是試著去從你的角度了解事情,這正是讓他和其他軍國主義者不一樣的地方。這也讓他有很強的內在洞察力,尤其是他認知到,戰爭的輸贏其實有很多種方式和原因,但是若是激起整個族群的敵意與反抗,這絕對是必輸的局面。這位大將是位日本武士,對於日本天皇、他的武士階級和規範,以及對他的國家都有近乎神秘的忠誠。而正是這份全心的忠誠,讓他能體會到為什麼人們會對他們崇拜的神祇如此效忠。在我們看來,他因為這種罕見又非軍國主義的特質而顯得偉大。[24]

23　L. Allen, "Japanese military rule in Burma," *Modern Asian Studies*, III. 2, 1969, p. 179.
24　巴茂,*Breakthrough in Burma*,p.264。

閱讀飯田對他所面對的問題而寫的報告時，不難理解為何巴茂會認為他富有同理心。飯田最擔憂從東京派給他的人都有韓國或中國的經驗，也就是都有殖民地或在敵國領土的經驗。他認為緬甸與東京的關係，不屬於這兩種，這些人不只是軍人，「這些從日本來的文職行政人員，完全無法瞭解軍方對軍事政府的期望。他們誤以為軍方所要的是一個類似中國或滿洲國的模式，一心要建立一個在敵國內『占領區的行政系統』。要是他們把事情搞得一塌糊塗，某些人還會藏不住幸災樂禍。」[25]

　　飯田注意到了，許多跟隨軍隊來到緬甸的日本企業強取豪奪，各個都在盤算如何長期剝削緬甸，而從來沒想過要把經濟權力移交到緬甸人手裡。他寫道：「這種日本人不斷地湧入緬甸，四處橫行，他們給緬甸人民留下甚麼印象呢？」

　　同樣的情況也發生在由東京行政部門借調出來的行政人員，像是商業省、工業省、農林省等等。飯田很清楚，這些人就是要特權，即使緬甸獨立之後，日本人仍然獨攬一切，他們幾乎不曾想過要把這些權力歸還給緬甸人民。

　　日本與獨立後的緬甸，未來的關係應該如何？飯田曾和這兩種日本平民爭辯。「日本需要從緬甸得到任何好處嗎？」他問：「仁安羌石油、包德溫（Bawdwin）」礦場、伊洛瓦底江的航行權，這些以前都由英國人獨占。如果我們將這些權利還給緬甸人民，不就能確保緬甸人民可以真正感受到獨立嗎？如果日本人依然霸占，那麼這只是意味日本取代了英國，而緬甸

25　飯田祥二郎，《緬甸攻略作戰》（*Biruma Kōryaku Sakusen*, Asagumo Shimbunsha），1967 年，朝云新聞社，頁 507-508。

仍舊是個殖民地。目前日本人不僅經營了一些小生意,而且還向緬甸的生意人施壓。這麼做,我們豈不是比英國人還惡劣嗎?日本需要的不是特權,而是一個經濟堅強且獨立的緬甸,一個與日本合作時能從心底信任日本的國家。」[26]

但是日本的行政官員和企業的經理人仍不斷湧入,乃至於到了一九四三年六月,總共約有900人為軍政府單位工作,有將近130人在緬甸行政機構上班,全部都有各自的如意算盤。他們認為水流湍急的薩爾溫江可以用來發電,藉以幫助大型企業發展;撣邦應該從緬甸國土分離出來,變成日本的永久屬地,並且極力鼓勵日本人大量移入;藉由從北方法屬的印度支那通往中國海岸的鐵路,這些地區就可以跟日本連通。要不是一九四五年日本戰敗,上述的計畫極可能實現。同意緬甸獨立的時候,巴茂不得不讓撣邦從緬甸分割出去,這是他必須接受的痛苦現實,因為當時緬甸是日本的脆弱附庸者,他必須割讓景棟(Kengtung)和孟畔(Mongpan)兩地給泰國。泰國在一九四一年飛快地和日本結盟,或許也有不得已的地方:為了取回幾個被法國歸入柬埔寨的鄰近省分,並獲得之前被英國納入馬來聯邦的蘇丹地區。失去景棟和孟畔兩個地區,巴茂向日本抗議,但是東條首相卻對他一笑置之。

某種程度而言,緬甸獨立,其實是溫蓋特的首次遠征,以及緬甸國內的運動,所導致的結果。在溫蓋特遠征之前,日軍,或是大部分的日軍,都認為欽敦江是他們拓展疆域的極限。溫蓋特證實了支援部隊越過印度―緬甸邊界是可能的。之後,繼任飯田第十五軍軍長的牟田口廉也,即主張去占領印度曼尼

---

26 同上。

普爾邦的首府因帕爾。要實踐這種意圖，有許多方式，同時牟田口個人的野心也遭遇不同的約束，就像我們後來看到的，進攻印度就必須由日本立刻向印度—亦即蘇巴斯・錢德拉・鮑斯—證明，如果日本在印度有立足點，就可以將印度從英國手中解放出來。緬甸就是日方拿來證明的一個好例子。當時如果不是因為日本讓鮑斯相信他們企圖要解放印度，或許緬甸無法在日軍完全征服後，短短一年不到，就獲得獨立。（曼德勒在一九四二年五月一日被攻下、塔曼迪五月三十日，孫布拉蚌在六月十七日被攻下。）

　當然巴茂自己也巧妙運用手中的每一張牌。當政治人物不信任軍人的殘暴和種族偏執的時候，巴茂表現出是那群狂野、被誤導，但熱情又愛國的德欽黨員的慈父。一旦站在日本政府面前，尤其是一九四三年十一月他出現在東京時，他則是要日本人肯定他的軍人形象：據修・廷克（Hugh Tinker）所述，他當時可是穿戴了「普魯士外套、過膝長靴和整套的軍服」。[27]

　或許駐緬高層司令的態度已有所改變，所以充滿同情心的飯田，才會被心胸狹隘而固執的河邊所取代。河邊不信任巴茂，他和寺內（寺內的父親曾經是朝鮮總督）一樣，將緬甸人視為頑抗的殖民地人。諷刺的是，河邊因為身為日本在仰光的統帥，因此一九四三年八月一日向緬甸傳達獨立訊息的任務，就落在他身上。當天，年輕的德欽黨員悟努，以一副了無野心、篤信佛教的理想主義者的形象（他的回憶錄），在巴茂就職緬甸總理的典禮上發表演說。

---

[27] Hugh Tinker, *'The Politics of Burma'*, in S. Rose, ed., Politics in Southern Asia, London, 1963, p. 111.

「歷史尚未見證，」悟努聲稱：「一個國家可以為了崇高的理想和尊貴的目標，犧牲生命和財產，只是為了一群被壓迫的人民謀求福利和解放。日本似乎注定要在人類歷史上，第一次扮演這樣的角色。」[28]

可是悟努並沒有在他自己的書裡引錄這段演說，倒是巴茂故意地在他自己的書裡提到這些話。但這個例子是，巴茂讓他自己成為，當我們在為緬人作正反兩面平衡報導時，除了戰爭故事外，必須要三思的人物。

「從歷史層面來看，」他寫道，「沒有一個國家像日本一樣，為了將亞洲從白人手中解放出來下過這麼多功夫，然而也沒有任何一個國家，會被他所試圖幫助的人民如此誤解，不但幫助解放，也為他們建立許多典範……日本被她的軍國主義者和種族幻想者背叛了。如果日本對亞洲的用心是真的，如果日本能夠堅守在戰爭一開始時，聲稱要把亞洲歸還到亞洲人手上的信念，或許今日日本的命運就會截然不同。即使戰爭失敗，亦不能奪走多半亞洲的人民對日本的信心和感激……即便到今天這個狀況，也沒有人能抹滅，日本幫助無數人民完成解放的貢獻。」[29]

以緬甸為例，即使到戰後，日本史家論調依然如此。太田常藏（Ōta Tsunezō）是戰爭期間軍方的行政人員，曾以他自身經驗和蒐集的資料，寫成一本上百頁的書（《緬甸戰傷日本軍政史的研究》），證明日本在占領緬甸期間有貢獻。這本書為日本辯護，企圖平衡其他史學著作，像董倪森（F.S.V

28　Ba Maw, 同前書 p. 39.
29　Ba Maw, 同前書 pp. 185-186.

Donnison)詳細而公允的《英國在遠東地區的軍事行政》(*British Military Administration in the Far East*),以及修・廷克的《緬甸的統一》(*Union of Burma*)等的觀點。太田承認日本具體傷害緬甸的經濟,但主張日本對緬甸心理層面的影響遠大於此。

他說,從歷史層面來看,我們必須看更遠一點,不要只著眼在緬甸的經濟傷害:像是伊洛瓦底船舶公司,所有船隻幾乎蕩然無存。火車頭和運輸車輛的損毀(他提出的數據是火車頭約損失百分之八十五,廷克提出的是整體粗估有百分之四十八鐵路財產的損失),農地棄置浪費。緬甸經濟越來越惡劣,但這也是不可避免,因為海上交通被炸毀後,西方有英軍入侵,北方有中美勢力盤踞。無論從哪方面來看,緬甸就像是一個孤島,工業設施又遭受空襲;儘管如此,緬甸還是有辦法支撐約莫20萬日軍,維持稻米產量,讓人民不致挨餓。

不僅如此,緬甸人民建立了自信,領導者的權力獲得鞏固,他們知道如何用自己規模雖小的軍隊,去當作可操作的施壓工具。日本軍政府在緬甸留下最具影響力的資產,就是養成一支緬甸國民軍,並注入緬甸獨立運動的原動力。他們組織一批人馬,隨時準備好接手政府和軍隊。緬甸獨立軍的原始核心一直擴展到十萬武裝人力,太田聲稱這才是英軍回歸時,緬甸獨立談判得以進行的重要背景。(巴茂清楚的提到,儘管他認為德欽黨員太過天真,他還是得隨時考量翁山手下的軍力,即便他們在日方眼中微不足道)。

就經濟層面而言,巴茂提出相同的說法。緬甸人民「需要衣物、運輸工具和燃料、醫療器材⋯⋯各式機械和配件,修繕物品和維修人員等等。所有的物品和服務幾乎都必須經由海路,而當時美軍的海空勢力箝制了日本運輸。即便這樣,他們還是

辦到了。」[30]

但是事實卻不然，巴茂的前任新聞宣傳局長悟拉佩（U Hla Pe）提出相反證據。他的《日本占領緬甸敘事》（*Narrative of the Japanese Occupation of Burma*）一書中指出日本貿易商會支配緬甸經濟，例如物資配給協會、日本緬甸稻米協會、日本緬甸木材協會（這正是飯田舉出的例子）。他也指出日本在緬甸生產或是進口到緬甸的物資少得可憐。在市面上配給的商品，都是英國公司在一九四二年留下來的；而且當這些物資消耗掉後就不再補充。「除了軍火、彈藥、清酒和慰安婦之外，日本船隊無法帶任何東西到緬甸。」[31] 史密頓准將生動地為這些相反的證據做出總結：

> 在戰爭前，緬甸是充滿綠色稻田和白色佛塔，進步而繁榮的國家。這裡的自然資源豐沛，整齊排列的橡膠樹在春天短短幾天就能長出茂密的枝葉。從河邊到海岸，廣闊的森林提供木材來源，豐饒的土地還出產石油。這片土地生產力旺盛，人民不需要過於辛勤工作就能填飽肚子……現在這片土地卻是一片荒蕪。這荒蕪是戰爭帶來的：在三年內戰事不斷，油田、城鎮、村落、還有全國的橋樑、鐵路和陸路都被摧毀了。這荒蕪也是因為疏於管理造成的：農園沒被照料，稻田沒有耕作、水牛離散各方或是遭到殺掠；大象不是死掉，就是在叢林裡逃散。木材工業陷入停滯，醫療

30　同上, p. 273.
31　'U Hla Pe's Narrative of the Japanese Occupation of Burma,' recorded by U Khin, 1961, p. 55.

器材也相當缺乏。這荒蕪也是人心和精神造成的：這裡沒有教育體制，人民陷入營養不良的危機，公務體系也徹底崩壞。[32]

宗教對於緬甸是十分重要的，日本在占領的第一年，特別強調兩國有共同的信仰；但是日本的修道制度比較寬鬆，僧侶甚至可以娶妻。這對於緬甸的僧伽（sangha）[33] 或僧侶戒律來說，實在難以接受，甚至認為日本人只比褻瀆宗教好一點而已。其實緬甸僧侶在英國統治期間，就是政治異議分子。但是他們憎恨日本人企圖透過僧侶來控制緬甸人民，厭惡日本軍隊駐紮在寺廟裡，並且指使他們從事褻瀆宗教的任務；像是蒐集槍枝和處理死屍等。他們認為日本對於天皇的崇拜，是對於佛教道義的污辱，而日本人公開敬拜戰爭亡靈的儀式，則是迷信：「緬甸一般信徒會取笑僧侶騎小女孩的腳踏車，或是將婦女的紗籠布裙戴在頭上這樣的場景，但他們更無法想像日本的僧侶竟然可以娶妻。緬甸的僧侶特別對某些日本僧侶變成武士一事感到悲傷。他們一想到必須和這些武士僧侶分享食物就非常生氣。」他們也不喜歡被要求參與霍亂和天花的預防接種工作。他們無法忍受跟女性身體接觸，而且即便是使用接種的針頭都有可能傷害僧侶的靈修。這些在在都顯現，日本對於自己佛教與緬甸佛教的差異瞭解不足。[34]

兩個因素造成有趣的副產品：第一，在戰前下緬甸半數的

32　Smeeton, *'A Change of Junglesp'*, pp. 116-117.
33　譯註：僧伽，佛教的出家弟子的團體。
34　參照 Dorothy Guyot, *'The uses of Buddhism in wartime Burma, Asian Studies'*, V11, No.1, pp. 50-80.

農田都是印度地主所有,再由緬甸佃農承租。一九四二年盟軍撤退後,這些地主擔心失去了英國的庇護之後,會遭到當地人民的報復,因此舉家遷回印度。巴茂的「無產階級黨(Sinyetha Party)」又稱為窮人政黨,因此趁機重整這些棄置的土地,然後交給緬甸佃農。日本軍隊的稻米穀物需求,正巧給豐富產量的稻米一個市場,而日本用軍用票購買,也花不到他們一分錢。既然稻米都是當場交易,不需要出口,因此農業的債務也就解決了。

第二,則是關於受壓迫勞工的議題。很多在泰緬鐵路工作的緬甸勞工,經常遭到不可言喻的操勞、疾病和死亡。而其他東南亞勞工,包括英國、澳洲和荷蘭的戰俘,都有相同處境。巴茂接受付出這般巨大生命及苦痛的代價,並且試圖為日本的遠景背書:

> 這其中也是有許多好處。我們跨越了曾經阻擋在兩個鄰國人民之間的巨大森林邊界,長遠看來,這個好處必定是超越其他代價的。從歷史上而言,戰爭期間的建設就屬興建這條鐵路最重要。然而隨著日本戰敗,這條鐵路就永遠消失了,只留下一些過分渲染的戰爭回憶和故事。這片地區再度成為荒野,除了一些英國死者在保存得宜的墓園裡安息。至於亞裔的死者,不論日本或是緬甸人,他們則是骨灰四散、永遠消失了。[35]

從這裡或其他地方,不論巴茂對日本軍隊有什麼批評,他

35　Ba Maw, 同前書,p. 279.

還是熱切地為日本人介入緬甸而道歉。他在一九四五年四月跟隨日軍離開仰光，稍後在日本外務省的安排下隱身新潟縣石打村（Ishiuchi）的一座佛寺，但最終還是決定向英國占領軍自首。

第三回 設局淺井

這場戰爭有許多弔詭之處，例如前述的巴茂，他熱切地為日本的作為背書，甚至在一九四五年前往日本，而不向英軍投降，但是卻無法得到日本人的信賴，甚至遭到厭惡。另一方面，緬甸國民軍的年輕革命領袖翁山，反而在戰敗之際背叛日本、轉向英軍投誠。事實上，日本軍方高層對於巴茂極度不信任，甚至決定要除之而後快。河邊將軍對於一九四三年八月一日讓眾人情緒激昂的獨立典禮，他的日記只有「冷漠的紀錄」；他又以苛刻、不友善的口吻說，兩名親日的德欽黨員竟然在典禮缺席是詭異的。這兩名黨員是一九四二年在第一個中央緬甸政府裡扮演重要角色的德欽巴盛（Thakin Ba Sein）和敦奧克（Thakin Tun Oke）。典禮兩天後，巴盛去找河邊，長談數個鐘頭，盡是抱怨巴茂如何冷落了德欽黨員。他向河邊說：「沒有人比我們更努力跟日本合作，我們竭盡可能為你們效勞，但是現在居然是一群什麼都不懂的傢伙在掌管內閣。緬甸人民開始認為『緬甸的獨立』不過是『巴茂的獨立』。」[36]

巴盛和敦奧克對於巴茂的嚴厲批評，之後竟產生致命的效

36　L. Allen, 'The Japanese Occupation of South East Asia'（I）. *The Durham University Journal,* New Series, vol. xxxii. No. 1, Dec. 1970. p. 14.

果。河邊手下的資深官員磯村武亮大佐（後晉升少將），漸漸對巴茂產生強烈的厭惡。他和河邊一樣，認為巴茂在東京會議中，激情以及浮誇的種族言論，並非真心支持日本，實際上他是表裡不一。巴茂讚揚亞洲種族意識的覺醒，以及緬甸與日本共同清除舊殖民政權的行動，大家聽得半信半疑，因為他們相信巴茂和英國仍有勾結。

磯村的信念，竟對一個單純的學者造成意想不到的效果。這學者被磯村的技巧哄騙，發現緬甸的政治陷入險惡，因此將自己捲入一場刺殺巴茂的政治陰謀，最後還因自以為對日軍的全心付出，而鋃鐺入獄。

這學者就是淺井得一（Asai Tokuichi）教授[37]。他的著作包括由玉川大學出版的《緬甸戰線風土記》（1980），多年前他曾是這所大學的地理學教授。也寫過關於刺殺計畫的文章，收錄在《政治和經濟史學》學報[38]。

在德國地理學家豪斯霍弗（Haushofer）的影響之下，有些日本大學的地理系受到地緣政治學理論引導，京都大學的人文科學研究所就是其中之一。在此任教的史前地理專家伏見義夫（Fushimi）教授曾經對淺井說過一段話，將這些話對照之後的事件，其中便見端倪，他說：「淺井，你是一個單細胞（tan-saibō）」。「Saibō」是生物學用語，亦即日文的「細胞」，而「tan」的意思是「單」或「簡單」。看來這似乎是對淺井心理狀態的精準觀察。

37　淺井（Asai）教授的名字和職稱均被巴茂誤認為朝日大尉（Captain Asahi）。（他事實上是一個軍屬：在軍中服務的平民。）
38　1978 年 5 月和 6 月第 144 和 145 期。我特別感謝 Ian Gow 提醒我注意這兩篇期刊文章。

當年的淺井以地緣政治專家的身分訪問東南亞，而來到緬甸。他先是在緬甸方面軍擔任參謀，隨後調到新加坡南方軍，並在此遇見總司令寺內元帥。寺內和淺井的父親是軍校時期的老同學，這場會面讓他在最需要幫助的時候產生極大效益。他也在此認識了巴盛和敦奧克兩名德欽黨員，這兩人因受懷疑而離開緬甸，並在南方軍的保護下住在新加坡，因為大家都知道，他們支持強權統治，並懷念以往緬甸的君主專制。

　　共進晚餐的時候，他們告訴淺井，巴茂是英國間諜，仰光的空襲就是他協助造成的。可憐的淺井天真的相信了，而且決定要有所作為。他在「未占領區域調查課」的工作讓他有機會再到緬甸出差、調查北緬甸和雲南，因此他和同事在一九四四年一月二十日抵達仰光。方面軍司令部所有的人都在忙著計畫阿拉干和因帕爾的攻擊任務，當這些日本人正準備為保衛緬甸，而不惜一戰犧牲的時候，淺井不忍想像，緬甸的總理竟然準備要背叛他們。

　　在同服務於昭和商社的一位民間友人談話後，更加深了他的疑慮。他稱這位友人為 T（稱另一位刺殺團隊的成員為 U。T 和 U 住在日本，並且還健在，他擔心要是揭露他們的身分，會掀起舊傷疤。但這其實是多此一舉，因為他們的身分早已曝光）。某天晚上，河邊的副參謀長磯村少將拜訪 T。淺井提到他從 T 及巴盛、敦奧克兩位德欽黨員那邊聽來關於巴茂的事情，磯村簡單地回覆：「是真的。」他接著跟淺井說，河邊總司令和巴茂的談話，隔天就從加爾各答傳開。之前沒有人知道這場談話，結論很明顯，巴茂與敵人私通。

　　磯村對巴茂的判斷是正確的。淺井火冒三丈，決心要置巴

茂於死地。[39] 想當然爾，T 願意配合淺井的計畫，他答應取得武器，並且計畫二月十六日晚上執行任務。為了確保刺殺計畫圓滿進行，他們必須獲得緬甸國防軍方面的配合，或至少說服他們睜一隻眼閉一隻眼。十六日晚上十點，T 為此目的拜訪緬甸國防部部長暨總司令翁山少將。淺井、悟覺敏（U Kyaw Myint）——一位緬甸籍的共謀者—和另一位緬甸人士一同前往巴茂的官邸。在前往官邸的路上，他們順道拜訪 U 的住處。淺井說「我們現在要去殺了巴茂，你要不要一起來？」U 說：「當然，一起去吧。」他們同時也去找 T 的老闆，昭和商社仰光分社的長官（在他的文章中，淺井簡稱他為 K，但在文章它處，淺井則用他的全名岸田〔Kishida〕）。[40] 穿著日本軍屬的制服，前往巴茂的住處似乎不妥，因此在跟岸田商量後，他們決定穿著緬甸服裝作掩飾。但是岸田（K）無意加入他們。淺井回想，當時他們一滴清酒都沒喝。

在巴茂的住處，淺井要悟覺敏以緬甸語跟守衛大叫說：「我們知道巴茂是英國的間諜，我們是前來刺殺他的。你們的總司令翁山知道這件事，他很快就會過來。首先，把你們的武器交給我們。」聽到翁山名字，守衛交出十把步槍，都是日軍供應的三八式步槍。淺井挑了一把，就在此時，每晚都會響的空襲警報又響起了。

巴茂從屋子裡出來，前往防空洞。淺井揮舞著槍枝跟了上

39　他在文章裡承認被磯村設計了。稍後當淺井在泰國的平民拘留營裡，他遇到 T 的老闆，昭和商社仰光分部長官岸田先生（Mr. Kishida）。T 說：「他們真的把你騙上車了對嗎，淺井？」淺井說：「他知道我遭到愚弄。」

40　"Ba Mō misuijikennit suite no shōgen," Pt. 2,《政治經濟學刊》，1978 年 6 月，145 期，頁 10。

去—根據巴茂自己的描述—這位緬甸總理從庇護所出來，隨即轉回屋子裡。

淺井也跑了出來，衝向屋子的前端。此時，一樓窗戶開了並現出一個人影。淺井不確定這是不是巴茂，因此遲疑沒開槍。他進入屋內後發現屋子太大，不知該往哪走才好。這下他才發覺計畫失敗了，他走出門，然後叫 U 去向磯村少將報告。

這時磯村已經來不及插手干預了。巴茂通知了負責緬甸和日本之間聯繫的長官平岡大佐。平岡抵達官邸後就逮捕了淺井，憲兵到來之後開始盤問。他們幾乎無法相信這是淺井的第一次嘗試，因為他處理守衛的技巧高明。U 和 T 也遭逮捕，他們三人一起被帶往仰光北部永盛（Insein）的日軍監獄。

法律方面的結果，非常有意思。緬甸方面軍在一九四四年四月二十四日舉行審判，但不是在正式的軍事法庭，而是由軍律法庭（用當地軍人使用的《南方軍軍律法》）審判，理由是被告是日本軍屬人員和緬甸當地人民。《南方軍軍律法》為南方軍的法律，適用於占領地軍隊人員，而不該用來審判日本平民。另外一方面，當這場「政變」發生的時候，緬甸在法律上已經獨立將近七個月了，而這場政變謀殺的對象是這個國家首相，是「人民的代表」，因此以緬甸律法來審判的作法是可以成立的。事實上，緬甸外長悟努確曾要求河邊總司令將淺井交給緬方，但遭到拒絕。

悟努在他的書裡說淺井被送往新加坡，但事實不然。南方軍將這件事的報告送往東京大本營，讓日本天皇得知此事，而天皇立刻發電報向巴茂致意，表達遺憾。日本東條首相對寺內大發雷霆，要求將淺井送軍法嚴辦。寺內提出異議，東條即立刻以電報下令，將淺井和他的同黨以飛機遣送東京。

第十一章 本土反正

「放著，放著」，寺內對送來電報的參謀說，「這事沒那麼重要。」他將電報紙扭成一團丟到廢紙簍裡。這其中不只是因為東條和寺內不和，也因為寺內還掛念著淺井。淺井的父親是寺內的同學。寺內以前不太聰明，淺井的父親還曾幫他惡補數學，令寺內心存感激。（淺井也曾經是日本軍方地理學會的成員，學會和河邊也有些關係。）

所以，他的事情就這樣處理好了。正如同淺井如何被設計入局，他也如此被設計脫險。他的審判由河邊手下的一名中佐主持。主審法官總結道：「這種罪讓天皇心痛，事態非常嚴重，但是我必須考慮到淺井的精神狀態，他是因為染上瘧疾才精神錯亂。我相信 T 和 U 都是在淺井的慫恿下參與的，而且我認為淺井有辦法讓這兩位年輕人為他無私奉獻，這也相當不簡單。」最後淺井被判刑十五年，T 兩年半，U 一年。當這三人被送回監獄的時候，內田（Uchida）所長說他們可能只需服完三分之一刑期就可以保釋。隔年春天，方面軍司令部從仰光撤離，隨行還將這些罪犯轉往更安全的毛淡棉。在緬甸向英軍投降時，毛淡棉緬甸方面軍法務部長坂口（Sakaguchi）大佐對淺井說：「英軍知道你的名字，要是你被他們帶往收留所的話，你的處境可能會很危險。我在這兒放你自由，而且勸你最好設法逃往泰國。」他給淺井一些泰銖，讓淺井沿著泰緬鐵路入境，在曼谷的特羅卡德羅酒店短暫停留之後，便躲進一個收容日本平民的拘留營裡。淺井謊稱是昭和商社的職員，於是在商社協會的庇護之下，逃過英軍的監察，在一九四六年六月乘船回到日本。他猜想，儘管英軍對每一個離營的人都會稽查，但是他們太想抓到辻政信大佐這條大魚，所以必然會忽略一些小魚。（他猜對了。）之後，他重新回到地理學研究。在寫這本書的時候，

還當上玉川大學地理學系的系主任。此後他也曾再度訪問緬甸，行程愉快，沒有甚麼危險。

這場失敗的暗殺行動的確是相當奇特的事件，從中也能看出日本和緬甸之間態度的矛盾。巴茂和悟努的書裡都曾稍微提到這起事件，但是日本官方的戰爭史卻對此隻字未提。緬甸作戰史共有四冊，當中的第二冊有關緬甸陸戰，對於緬甸獨立前的交涉談判多所著墨。但是，不論是在這一冊或是其他接下來幾冊的書籍中，都沒有提到淺井教授試圖暗殺日本同盟國緬甸之總理。更奇怪的是，太田常藏（Ōta Tsunezō）的書，儘管對日軍占據時期有鉅細靡遺的描述，但也沒提到這個事件。然而淺井的刺殺意圖，在日本軍方和仰光的平民社交圈裡廣為人知，顯然緬甸統治高層也知情。一般來說，如果這些軍方歷史書籍要觸及政治事件，這起重大的醜聞應該多少要提到吧？淺井的文章為這個問題提供了解答。那位輕判淺井和他的共犯之審判長，曾經私底下向淺井暗示是寺內的介入才救了他。這位審判長是不破博（Fuwa Hiroshi）中佐，與替防衛廳編撰官方戰史，緬甸的部分執筆人是同一人。他對我說，他不想看到日本在東南亞軍政府的歷史由防衛廳戰史室出版；不論如何，這樣的歷史不應公開流傳。

這真是很遺憾，顯然有許多和日本、東南亞人士或政府有關；但這些會令人感到難堪的事，是我們所不了解的，這些真相仍待挖掘。這些事件讓我們疑惑，無論是緬甸或日本人，他們基於為同袍情感所做的任何辯護，這些表現前後不一的言論，必須要取決於他們當下所發表的時間點，才能判斷。巴茂在戰爭期間的言論情緒高亢，充滿了希望跟日本合作的種族激情，但是他在戰後出版的自傳中，卻對日本狹隘的軍事種族的狂熱

第十一章 本土反正

大肆抨擊。同樣的，悟努在一九四三年八月發表獨立宣言的演說，如同前述，強調日本如何犧牲自我，以解救緬甸人民，這時的天真語調，跟他在《日本占領下的緬甸》裡所呈現冷漠的態度，又大相逕庭。

第四回 特務一三六

這一切都再自然不過。一九四三年時，巴茂和悟努的行動都受到某種限制，而且向日軍示好總有好處。可任一日本人，即使曾在緬甸如何受歡迎，但戰後回到緬甸，緬人反而與他保持距離。這改變只源自一宗軍事事件，這案件確實發生在一九四五年三月二十八日：翁山於仰光閱兵後率兵北上；本來是要支援日軍伊洛瓦底戰役，但翁山卻帶領部隊投向英軍。櫻井德太郎將軍當時是翁山以及緬甸國民軍的顧問，他發現英軍跨越緬甸中部通過曼德勒[41]那條線，也變成了觀察緬人民心向背的線。此後，緬甸人民心裡上開始抗拒日軍。

這起事件並非偶然，早在數個月前其實就開始醞釀。起因可以回溯更早，事實上，是英軍在緬甸最勇敢也最優秀的修‧奚凜（Hugh Seagrim）少校打下的基礎。

一九四二年夏天撤離緬甸時，英軍順勢留下一群情報人員，負責傳遞有關日軍以及與他們合作的緬人所蒐集的情報。有些緬人跟著英軍離開，有些則在離開後，又自願重返緬甸執行滲透任務。這些人員和德欽黨，以及一些支持英方的分子取得聯

---

41 譯註：曼城係舊都，緬人王宮所在地。

繫，因此在西姆拉（Simla）[42] 總部的德曼・史密斯總督（Sir Reginald Dorman-Smith）[43] 與位於印度德里的印度總司令部，以及在康提（Kandy）的蒙巴頓總部，都能接收到大量有關緬甸內部的情報。

有些情報來自虜獲的文件，其中有些有長程政治利益、有些則立即有戰術價值。其他的消息來源還包括「V 部隊（V Force）」的活動，這是一支由幾名英國軍官和武裝的廓爾喀或克倫族組成的部隊──有時候根據地區的不同，也會有其他部落成員。V 部隊為了提供日軍的組織、人員、身分及一般作戰命令，因此距離日軍作戰場地很近，可就近觀察他們的行進和運輸；也因此提供了短期戰術價值極高的資訊。舉例來說，一九四五年六月，虜獲長澤貫一少將率領的振武兵團司令部的作戰命令，由前線印第十七師翻譯出來。內容包括計畫、兵力、狀況、單位、路線、軍火和第五十五師團由勃固山脈突圍的計畫。這份文件內容，在第十七師總部，獲得比爾・蒂貝茨（Bill Tibbetts）少校指揮的 V 部隊證實。從文件和戰俘口供，日軍的突圍日（日方稱之為「X 日」）應該是七月二十日，這項訊息也得到通信情報人員證實。V 部隊記錄了日軍確切的行動，譬如說，沿著從勃固山脈的耶村（Yee）經由貝內貢前往錫當的路徑，蒂貝茨少校的 V 部隊一位軍官林賽（Captain Lindsay）上尉，先到耶村詢問村落長老有關日本人由山區通過此村的消息。這路徑後來發現是振武部隊離開勃固山脈的主要出路。日軍突擊隊並且計畫沿著這條路線，在十九日晚間突襲貝內貢，

42　譯註：西姆拉位於印度北部喜馬拉雅山區，是印度喜馬偕爾邦的首府。
43　譯註：德曼・史密斯總督是大英帝國派駐緬甸第二任總督，任期自 1941 年 5 月 6 日到 1946 年 8 月 31 日。日本侵入緬甸期間，他在印度西姆拉成立流亡政府。

第十一章 本土反正

好為主力部隊開路。雖然日軍安排情報人員在貝內貢附近進出，但是有些遭到逮捕。日軍似乎沒有發現他們準備奪取的村落，其實是一個由整個英軍師重軍防守的司令部。

無論如何，那些戰術性情報是由阿拉干的 V 部隊（歐文中將的兒子率領）所提供的，且是由因帕爾附近山區一名英國女子厄蘇拉・葛拉罕－包爾（Ursula Graham-Bower）—她後來跟一名 V 部隊官員結婚—建立了一個廣泛的那加（Naga）情報人員網絡，[44] 負責提供長期戰略情報，後來加上政治情報，則是「一三六部隊（Force 136）」的範圍。一三六部隊是特種作戰行動處（Special Operations Executive）在東南亞的稱號，由科林・麥肯齊（Colin Mackenzie）指揮。在馬來亞、暹羅、法屬印度支那等國家，一如在緬甸或在歐洲等地，這支部隊主要的任務並非蒐集情報，而是要與敵人占領區的當地反抗軍取得聯繫、評估他們的潛力，在必要的時候提供武裝，以幫助英軍反擊、領導，並控制起義行動。在馬來亞的滲透行動，主要經由離岸的潛艇運載。佛萊迪・斯班瑟・查普曼（Freddie Spencer Chapman）在馬來亞中北部山區叢林中的長久潛伏行動，於一九四三年在馬來亞警方前任警官的通知下終結。在暹羅，一三六部隊的主要任務是要跟傾向盟軍的攝政王比里・帕儂榮（Pridi Panomyong）取得聯繫，並且協助組織泰國境內的反日團體，以便在泰國捲入戰事時派上用場。

從一九四三年到戰爭結束，指揮一三六部隊（緬甸支部）的是在緬甸戰前就有豐富經驗的約翰・里奇・加德納（John Ritchie Gardiner）。加德納之前服務於麥奎格（McGregor &

---

44 參照 Ursula Graham-Bower, *Naga Path,* passim.

Co.）林業公司,並且是仰光市議會裡兩名歐洲代表之一。事實上,如果不是因為戰爭爆發,他會在一九四二年三月當上仰光市長。他與緬甸各階層政治人物往來密切,也因此認識巴茂和悟素。他認為悟素看起來不拘小節而熱情,腦筋並非絕頂聰明,但卻是領導一群黨羽的理想頭目。另一方面,巴茂在他眼中則野心勃勃、溫文爾雅且具說服力,像紈褲子弟,但不特別值得信賴。加德納的任務是要與市議會三十多名成員打成一片,不論是緬甸人、印度人或華人,這也為他後來成為一三六部隊長官奠下良好的根基。[45]

一三六部隊在緬甸分為兩支,一部分是政治考量,一部分是種族因素（正如同特種作戰行動處在法國也分成兩支,一支負責英國事務、另一支負責跟戴高樂通聯）。「緬甸支部」主要在錫當河西岸活動,與反法西斯組織[46]的游擊隊聯繫,另一支則在東岸跟克倫族接洽。克倫族人不信任緬甸人、也仇恨日本人,由於克倫族領地有長遠的基督教傳統,因此他們自然對歐洲人有認同感。因為這份親歐的認同感,在一九四二年日軍和其緬族附屬們經過錫當河東岸時,克倫族大受侵擾。一九四三年,當日軍策畫討伐修‧奚凜的時候,克倫族又再次受到波及。

在修‧奚凜家族裡,英勇事蹟所在多有。他父親在諾福克村莊（Norfolk Village）擔任牧師。哥哥德雷（Derek）是五兄弟裡的老三,一九四三年三月在北非突尼西亞馬雷斯防線（Mareth line）擔任綠色霍華德第七營（7th Battalion Green

---

45　1975 年 6 月 7 日,加德納與作者的通信。
46　後來改為「反法西斯人民自由同盟」（Anti-Fascist People's Freedom League）。

Howards）營長，陣亡後獲贈維多利亞十字勳章的榮耀。家中所有的兒子都是軍中豪傑，修・奚凜先加入印度軍，後來進入緬甸來福槍兵營。修・奚凜多才多藝又超凡脫俗，是運動員，又擅長在偏遠地區探險。當一九四一年諾爾・史蒂文生（Noel Stevenson）要物色對象到緬甸山區部落招募游擊隊時，修很自然地成為絕佳人選。史蒂文生在庫凱（Kutkai）擔任北撣州邊境行政機關副長官，早在日軍開打之前幾個月，已開始訓練克欽人游擊作戰。在毛淡棉的印第十七師總部會議中，史密斯（Smyth）將軍同意：修・奚凜須以薩爾溫江地區五十五名憲兵為基礎，在帕本（Papun）組織克倫族軍隊。史密斯將找到的軍火，二百支義大利來福槍和幾千發子彈都配給他，修・奚凜則與地方長官暨區域警長喬治・契投（George Chettle）合作，開始招募自願軍。修・奚凜向契投坦承，他相信日軍會很快掃過緬甸。他曾經短暫造訪日本，相當喜歡和羨慕日本人。[47]

　　修・奚凜從帕本往山區深處移動，直到漂加普（Pyagawpu）村莊。他在這裡決定，即使緬甸軍隊撤退了，他還是會留在克倫山區，並組織抗日部隊。到了一九四二年四月，他孤軍奮戰，因此決定到軍總部以取得無線通訊器材。結果失敗了，並且在回程遭到撣族盜匪襲擊。修・奚凜成功脫逃，但是卻失去一名克倫族義勇軍官，通訊成了他最大的問題。不論在山區做什麼，他要怎樣才能把訊息傳到軍隊呢？這同樣是軍隊面臨的難題。如果修・奚凜仍在山區裡活動，他們該如何與他取得聯繫？

　　一九四三年二月十八日，克倫軍官巴覺（Ba Gyaw）少尉奉命會同三名克倫人，以降落傘空降克倫地區，為的是要與修・

47　Ian Morrisoon, *Grandfather Longlegs*, p. 50.

奚凜取得聯繫。這場行動以轟炸東固地區作掩護，轉移日軍注意。可是巴覺空降時，沒攜帶無線通訊器材，英國部隊嘗試要空投器材給他，但是卻不斷失敗：在一九四三年二月到十月之間，每逢滿月，就嘗試空投，但是每次都沒成功。一三六部隊年輕軍官詹姆斯・尼莫（James Nimmo）少校，緬戰前曾受雇加德納林木公司，志願帶著無線通訊器材，於十月十二日夜晚空降。尼莫很幸運，兩天內就找到巴覺和修・奚凜，在十月十五日之前，得以跟印度取得聯繫。

為了讓情報有價值，修・奚凜九月時派了蘇波拉（Saw Po Hla），是一名克倫軍官，前往仰光蒐集八卦，並和城裡克倫族領導們連絡。蘇波拉也和緬甸國防軍翁山麾下的克倫族軍官接洽，其中一支營隊由在桑德赫斯特（Sandhurst）皇家軍事學院受過訓的韓森・加度（Hanson Kya Doe）指揮。蘇波拉從韓森・加度那邊得知國防軍裡的緬甸人仇日情緒很深，他也帶回當地生活狀況，和日軍軍事設備位置等等情資。

修・奚凜和克倫族人像朋友般同住一起，也穿著克倫族服裝，以一己之力鼓舞他們抗日情結持續成長，並使他們相信英國人一定會重返緬甸。顯而易見的，日本人不會容忍在他們幾乎完全征服的緬甸境內，尚留有一塊由英國軍官控制的自治區域，尤其這裡那麼靠近通往曼德勒的主要道路和鐵道，這些道路又正好通過克倫山區西部。所以日本人計畫討伐，負責的是一支步兵，由憲兵井上（Inoue）大尉和畔方（Kurokata）中尉指揮。這支憲兵隊伍進入克倫地區後，用的是他們慣常的暴力手段，因此在克倫族人的心中種下恐怖的因子。

從修・奚凜的角度來看，他面臨了道德的抉擇。尼莫和麥克林德爾（McCrindle）這兩名派來支援的官員遭到殺害，他所

喜愛的克倫族人,也因窩藏他而遭到日人懲罰。沒有猶豫太久,他前去自首,以保住克倫族朋友倖免於難。他的勇氣感動了俘虜他、審判他的人以及在監獄監視他的日本醫生。最後的判決其實不難想見,修‧奚凜是穿著克倫族衣服,而不是英國制服被捕的,因此他無可避免地被當作間諜而處以死刑。

日軍醫官龜尾進(Kameo Susumu),在修‧奚凜被逮捕入獄的時候,對他身高六尺四吋和他身穿破爛克倫族服飾,感到印象深刻。這就是那位長期抵抗日軍的英國少校嗎?修‧奚凜宣稱:「我早已有必死的決心,但是我希望你能幫那些跟我一起被捕的克倫族人,他們沒犯任何罪過。」他告訴龜尾,他恨透了英國和日本之間的長久戰爭,他希望戰爭能早日結束。他接受訊問時,回話輕快,一副公事公辦的態度。他挺直站立,毫無所懼。

為克倫族人求情無效。修‧奚凜和其他 20 名克倫族人,在仰光北部永盛監獄的軍事法庭一起接受審判。他對軍事法庭說,「我們兩個國家之間發生的戰爭是一場不幸。」「我身為英國軍官而服從我國的命令,這不過是善盡職務,我不會抱怨死刑。但是我身邊的這些人不過是聽我的命令罷了,請求你們判他們無罪。」[48]

修‧奚凜也讓他的獄友印象深刻。空軍中尉亞瑟‧夏普(Arthur Sharpe)於一九四四年三月到八月被拘留在新法院監獄,他寫道:「他有高壯、自傲、挺直的身軀,端正曬黑的面容,高額頭和深邃親切的眼神。漂亮的鬍子加深他貴族般異於

---

48 龜尾進,《魔のシッタン河》(The evil Sittang River),頁 102-104;1946 年作者與井上大尉的通信。

常人的優越氣質。我立刻就知道他是一位氣宇非凡的人。」[49]一九四四年九月二日,修·奚凜和7位克倫族人被判死刑。他們被帶往凱門丁墓園(Kemendine Cemetery)的行刑場,蒙上雙眼後接受槍決。就此看來,他試圖建立克倫族人反日情緒的努力似乎沒有達到成效,但是修·奚凜已經成功地讓印度領悟到,由年輕德欽黨人帶領國族運動的重要,這些德欽黨員對日本的統治和巴茂的傀儡政權,逐漸感到焦躁不安。

克倫族人在修·奚凜受刑之前,就在仰光設立聯絡人,因此一三六部隊便有管道與緬甸政府和緬甸國民軍聯絡。這兩個部門也已經開始對日本人的統治產生不滿,所以在一九四四年十二月,建立了雙方的聯絡管道。

當時,史林姆主要目標是要避免起事發生:希望在冒險將緬甸國民軍轉向英軍之前,能讓自己的部隊深入緬境。因為如果起事發生太早,日軍可以輕易將反叛的翁山處理掉。

在此同時,組織的部署已經穩妥。在一九四五年初,一群英國軍官和將近12,000名武裝戰士,部署在緬甸東部山區,北至眉苗,南至仰光邊界,等待執行「特質作戰」(Operation of Character)。他們全都能以無線電通訊和在康提的一三六部隊的總部聯繫,還擁有二十個基地台。他們的資金相當充足,這主要是因為執行了一項極機密的計畫—格蘭威爾計畫(Grenville),也就是在英國製造由日人所製緬幣的偽鈔,再海運進來,包括一百萬張的十元盧比、和超過一百萬張的一元盧比。

而這只是一場鉅大金融擾亂計畫中的一部分,其他還包括

49　I. Morrison, 同前書, p. 151.

由德拉魯（de la Rue）製版印製近千萬元泰銖、三百萬在中國淪陷區通行的南京貨幣、以及各式各樣在馬來亞和荷蘭東印度群島使用的貨幣等。為了會計和借貸用途，這些偽幣被當成真幣一樣處理，而一三六部隊則扮演了銀行的角色。

部隊大部分駐紮在東固到直通地區，日本第二十八軍原本躲藏在錫當東部的村莊，以躲避英國皇家空軍，結果突圍時，在此遭到重擊，傷亡慘重。但是一三六游擊隊陪同印度第十七師與第十九師，成功拖延了日軍第五十六師團進入東固地區。第五十六師團是值得驕傲且作戰經驗豐富的軍隊。曾經獨力拖住雲南地區華軍使之陷入絕境超過兩年，也曾阻擋英第四軍使用通往仰光的主要道路。要是日軍順利進入東固，很可能會成功地在該地駐防，阻擋英第四軍在雨季來臨前進入仰光港。但是一三六部隊卻成功地侵擾和拖延松山（Matsuyama）第五十六師團，並防止日軍從山區出來。

一三六部隊之所以能夠如此輕易在這個區域活動，主要是因為多名軍官戰前都在這邊承租林地，因此對該地瞭若指掌。一九四五年有許多來自歐洲的新軍官加入，但是一三六部隊的核心，還是這些在緬甸有長久經驗的老兵。照理說，這群人應該非常排斥和翁山有任何形式的合作關係，因為他們這一代和背景，與留在西姆拉的流亡政府相同。流亡政府仍然堅持翁山要接受謀殺嫌疑的審判，尤其為了一九四二年土瓦（Tavoy）酋長遭刺殺的事件。加德納知道這些指控是正確的，但是逮捕翁山的行動如果繼續，則緬甸國民軍在反抗日本軍隊之後，顯然也會和英軍反目。因此加德納必須從更好的高度，阻擾緬甸

流亡政府提審翁山的企圖。[50] 這項爭議在蒙巴頓的總部，以及其民政部門軍官之間，造成深刻且痛苦的糾葛。

第五回　翁山反正

　　修・奚凜當然不是英國在印度唯一的消息來源。緬甸一名共產黨員登沛（Thein Pe）在一九四二年連同友人丁瑞（Tin Shwe），逃離緬甸向英軍輸誠，並聲稱對日本統治失望。英軍自然先將之暫時隔離觀察，直到確信兩人忠誠，才將丁瑞送往緬甸執行特殊任務。丁瑞在一九四三年冬天，和緬共書記德欽梭（Thakin Soe）取得聯繫。一九四四年二月，外海的潛艇將丁瑞接進來。六個月後，5 名年輕阿拉干共產黨員進入英國防線，其中一人派至仰光，將微縮成膠片的情報交給德欽梭。

　　德欽黨員登沛針對反法西斯組織和緬共，記下這段文字，約莫在一九四四年後半：「翁山……知道他過去所犯的錯誤，而且願意在抗日的起義中，盡最大心力以為補償。他畢竟是愛國志士，但是有時被一廂情願的國族主義蒙蔽，無法看清大局。今年八月在他辦公室舉行的緬甸國防軍會議，翁山說道：『我知道你們正在計畫抗日的時程，我為你們抗日的愛國情操喝采。但是如果起義的時間點不對，你們的努力將會付之一炬。我願意負起責任，帶領這次的活動。當最佳時機到來的時候，我會通知你們。』是的，他現在正焦急地等待我們的回覆。」[51]

50　1975 年 4 月 30 日，加德納 Gardiner 與作者通信。
51　H. Tinker, ed., *Burma. The Struggle for Independence*. 1982, vol. I, p. 55.

德欽丁瑞在一三六部隊的行動代號是蘭斯洛先生（Mr. Lancelot），他在一九四三年被送入緬甸，在仰光與德欽譚盾（Thakin Tan Tun）接洽。譚盾當時是巴茂政府農業部的部長，後來擔任交通部長。之後，是反法西斯人民自由同盟的總書記。丁瑞在一九四四年五月回報，巴茂和德欽黨之間有內部爭權奪利的情況，所以德欽黨員和日本合作，希望藉此驅逐巴茂，進而由德欽黨重組政府。地方官員都對緬甸所謂的獨立感到失望，「他們仇恨日本人，厭惡巴茂，討厭整個局勢，恨透了這場戰爭。」[52] 緬甸一般百姓可以看到日軍面臨物資短缺的問題，但是他們也同時看到日本人節儉、勤奮工作的一面。對他們而言，獨立是重要的誘因；一旦戰爭結束，緬甸就能真正獨立了。但是丁瑞卻說，這種感覺「只限於日軍沒有駐紮的地區。在他們駐紮的地區，日軍是百分之百不受歡迎的。」[53]

一三六部隊從這些情報，漸漸拼湊出緬甸內部的情況，而能評估當時機來臨，翁山轉而對抗日本的可能性。嚴格來說，這正是一三六部隊的特殊領域，情報蒐集只是任務的附加價值，他們真正的作用是顛覆、破壞和支持反抗勢力，而這些作用最終都會對情報的秘密蒐集造成妨礙。他們同時也苦於遭受自己人的反對和不諒解，第十五軍抱怨，一三六部隊老是招募曾經服務日方的人員，而這些人常因犯罪或謀殺遭到通緝。據說史林姆即對一三六部隊相當不滿，甚至想要終止他們的運作，將後方的工作轉交給美國戰略服務處的一○一特遣隊，藉此把一三六部隊的任務限制在情報工作上。但就另一方面而言，史

52　同上, pp. 36-37.
53　同上, p. 85.

林姆對於一三六部隊的實際情況了解不深,對他們聯絡網的範圍也不清楚。[54]

當然,一三六部隊雇用了許多在戰前有緬甸經驗的老官員,像是加德納、修·奚凜、尼莫、麥克林德爾等,不過也從歐洲找了一批新血輪。這些人展現忠誠和勇氣,卻又無視於這份工作的危險而熱心接受。第四軍總部的民政官董倪森(F. S. V. Donnison)准將,回憶當初他在央米丁(Yamethin)見到一個新人的情形:「他是有理想、有教養又心細的人。他父母都是基督教的桂格會(Quakers)成員。顯而易見,他和緬甸國民軍和反法西斯組織的緬甸同事關係良好。在我的記憶中,他覺得緬人很可愛,很值得信賴。而且他有正當理由相信,他之所以能存活下來,就是因為緬人的忠誠和正直。話雖如此,我不免要提到他是共產黨員。這或許能解釋他之所以能和緬甸同僚建立友好關係的原因。」[55]

董倪森同時覺得一三六部隊的長官麥肯齊相當神秘,他記得民政部長皮爾斯(Pearce)少將經常對麥肯齊所提的計畫「充滿疑慮和不信任;甚至直接拒絕」。董倪森說,皮爾斯之所以這樣,是因為他認為德欽黨員沒有責任心、缺乏忠誠,而且不具代表性;他擔心一三六部隊對德欽的支持,會在戰後不當地將他們拱上權力舞台,反而犧牲了緬甸立場較溫和且能負責的勢力。最終,皮爾斯的敵意致使麥肯齊小心地隱藏他的計畫,直到更高層的長官許可後才公開。總之,董倪森和皮爾斯持相同的看法,認為一三六部隊不清楚他們的行動會帶來甚麼風險。

54　同上, p. 136.
55　同上, pp. 1001-1002.

第十一章 本土反正

董倪森說:「我認為特別行動執行處(SOE)對於緬甸政治情勢的無知,已經到了危險的地步,他們不負責任地對這些現實視而不見,簡直是玩火。」他們的作為或許確實有助於情勢的發展,然而他也懷疑:「這把火已被點燃,總之可能將過去的成果燃燒殆盡。」[56]

緬甸民政部是造成對立的源頭之一。這裡的人,多半戰前便在行政或警察部門服務,他們想要維持親英的忠誠度,並對之前幫助日軍的人展開報復。這些民政部官員包括:曾擔任撣邦聯邦委員和蒙巴頓的緬甸民政部部長的皮爾斯少將;在一九四二年擔任警方監察長的普萊斯考特(Prescott)准將,後來成為民政部次長;以及第十四軍團的民政部次長林多(Lindop)准將。民政部由空軍元帥菲利浦・朱伯特(Philip Joubert)指揮,他在一九四三年自英國皇家空軍退休,先前曾擔任海岸防衛隊總司令,之後於蒙巴頓麾下擔任副參謀長,主掌情報工作和民政。蒙巴頓決心要好好運用德欽黨和一般人民的仇日情緒,但民政部內各階層的政策裡,都深藏反對蒙巴頓的意見。這些反對聲音牽涉到的,主要是如何處理翁山。

一九四五年三月的最後一週,翁山在仰光舉行一場記者會。通常緬人主持會議,都會提供咖啡及牛奶給日本嘉賓,但這次卻沒有這麼做。翁山通常衣著體面,著日本將官服現身;但這一次他頭戴粗製的緬甸頭巾,身穿沒燙過的卡其襯衫。日本戰地記者之前總強調翁山如何展現真武士的精神,但這次並沒有批評翁山穿得不得體。戰事在伊洛瓦底江畔一觸即發,他們因此將這次會議的粗野氛圍,當作即將準備上前線的徵兆。

56　同上, p. 1001.

情況的確如此。緬軍在總司令指揮下，從仰光行軍前往戰地，似乎是為支援漸露窘態的日軍。英軍則靜觀其變，他們知道這是翁山和他的部隊改弦易轍的訊號。就在幾天前，一九四五年三月九日，一三六部隊向東南亞盟軍地面部隊前進指揮部發出電訊報告，他們其中一個「獵犬通訊站」的情報網，從平滿納延伸到東固：已經發現隨著戰線逐漸接近，有上百緬人、克倫人和鮑斯印度國民軍內的印度人都在等待指令，以便向日軍反擊。其中有些人已經背著部隊，暗向當地一三六部隊官員傳遞他們的要求：「我們不能這樣乾等。如果不馬上行動，我們只能接受失敗。」[57]

　　史林姆這時候顯然對一三六部隊的印象大為改觀。他不但對這消息表示欣慰，還下令要支持這項反正、傾全力協助，並且提供軍火及「傑德堡團（Jedburgh Parties）」，亦即一群帶著無線器材的官兵。可惜的是，一九四五年三月五日有來自更高層的指令，禁止直接將軍火交給翁山的反法西斯組織，並且限制每名獲得授權的軍官，分配到百件武器。在戰地上，這指令被看成自相矛盾。三月二十五日，他們要求蒙巴頓下最後決定。普萊斯考特認為，為反法西斯組織提供武器，不論對戰事能帶來多少的助益，這對緬甸內部安全，會有長遠且嚴重的影響。

　　兩天後，三月二十七日，蒙巴頓在康提召開會議，一三六部隊資深官員也在場。菲利浦‧朱伯特沒出席，但是他在前一天便寫備忘錄給蒙巴頓，強調無論如何，絕不能暗示或承諾接受可能會影響緬甸國民軍和反法西斯組織成員，之前所做任何抗英事件的審判。蒙巴頓同時也擔心這項舉事為時過早，他告

57　同上, p. 102.

訴與會者,反正或許能在三月二十四日到三十一日間舉行,但他希望能延遲一點,因為戰爭往南推進的速度不夠快。一三六部隊同意試著延後舉事時間。在這個階段,蒙巴頓似乎同意朱伯特的隱憂,他說,舉事者該得到應有的認可,但也該知道過去的作為不會一筆勾消,他們必須依照一九四一年的律法接受審判。

會議後,他給倫敦的參謀總長發電報,雖然支持舉事可能會冒犯緬甸「值得尊敬的人士」,但是這些人都太消極。那些積極的,像翁山,雖然可能曾犯叛國罪,卻也可能成為全民英雄。至於英國能從中漁利的,便是讓他們看起來像「與英國站在一起的,而不是反英的全民英雄。」而且如果英國拒絕在抗日解放運動中幫忙,這會在美國自由主義分子眼中產生嚴重的後果。英國應該避免任何可能以武力鎮壓解放運動的政策,他因此規畫一場宣傳活動,一旦舉事,英國政府便宣稱要幫緬甸獲得完全的自治。[58]

三月二十九日,史林姆總部向東南亞盟軍指揮部發出電報:緬甸國民軍已經離開仰光,而且很可能會背叛日軍。戰場上的軍隊仍然在等待指令要如何應對,情況相當緊急。

同一天,史林姆焦急地等待真正的指示,而擔任戰時內閣的印度委員會,在倫敦召開會議。他們聽取德曼‧史密斯意見之後,發了電報,警告蒙巴頓要極小心處理。形容翁山和緬甸國民軍可能帶來的幫助「相對不重要」,並且他們認為這可能讓「國王陛下的政府,去考慮原本不需考慮的政治讓步」。如果翁山和其他的領導問起英國政府進一步計畫,一三六部隊必

58　同上, p. 200.

須拒絕透露所討論的政治議題。[59]

四月二日,蒙巴頓在康提召開進一步會議,當時的緬甸代理總督約翰‧懷斯爵士及一三六部隊和民政的資深官員都在場。起義已經開始,蒙巴頓指出他已經採取所有應該做的行動。皮爾斯少將抱怨一三六部隊對他隱瞞所接觸的緬甸人士,一三六部隊則保證會糾正這項缺失。會議接下來討論,一旦起義達到既定目標,該如何回收軍火。蒙巴頓原本有準備「非法持有軍火得判處死刑」的聲明,但是拒絕發出這項聲明。他希望緬甸的問題,可以效法南非的波耳戰爭(Boer War),以理性態度處理。他下令所有的死刑都應該轉給他親自處理。蒙巴頓草擬一份對於緬甸軍事管理的政策,藉此昭信對日人失望的緬民,與英國的合作絕不會重蹈覆轍。緬甸的起義,早在他們獲悉英國願意出手之前就發動了;因此這項起義是為了緬人自己的目的,「不是為了我們的緣故」,但是如果民政部執行方式和日本相反,緬人或許會同意其利益和英國的並不衝突。他的民政官員必須小心謹慎去區別,何者是帶政治意圖的為輕罪,或針對該人的,算犯罪。這樣的區分,在審判翁山的謀殺案中,扮演重要角色。[60]

當英軍精心謀劃時,戰場上的事態也起了變化。翁山的日本友人高橋(Takahashi)大尉,一般以北島先生(Mr. Kitajima)代號稱呼—三月二十三日在翁山之後,離開仰光。看來事有蹊蹺,但是要用武力強迫翁山重返日軍陣營,已不可能。另一方面,高橋也準備動之以情,因他明白翁山對日軍深

59　同上,p. 203.
60　同上,p. 212.

感虧欠。他在卑謬南方的瑞當（Shwedaung）追上翁山，可是一切都太遲了。緬甸國民軍在一九四五年三月二十七日，已經公然舉事反日。

「你現在打算怎麼做呢？」高橋問翁山。翁山答，「繼續和日本人合作將意味緬甸的毀滅。」高橋想知道：「你和英軍達成什麼協議？」翁山：「我們的理想是緬甸真正的獨立。毫無疑問的，這在當下不可能，所以就先成為自治領地。我們正在朝這方面協商，如果英國拒絕給任何形式的自治，我們也會和他們撕破臉。必須採取抗日立場，讓英國了解我們是認真的，這就是我們反抗你們的原因。」[61]

翁山仍然需要親自和英國接洽。一三六部隊的探員向他保證，他來往英國總司令部的時候不會被逮捕。翁山相當聰明，知道英軍高層仍在爭辯是否逮捕他（他必定已經想到這個可能性），因此，在渡過伊洛瓦底江，要到阿蘭謬（Allanmyo）時，把拜訪英國總司令部的時間延到五月十五日。隔天，他在密鐵拉的第十四軍團總部現身，一身日本少將裝扮、佩劍等裝備齊全，以代表緬甸臨時政府的軍隊。

史林姆沒有華而不實的承諾，他直接對翁山說，不需要他幫助就能擊敗日軍。而且對史林姆來說，即使巴茂的獨立政府獲得軸心國和梵諦岡認可，緬甸仍只能有一個合法政府，他只認可由蒙巴頓代表的英國政府。他不承認臨時政府，而且如果翁山要加入他們，他只能當史林姆的下級指揮官，接受指揮。翁山毫不隱瞞失望，他的所有請求遭到斷然拒絕，包含要英軍將他視同盟軍的司令一般。

61　Allen, *End of the War in Asia,* p. 18.

史林姆相當敬佩翁山,因為他沒被鎮住,但也指出翁山當下面臨著強而有力證據的謀殺罪,而英國總部有很多人企圖將他繩之以法。「很多人會督促我將你移送,」他告訴翁山,「你在英國總司令部的安全,不過是經由第二方傳達的口頭上的保證,沒有白紙黑字的擔保。你不覺得來到這裡,採取這樣的態度,實在太過冒險了嗎?」

「不會。」翁山回答。

「為什麼不會?」

「因為你是英國官員」,翁山如此回答。[62] 這句話顯然經過精心設計,以博得史林姆的同情。史林姆聽了大笑,接著在和善的氛圍下,兩人針對緬甸的外來統治和緬甸國民軍的處境反覆辯證;緬甸國民軍是翁山的心頭肉,但是他也同意史林姆所說,有人稱緬甸國民軍的行徑像盜匪。史林姆對翁山的坦誠印象深刻,對翁山說:「直接說吧,翁山,你之所以會投靠我們,不過是因為我們現在占了上風!」翁山回答,「如果你們沒占上風,我投靠你們又有什麼好處呢?」史林姆判斷,他相當有野心,但是個真正的愛國分子,而且不會罔顧現實:「他讓我留下最深刻的印象就是他的誠實……他不隨意做出浮誇的保證,也不願做承諾。但是我認為他一旦做出承諾,必定負責到底。我可以和翁山談合作。」[63]

蒙巴頓和史林姆一樣,準備好和翁山合作,但是這對蒙巴頓的民政官員來說,完全無法接受。皮爾斯在五月九日提出他的看法,就翁山的紀錄看來,他應該被當做戰犯,立刻羈押等

62　Slim, *Defeat into Victory*, p. 512.
63　同上, p. 58.

待審判。蒙巴頓回應,在任何情形下翁山都不應該被逮捕,但是或許在適當的時候接受審判。[64] 五天後,蒙巴頓向他的參謀長遞交備忘錄,說有些民政執行官並未誠心執行他的政策:

> 我不會輕易忘記普萊斯考特(Prescott)准將在康提會議所發表的驚人意見。他暗示,如果德欽黨成員犯了謀殺罪⋯⋯德欽黨就該被依法取締。最近幾起企圖逮捕翁山的事件,足以證明許多人對緬甸國民軍的態度和我的政策相左。[65]

修伯特・蘭斯(Hubert Rance)少將,在一九四五年五月十日繼皮爾斯(Pearce)之後擔任緬甸民政長官,蒙巴頓向他重申決心:

> 我絕對不允許任何一絲違反我所表達的意願,也不允許核准背棄緬甸國防軍的行為,因為他們早在第十四軍團和第十五軍支援之前,就已起身反正,這對我們有利。我更不能接受先將翁山關進大牢,再來決定是否送審。[66]

同一時間,在一九四五年五月十六日仰光的一場私人聚會裡,翁山、丹東(Than Tun)和尼溫(Ne Win)都在場。蒙巴頓

64　Tinker, ed., op. cit., p.238
65　同上, p. 247.
66　同上, p. 244.

則毫不猶豫當面確認，任何人只要被起訴，都可能必須被逮捕並送審。

在蘭斯收到直接來自康提的消息當天，他也收到第十四軍團林多准將（Brigadier Lindop）捎來的訊息，內容充分顯示蒙巴頓的合理懷疑：他的政策遭到破壞。林多告訴蘭斯，緬甸國民軍在許多地區都犯下搶劫行為，已經造成法律和秩序的嚴重威脅，一般村民覺得他們比日本人還要惡劣，因此無法理解為什麼英國人會接受他們。他們應該要解散，法律也應該撤銷他們的軍隊，反法西斯組織沒意願對英國效忠，也該解散。

同樣地，對於蒙巴頓建議德曼·史密斯總督在文官政府恢復運作的時候，將翁山稱為「臨時政府」的成員納入諮詢委員會；這位總督回應，即便只是給翁山一點點的認同，都會帶來災難，這建議他絕對不考慮。[67] 對此蒙巴頓挖苦地回應說，他不過是建議總督，讓史林姆告訴翁山他最終會做的事，「除非你不想邀請來自唯一一支幫助我們對抗日軍軍隊的代表」。[68] 他非得想出一個讓翁山和他的同僚都能接受的解決之道，否則蒙巴頓可以預見，他們必須向緬甸的十萬大軍展開內戰，而這無疑是不必要的戰爭。顯而易見地，蒙巴頓已經預想把仰光當作「拉鍊行動」（Operation Zipper）的基地，這場行動的目標是重新奪回馬來亞和新加坡的主導權。與這樣的目標相較，那些民政官員對於多年前翁山犯下的罪行耿耿於懷，就顯得小鼻子小眼睛。但是為了公平起見，或許應該檢視一下翁山被指控的罪行。

根據一九四六年四月八日馬阿瑪（Ma Ahma）的申訴，

67　同上，p. 152.
68　同上，pp. 264-5

翁山和他的同夥在一九四二年殺了她的丈夫。她的丈夫是直通（Thaton）附近泰布莊村（Thebyuchaung）村長。撤離直通時，翁山和他的德欽同夥拘押逮捕了親英的村長，阿布都・拉希德（Abdul Raschid）將他五花大綁丟上貨車，載往直通，而且因為是穆斯林，他們還在車上放了一隻豬來羞辱他。他們將他囚禁八天，沒給食物，接著將他帶到直通的足球場。根據申訴書所說，翁山就是在這裡「將他釘在門柱上，然後用刺刀將他刺死。」[69]

這份申訴書相當正式，因此總督不得不對翁山採取行動。但有趣的是，這時戰爭已經結束了，所以整件事情就成了政治事件。如果翁山被捕，之後可能引發暴動，而英國政府當然是不願意讓印度軍隊來實施鎮壓。英國首相克萊門・艾特禮（Clement Attlee）同意德曼・史密斯，似乎沒有其他選擇，將翁山逮捕歸案是勢在必行的事。另一方面，他又建議俟罪證確鑿時，再進行逮捕。然而讓事件更加複雜的是，翁山殺害阿布都・拉希德的時候，有一位德欽黨員敦奧克在場，他同時也是總督執行委員會的成員，並且曾經在公開演講中提到這一起事件。敦奧克很有可能不僅是目擊者，還是這場罪行的幫兇。艾特禮指示將他從執行委員會中除名，而此時倫敦亦發來電報，正好來得及撤銷翁山的逮捕令。

最後，英國政府必須將「反法西斯人民自由同盟」—這自然包括翁山在內—納入未來的政府體系，並且為避免政治暴力，再加上他們得知，阿布都・拉希德遺孀的申訴書，並未正式遞交給任何法庭，因此英國政府決定向緬甸施壓，要他們放棄對

69　同上，p. 728.

翁山追討刑責。這項行動也因為亨利・奈特爵士（Sir Henry Knight）取代德曼・史密斯成為緬甸總督而變得容易一些；艾特禮相信德曼・史密斯已經「失去控制」。[70] 翁山從來不否認這些指控是事實，在公開演說和在一九四六年五月二十三日和德曼・史密斯的私人晤談中，翁山說，他曾經聽過那位村長如何壓迫村民等駭人聽聞的行為，因為這國家當年已陷入無政府狀態，沒有法庭或裁判官，所以他必須親自審判。翁山深明要速審速決，以鞏固權力中心，所以決定阿布都・拉希德唯有一死。這是他自己的決定，而且必須親自執行。[71]

雖然德曼・史密斯依舊認為翁山必須接受審判，他的繼位者卻在他權力範圍內通過一條法案，讓戰爭期間所謂犯下的罪行都只在總督明確表示要處分之下，才能執行。這項法條並沒有消除翁山被控的罪名，但是它確保這些罪名不會被私下或是被政敵拿來操作。奈特（Knight）只不過是臨時的代理緬督，在蒙巴頓的推薦下，蘭斯（Rance）將軍在一九四六年八月獲得任命成為緬甸總督。同一個月，巴茂在日本向英國占領軍投降後，回到仰光。曾經貴為總理，一九四一年卻遭到英國以煽動叛亂罪名逮捕的悟素也回到緬甸，企圖重整他已式微的愛國黨（Myochit Party）。他曾經閃過念頭，考慮加入「反法西斯人民自由同盟」，因為這顯然已經成為緬甸重要的政治勢力；但是他隨後打消這念頭。一九四七年一月，翁山在倫敦與艾特

70　Tinker, op. cit., p.773.
71　當時的氛圍可由下列事件看出端倪。國王直屬約克郡輕步兵團第二營（King's Own Yorkshire Light Infantry）的前副官傑拉德・費茲派屈克（Gerald Fitzpatrick），他和他營上的軍官未審即處決了27名緬甸平民，因為他們懷疑這些緬人在1942年撤退的時候和日軍合作。（《觀察家報》1984年6月3日，頁5。）

禮簽下協議,同意讓緬甸在一年內完全獨立。在蘭斯的領導下,執行委員會當中9位就有6位是「反法西斯人民自由同盟」成員,但是這支政治勢力尚未鞏固。到一九四七年的時候,「中緬甸」的共產黨員已經公然反抗。克倫人因為沒有獲得獨立自治的克倫邦,認為英國背叛了他們,而悟素則伺機抄捷徑奪取政權。

一九四七年七月十九日早上,四位悟素麾下的暴徒,手持衝鋒槍衝進內閣會議,除三位部長外,在場之人全部罹難,翁山也在內。他的位子由制憲會議發言人悟努所取代,並在九月通過聯邦憲法。緬甸獨立聯盟(The Independent Union of Burma)在一九四八年一月四日成立,選擇將緬甸置於大英國協之外。但不旋踵,緬甸就被捲入內戰的恐怖威脅中。

日落落日：最長之戰在緬甸 1941-1945（下冊）

第十二章 戰後回眸

敵對雙方的互評
「審視戰地的性、族和藝」
——小彼德金

> 第 一 回　戰地的性
> 第 二 回　階級處遇
> 第 三 回　種族差異
> 第 四 回　文藝審視
> 第 五 回　勝歟敗歟留夢中

摘　要

　　雖然戰爭結束了，但對戰場上的諸般社會現象、文藝以及史學論述多所差異，依然值得深思。本章討論軍中的性、階級、種族，以及藝和文等等問題。

　　第一回合處理「性」的問題，如性病和性慾發洩的困擾。英軍內部各地人種複雜，但白人明顯較浪漫而不受約束，因此問題較大，而當局對此主要以教育的預防為主；至於日軍的對策則採取制度化，以避免暴行：在各地設立慰安所，強徵本國、各國和當地女子提供性服務。

　　第二回討論階級問題。英日社會固有的階級之分，也影響到各自軍中的秩序：英軍內的官、士和兵壁壘森嚴，幾乎注定戰後英帝國的崩潰；而日軍也有一種貌似官、士、兵之間的壁壘，但乍看鬆散，暫時遮掩了日本社會同樣存在的等級制度及其問題。

　　第三回討論種族問題。雖然日本不像納粹德國那樣有意識地執行種族滅絕，這一系列對決的戰場上最明顯的衝突，依然是種族之爭。日本在戰前，就充分利用歐洲殖民者和亞洲被殖民者之間的種族衝突與矛盾，遂行自己的擴張。而日軍以非人性的態度對待各國戰俘，亦令人髮指，甚至毛骨悚然。

　　不過，即使是最殘酷的戰爭，也不乏文藝的美學和社會的價值。戰後各國都湧現不少緬甸（及印度）戰場動人的文藝與影藝創作，對戰時被扭曲的人性作出刻畫，其中不乏廣受歡迎的流行作品，在第四回介紹、比較與討論。

　　第五回則舉出許多著名的英、日兩國描述戰爭的創作。

第十二章　戰後回眸

Louis Allen，藉本章為全書畫龍點睛。檢視這日落落日的纏鬥，對英國而言，這場戰爭不過暫時延長了其帝國在殖民的壽命；至於緬甸，獨立並未帶來和平與繁榮；而日本，在戰後不久，又重返緬甸當地，在荒煙蔓草中，尋訪戰場的舊人。這種種留給讀者的澎派的思緒，令人掩卷太息，長久不止。

第一回 戰地的性

　　談論戰場上的「性」事,似乎是個不妥又俗氣的話題。不過,如果我們想要深入理解戰爭的全貌,除了戰場上發生的種種血鬥情事外,還真要考慮這個話題;同樣,我們也要瞭解個別戰士對種族和階級的想法。直到最近,才認識到「性」對軍隊的影響很大,因為「性病」是嚴重削弱軍力的疾病之一。最近的研究顯示,在十九世紀駐印的英軍中,性病非常普遍。當時軍隊和印度政府官員,都認同解決此事的最好辦法,是建立公立妓院,讓士兵在不受感染下發洩性慾。不過,來自英國本土宗教界意見,加上駐印傳教士激烈反對,使印度政府很難堅持這種態度。可以肯定的是,二戰期間當大批軍隊登陸印度時,「官妓系統」並不存在。但是,這並不意味軍中因此出現前所未有的無節制放縱。駐軍牧師和醫官都盡量依賴道德約束,告誡士兵,放縱將為自己日後的妻兒帶來危險。道德的衷心說教本身雖然蠻有道理,但其實幾近無效。另外,使用抗生素也降低了某些偶爾光顧印度妓院的士兵可能遭到的風險。其他戰場的經驗可以借鑑:如一九四一年,敘利亞之戰的澳大利亞軍隊,接受醫療中心治療的共一萬八千個病例,但其中只有六十五個是性病,推測主要原因,是有為戰士設了妓院。一九四四年,印度英軍得病率為千分之六十。這個數字看上去挺高,但一九四五年出版的《印度戰地衛生說明書(Field Service Hygiene Notes for India)》指出:半世紀前的一八九〇年,這個數字為五百。也就是說,當年高達三分之一的入院病例都是性病。而到了維多利亞時代末期,性病更使半數的駐印軍隊無

法作戰。

印度戰區總指揮部的政策是反對設立妓院。有趣但也許並不意外的是,不論戰時或平時,英國軍人的得病率,總高於印度軍人,那怕印軍面臨同樣的壓力和誘惑;不過這個結果倒也在意料之中。以下數字顯示每千名士兵的性病發生率:(%)

	英軍	印軍
1934	34.2	9.6
1941	64.5	27.9
1942	69.6	42.5
1943	63.9	49.4

這些數據來自駐印部隊,考慮到當時印軍算是在「家鄉」駐防,因此一九三四年的數字顯示,英印之間頗為不公平,且有不成比例的差異。一九四三年,英軍官方歷史沒有給出軍官的相應數字,而低階軍人幾乎六分之一(每千人一百五十八例)受性病困擾。一九四五年,這個數字下降到每千人七十二例,這比同一戰場(印緬前線)上的西非軍人高(每千人六十九例),也比印度軍人高出許多(每千人四十六例)。這個比較要是擴展到東非軍人,他們的數字,則高達每千人八十三例,奪冠。(有趣的是,綜合來看所有種類的疾病,每年英軍發病率都比印軍高。)[1]

---

1 W. Franklin Mellor, *History of the Second World War: Casualties and Medical Statistics*, HMSO, 1972, pp. 352-354.

無可避免地,是有相當數量屬於私下主動的性愛,其中許多其實無害。來自皇家空軍第一九四營羅素(Wilfrid Russell)之說法很有代表性:

> 我發現對付姑娘,地勤人員不比空勤能幹;考慮到士官在空勤人員中所占的比例也不少,因而這事並不完全來自官兵職級差異。在我看來,空勤人員偶爾有機會去那個可怕的熱帶城市加爾各答,在那裡他們能見到亮麗的年輕美女,而地勤人員可沒這機會。不管實際距離多遠,也不管如何心懷敬意,他們看到的是那麼多迷人女性在餐廳、火車站或醫院認真工作,加上緬女後援隊(WASBES, Women's Auxiliary Service〔Burma〕)為軍人提供娛樂,以及王后帝國軍護士團(QA, Queen Alexandra's Imperial Military Nursing Service)和印女後援團(WACI, Women's Auxiliary Corps〔India〕)照顧軍人,為他們服務。不少是英國商人的英國妻子,還有些是印度女性,信任我們的戰士,理解在外軍人的孤獨和渴望。對那些有機會見到女性的軍人而言,至少能提醒他們異性存在,及象徵的意義。
>
> 地勤人員在悶熱的阿格塔拉(Agartala)或因帕爾,只從影片看到複製的瓊·克勞馥或貝蒂·戴維斯;運氣好時,也可見到第十四軍團的女神薇拉·琳恩(Vera Lynn)本尊。
>
> 想平等太難,就像住房一樣,基本無解⋯⋯第一九四營一名空軍,曾對我坦白一段令人興奮的個人

第十二章　戰後回眸

回憶……發現海外的英軍,不論是陸軍士兵、水手,還是空軍二等兵,總能發揮宛如永遠的莎士比亞般豐富生動的表述能力。結果,他們在各方面,都比旁邊的海軍上將或空軍少將,給人更好的分享。[2]

翻閱盟軍東南亞戰區出版的雜誌,就能發現上述羅素的論斷,並非所有人都同意;由於階級引發的嫉妒,讓性嫉妒變得更複雜。《中尉之歌》以卡巴萊夜總會(Cabaret)的歌舞,表現自稱「毛茛(Buttercup)」年輕軍官的性愛經,曰:[3]

我在普那(Poona)[4],和潘親熱,
在馬德拉斯(Madras),與瑪吉糾纏,
穆蘇里(Mussoorie)休假,有急不可待的天仙(houri),[5]
讓我癡迷。

往克什米爾的船上,我親吻凱特,
到拉合爾(Lahore),跟露西恣情做愛,
在親愛的老拉瓦品第(Rawalpindi),漂亮聰穎的林迪,
拿走我的一切—還要更多……

2　Wilfrid Russell, *The Friendly Firm. A History of 194 Squadron, Royal Air Force*, p. 88.
3　譯註:毛茛(Buttercup)水邊植物。
4　譯註:印度西部靠近孟買的城市。此段文字提到的印度地名和女性人名都有押韻。
5　譯註:houri,源自伊斯蘭故事,天上仙女。

從上面一詩中,作者表達的是一種無傷大雅的諾爾・寇威爾爵士(Noel Coward)自我陶侃的風格,卻激起軍中上下的同聲哀鳴,如下面〈挫敗〉一詩:

> 至今未能到普那,
> 在馬德拉斯,雖渴望女伴,
> 到穆蘇里,天仙急不可待,
> 卻都標誌:「英軍官外,[6] 勿踩草地」。

> ……我想望,在緬甸蜿蜒路,
> 不管卑謬、仰光,或神往的曼德勒,
> 可找到良機,
> 一路搶先,直進
> 謎樣的姑娘心。

> 故我自嘲:
> (知事與願違,)
> 肩章沒小星,你也難受寵,
> 當地窈窕女,
> 離你十萬哩。[7]

貝芒(Winifred Beaumount)一則關於護士的軼事,突顯白人女性稀少,暗示在緬部隊多強制禁慾。這女士到軍中一處

---

6 譯註:BOR,British Other Ranks 的縮寫,指英軍中的士官兵階級。
7 *Laugh with SEAC,* 1945, p. 62.

電影放映場所,忽然發現放映員錯將膠片(這部電影是《簡愛》)顛倒。「我忍不住笑出聲來。一下子,每個人都站起來,盯住包廂裡的我。我的同伴用手臂環抱我肩,顯示他對我的擁有。『一個女人!』的竊竊私語,流傳在整個放映廳,我體會到一種令人振奮的快感和野性的力量。我知道,那無邊人海裡每個男人,都認為我很有魅力。」為了對貝芒女士公平,我必須在這裡補充她所加上的結論,「當然,其實沒人看清我的模樣!」[8]

就像我們看到的,對英軍的「性」問題,除了預防,就是宣傳。士兵有責任自制,不正當的性交是道德上的錯誤,幾乎肯定會引發性病,因為百分之九十五的印度妓女已受感染。實際上,保險套和其他預防措施,都免費分發任何需要的人。所以在這裡,謹慎和責罵並用。士兵被告知不僅要用保險套,而且在性交完畢後,還要用一種特殊溶液清洗生殖器:用管子先注入尿道防護軟膏,然後綁個袋子在陰莖上很短一段時間,讓軟膏起作用。日軍投降後,來自東南亞盟軍的部隊重新占領了東南亞的大片土地,這一方法更是被大力推廣。進入法屬印度支那的部隊,頒發小冊應對當地的情況,用笨拙的方式標出法語發音,還警告士兵要小心當地黑市交易。加上生澀的越語:「當地作情婦的女子俗話叫做『孔愛(congai)』,也不好惹。」就長期而言,在緬英軍很少常駐某地,而屬於不斷行軍中的戰鬥部隊,因此對當地女子的擔憂也不那麼強烈。馬斯德斯(John Masters)說他的師(印度第十九師)到戰事結束為止,在總計九個月的駐緬期間,只有一起強姦案紀錄,3 名馬德拉斯兵

---

[8] Winifred Beaumount, *A Detail on the Burma Front*, 1977, p. 110.

(Madrassis)[9]因此罪各被判監禁十五年。拋開馬斯德斯令人反感的強烈大男人主義心態不談,這數字本身還是很有意義。

從某種角度看,在後方的部隊顯然受到更大誘惑,加上無所事事,生活方式比之前在英國單純得多。部隊最高將領中,妻子有時可以陪伴丈夫。有些地方,毛姆筆下的頹廢生活,[10]不能說沒有。蒙巴頓就發現一樁醜聞,自己的空軍總司令李察‧皮爾斯(Richard Peirse)元帥,引誘印度軍總司令奧金雷克(Claude Auchinleck)中將的妻子。那位女士顯然對丈夫的全心全力投身工作,和印度軍事務,沒有心理準備,感到無聊,於是為皮爾斯的魅力所乘。如此行徑的女性,並不只她一人。

日軍的態度則截然相反,妻子根本不能隨夫參戰,誰要是敢提出這個建議,其他人一定傻眼。縱然是在相當長一段時間內,在某些地區,駐緬日軍可以算是占領軍。一九一八年到一九二八年間的西伯利亞遠征,讓日軍領教了性病的危害。在那段時間,有 1,387 名士兵陣亡,2,066 名受傷,因性病的死傷居然高達 2,012 名。三〇年代,日軍侵華後開始實行一套妓院制度,被稱作「慰安所」,裡面有「慰安婦」,她們是來自日本、朝鮮和中國的妓女。日本妓女通常來自本國最南,九州外海的天草諸島,被統稱為唐行小姐「からゆきさん(去中國的姑娘)」。多年以來,在東南亞諸國普遍可以找到這些海外日本娼妓。不過,絕大多數日軍慰安婦來自朝鮮。這個系統最早從一九三八年一月開始運作,第一家慰安所建立在上海楊家宅(柳

---

9 譯註:Madrassis 印度南方,信仰伊斯蘭教,皮膚較黑。
10 譯註:毛姆 Somerset Maugham,英國著名作家,著有《人性枷鎖》(1915)、《月亮和六便士》(1919)、《尋歡作樂》(1930)、《巴黎的異鄉人》(1939)、《剃刀邊緣》(1943)。

屋），由總部補給部門管理。醫官麻生徹男（Aso Tetsuo）監督慰安所的建立，他後來成為福岡一家醫院的院長。日軍建立慰安所，其原因不僅是出於十九世紀印度軍方所提出的理由，也只有這樣才能控制猖獗的性病。但更重要的，也是為了約束駐紮在上海和杭州日軍的過度行為，防止他們重演之前在南京破城之後隨意強姦的惡行。當時，日本第十軍在一個月內行軍200哩，抵達南京前，經常每日作戰，這也許可以解釋他們在南京的行為。「日軍過後再無處女」是當時流行的說法，在東京審判時，有證人表示親眼看到三十個日本兵輪姦一名女子。

這種暴行被當地外國傳教士，向在上海和南京的外交官報告，並由記者向海外報導。日本軍隊的名譽受到損害。同時，因為日方想要在被占領區贏得「民心」，並影響未來這裡的統治。於是，更高層決定實行慰安所制度，滿足屬下的性慾，並保證對妓女作好控制和檢查，以防止性病。

當娼妓的日本女子，透過官方批准的民間商人，用軍費送出國。每個女子價值一千円，所以在理論上，一旦她掙滿這個數字也就自由了。以每名士兵支付二円計算，那麼服務五百人之後就意味著自由。早期，曾有慰安婦乘火車去杭州，大約要花兩天多路程，沿途好奇的日本兵發現她們身分之後，紛紛要求沿途停下。於是火車車廂成為臨時慰安所，並以三分鐘一名士兵的速度進行交易（須知在通常情況下，二円可買三十分鐘）。照這個速度，這些女子在到達目的地之前，都差不多掙到了贖身費。她們根本沒時間睡眠，只能趁士兵坐在自己身上時，找機會盡量小眠。[11]

11　千田夏光，《從軍慰安婦 Jugun Ianfu》，頁62。

日方從「名譽」的角度考量，還是認為將慰安所直接置於軍隊管理下不妥，於是改由民間商人經營，接受軍方醫療監督。按一女子對四十名男子公式計算，戰爭結束之前，共有八萬名女子進入此系統。

在日本本土，這是一個秘密；相關的新聞報導和照片，被審查機構撤下，不准見報。但還是有一些照片倖存下來：一組穿和服的女子含羞（或刻意）看著照相機；一個漂亮的姑娘，頭戴海軍帽，一邊讀書一邊開懷而笑；一名士兵等在一排木屋之外，告示板上寫著：「我們以身心歡迎勇敢的日本軍人」。

使用慰安所，有如此嚴格的規定：

〈陸軍慰安場所規範〉：

1. 只有陸軍軍人、軍屬，才能進入慰安所（軍伕除外）。進入慰安所人員必須擁有慰安所通行證。

2. 必須以現金支付費用，拿收據，交換一張入門票和一個保險套。

3. 入門票價如下：
士官、其他軍銜、軍屬平民：二円 [12]

4. 入門票限當日有效，如未進慰安所，可全額退票。一旦入門，票交給「酌婦（即服務員）」後，不能退票。

5. 購票者必須進入票上指定號碼的房間。

6. 入門票在進屋前交給服務員。

---

[12] 一九四五年一名中士的月薪是30円，一名上等兵為10.5円，不過海外的薪金較高。每十日發薪，一名海外上等兵十天可獲得7.8円的收入。

7. 屋內嚴禁飲酒。
8. 事畢使用防護溶液後,須立刻離開房間。
9. 違反規定者或觸犯軍紀者,必須立刻離開。
10. 禁止不戴保險套進行性交。[13]

　　一些更懷父性的日本醫官則主張年輕士兵手淫及發展同性戀,這樣的做法本就是武士道傳統之一。來自九州北部小倉的中尉軍醫中村勇(Nakamura Isamu),在《兵隊畫集》第一六八頁上,紀錄他正對一班入伍新兵進行性衛生教育:「你們這些人可別去慰安所,對你們的軍中同袍示愛就夠了,可以互相手淫。這比光顧暗娼好太多,那些女人絕對有性病」。[14]作者還說,有一次去臺灣出差,軍中每個人都體會到痢疾、瘧疾和皮膚病的危害,但性病卻不成問題,因為那裡根本沒機會去慰安所。

　　以上系統雖然理論上有完善的管理監督,但並不總能有效預防疾病。千田夏光(Senda Natsumitsu)引述的繁複官僚規定,可能出自有效率的軍醫之手。伊藤桂一(Ito Keiichi)認為,這些規定對慰安所工作人員,其實可笑;他還聲稱這系統並沒有想像的那麼嚴厲。他說,通常情況下,愛情從第一眼印象開始,一步步發展下去;但戰場上的愛情,可以說截然相反:它驟然開始於純粹生理的需要,而之後可以逐漸產生情愫;對士兵來說,因為往往不知道自己能否活到下一場戰鬥,速度就特

13　伊藤桂一,《兵隊的陸軍史》,東京,1969,頁 92-93。
14　富田晃弘,《兵隊畫集》,東京,1972,頁 168。

別重要。[15]

　　常規軍人和徵召入伍軍人也常有態度上的差別。這並非我們通常所認為的,老兵堅韌又久經考驗,剛從家裡出來的新兵則易受驚嚇。事實正相反:老道的常規軍人常常需要完成軍中分派的任務,希望得到提拔,因此忙碌的軍中生活讓他沒太多功夫追女人;而年輕的入伍新兵剛從民間來,可能有更豐富的性經歷,也就意味著更強的性慾。在中國,有時這些人會擅自離隊外出找女人,結果被便衣游擊隊逮到。

　　在緬甸情況又不一樣。當日方逐漸落敗時,慰安婦常常也陷在被圍的兵營內。雖然她們知道自己並非軍人,可以離開,但卻寧可和日本士兵同進退。一九四四年九月在雲南臘勐的戰鬥中,日方兵營最後只剩下80人,於是決定自殺。那裡的日本慰安婦對她們的朝鮮同伴說:「你們應該逃出去。你們對日本沒有責任,所以保住自己的性命,回家鄉去。妳跟他們一樣是東方人,中國士兵不會傷害妳們。我們打算跟我們的士兵留到最後。」朝鮮女子揚起白旗出來投降,日本女子則吞下氰化鉀,和日本士兵以同樣的方式自殺身亡。中國人攻下此鎮後,發現有7具日本女屍。

　　在密支那的女子相對幸運。就在城破之前,守備隊長扎好筏子,把傷員和慰安婦沿伊洛瓦底江送往下游安全的地方。

　　緬甸其他地方的情況,並不是那麼危險。在毛淡棉,一隊日本海軍工程師和慰安婦一起,合住工程師的小屋。不過,他們似乎太貪婪,並不滿足已有的性機會。因為聽當地勞工說外面有姑娘,幾個工程師於是入山,真在高腳茅草屋中找到了姑

15　伊藤,同前書,頁208。

娘,給她們每人兩、三盧比作交易。其中一個人還算有理智,在出發前從護士那裡拿了消毒用品,那是一片可以溶解在水中的紫色藥片。他用溶液清洗自己,從而安全脫身。他的朋友可沒那麼幸運,很快大腿發腫。但因違法使用非軍用慰安婦,他被降職為上等兵。[16]

由於緬甸理論上是友國,日本必須贏得當地民心,因此自然不希望發生強姦事件。伊藤桂一紀錄裡,有一個在緬日軍師團,他們控制下的地區,強姦案發生率特別高。那些士兵經歷多年苦戰,六、七年之後按規定本該退役;但事實上,往往當天就馬上轉為預備役。因此,對這些士兵而言,幾乎就是無限期服役,一次也回不了家。因為強制性的紀律規範不容易在此執行,師團部做了一個非同尋常的決定,讓士兵明白,如果要強姦女子,就該在事後殺了她,以免罪行被上頭發現。

有次一名緬女提出控訴之後,三名日本兵都承認強姦。他們的准尉問道,「為什麼不殺了她?」回答是,「我們覺得她很可憐,下不了手。」准尉替他們做偽證,但這三人還是被定罪,就送回日本服刑。因為之後日本即投降,這算起來不像是個糟糕的結果。但是伊藤指出,在當時,這可是很大的恥辱,領罪的士兵將再也不敢回家。當然在事實上,這判決幾乎肯定救了他們的命,免於和師團其他人一樣,留在戰場死於疾病或飢餓。[17]

日本這項特有的規矩,並不表示一切都如機器一樣井井有條、一絲不苟地嚴格執行。當士兵進入慰安婦的屋子後,等在

16　同註 12,頁 170。
17　伊藤桂一,前書,頁 215-216。

外面的人會大聲喊：「怎麼樣？你在做什麼？抓緊時間！」哪怕人家剛剛進去才五分鐘。如果慰安婦是緬人，她通常會問：「大人，剛剛好嗎？」[18] 按照千田夏光的說法，這些女子，還有印度姑娘，在日本投降後繼續從業，輕而易舉把生意轉做到進入丹那沙林的盟軍頭上。除了毛淡棉，開設慰安所的，還有密鐵拉、曼德勒、仰光、東固、平蠻。通常的比例是，10 個朝鮮人，4 個緬甸人，2 個華人或印人，以及 0.8 個日本女子。不知道千田是怎麼得出日本女子的小數點數字，不過日本妓女通常二十歲上下，只供軍官專用。可是在早期，曾有軍醫向總部抱怨，說只有那些在日本國內達到「服務」年齡上限的妓女，才被送往國外作為慰安婦，而他堅持日本皇軍有權享受最好的女人。[19]

在緬甸還有藝妓館，姑娘們向軍官呈現精緻傳統的歌舞娛樂，每個姑娘都有特定的客人。這些場所非常吃香，當時負責補給的參謀官後勝（Ushiro）少佐不止一次忍不住說，排在藝妓館外的汽車長龍顯示，那些來之不易的汽油，其實是用在跟獲勝毫不相干的地方上了。

在某些受過良好教育的日本軍官中，也對慰安所和藝妓館有反感情緒。第五十五師團接受西方教育的齋藤弘夫中佐，蔑稱那些去慰安所的是「滿足自身獸性慾望的人」。会田雄次（Aida Yuji）當時是第五十三師團的上兵，看到總司令的座車駛過仰光街頭之際，他馬上敬禮，卻看到車裡擠滿了醉醺醺傻笑的藝妓，很是吃驚。

18　緬女在這裡用英語 master（主人）一詞稱呼日本兵。
19　同註 12，頁 121, 171, 169。

牟田口設在眉苗的軍司令部有自己的藝妓場所，稱為「清明庄」，意為「明亮的客舍」。這是一家料理亭，也就是餐館，由來自大阪紅燈區一家妓院的管理者經營，所有的墊子、屏風，加上炊具都是以「軍用物資」的名義從日本運來的。牟田口以下，第十五軍的每一名軍官在清明庄都有自己專屬的藝妓。雖然眉苗座落在緬甸山區，清明庄夜夜開放，供應高檔日本清酒與和食佳餚，比如鮪魚生魚片。當時，高檔清酒在日本幾乎算是奇貨。當有自總部來訪，參加會議或做報告的軍官時，也會在此設宴招待。

　　雖然清明庄的氣氛可能懷舊而美好，但實際運作，卻並不總是如此和諧。牟田口的參謀長久野（Kunomura）村少將和他手下一名參謀木下（Kinoshita）大佐的爭執，就得歸咎藝妓的魅力。久野是常客，手下士兵給他起了一大堆低俗的綽號，描述其人之勇猛。他對一名藝妓情有獨鍾，往往逕直去她屋裡。有一次，他發現木下對她也有意思，一怒之下，抓住木下丟出房間。久野村是個結實粗壯的軍人，後來統領過一個近衛師團。木下被拖到室外哨兵站崗的地方之後，久野村從左向右，對著木下的臉，狠狠摑了兩個耳光。就算在日本軍隊裡，摑耳光是每日常見的維持紀律手段，但也不是每天都能看到一個少將摑一個大佐的耳光。不過這也體現出第十五軍高層特有的斯巴達式的理念和淫逸奢侈行為的奇妙混合。

第二回　階級處遇

　　戰場上要探究階級差異的影響，就困難得多。藤原（Fujiwara）

少佐(後升中將)觀察到,在對待印度士兵的態度上,他本人和英國軍官有顯著不同;因為當他跟印度士兵們一同吃飯時,他們非常驚訝。一九四一年十二月十七日,他為「藤原機關」成員:「印度獨立聯盟」的平民成員,以及印度軍官和士官,舉辦了一場午餐會。在集會的最後,他最早招募來的印度軍官莫漢·辛格(Mohan Singh)上尉起身,向他致謝。他說:「在我的記憶裡,英軍從來不曾讓印度士兵與並肩作戰的英國軍官共同用餐。」[20] 當然,這裡既有階級也有種族的因素在起作用,而且辛格也不算是一名中立的見證人。

實際上,英國和日本的軍隊指揮體系,都依靠一套以軍銜高低拉開距離的等級制度,不過在戰場比在後方兵營要寬鬆得多。伊藤桂一指出,和平時期連長(小隊長)與其手下士兵沒有太多接觸。在戰時,士兵和擔任排級指揮官的中尉,通常也沒什麼交往。[21] 日本投降後,這一系統由英方在日軍俘虜中繼續保留,因為這是組織俘虜營勞力最簡單有效的辦法。不過,日本軍官本身開始逐漸破解這個系統,日後成為京都大學「文藝復興史」教授的会田雄次就是這樣一名軍官。他指出,在日本陸軍中存在兩套價值體系:一套以軍銜等級為衡量標準,另一套則依賴某些特定技能的成就和聲望,比如射擊技術。

在俘虜營的生活則把前者(等級)最小化,也改變了後者(能力)的屬性。在那裡面,最吃香的技能是偷盜和乞討,能跟看守說英文,或者跟當地緬人交換香煙。如此一來,一個平行的社會在俘虜營裡出現,在那裡出頭的,是最能適應生存、

---

20 藤原岩市,《F機關》,頁86。
21 同註14,頁59-60。

最不被舊秩序干擾的人。軍銜系統雖並存,但僅剩框架,由英軍為一己之便而操縱。[22]

但另一方面,必須指出,日本陸軍中的等級制度,並非日本社會等級制度的翻版(雖然有些日本作者如此聲稱)。反之,東京大學教授丸山真男(Maruyama Masao)認為「它消解了社會中,因等級制度而引起的不滿。不管一個人在其家鄉地位多高,一旦入伍,就必須遵守陸軍的等級制度,這是日本陸軍的特點之一。在其他國家,軍官往往來自上等階級(『貴族』),但在日本不是這樣─而這正是日軍的優勢。這是一個有趣的說法。不過我認為,在日本陸軍裡,還有一種冒充(表相的)民主的成分。軍隊結構中按軍銜劃分高低的這種等級制,立刻和一個理念相悖,那就是根據『一君萬民(Ikkun Man-min)』的價值觀,即所有軍人在天皇之下都是平等的,軍人都是天皇的戰士⋯⋯不管一個人在家鄉的出身或地位如何,一個貴族子弟可能被一個農家子弟搧耳光。這樣的表相民主體系,可以消解因社會地位差異而引起的不滿。」[23]

藤原少佐固然可以為自己能用手吃咖喱[24]而自喜,雖然笨拙,他超越了印度士兵和英國軍官間的界線。相形之下,這倒是跟今日在英國的工廠所採用的日本現代管理技術,在無階級差別待遇的餐廳和廁所方面有相似之處。在東方參戰的英國戰士的反應,階級是否扮演了一個角色?若從士兵對其長官的抱怨,可以說是。不過這是一個憑感官印象得出的感覺,難以

---

22 会田雄次(Aida Yuji),《英軍俘虜》(*Prisons of the British*),頁 148-149。
23 飯塚浩二,《日本的軍隊》,1968,頁 99。
24 譯註:印度風俗。

量化證明。但是,當我們閱讀有關溫蓋特第一次行動中被俘英兵表現的這些文獻時,就能發現不少日方記載提到,英兵認為溫蓋特是「瘋子」。除了表明此人舉止古怪,字裡行間是否還有其他含意?[25] 信奉共產主義的坦克中士布蘭森(Clive Branson)引用了一段軍中營房內的對話:

> 那些偉大的精神分析師應該研究在印度的常規兵。今天,我帶了一本《人類起源(Human Origin)》的書,去炮兵營房,休息時看看。有一個年輕的常規兵,二十三歲,已經參軍七年,過來看了一會兒書上的照片,念了幾段話,合上書說:「這些傢伙寫這種書,要從可憐的戰士身上撈大錢。」我無論如何也沒法說服他改變想法。在在顯示帝國軍隊機器如何在他們心中,深深地造成壓抑、羞辱、缺乏人間友愛,和懷疑的態度。在充分了解他們之後,如今我毫不驚訝,完全體諒他們為什麼不想打仗。因為他們根本不崇信戰爭。[26]

對徵召入伍的士兵而言,情況也一樣。詩人艾隆・路易斯(Alun Lewis)紀錄他的弟弟來探望他的故事。他的弟弟在信中被稱為 G。路易斯是一名南威爾斯邊境步兵團的軍官,他很高興那天可以讓他的弟弟在床上睡一頓好覺。路易斯自己一直醒著,因為隔壁房間有一群吵吵鬧鬧喝醉酒的同級軍官,最後

---

25 《勇將和弱兵》,見於《大東亞戰爭秘史:緬甸》,東京,1953,頁 141。
26 Clive Branson, *British Soldier in India: the letters of Clive Branson*, 1944, p. 33.

他走近這群人「要他們別再吵」。出乎意料,他們居然照辦。「這群像漫畫裡的俏皮人物,竟是我們的中階領導者!還好他們不是真的傻,我就不再計較。」

可是他弟弟的觀點顯有不同。「他告訴我他的看法,這是地道的牢騷滿腹的士兵對自己上司的無情看法,他以批評長官為樂──這也是他唯一能做的。這體系非常不平衡。G 週薪 10 盧比,我的是 70 到 100 盧比。我感到最難忍受的,是在戰艦和部隊列車上明顯的差異;等級制在個人待遇的程度上,竟是那麼刺眼與令人厭惡。」[27]

雖然發生的場景是馬來亞而不是緬甸,史班瑟·查普曼(Spencer Chapman)斷定一個英國士兵無法在叢林中存活,這種以階級為基礎的評斷是否過度解讀?查普曼遇上兩名炮手和兩名阿蓋爾(Argyll)[28]兵,後者飽受性病和腳氣病折磨。查普曼給他們一些維他命 B,希望至少可以緩解他們身體中缺乏的重要元素。他說:「不過,他們需要比維他命 B 更多的東西,去治療他們心態,那才是緩慢卻致命的殺手。我的經驗是,英國兵如果不小心被扔在馬來亞叢林中,那他們的壽命只有幾個月;一般士官較有知識,也許可以存活一年以上……。他們無法適應新的生存方式,也不能靠蔬菜和稻米維生。在那個綠色的地獄,估計他們通常會在幾個星期裡死去,事實上這也成了一條規律……」。[29]

要是聽到東薩里郡(East Surrey)步兵團下士帕嘎尼(Ras

27　Alun Lewis, *In the Green Tree,* 1948, p. 52.
28　譯註:蘇格蘭高地部隊。
29　F. Spencer Chapman, *The Jungle is Neutral,* p. 18.

Pagani）的經歷，查普曼准會大吃一驚：帕嘎尼是已知的唯一從死亡鐵路逃出並生還的士兵。他父親是英國人，母親法國人。從丹彪扎亞（Thanbuyuzayat）鐵路營地徒步到克倫山區，[30] 參加修奚凜少校領導的克倫抗日部隊。他打算之後橫越緬甸，通過阿拉干邊界回歸英軍，但被緬人打傷，並送到日軍那裡。他假裝自己是個被擊落的美國飛行員，他知道如果說是從死亡鐵路逃出來的，一定會被處死。他被送到仰光監獄待了兩年，有時是單人禁閉，還經常挨打。最後，當仰光光復後，日軍釋放罪犯，才終獲自由。[31]

伯納德・弗格森對第一次溫蓋特行動的描述，值得仔細品味，其中似乎暗示了官兵的社會差異。當時他們要渡過瑞麗江，他本人身高6呎，江水在他的胸口處，水流的速度很快，有四到五節。他手下一行人成功到達江心的一個沙洲上，卻在那裡滯留。有些人坐上鄉間小船，但在半夜裡失蹤了。軍官想要說服留下的士兵，從激流間冒險前進，但是飢餓、寒冷、長時間的緊張，還有那些被沖走的同袍的喊叫，嚇得他們手足無措，許多人拒絕挪步，次日都成了俘虜。

弗格森寫道，「這是一個不爭的事實，那就是那些成功渡河並留在隊伍裡的都是最棒的，他們的行為從頭到尾都值得讚揚。其他人不須我多言，但我還是得要為全隊負責。不過，無論當時還是現在，對絕大多數被放棄的人，我感到安慰的是，我不認為自己和這個國家有虧欠他們。有兩三個我感到特別遺憾，其中包括一個人，幾乎可以肯定是淹死了，有兩個人個子

30　譯註：這裡有個盟軍俘虜營，替日本建造緬甸到泰國邊境鐵路，連接到仰光。
31　Morrison, *Grandfather Longlegs,* pp. 202-210.

特別矮小。不過還有兩個人，要是他們成功脫險，恐怕得面臨軍事法庭的控訴。」[32]

有意思的是，無獨有偶，一名日方觀察者也使用身高來區別英軍中的軍官和士兵。官與兵也許閱讀同樣的流行雜誌，但他們說話的口音完全不同，同時只要稍微掃一眼就能看出差別。会田雄次說：「區別在於他們的體魄，尤其是身材。英國士官和士兵很少有比我高（我身高5呎6吋）的，不少人約在5呎6吋上下。但軍官都個子高大，大多數6呎以上……他們體型勻稱……而且，不僅體格差別，軍官的舉止顯示出極端自信。」会田認為，這是因為英軍內部的制度反應了英國社會的一般結構。他觀察到在官與兵之間，「有明顯差異，讓你懷疑那些英國士兵是否真的被承認為英國社會的一員。軍官是『白領』，士官和士兵是『勞工』」。他還認為這差異也體現在官兵對武器的掌握上，「成為軍官的通常在學校受過嚴格的體育訓練。擊劍、拳擊、摔跤、橄欖球、划船、騎馬，不少人還有相當造詣。若軍官連其中任何一兩項都不會，應該是個例外。」他們給人的印象是「極為活躍，富有生機，充滿活力。」

作為歷史學家，会田有自己的解釋：「軍官是資產階級的後代，當年正是這些資產階級經歷了革命，他們拿起武器，對抗封建貴族，把對方趕下權力的寶座。與他們並肩戰鬥的無產階級，人數上超過他們，但其後，在資產階級的統治下，如果無產階級有不聽話失控的跡象，資產階級就以武力鎮壓，把他們控制。我們一直認為資產階級的統治來自社會結構和明智的

32　Fergusson, *Beyond the Chindwin*, pp. 174-175.

教育政策,卻沒考慮到純體力因素。」[33]

在此冒犯会田,一般很容易過分解讀社會差異,但弗格森的描寫確實顯示出官與兵之別,往往也意味著生死之別。不過,顯示因階級差異而受到影響的證據,還很零星,也大多出自印象,過度演繹未必明智。

第三回 種族差異

相反的,因種族不同所產生的影響就有充分的證據,不單在緬甸,而是涵蓋了整個遠東戰場。一名美國歷史學家認為,「種族問題是遠東政治角力的關鍵」。[34] 儘管如此,在亞洲戰場上,沒有出現像希特勒對猶太人那種經過精心計算,並以機械化方式實施的冷血種族滅絕。固然,成千上萬的人因為殘忍、貪婪、無情、無能,以及軍事行動的危險而死去,但畢竟不是源自幾世紀來的偏見,也非事先精心制定的無情計畫所導致。

然而在日韓之間、中日之間、英日之間和英印之間,都有種族衝突和種族怨恨流傳下來。不過另一方面,這些衝突從來沒有標準化。因此,必須記住非常重要的一點,那就是在泰緬死亡鐵路上冤死的亡靈之中,可憐的亞洲勞工,要比盟軍戰俘多出好幾千。

日本人及其傀儡政府,充分運用種族仇恨對抗殖民勢力。一九四三年十一月,巴茂更在東京召開的大東亞會議上,發表

33　会田,同前書,頁 81-82。
34　W.R. Louis, *British Strategy in the Far East*, 1971.

令人尷尬的種族「血親」演說。他聲稱,「我似乎聽到亞洲在召喚她的孩子們,那是我們亞洲血脈發出的聲音。此刻要遵從的,不再是頭腦,而是血液。正是這源自血脈的想法把我從緬甸帶到日本。」[35] 這也是一九四二年二月,藤原少佐在新加坡花拉公園(Farrer Park)對印度戰俘演講的出發點:「日本正為解放長期飽受英帝國主義踐躪的亞洲國家而戰。日本是亞洲人民的解放者和朋友。」[36]

即便是新加坡的華人社區,本該比島上任何人都更有理由恐懼和仇恨日本人,也在某種程度上被這說法所吸引。不過,日軍之後的暴行很快就打破了這一幻想,「我們並非對你們日方所聲稱的同胞情誼、血脈與文化淵源不知情。但同為蒙古種,同為亞洲人,你們讓我們失望:你們沒能表現出慷慨和氣度,以及勝利時刻應有的騎士精神。」[37] 一九四三年在倫敦出版,由歐亞混血作者杜佛(Cedric Dover)寫的一本書,曾對英國公眾發出警告,說日本的主張在最意想不到的地方被聽進去。美國黑人「在當時(一九三八年)預期美日衝突將是他們爭取自由的好機會。」[38] 當藤原策畫入侵印度的同時,杜佛也警告他的英國讀者,「如果日本認真攻打印度,那麼這個國家的數百萬人,他們早已感到迷茫和憤怒,將會給入侵者堅實而廣泛的支持:日軍會被當作解放者。」[39]

日本早就自稱為全世界有色人種的保衛者。資深陸軍大將,

---

35 Ba Maw, *Breakingthrough in Burma*, p. 343.
36 Shah Nawaz Khan, *INA and its Netaji*, p. 19.
37 H. I. Low, H.M. Cheng. *This Singapore*(*Our city of Dreadful Nights*), Singapore, n.d. p. 14.
38 Cedric Dover, *Hell in the Sunshine*, London, 1943, p. 166.
39 同上,p. 120.

號稱日本現代軍隊之父的山縣有朋，曾在一九一四年十一月寫信給首相大隈重信，「一旦今天在歐洲的戰事結束，政治和經濟秩序恢復正常，不少國家會再次關注遠東，企圖從這一地區得到好處和權利。到那時，白種人和非白種人的衝突將變得激烈，誰能保證白種人各族不會聯合起來對付有色人種？⋯⋯如果東方的有色人種想要與所謂文化發達的白人競爭，跟他們保持友好的關係，又保留自己的文化特色和獨立，那麼有相似文化和種族背景的中日兩國，必須友好，並相互支持對方的利益。」[40]

這才是日本堅持認為，侵略中國，乃是為了動員東亞主要力量對抗西方入侵的根本原因。如果中國無法完成自己那部分責任，就需要有人強迫她。同時，日本將獨自承擔起這一責任。這一言論確實得到響應，這從一九四二年在新加坡的印度戰俘被日本徵用就可看出端倪。印度軍官的切身感受是，種族歧視是造成這一現象的原因之一，這從反英和親英兩方面的印度軍官的言論中，都能充分體現。沙・那瓦茲・可汗（Shah Nawaz Khan）是旁遮普十四團的軍官，後來加入印度國民軍（INA, India National Army），帶領一個旅在緬甸抗英。他認為，「在馬來亞，很多俱樂部不允許印度軍官加入。馬來聯邦鐵路當局明文規定亞洲人與歐洲人不能坐在同一節車廂內，哪怕他們同屬一支部隊，有相同的軍銜。」[41]

無獨有偶，日後因勇敢面對日方拷問而被印度總督授予喬治十字勳章的馬胡・漢・杜拉尼（Mohmood Khan Durrani）中

40　Tsunoda et al, *Sources of Japanese Tradition*, II, 1958, p. 207.
41　Shah Nawaz Khan, op.cit., pp. 4-5.

校也持同樣的觀點。

> 在所有場合下，印度軍官都受到羞辱。我們常常懷疑，這就是對我們捨命保衛大英帝國的回報嗎？英國軍官苛刻不公的行為（除一個反例之外）激起印度的民族自豪感和憤恨……英軍對待印人的不公，以及印人軍隊上下普遍存在的不滿，在馬來亞到處可見。[42]

不過，這一觀點並不為英國官方史學家接受。他們寫的是，「在馬來亞沒有種族歧視，各族群間關係相當和諧。不過，各種族的亞洲人，更多與歐洲人交往，而不是互相交往。可以說，戰前的馬來亞是塊繁榮、忠誠的樂土……」[43]

杜拉尼的說法雖然無法簡單應用在緬甸，但種族這個因素在兩軍揣測對方心理時，都至關重要。通常英日這兩支軍隊對敵方歷史，所知實在太少。

最近在日本，有人主張英國人為了報復在泰緬死亡鐵路上死去的同胞，在經過精密的計算之後，於一九四六年殺死了同樣數量的日本勞工，他們都埋在新加坡日本公墓。這個控訴首先出現在一本日本流行雜誌的一系列文章中，作者是篠崎護（Shinozaki Mamoru）。他跟新加坡很有淵源，日占時期，在他的主持下，曾救出許多飽受虐待的新加坡華人。後來這一控訴被證明偽造，並正式收回。但為時已晚，已造成負面影響。[44]

42　M. K. Durrani, *The Sixth Column*, pp. 2-3.
43　Kirby, *War Against Japan*, I, p. 156.
44　L. Allen, "Not so peculiar", *Proc. Brit. Assoc. for Japanese Studies,* Sheffield, 1980, p. 111; 以及一九八〇年在東京與篠崎先生的交談。

469

会田雄次堅信，在緬甸，英國當局有計畫地對日人發洩其種族蔑視。他一直堅持這個觀點，針對的既是英人本身，也針對日本國內從一九五〇年代開始興起的親英情緒。他寫道，「我無法放棄這個念頭，在戰俘營我們窺探到了英國軍隊和英國人不為人知的靈魂深處。我們看到了這個事實，這是一個可怕的惡魔，它統治亞洲好幾個世紀，造成不可言喻的痛苦……」[45]

会田所親身體會的這種苦痛，並非因為受到鞭打，據他所知，也不是英軍重複日軍之前對英印俘虜的酷刑以作報復。反之，它表現為絕對冷漠的種族蔑視，漫無人道的漠不關心。会田認為這比肉體上的侵犯更可怕。英人也如此對待印人。

> 他們（這些英國人）看來只是徹底漠視印人，既非十分輕蔑，亦非接觸時過度小心；而是徹底忽視印度軍人的存在。他們幾乎不跟我們日本人說話──這是當然的，但我也從來沒看到過一個英國軍官，在正式的協商和討論場合之外，跟印度人交談。我真不知道印度軍隊如何忍受這樣的侮辱。[46]

有一次，会田正在擦地板，一名英國軍官把煙頭放到他的前額上。

> 我怒火中燒，朝他望去，看到他正在平靜地讀報，

---

45 会田，同前書，頁 xii。此文可與發表在《星期日泰晤士報》上一篇採訪阿蓋爾（Argyll）和蘇瑟蘭（Sutherland）高地步兵團的米切爾（Colin Campbell Mitchell）中校相互參照：「今天年輕人從他們的管道，不會明白，我們英國人是一個多麼卑下的種族。世界上受夠我們的其他人就了解。」
46 会田，同前書，頁 89-91。

但臉上的表情出賣了他,他的臉上顯示出一種深切的仇恨。還有一次,一名士兵坐在我前面,似乎是無意地用靴子踢我的下巴。再有一次,一名士兵讓我跪在他面前,把我的肩當作腳凳,整整一個小時。[47]

会田的小組長負責清掃營地廁所。有一次,他在裡面小便,被一名英國士兵發現,於是對他大喊大叫,叫他跪下,並撒尿在他整個的臉上。一些女性後勤人員則會若無其事,當著日本俘虜的面脫衣服洗澡。對她們而言,這些日本人根本不能算是人。会田於是總結:

> 確實,英國人不毆打戰俘,不踢他們,也不把他們活剝。他們幾乎不做任何可以稱之為暴行的作為;但這並不表示他們的行為有人性準則。反之,他們常常表現出幼稚的鬥氣報復。但就算是最嚴重的鬥氣報復行為,都可以找到冠冕的理由,而且小心執行,從不落下任何讓人指責的把柄。英國軍隊始終非常冷靜,毫無表情的執行。從一方面來說他們當然不殘忍,但另一方面來看,我覺得他們的做法體現了人類所能達到的殘忍的極限。[48]

這一控訴跟会田一貫認為的英國人誠實,所作所為有高度的責任感並不相悖。也是出於這個原因,会田從未訪問過英國。他去過歐洲,去過美國,但沒去英格蘭。「他們讓我覺得自己

47　同上,p. 49.
48　同上,p. 52.

是條被活活剝了皮的蛇。」[49]

在会田對國家性格的評價裡,殘忍程度的比較,占很重要部分。很顯然,儘管日本自稱為東亞被殖民大眾的解放者,事實是,亞洲人民不得已成了日本的囚犯。近來,森村誠一(Morimura Seiichi)揭露了在滿洲的日本醫療單位第七三一部隊,用中國和蘇聯囚犯做活體實驗,測試細菌武器的效果。[50] 與此相似,還有來自緬北興威第四戰地醫院的一名日本軍醫,最近發表的言論。這名軍醫目睹同事在沒有施加麻藥的情況下,在兩名被捕的中國間諜身上做活體解剖:其中一人從睪丸開始,被逐一摘除所有內臟器官;另一人的血管則被注入空氣,測試他在死亡前能忍受的極限(答案是 120 立方釐米)。[51] 辻政信大佐的傳記作者,也無法為其脫罪,指責辻政信:不只把一名被擊落的 P-40 戰鬥機上的飛行員的肝煮熟吃了,還說服不情願的陸軍指揮官本田(Honda)中將也嚐上一片。[52]

這些事情不會被遺忘,不管修正主義歷史學家樂意與否,這是東亞戰事中對日軍不可磨滅的印象;不管反對的聲音有理或無效,都將長久流傳在世界各地。

戰爭結束三年之後(一九四八年九月),在倫敦查塔姆研究所[53]召開討論日本軍事特徵的會議。耐人尋味的是,與會兩名英國將領所強調的日軍特質,是勇敢,而非殘忍。出席此次會議的,有跟日本打過交道的英國外交人員,以及與日

---

49 一九六五年在京都與作者的交談。
50 Morimura Seiichi,《魔的飽食》(Akuma no hoshoku),東京光文社,1981,續集 1982.
51 Ishida Shinsaku(石田新作),《魔の日本軍医》Akuma no Nihon Gun-i,山手書房,東京,1982, pp. 175-184.
52 杉森久英,《參謀:辻政信》,河出文庫,1982,頁 154-160。
53 譯註:Chatham House 即皇家國際事務研究所,英國官方智庫機構。

軍交手各有勝負的兩名英國將領,馬來亞陸軍總司令白思華(Percival)中將和史林姆將軍。儘管經歷迥異,兩人的結論殊途同歸。在這裡,完全沒有道義上的搖旗吶喊或是譴責批判。

史林姆認為日本的勇氣有一種決定性的戲劇因素在裡面。他們喜歡觀眾,在士兵面前,軍官往往表現出劍客的姿態,以英國或印度俘虜為靶子。他認為其目的在於給生猛嗜血的部隊一種滿足。白思華同意這一看法,並補充說,他們的勇氣來自一種非常強烈的愛國之情。史林姆將之歸結為一種跟其他所有的軍隊都不一樣的精神本質。所以即使士兵單獨行動,這種面對觀眾表演的慾望還是存在。

會議主席保羅巴特勒(Paul Butler)勳爵認為日本社會實質上是個群體社會,個體在其中不承擔責任或主動表現;但史林姆不同意。他覺得日本的勇氣是一種個人特質,而非群體特徵。當獨處時,日本士兵的一個特殊表現是,他會繼續獨自戰鬥下去,拒絕投降。他還補充說,要是任何人有投降的念頭,會受到同袍的冷眼對待。

他說,在他看到的所有士兵裡,日本兵怕死程度最低。人體反坦克炸彈就是一例。這個任務必死無疑,擔當的人並非志願軍,都從令如流。而且,當得知戰敗後,日軍中有不少自盡的例子。在緬甸,他記得有一次日軍試圖渡過伊洛瓦底江逃走,而英軍正在河的北岸等著他們。但15名日軍全副武裝,舉止誇張地下山涉入江中,完成一個毫無意義的死亡儀式。

隨後,史林姆談到他那著名的非人類比喻(這言論對他的聲望甚無裨益)。他說,為了理解日本人,我們不能把他們當

作人類甚至動物,而要看成那種在印度到處可見的「兵蟻」。[54] 幾乎在每個方面兩者都很相像。他不認為日軍在事情發生之前會感到害怕,但就算害怕也不會承認。就此,白思華聲稱,對恐懼的感覺是隨著當事人文明程度的提高而增長的。日本士兵毫無保留的接受任何命令,而更文明的士兵常會質疑命令的理性。

　　史林姆說,日軍軍令使用一種特有的語辭,與英軍完全不同。日軍第三十三師團是一個非常頑強的戰鬥部隊,在攻打因帕爾時,師團下達的命令是,這一師團將被殲滅,但他們會贏得勝利。在阿拉干,日軍被告知自己會陣亡,屍體將在沙丘上腐爛,化作野草,在從日本吹來的風中搖曳。日軍高級指揮對兵員相當浪費,在戰爭發展中也不做改進。產生浪費的原因之一,是他們習慣派遣小股增援部隊,而不是等全盤部署就位後,集中兵力攻打目標。他認為這是因為在陣前,日軍被興奮的情緒所攫取。另一個原因是,在危急時刻,他們會處死傷員。英軍在許多戰地醫院中都發現在病床上被槍殺的日本兵。還有可靠的例子說到,答應受重傷士兵本人的要求,軍官在戰場上用劍殺死他們。

　　此時,巴特勒(Paul Butler)勳爵指出這一點跟日俄戰中的形勢相反。當時,日方成功減低兵員的浪費,病死的比例非常低。史林姆承認戰死和病死的接受度是不同的。日方擅長疫苗接種技術,很少有人生天花,所有士兵都攜帶奎寧。但他們的手術水平還是相當粗糙。

54　史林姆:「所以我稱呼日本軍人是歷史上最強大的戰鬥昆蟲」。參見 Slim, *Defeat into victory*, p.381

第十二章　戰後回眸

　　日軍紀律嚴明，堪稱一流，只有在軍官許可的情況下才敢鬆懈。因此，史林姆不認為日方是因為對軍隊失控，才產生暴行。他堅信，為了實現正式批准的目的，日軍被允許集體施暴。他不同意失去控制才導致紀律渙散。他們在戰場上叫嚷，但那不說明就沒有紀律。此時一名外交官插話，說這顯示紀律在平時和戰時是有區別的。白思華指出一旦命令下達，日軍不會受外界誘惑而違令。不過他也說，在日本，如果面對冗長而複雜的規則，日人也不會猶豫在盡可能的情況下繞過規則。史林姆說緬甸的情況相仿，來自東京的高層指令，也許並不總是得到嚴格執行，但在戰場上，對頂頭上司下達的命令，態度則完全不一樣，一定會不折不扣執行到底。士兵對他們的軍官非常信賴，雖然他本人認為有些時候那是盲從，這跟英軍中的系統很不一樣。日本士兵不是受到「母親般的照顧」，而是與軍官同享一切。另一名外交官說，許多戰鬥部隊往往從同一地區徵兵，入夜後，軍官常和士兵聚在一起，討論家鄉的消息。

　　史林姆認為，日軍對緬人的態度算不上特別無情，他的這個觀點令人震驚，也不那麼容易讓人接受。他認為只有在日方提出的要求得不到滿足，或是緬人本身有所挑釁的情況下，日軍才採取極端暴力。他舉出修‧奚凜少校自願投降日軍的例子：少校如此作為，是考慮到自己的存在會給庇護他的克倫人帶來可怕的懲罰。如果緬人敢藏匿英國軍官，那麼日軍的做法可以無法無天。如果得不到供給，他們還會焚燒村莊，用刺刀挑死村民。史林姆重申，暴行通常是一種政治考慮，而不是失去紀律的後果。

　　白思華還說，這裡也有政治上的考量。在新加坡被屠殺的華人幾乎都是國民黨黨員。巴特勒保羅勳爵說這證實他的印象，

即只有在被殖民的人民具有政治傾向時，日軍才殘酷對待他們，而他們對臺灣的原住民就非常友好。史林姆說投降後，在印度支那和爪哇，他管轄的日軍俘虜表現就很好。白思華更支持說，根據他的經驗，日軍中酗酒狀況通常相當普遍，如果允許士兵在被占城鎮中自由活動，他們幾乎肯定會喝醉，因此，日本軍官盡量不把部隊帶進城。

關於日軍對被俘和投降的態度這一非常令人不解的事，史林姆說跟其他軍隊相比，日軍確實很少投降。在緬甸，大約有15萬日軍陣亡，在被俘的1,700人中，只有400名可以說身體健康，其他人是因為受傷或是極度疲乏而被俘的。沒有常規軍官被俘，俘虜中也沒人高過少佐軍銜。在被俘的第一個星期，所有人都試圖自殺。之後，他們放棄這個念頭，為英軍老實工作。這並沒有與自己原有的愛國主義相矛盾，只是放棄而已。因此，他們是世上唯一一支軍隊，當他們被俘時，沒有指令教他們該說什麼。即使是極端疲勞，他們也拒絕投降，只是呆呆坐在路邊，抄著手，等著被處死。

基於以上種種原因，英印部隊對日軍的態度相當模棱兩可。作為戰士，日軍得到高度尊敬；但因為日方對傷員和俘虜的做法，英印部隊又對他們恨之入骨。如何對待英印俘虜，往往出自在場指揮擒拿的下級軍官的一念之間：也許只是把手綁起來，又或是當作屬下刺刀練習的靶子。而日軍行刑拷問的方式總是非常殘忍。

有外交官詢問史林姆，是否有肢解行為發生。回答是肯定的，尤其是錫克教徒士兵，但錫克兵沒有交還任何四肢；廓爾喀士兵也受到日軍的殘忍對待，而他們後來對日軍俘虜也一樣殘忍。另一方面，史林姆聽說日本部隊中人吃人的故事，但未

得到證實,不過他也認為在緬甸無此必要。[55] 他還說,日軍看上去似乎忽視所有戰場上的常規,但同時也指出,他們的行為必須以日人的標準,而不是英人的標準來衡量。

一九四八年九月舉行的這次會議,反映了英軍高層對敵人深思熟慮和冷靜的看法,並充分表現了史林姆和白思華(Percival)將軍的一般性認知。但他倆都無法從裡層來理解日本軍隊,自然也不會說日語,所以他們的觀點還是受外在觀察的條件所限。這也是從根本上阻礙大多數英國人理解敵人的原因。在這點上,日本方面也同樣如此。橫梗在兩方之間最主要的障礙是語言,無法溝通幾乎總是導致把對方不當作人。[56] 比德威謝福德引用過一段欽迪的行動日記,可以作證,日記談及「英國人對日本士兵產生的生理上的反感和道德上的恐懼」。南斯塔福郡(South Staffordshire)步兵團杜拉(Durat)中尉寫道,「似乎還可以想像我們跟德國戰俘一起喝酒、抽煙或喝茶,但一遇上日本鬼子,我們只想踢他們的腦袋。他們看來像動物,舉止也跟動物一樣,所以也可以像亂飛的蒼蠅那樣打死。他們必須被殺死,而不是打傷,只要他們還有呼吸,就很危險」。[57]

簡化且明白用動物來形容日軍,雖沒到史林姆那程度,但這是在英人回憶日人時,所時常出現的現象。這樣做可以將敵

---

55 史林姆當時應已知道辻政信的案例,所以他這論斷挺奇怪。如果他認為日軍此舉僅僅出自飢餓,那實在是曲解了這事的動機。
56 這一態度在其他西方人和其他東方敵人中,也可以找到。史代榮(William Styron)觀察到,「從不同戰爭期間發生的一連串的暴行,迫使我們得出結論,那就是我們可以對來自亞洲的敵人,表現出無情和非人道的態度。這樣的態度,對其他不那麼難以溝通的人,其他不那麼像動物的人,或者簡單的說,其他不長著棕皮膚或黃皮膚的人,我們斷不會採取。」Review of P. Caputo, *A Rumor of War, in New York Review of Books*, 23, vi, 1977, xxiv, No. 11, p. 4.
57 Bidwell, *The Chindit War*, p. 124.

人置於一個相對較遠的距離,當然也是「一張白紙,隨你發揮」。有時候,這個比喻足以跟對日軍非凡勇氣的奇異默許同時並存。史密頓所記一九四五年七月突圍之戰,可見其一斑:

> 每當我們捉住他們,他們還是很快以同樣凶狠的勇氣回報。跟我們如此不同,他們的方法完全隱秘、鬼鬼祟祟,我們一直把他們當作蠻荒的野生動物。可是,不論這是出於他們所堅信的無情紀律,還是恐懼,如果要為一般戰士的勇敢和堅韌譜寫頌歌,一定不能少掉日本的第二十八軍。[58]

在弗格森的第二本書《狂亂綠野(*The Wild Green Earth*)》中,有一整章描寫「作為敵人的日本人」。他同意史林姆說法,認為日軍執著、勇敢;但從一名富有經驗的步兵指揮官的角度來看,他認為還是有許多辦法可以打破這一勇氣。強力轟炸和放火就是其中的兩種。日軍行動迅速,偽裝能力很好,工兵能用最少的設備做出最好的成果,他們最會辨識地形。但另一方面,日軍並非天生的叢林戰士,跟城市出生的英兵不相上下。可是,日軍是習慣了的奴隸,所以容易上鉤;他們依賴噪音(溫蓋特的教條之一就是「用沉默回應噪音」)。他們槍法糟糕,不過投炸彈還不錯。就徹底獻身任務,以及徹底忽略自身性命而言,英軍可以從他們身上學到很多。弗格森總結說,「無論如何,我們必須記住:他們野蠻。」弗格森手下共有80人被俘,進入仰光監獄,52人死在那裡。另外還有80人落入日軍手中

58　Smeeton, *A Change of Jungles*, p. 111.

後,根本沒撐到進入監獄就死了。而倖存的28人,個個都能描述同伴死去的殘忍經歷。[59]

另一名欽迪軍官,將仇恨從活人延伸到死人身上。查理·卡夫雷(Charles Carfrae)少校在「白城」指揮奈及利亞第七營第二十九縱隊,費盡心機告訴手下的奈及利亞兵不要殺俘。忽然,他們在卡車裡發現一名重傷的日本兵:

> 有個被認為已死的日本士官,用超人的意志凝聚力量,撥開抬他的手臂,試圖用刺刀刺殺一個離他最近的非洲兵。那一刻,我看到他在卡車後面站直,仿佛從死人堆中升起,瘋狂大叫,他的外衣上面全是凝結的血塊。下一秒,十來發子彈射穿了他身體。

沒有時間埋葬死屍,卡夫雷決定就在卡車裡焚燒屍體。澆滿汽油後,卡車很快燒着了,但日軍的屍體卻沒有化成灰。「當火焰熄滅後,一堆堆烤焦的黑色肉體依然可辨人形,頂上還詭異地戴著被高熱烤白的鋼盔。我們沒有一個人的情緒因為這個噁心的場面而波動⋯⋯我們無動於衷,一點兒不覺得悔恨。」

對此,卡夫雷認為這不是因為他的手下已被戰爭的恐怖磨得麻木了。「我們不恨日本兵。仇恨是一種對同類才能引發的情感,對我們而言,日軍只是個抽象的概念。他們是敵人,是我們必須消滅的叢林生物,缺乏所有人類的溫情,不給我們任何餘地,也不希望從我們那裡得到餘地⋯⋯我們讚賞日軍的勇氣和韌勁,如同我們讚賞動物本能的勇敢。我們害怕他們,甚

59　Fergusson, *The Wild Green Earth*, p. 217.

於害怕他們射出的子彈。子彈我們可以理解,但日本兵的心思意念遠遠超出我們的理解力」。[60]

北羅德西亞團第一營的馬科蒙帝(Malcolm Monteith)上尉撰寫過一本東非兵在緬甸的小冊子,附錄中描寫了日本兵。蒙帝以解剖學和心理學的角度詮釋他們:

> 日本人通常個子較小,膚色而言,活著時淡棕色,死後肉體呈油灰色。通常他們肌肉強壯多毛,腿部粗壯,手臂很短。他們的手好像兒童的手,短胖、光滑、小。頭骨寬廣、黑髮粗糙、士兵大都剃光頭。頭髮通常順著頭皮,從腦後向前額生長。很少日兵可以留起同皇家海軍一樣的鬍鬚。因為上眼瞼雙眼皮的緣故,日本人的眼睛總有種瞄人的感覺。顴骨又寬又高,鼻子不前伸,牙齒通常不會像卡通裡面畫的那樣齙突,常有幾顆看上去挺廉價的金牙。日本人絕不是一個「黃(yellow)」字可以形容的。

蒙帝也用動物作類比:

> 日本人有一種奇怪的如動物般的特性,就算死了,看上去也像是被捕獲的獵物。雖然身體潔淨,但他們的習慣骯髒,所有他們的近身物品,如衣服毯子,都有股特別的味道,大概來自物品的主人。攻擊時他們發出的吼叫,音量和音質讓人難以置信是出自人類的

60　C. A. Carfrae, TS, *Dark Company*, p. 154, 帝國戰爭博物館檔案室。

咽喉；防守時，被炸彈炸暈之後，他們像落入陷阱的野獸，躬身藏在小溝小洞裡面，常常歇斯底里地哭泣，但依然絕望地反抗到底。

無法預知他們的行為和反應。有時，在曠野被攻擊時，他們會丟下武器逃跑；有時，他們表現出令人驚訝的韌性堅守陣地。令人印象非常深刻的是，他們抗拒被俘，甚至不惜自殺。而一旦被抓，他們又可以輕易背叛同袍，將任何知道的秘密和盤托出。就位時，他們可以如隱身一般，在避彈坑裡吃喝睡覺，完成一切日常生活；但在行軍時，他們又非常大意，很容易被突襲。他們費盡周折，取回同伴的屍體，但拿到之後，卻也可以將屍體棄置曠野不埋。他們對傷病員的態度非常冷漠無情。在戰事初期，本師（東非第十一師）虜獲的幾名日軍俘虜，都是被自己部隊丟棄在雨中等死的。

綜上所述，蒙蒂的總結是，「也許可以說，日軍是西方世界遭遇到的第一個野蠻而原始的敵人，為最純粹的愛國主義而戰，並輔以現代化軍事裝備。」[61]

幾乎所有這些對日本性格的評價，都來自戰爭中的對抗。一旦戰爭結束，可以有更人性的接觸，這些觀點就站不住腳了。史密頓就提供了這樣一個耐人尋味的例子。當戰爭結束時，管轄的地區有好幾個日俘營。一次，他和妻子在薩爾溫江邊與營裡的軍官用過正餐後，驅車回他自己的指揮部，路上要經過由

61　Malcolm Monteith, *Ceylon to the Chindwin*, 1945.

日人掌舵的渡輪。那些日俘無人看管,住在河邊的小草屋裡。舵手跑出小屋,把船沿著繩子拉出來。史密頓寫道:「幾分鐘後,他們就把我們擺渡過去,速度之快,好像是為了跟自己創下的記錄賽跑似的。直到今天,我也一直為他們驚嘆。

我對妻子貝麗爾(Beryl)說,『你看看,這真是讓人驚訝啊!要是我設身處地,我一定不會這麼賣力。』

『我覺得你十分以他們為榮呢!』她回答說。我承認她說的是事實。」[62]

第四回　文藝審視

「戰爭」,有一本關於越南的回憶錄裡曾寫道,「是冒險最極端的一種,芸芸眾生最容易超脫平凡的方式。」[63] 因此,許多經歷戰爭的人,都覺得有必要把它寫下來永久保存。緬甸戰事也如此。不過,參戰雙方的態度,呈現古怪而決然的迥異。原因是,就國家整體而言,日本全國未曾和英國民眾一樣,被迫經歷諸如索姆(Somme)河戰役和帕斯尚爾(Passchendaele)戰役[64] 那樣影響舉國觀念的事件,因此日本人民對戰爭的欺瞞性,沒有先入為主的認知。這種認知,在一九三九年及之後入伍的英國年輕人中則普遍存在,他們從小接受的觀點就是,這整個戰事不過是一個既龐大又殘酷的,關於信心的陷阱。弗蘭

62　Smeeton, *A Change of Jungles*, p. 118.
63　P. Caputo, *A Rumor of War,* quoted in *New York Review of Books,* 23, vi, 1977, xxiv, No. 11, p. 3.
64　譯註:兩者都是一戰中,英軍參加並發生激戰的地點。

第十二章 戰後回眸

克‧科默德（Frank Kermode）評價二戰文學時認為，「一些傳統上屬於詩歌的東西，在這裡出現習慣性缺失。人們無法像魯伯特‧布魯克（Rupert Brooke）[65]詩中所寫那樣走向戰場，『彷彿泳者躍入純淨之所』。[66]從父輩的經歷中，他們已經知道那一躍不會進入純淨世界；而且，他們也不像一九一四年參加一戰的那一代人那樣，他們經歷了太久的和平時期，入伍前對戰爭的理解僅來自文學作品。」[67]

日後成為桂冠詩人的戴‧路易斯（C. Day Lewis），發出標準的不滿之聲。他簡要回答了這個問題：「戰爭詩人何在？」

> 他們出自恐懼或只因貪婪
> 綁架了宗教、市場、法律
> 借用今天的話語
> 假自由之名極力倡言
> 形成當代的邏輯
> 所謂不朽詩篇無主題
> 心懷誠實夢想的我們
> 只能阻止壞事變更壞[68]

這觀點出自一九二九年之後，歐洲無數詩人和小說家對戰爭目的和手段的失望。但是，假如我們忘記日本的作品還沒有

65　譯註：一戰時期的英國詩人，以理想主義手法描寫戰爭。
66　譯註：原文為"like swimmers into cleanness leaping"來自魯伯特‧布魯克（Rupert Brooke）發表於 1915 年 4 月的 *Poetry* 雜誌，Peace 一詩。
67　Kermode, 'The words of two wars', *Daily Telegraph*, August 1975.
68　In *Penguin New Writings*, 1941, p. 114.

上述的反應,就不能理解當前描繪二戰的日本文學作品。侵華戰爭沒能提供這種反應,但藉著一九四五年八月的傷痕,日本也終於經歷了自己的「帕斯尚爾戰役」。不過現在開始,日本讀者應該不會覺得魯伯特・布魯克的作品難以接受。與戴・路易斯幾乎同時期的小說家太宰治(Dazai Osamu)描寫了珍珠港的亢奮:

> 我的本性幾乎變了。我感到自己完全透明,彷彿被一束強光穿透;或是接受了聖靈的氣息—好像有一片冷花瓣在胸中融化。從那個清晨起,日本也成為一個不一樣的國家。[69]

社會主義作家,後來成為《查泰萊夫人的情人》日譯者的伊藤整(Ito Sei)聲稱,「在最激動的情緒中,我感受到奇怪的內在平靜:這是好的,是妙的。我記得在我心中,有解脫的感覺漸漸冒上來。這是獲得明確方向的喜悅,是所有一切存在的輕鬆之處。那真美妙!」[70]

「我覺得那真是太棒了。」當時還是東京大學文學專業學生的小說家,阿川弘之(Agawa Hiroyuki)也記得,「接著,大約在午時,傳來大勝的消息。如果那是戰爭,其實意味著我們有人會死,但根本沒有哀悼的問題。沒有傷痛,這就是我們當時的情緒。」[71]

69　Quoted in Louis Allen, 'Japanese Literature of the Second World War', *Proceedings of the British Association for Japanese Studies*, Vol. 2, Part One, Sheffield, 1977, p. 118.
70　同上, p. 134.
71　同上。

第十二章　戰後回眸

　　日本著名作家之一志賀直哉（Shiga Naoya），此後不久描寫了新加坡的陷落。他寫道：

　　　　從一開戰，我們日本人就被我國軍隊的精神和技術的成就而大驚。我們意識到，我們的勝利是如此依賴上天，我們需要的是保持謙遜。每天都有新的例子出現成為佐證，天命所在的自信讓我們都更謙卑。
　　　　不知不覺間，整個國家緊密團結起來。在日本，親英或親美的觀點再也不可能存在。我們自身保持謙遜的頭腦，維護國家的和諧，不能讓任何一點過失玷污我們輝煌的勝利。這對英美是最好的教訓，他們因為傲慢被上帝放棄。我們的年輕人滿懷希望，這是令人愉悅的事。
　　　　我們的神智明亮、清澈、而平靜，我們在陣亡的英靈前，崇敬的鞠躬。[72]

　　一九四一年的情緒，在當時最流行的一首愛國行進曲之中呈現，這首歌曲後來整個遠東都熟知：

見よ　東海の　あけて	看，東海天空白
旭日　高く輝けば	朝陽　高輝亮
天地の正気　溌剌と	天地正氣　生龍活虎
希望は躍る　八大洲	希望躍向　八洲分

72　同上，p. 136.

485

おお　晴朗の　朝雲に	哦，晴朗朝雲中
聳ゆる　富士の姿こそ	富士　姿聳立
金甌無欠　るぎなき	完美無瑕 堅石不移
わが日本の　誇りなれ	我日本　偉傲兮

這裡所表現出的，是一種榮耀，是日本的美麗和偉大，而不是對任何人的敵意。可以說是「感謝上帝使我們逢時而生」[73]的另一版本吧？

英語歌曲中並沒有描寫遠東的故事。是有詩歌存在，但這些的調子是反思，不是絕望，而且當然是肅穆的。

英日作品在戰爭一開始的不同基調，原因不難追溯。珍珠港事件之後幾週，日本舉國上下欣喜過望，因為是國家在為自己的生存奮鬥。事涉「生存」，那麼所有的努力都毫不保留，所有的犧牲都自願付出，沒有一點質疑的餘地；若涉「佔有」，則自願做出極端犧牲的意願是很低的。[74] 這也是敦克爾克撤退與新加坡撤退的差異之所在。兩者都一敗塗地，英國的勢力被暫時強壓下去。但敦克爾克成為未來勝利的號角，而新加坡則時時刻刻提醒著過往的恥辱。前者為「生存」，後者為「佔有」而戰—這一差別，貫穿了整個戰爭。

日本的高興無疑沒能持久。在緬甸的經歷，尤其是因帕爾

73　譯註：此句仍出自魯伯特·布魯克 Rupert Brooke 的 'Peace' 一詩。
74　「我初到德里時，遇到一個年輕的欽迪戰士，經過叢林中四個月的煎熬之後，繼續留在醫院裡受罪，飽受黃疸、阿米巴痢疾、瘧疾和所有其他熱帶疾病的折磨。他經歷過很可怕的遭遇。我的朋友說他為自己的戰友們悲哀，因為他們還必須繼續在如此惡劣的條件下戰鬥。他本人認為無法用這種方式奪回緬甸。一些人開始發問，『說實在的，到底是誰想要奪回緬甸呢？』」（Cecil Beaton, *Far East*, London, 1945, p. 39)

及以後,起了相當關鍵的轉變。這轉變主要來自緬甸的戰事報告,卻沒能改變文學作品。就文藝而言,出現一些令人驚訝的現象,可從詩人高見順(Takami Jun)作品見其一斑。高見順是東京帝大英語文學專業的畢業生,受三十年代左翼思想吸引,也於一九三三年在《治安維持法》下被捕。如同其他左翼知識分子,後來他逐漸傾向民族主義,還去中國和東南亞從事宣傳活動。他出版了一系列關於緬甸的文章,但最有意思的莫過於《緬甸日記》,其中還特別記錄了對巴茂的一次精彩的長時間採訪。高見順偶爾也寫小說,我認為其中最有文學性的當屬最初發表在一九四三年六月《日本評論(Nihon Hyoron)》雜誌上的〈諾哈那(Nowkhana)〉一文。

這個故事,以駐紮仰光的一名日本軍官為主角。他負責安排臨時營房裡的日常飲食,以及雇用廚子和伙夫。這些僕人住在臨時營房後面一棟房子,這給了高見順發揮反英輿論的空間。

> 僕人都住在軍官駐地的後面,讓人覺得好像是監獄裡一幢孤單的禁閉房,這就是英國人給他們安排的住宿環境。不管英國人在哪裡蓋房子,總有一類這樣的「僕人區」,明確宣示英國人不把他們的印度僕從當人看。如果你尚有人的感情,就會不忍直視這些專為僕人及其家人起居而設的僕人區。所以,為了讓那些住在豪宅裡的白人主子心安,防止他們看到這一非人生活場景,而可能受到任何干擾,通常會蓋起一道牆,隔離僕人區和普通住宅區,就像獄牆那樣。這真是種赤裸裸又毫無羞恥心的可怕建築。

但高見順並非出於宣傳目的而作此文，這個故事之後的發展違背了他的原意。主角和他的同事，對天天重複的咖哩和米飯感到厭倦，而廚子似乎無力燒出他們要求的菜餚，無法趕走在骯髒廚房裡成群亂飛的蒼蠅，也無法誠實採辦食材。無奈之下，他指定其中一個僕役諾哈那（Nowkhana）作為伙夫領班，讓他管理其他人。主角的一個同事，也是作家，指控伙夫偷他的錢，卻受到諾哈那的抗議，「這麼說印度人是可恥的，這是對我們的侮辱。」主角說：

> 我直接上了三樓，三樓中間那個房間住的主管是個作家。我轉達了諾哈那跟我說的那些話，我信任諾哈那，信任印度人。可現在事情變這樣讓我有點火，在沒有蛛絲馬跡之下，他們就如此快速地懷疑這些小伙子。

後來，諾哈那被當場捉包，偷賣軍官臨時營地的罐頭。主角於是去和他當面對質，深感對方辜負了自己的信任。

> 諾哈那站在食堂大廳的一角，看起來十分沮喪。
> 「諾哈那！」
> 我想繼續說，「你怎麼能做出這樣骯髒的事！」可當我看到他，我只感到背叛的刺痛，什麼也說不出來。我拿起附近桌上的一個盤子，對著諾哈那身旁的牆使勁砸過去。這是我第一次對他施以暴力，我不是衝著他砸，我只是想砸點東西。諾哈那的眼睛濕潤，低下了頭，在我砸盤子的時候一動也不動。他看上去

彷彿知道我是多麼生氣，我的生氣多麼合理，他多麼可能受到我的斥責。顯然，他也在詛咒他自己內心背叛我的一部分──至少我是這麼理解的。他整個的樣子讓我覺得無言的可憐，我也垂頭走了出去。

這主角接著來到三樓，對同事道歉，表示自己犯了錯，不該把庫房的鑰匙放心交給諾哈那。

這時候，我隔壁房間的作家也過來了，對我說：「你實在是很信任諾哈那那傢伙，對吧？你知道，你真是徹底信任他。我從一開始就發現了，他是個壞人。你看看，現在，你就知道我是對的。」
我的頭腦發暈，就算諾哈那讓我那麼失望，我還是相信他，我還是愛他。我不想對印度人絕望，我願意相信印度人。

除了偶爾一兩次提到軍官們「上前線」，戰爭在這個故事裡顯得很遙遠，也不是故事的主題。這是一個絕佳的例子，顯示在共榮圈下的日本人如何開始接手「白人的負擔」。在這個故事裡，這個負擔意味著僕人造成的麻煩，以及日人無法讓印人保持誠實，聽自己指揮。這一失敗，以及面對貧窮印人，作者所感受到的道義上的不足，從一開始日常生活的一瞬間，演變成一個奇妙而意外的心理案例。在這裡有性格上的衝突，有被其他民族理解的急切想望，還有作者初次接觸海外印人後的自我反省。這接觸是種傷痛，但尾聲倒並不悲觀。

有意思的是，在這場殘暴的戰爭進行中的當下，竟然會有

份日本雜誌，願意刊登這則故事——這個故事更像出自毛姆的手筆，而不是戰鬥中常有對痛苦和死亡的文學表現。

高見順繼續以一種好奇、古怪和探索的態度在緬甸遊走，似乎戰爭對他根本不存在。另外一個關於緬甸的日本文學作品則直接描寫戰爭，但卻仍保留距離感，這就是竹山道雄（Takeyama Michio）的《緬甸的豎琴》。這本書的描述直接了當：一個在緬作戰的日本中隊被稱作「歌唱中隊」，因為他們的隊長教士兵合唱，部隊走到哪裡就唱到哪裡。其中一名叫水島（Mizushima）的兵長擅長演奏緬甸豎琴，為戰友的歌聲伴奏。當這支中隊被遣送回日本時，他們臉上掛著笑容，有別於其他所有的日本兵。

戰爭結束時，這支部隊正被圍困在一個緬甸村裡，水島彈奏起《埴生の宿（我的小屋）》的曲調，這也是在英國廣為傳唱的民歌《可愛的家（Home Sweet Home）》。旋律感動了圍村的英軍，他們進入村莊，與日軍和解，所有敵意就此放下。之後，英軍還要求水島幫忙勸降不遠處另一支日本中隊。水島同意跟去，卻再也沒有回到自己的部隊。後來，當這支中隊在俘虜營地等待遣返的時候，有時會看到營地邊有個穿黃色袈裟的僧人，肩上站著一隻鸚鵡，樣子非常像水島。

回國之前，大家都為水島沒歸隊感到可惜，覺得他們隊裡的英雄放棄了他們。不久之後，那個僧人來到營地旁演奏起緬甸豎琴。果然，這人正是打扮成緬人的水島。他還交給隊長一封信，解釋了所發生的一切。在回國的船上，隊長給大家朗讀了這封信。水島說，他那時候沒能成功勸降另一支部隊，結果他們都戰死了。於是他往南走，打算歸隊，卻在一路上看到無數具未能下葬的日軍屍體。他在路上被克欽部落收留，得到照

第十二章　戰後回眸

顧，克欽長老還想把女兒嫁給他，條件是他要曾經殺過人也吃過人，但因為水島沒法證明自己有，只好取消婚約。最後水島決定成為僧人，追尋緬人平靜的愉悅，也幫助埋葬日本陣亡將士。

就題材而言，這個故事很有意思。作者竹山道雄從未到過緬甸，僅從二手資料上知道這場戰事。故事裡的事實部分很容易追溯出來源。「骷髏路」沿路上的無數屍體來自因帕爾戰役的報告；錫當河引述來自兩年前出版的《大東亞戰爭秘史》，那裡收集了戰地記者的一系列新聞報導。[75] 同樣來自這份資料的，還有對奇怪食人部落的描寫，提到他們樂意把部落的女人嫁給日本人。不過在原文中說的是阿拉干人，不是克欽人。而最初因《可愛的家》旋律而和解的故事（這完全是虛構），直接來自一戰時期一九一四年聖誕節在歐洲前線戰壕上發生的傳說。

有趣的是，竹山在小說中使用這些資料，確切地說是使用他本人在鎌倉的二手書店，找到的資料作藍本進行創作，但這些材料沒能為小說帶來自然主義的風格。事實上，這是一本幻想作品，目的是向讀者傳達信息。一開始，這是一本兒童書籍，但像許多其他作品的命運一樣，後來變為成年人讀物，還被搬上大銀幕。電影的主題是五十年代中期流行日本的反戰風，但在這裡更強調的是佛教。從某種程度上說，這不像是小說，而更像佛教教義宣傳冊，體現了當時在緬甸的一些日本人的觀點。他們覺得在緬甸流行的強烈到近乎狂熱的小乘佛教，與日本本

75　Tamura Yoshio（田村良夫）ed. *Hiroku Dai Toa Senshi: Biruma hen*（大東亞戰爭秘史：緬甸）, Tokyo, 1953.

土半死不活的宗教現狀形成鮮明對比。於是，這本書自然而然超越了小說的界限，進入宗教領域，而戰爭的可怕更被排拒於外。一九五六年導演市川崑（Ichikawa Kun）忠實地將之改編為電影《緬甸豎琴》，還配上極為優美的樂曲。

跟竹山一樣以小說作傳達管道的，還有理查·梅森（Richard Mason）寫的小說《風不能讀（The Wind Cannot Read）》，可以說是現代版的《蝴蝶夫人》。唯一不同的是，此處是日本女主角拋棄她的愛人，不是因為不愛對方了，而是因為她自己患上腦疾。和《緬甸豎琴》一樣，這本小說也部分基於事實。一名年輕英國軍官在戰時的印度學習日語，愛上了年輕漂亮的日語教師，她同時也兼任新德里日語電臺新聞的播音員。後來，軍官在因帕爾戰役中被俘，為了聽到愛人的聲音，被俘的軍官說服日軍無線電操作員播放新德里新聞頻道。在成功逃脫後，軍官去日語教師接受手術的醫院看望她，卻因為晚回了一天，愛人突然死亡，錯過了機會。故事簡介已可以明顯看出感情在這裡的分量。不過，曾經跟作者一同參加因帕爾戰役的斯托瑞（Richard Storry）告訴我，考慮到這本書的出版日期，它其實對英國讀者大眾起到了相當微妙的影響。本書在一九四六年十二月出版，那時戰爭才剛結束，沒有人有心情感傷，更別說對日本人有好感了。而且雙方關於戰爭的作品都很少描述敵人，例如敵手如何作戰，如何在戰場上繼續保持常人的情感，以及如何倖存（如果倖存的話）。而這裡，理查·梅森跟他筆下的主人翁一樣學過日語，書中努力把日本人當「人」來描寫，表現他們超越殘酷的另一面。書中還有一些非常精彩的描寫，例如主角如何被捕又如何脫險。但更重要的是，本書選擇以一個日本人作為令人同情的關鍵人物。斯托瑞提到，《風不能讀》

的出現,是促使英國讀者重新接受日本人「人性」的關鍵轉折點。當然,一個日本女主角,而不是男主角,會相對比較容易讓人接受。在當時,這確實是唯一一本將日本人當作可接受的「人」而平等對待的書。

其他以緬甸戰爭為背景的小說,例如貝茨(H. E. Bates)的兩本小說,常常表現主角經歷考驗內心糾葛的過程,但沒提來自進犯日軍的材料。一九四九年出版的《藍花楹樹(Jacaranda Tree)》,以小說的方式描寫一群平民逃離緬甸,經受艱苦的環境和疾病的考驗。一九四七年出版的《紫色平原(Purple Plain)》描述的是幾年之後,大約在一九四五年三月,一架皇家空軍戰鬥機墜毀,幾名倖存者不同程度受傷後,如何返回基地的故事。空軍中隊長弗瑞斯特(Forrester)的妻子死在他的臂彎裡,當時他們去倫敦度蜜月,正在夜總會裡跳舞,卻趕上了倫敦大轟炸。從此弗瑞斯特厭惡生活,只尋速死,卻不料為自己贏得勇敢的美名。但有一次,一架飛機在他的機場墜毀,他目睹一名機員在燃燒的飛機的火焰中。從此以後,他不再對人生感到厭惡。

貝茨插入一段感性的情節,就是通過一名叫安娜的緬甸護士,用感情的力量將弗瑞斯特拉回現實。但本書主題是主角努力拯救兩名同行的軍官,布勞(Blore)和新近入伍的卡靈頓(Carrington)。布勞懷疑他們永遠也走不出無邊的叢林,於是在絕望中自殺。卡靈頓受了傷,需要幫助。最後,弗瑞斯特離開卡靈頓去尋找救援,蹣跚中路遇一些那牙族人,而將兩人救回。貝茨的文筆不但成功捕捉了緬中的景色,也呈現出酷暑下的炎熱色彩和微妙細節。

> 他見到低矮灌木叢中伸出的刺,好像驕陽下的針。沙漠像河流一樣,周圍的樹林彷如河岸,這裡永遠寂靜無聲,有種遺世獨立的神祕。他發現他連一隻鳥也沒見過。想到這裡,他記起那隻大烏鴉⋯⋯標緻的白鷺好像夢幻鳥掠過稻田,將生命力帶給乾得起泡的平原;嬌小的綠鸚鵡身上有黃藍斑點,在菩提樹間羞澀地縱身飛過。[76]

在我認為是描寫緬甸戰爭最好的小說裡,也沒有遺漏對自然景色的描繪。不過,那本書的主要優點可不僅在風景。沃爾德・巴斯德(Walter Baxter)的《慈悲俯視(Look Down in Mercy)》是英文小說中,可媲美日本作家大岡昇平(Ooka Shohei),描繪戰爭帶來道德淪喪的的佳作《野火》。跟莫勒(Robert Merle)描寫法軍在敦克爾克撤退前夕和潰敗過程的《珠庫德的週末(Week-end à Zuydcoote)》相似,巴斯德描寫了一九四二年從下緬甸撤入印度,一名英國軍官及其所屬整個部隊體力和道德解體的可怕過程。過程充滿無休止的嚴苛及殘忍,但在信念上帶有非常絕望的氣氛。主角安東尼・肯特(Anthony Kent)上尉經歷了膽怯、同性和異性的誘惑、遺棄傷員、謀殺屬下,而本人就是兇手,最終在安全抵印後自殺。

因為敵人並非巴斯德刻畫的對象,跟《風不能讀(The Wind Cannot Read)》不同的是,這裡沒有過於著墨日本兵的個體形象。每當敵人出現,他們幾乎總帶著無名的殘忍。肯特的一名手下,在水池中游泳時被日軍盯住:

---

[76] *The Purple Plain*, p. 205.

第十二章 戰後回眸

凡納（Venner）光著身子坐在石頭上，手臂抱膝，嘴裡叼著煙。後面兩碼處，站著一個高大的人，軍裝看上去很邋遢。他左腳向前小心挪出一步，有樣東西從凡納腦後閃現，從右到左，劃出一道弧線。他的腦袋撞到自己的左膝，又彈落石頭上，最後滾進池中。一汪血噴向空中，澆溼了他慢慢倒下的赤裸身體。那大個拾起凡納的上衣，擦拭軍刀時，似乎在笑。他回頭招了招手，兩三個人從隱藏的地方出來，快步走向他。[77]

日本兵在俘虜們身上澆汽油然後點火，對俘虜們臉上撒尿（這受到一個日本軍官批評），當肯特拒絕透露情報時，日軍就拿刺刀捅死俘虜（但屬下們的死亡，並沒使肯特開口，只有當他本人受到威脅時，才最後招供）。巴斯德似乎沉迷於製造痛苦，以及個人頑強可怕的求生意志，哪怕這意味著付出道德淪喪的代價。肯特跟他的勤務兵安森（Anson）有同性戀關係，當兩人渡河潛逃時，他們留下一個苦苦哀求跟他們一起逃走的傷員：

「我一定再也不喊叫了，真抱歉我弄出了聲響。你們準備走的時候，千萬記得帶上我。」肯特繼續游水，他的下巴高高抬起，避開水浪。他想，就這麼被同伴丟棄一定非常糟糕，那人受了傷，孤孤單單。但

---

[77] *Look Down in Mercy*, p. 48.

他告訴自己，此事他無能為力，完全幫不上忙。他希望自己能對那人有點同情心，但每當安東尼・肯特更確信他自己，會繼續存活的時候，他所能感受到的，卻只是快樂和解脫慢慢充滿了整個身心。[78]

肯特的自殺，一定程度上是個意外，但可以看作一種他對生前經歷的道德解體的救贖。

弗朗西斯・克利佛（Frances Clifford）的小說《戰鬥就要贏（A Battle is Fought to be Won）》中的主角吉林（Anthony Gilling）也經歷了自我救贖的過程，但比巴斯德筆下的肯特上尉要直接得多。吉林是個年輕的銀行職員，後來成為緬甸軍一名軍官，強烈意識到自己在戰陣經歷不足，以及他副手，一名克倫族中尉（subadar）[79]的豐富經驗。當然，吉林害怕受到恐嚇，但同時也確實被日軍的暴行嚇得手足無措。他的同袍一名軍官受傷被俘後斬首，頭被刺刀挑在一輛牛車上；他的兩個手下被閹割，生殖器砍下來塞進嘴裡，再用麻線把嘴縫上。

這時段跟《慈悲俯視（Look Down in Mercy）》相似，而且與一個狂敵交手帶來的震驚也一樣，但克利佛的心理刻劃更直接。吉林的內心恐懼持續不斷表現出來，但與之對應的是他的行動，他客觀上的勇敢行為與主觀意志上的怯懦成為對比。在書的最後，吉林為了幫助手下士兵以及他認為還是對自己有怨意的蘇巴達能安全脫險，單槍匹馬回去拖住日本人（這跟海明威《喪鐘為誰而鳴（For Whom the Bells Tolls）》的結局一樣）。

78　同上, pp. 185-186.
79　譯註：英印軍中當地人的一種軍銜，相當於英軍的中尉。

最後，是年老的蘇巴達活了下來，傳頌吉林的事蹟。

儘管有些描寫相當殘忍，《戰鬥就要贏》並沒有出乎意料的情節，結尾也很平凡。其實，在所有關於緬甸戰爭的英語文學作品中，只有《慈悲俯視》讓我們看到人性最終、最根本的毀壞，這是一個超越了我們所熟悉的冒險故事之道德邊界最極端的例子。

也許只有方德波（Laurens van der Post）的《影子酒吧（*Bar of Shadow*）》與《種子和播種者（*The Seed and the Sower*）》才全面嘗試同時分析敵我雙方。跟這裡提到的幾乎所有作品一樣，他的書被改編成電影，並且跟其他作品一樣，無疑會產生深遠的影響。但他對日軍的刻劃有所不同，而且，至少其中有一個人物：噩夢般的日本兵長原（Hara）被描繪成卡通中的諷刺人物，使得整個文字讀來產生類似宣傳漫畫的效果。

> 他的手臂特別長，看上去及膝；相比之下，他的腿就很短，非常粗壯又彎曲。跟著我們的水手於是叫他「短劍老腿」。他滿嘴大黃牙，誇張的鑲上金邊，他的臉方方的，前額如猿人般低垂。

我相信方德波自己在寫下這些文字的時候，也意識到這太像一篇宣傳稿，於是加了一些修改。

> 但他的眼睛長得非常好，似乎跟身體其他部位的特徵很不協調。對日本人來說，這雙眼睛過於寬和大……令人驚訝的是，這雙眼睛拯救了整個外貌，免於落入可笑的卡通人物的俗套。要是注視著這雙眼睛，

人們所有嘲弄的想法都消失了,因為他們意識到,看上去那麼古怪的這個人,有種歐洲人無法理解的神情,是多麼專心而且特別無私。

方德波告訴我們長原(Hara)是如何以「一種冷漠、堅定、精明、老練的鋼鐵意志,管理戰俘營,彷彿化身掛在『史前』的褲襠胯上,那柄祖傳雙握巨劍的鋒芒。」我認為「史前」的這個形容詞為全文定了基調。Hara 是否就是方德波創作「神秘東方的」的新版「天皇」或是「溥滿洲」[80]呢?他們的舉止,歐洲人無法理解,其行為不出自理性,而來自血液中無法解釋的衝動。他筆下的日本人,正像動植物,完全依照宇宙自然規律來運行,這是歐洲哲學家所無法想像的。也沒有其他的民族會將死亡和自我毀滅,如此的美化。他們否絕個體的需求,激勵他們的是一種天性,像煞血液中的細胞:「為保衛整體,每秒可死百萬個」。

環視筆者提到的所有作者中,方德波有最直接的日本經驗,也曾在日本生活過,令人驚訝的是。他對日本的觀點,被他個人內心深處黑暗之神所主宰,並臣服於普羅大眾既有的認知。[81]

當然,方德波(van der Post)的觀察只能與緬甸戰事對比。其書主題在爪哇的西方戰俘,戰俘與看守之間總有一種特殊的關係,很難將之作為普遍現象。同樣的問題也出現在遠東戰爭

80　譯註:日本天皇(Mikado)和滿洲國溥儀皇帝(Fu Manchu)兩者都是當時西方流行文學中,被誇張醜化的東方人物。

81　依據方德波書所改編的電影,用了兩名流行歌手:博威(David Bowie)和坂本龍一(Sakamoto Ryuichi)來作為各自民族的理想代表。這種手法,究竟會如何影響或加強大眾的接受度,有待觀察。

小說中最有名的一本《桂河大橋（*Le pont de la riviere Kwai*；*The Bridge over the River Kwai*）》。它多年以來，是法國中學會考的材料，這充分反應了小說流行的程度，而不是流行的原因。皮埃爾・布勒（Pierre Boulle）這部作品跟方德波的作法如出一轍：以絕美的自然景色和恐怖的人為環境作背景，在英軍成為日軍俘虜的前提下，檢視英日間的互相敵對。但其立意完全不同，布勒其實是以自己的方式，接續了法國作家安德列・莫法（André Maurois）所描寫一戰的親英作品《布朗柏上校的沈默（*Les silences du Colonel Bramble*）》。作者在戰前曾是馬來亞的橡膠種植者，後來在緬甸、中國和印度支那參戰，被俘後成功逃走。戰後，他成為一名作家，作品包括享有盛名的科幻小說《人猿星球（*Planet of the Apes*）》。因為偏愛英人性格中的俏皮詭詐和機智，他塑造尼可遜（Nicholson）上校，泰緬鐵路工地上這個英國高級軍官的形象。也許有人覺得這本書跟《種子和播種者》一樣，是游離在我們所探討主題的邊緣，因為這些戰俘是從另一場戰爭中被俘來的。然而，我認為跟方德波的故事同樣有趣之處，在於它將衝突設在敵對的一組既定人物上。這裡，尼可遜/齋藤這對人物，承擔了前者方德波/長原（Hara），和塞里爾（Celliers）/與野（Yonoi）組合的設定。在大衛・連（David Lean）執導的電影中，演員亞歷・堅尼斯（Alec Guinness）的形象，加上在異國他鄉隨口哨吹出舊調《柏忌上校進行曲（*Colonel Bogey*）》[82] 走向永生，極傳神地展現布勒的文字，使之幾乎成為舉世傳頌，描述二戰時期英日衝突的神話。

82　譯註：桂河大橋電影主題曲。

書中這神話,雖然對英國讀者很有吸引力,卻非真實。故事說的是一群日本軍官因為不懂造橋技術而感到憤怒,於是尼可遜手下的軍官為他們解圍,設計並建造出一座橋給日軍做練習,以此保持日軍士氣。這段鐵路之前有歐洲工程師探勘過,結論是完全不可能修建。但事實上,這條長達 300 哩,穿越大片野地和熱帶叢林山地的鐵路,是由日方設計,並強迫當地勞工和盟軍戰俘在相當短(不到一年)的時間裡建造完成並通車的。日本人絕對有能力設計和建造他們需要的橋。也就是說,日本人從技術上來說,一點不比西方的對手差。

　　另一方面,布勒描寫的尼可遜不顧是否背叛而投身(但純粹出於愛國之心)造橋,是戰俘或多或少有的一種感覺。研究該部英文小說的歷史學家瓦特(Ian Watt)本人就是修此鐵路的一名戰俘。他說:

> 　　我必須承認,尼可遜對建造大橋近乎瘋狂的執迷,是我們作為戰俘的一種無休止挫折的絕望反應。不管我們怎樣憎恨日本人和他們的鐵路,月復一月,我們很難不投入這項工作。我們的生命,曾經是一個漫長而無意義的妥協,它夾雜在我們對責任的認定,和我們做為工人的本能之間……。[83]

　　該部電影對小說做了不少改編。出於商業而非藝術的考量,必須加一個美國明星,於是有了希爾斯(Shears)這個美國化的角色,他成功逃離鐵路工地後,成為一三六部隊一員返回當

---

[83] 〈桂河大橋〉《聆聽雜誌》,BBC 出版,1959 年,第八期,卷六,頁 216 及其後的。

地。而日方集中營的長官,不祇是個殘酷嗜殺的醉鬼,同時也是個不得志的藝術家。當然,小說本身已經對史實有所扭曲。眾所周知,尼可遜上校的原型[84]是圖塞(Philip Toosey)上校,原本是英國中部切郡(Cheshire)的商人,他對付日軍的方式,跟電影裡的亞歷・堅尼斯截然相反。瓦特說:「我們已經知道,一旦當面攤牌拚實力,日本人一定會贏;他們有能力,而且從不猶豫使用這種能力。」但是圖塞對日軍的處理法,跟布勒筆下頑固的英雄不一樣。「他是個非常勇敢的人,」瓦特繼續說,「但從不強來,總是給足日本人面子。」他先是用令人印象深刻的軍事炫技震懾他們,然後迷惑他們、討好他們,努力推銷他那個似乎無可辯駁的觀點,那就是有榮譽感的戰士,唯一職責所在:即是做正確的事情。所以,造橋不是個大問題……如果以局外人眼光來看,圖塞令人刮目的成功,顯然稍微提高了我們跟敵人的合作程度。但所有在場的人都知道,真正的問題不是造橋,而是在此過程中多少俘虜會死,會受刑,會崩潰。」圖塞的帶動力和神氣十足的作法,使他成功贏得日本人的信任,同時他自己的人也從來沒指責過他。這跟小說和電影中尼可遜上校被稱為「諂媚日人」的情節完全不同。當電影上映時,圖塞提出抗議,認為把實際發生在鐵路上的事實扭曲是一種侮辱,但無功而返。原作者本人也反對史匹格(Sam Spiegel)和大衛・連在電影的結尾把大橋炸毀。在書中,大橋完好無損,火車是在另一端被安置的炸藥炸出軌道的。而電影工作人員的回答非常自然:觀眾已經看了兩個小時的電影,一直希望出現這個大結局場面;如果讓他們失望,不但不合適,而且無利可圖。當然,

---

84 指事實上,布勒本人並無此意。

所有這一切造神的過程，幾乎抹去了原作的色彩，以及接在那後面更可怕的戰爭實況。

緬甸戰事的參戰雙方至今還沒有人寫出類似《戰爭與和平》那樣有分量的巨著。這是否因為依克默德（Frand Kermode）所說：一戰的存在抹殺了二戰文學出現的可能？一九七五年，他寫道：「如今只有少數年齡在五十歲以下的人，目睹過一九三九至一九四五年間的戰爭，因而很可能（雖然不是完全不可能），他們無法為我們提供一個關於那場戰爭的神話，標準的文學紀錄。」[85] 又或者，照一名傲慢的年輕法國歷史學家的說法，「我們歷史學家已經代替小說家，成為現實的見證者了嗎？」但托爾斯泰本人也沒參加過一八一二年的戰爭。奧斯特里茲（Austerlitz）戰役[86]的發生和托爾斯泰的巨著問世之間隔了六十三年。如果按此推算，那麼在二〇〇五年將出現描寫緬甸戰事的巨作，而那個作者此刻應該才二十歲出頭。《桂河大橋》的改編也許是不可避免，英日雙方的參與者已經有了各自的說法。如今，輪到那些僅透過歷史記錄，從遠距離接觸戰爭的人們，用自己的方式來詮釋這場戰爭。其結果，可能跟一九四一年至一九四五年間在緬甸戰場上的戰士所經歷的真實情感、折磨和偶爾的愉悅，有一些些、或者完全沒有關連了。

第五回　勝歟敗歟留夢中

85　Kermode, 'The words of two wars', *Daily Telegraph, August* 1975.
86　譯註：拿破崙時期的一場著名戰役，也是《戰爭與和平》中描述的對象。

第十二章 戰後回眸

最終的問題,顯然就是小彼德金所言:[87]

「那麼最終,到底帶來了什麼好處呢?」
小彼德金說:
「啊,那我不能說」
「不過,這是場著名的勝仗呢。」

緬甸戰事,跟詩歌中提到的布倫亨戰役[88]一樣,毫無疑問是場著名的勝仗。事實上,如果選擇不同的時間點,雙方都可以將它看作是一場大勝。但是如今我們回顧歷史,看看從過去四十年中到底得到了什麼,要想回答小彼德金的問題,似乎就更難了。卡拉漢(Raymond Callahan)教授研究參戰各方的動機和得失,得出的一些結論,相當強烈,卻不易為人接受。[89]

史林姆的個人成就無可爭議,哪怕在大勝後,有人笨拙地試圖奪走他的指揮權。一九四五年六月,東南亞盟軍陸軍總指揮李斯(Oliver Leese)建議提拔第十五軍的克里迪森(Christison)去指揮第十四軍團,這個軍團當時正為進軍新加坡和馬來亞備戰;而史林姆則從第十四軍團調到仰光,指揮新組建的第十二軍團,任務頗為乏味,是負責肅清木村殘部以及駐防緬甸。[90]李斯的理由是,多年持續征戰,史林姆應該感到

87　編按:十八世紀的反戰詩中人物。詳後。
88　譯註:彼德金(Peterkin)是 1796 年英國浪漫主義詩人羅伯特·騷塞(Robert Southey)所寫的一首反戰詩歌《布倫亨之後(After Blenheim)》,又名《布倫亨之戰(Battle of Blenheim)》中的一個人物。布倫亨戰役發生於 1704 年的德國,是西班牙王位爭奪戰中的一場戰役。
89　Callahan, *Burma 1942-1945*, London, 1978.
90　參見勒溫(Lewin)所著《史林姆》*Slim* 一書中,對此事件的出色描寫, p. 237 et seq.

疲憊，同時他也缺乏馬來亞戰役所需的兩棲作戰經驗。

　　蒙巴頓反對李斯的安排，但後者已經把這一決定私下通知了克里迪森（克里迪森的下屬們還為他辦了告別晚餐），並將自己的計畫電告在倫敦的阿倫布魯克。五月七日，李斯飛抵密鐵拉，親自告訴史林姆這個決定。史林姆的反應，委婉的說就是徹底被這個變動驚呆了。不過他只是通過不接受第十二軍團的指揮權表達了抗議，建議自己還不如直接辭職，而李斯對此很是吃驚。李文（Ronald Lewin）指出，這充分體現出李斯對當下情況的徹底無知。史林姆認為自己是被解職了，而李斯看來，自己只是想在指揮官人選上作個調整，互相的誤解是如此徹底。還好，阿倫布魯克拍電報告訴蒙巴頓，除非蒙巴頓本人親自建議，否則任何人事改變都不算數。

　　當然，蒙巴頓不願見此事發生。其實他也想要史林姆卸下第十四軍團的指揮權，但卻有自己的理由：他想讓史林姆代替李斯在東南亞盟軍（ALFSEA, Allied Land Forces South East Asia）裡的職務，最後的結果也是如此。史林姆短暫休假了一陣子，在此期間克里迪森暫代第十四軍團的指揮職務（這算是對克里迪森受損的顏面作了點補償）。然後，在阿倫布魯克的堅持下，蒙巴頓用史林姆取代李斯，指揮東南亞盟軍地面部隊。這段時間裡，所有牽涉到的人員都很緊張，也是史林姆輝煌大捷中一個遭受個人嚴重羞辱的時刻。不過，就像之前，歐文本打算將他撤職，卻最終被取而代之，這次史林姆又取代了李斯的職務。日軍投降後，史林姆有足夠的自信，可以忽視麥克阿瑟的傲慢指令，按照自己的想法逐一部署。

　　國家層面上的建樹不那麼一目了然。例如，出於美國對華政策而發動的緬北戰役，從來沒能成功建立起美國人所希望的

美國化華軍。而美國感情上的「大中國」,與後來的現實可謂南轅北轍。戰後在中國出現的情況,卡拉漢指出,使美國的政治受到不小打擊。

而英國的勝利也含糊不清。戰鬥本身,當時被看作是一場在錯誤的時間和地點,所發動的錯誤戰爭。失去緬甸後,英國面臨的問題是必須把它奪回來。其實這個目標,按照史迪威的說法,可以在戰後的圓桌談判上更好地實現,而不是花費毀滅性的昂貴代價,費時間、費人力、費資源,發動一場陸上攻勢。當然,是否願意花費這一代價,取決於如何看待此事的終極目的。史迪威和美國人想要國民政府統治下的中國加入戰爭,這樣就可以保證美國空軍的陸上基地,從那裡才能飛到日本諸島進行轟炸。因為這是美國的主要目標,邱吉爾不得不同意發動一場緬北的陸上攻勢幫助史迪威,因為邱吉爾在遠東戰爭的策略,跟他在珍珠港事變之前的外交策略一樣,都依賴美國的援助。

但邱吉爾的目的是雙重的,他也希望英國表現出能依靠自己的軍事力量收復失地,丟失新加坡真是很糟糕。在他看來,緬甸可以提供必要的空軍基地,先是阿恰布,再是仰光,從那裡可以發動對馬來亞的攻擊;就算不成功,至少還可以攻擊蘇門答臘。之後,如果日軍馬來亞防線被攻破,就可以橫掃南中國海,一路打到婆羅洲和香港,順道解放荷屬東印度。這當然是個宏偉誇大的計畫,但只要有充足的海軍和空軍力量,加上足夠的登陸艦,是切實可行的。所以,一九四三年九月建立了由蒙巴頓擔任總司令的東南亞指揮部,為之前十八個月的死亡戰略注入新的生命。在那之前,除了少數例外,真是一場接一場的敗仗。東南亞指揮部的計畫是沿著孟加拉灣做海上鉤拳,

沿阿拉干海岸線，從海路奪回仰光。

在此，兩種戰略發生了衝突。邱吉爾當時也迫切想要加強英國在西歐戰場的優勢，而那裡，唯一在英軍絕對控制下的一個戰場是義大利。當時有計畫在盟軍滯留點以北登陸，然後攻下羅馬。於是歐洲戰場更優先，登陸艦隊為此從東南亞調出，用在地中海。

最後，還是日軍，尤其是牟田口入侵印度的夢想，迫使英國從因帕爾發動陸上反擊。一九四五年一月肅清緬北日軍後，滇緬公路恢復通車，但在當時已經是多餘。接下來的十個月裡，總共只有三萬八千噸物資由此公路進入雲南，而每月靠空運的物資卻達到三萬九千噸。但英國的政治目的，在當時無論如何是達到了，雖然卡拉漢教授認為政治目的從來都不實際。在很短的幾個月裡，以武力重新奪回緬甸，使得一九三七年邱吉爾的野心變得可能：「我的要求小而有限。我希望看到未來幾代裡，大英帝國依舊保有她的力量和輝煌⋯⋯。」

印度軍隊保住了英國在緬甸的帝國，但僅僅維持了幾年，而不是幾代。「在緬甸，我們再也不可能把頭抬得高高的。」[91] 這是一九四二年面對日軍進犯，欽命副專使亞諾（F. H. Yarnold）撤離丹老時說過的話。後來，另一位在緬的英國官員寫道，「一場軍事勝利無法開脫英國在民事上的責任。要是一開始就取得勝利，日本人在邊界上就被打敗，那麼將會讓英國人和緬甸人團結在一起；帝國將被證明是一個可行的措施，緬甸人將繼續承擔一個至少是平等的合作夥伴的角色。若不然，就不行了。一個統治政權，由於自身的疏忽，使得這個國家不

91　M. Collis, *Last and First in Burma*, pp. 181-182.

第十二章 戰後回眸

得不面對兩次進犯,兩次災難,這個政權實在是再也沒有一絲可信度。」[92] 一九四七年為整理印軍歷史,而訪視緬甸戰場的康普頓・麥肯齊,也持相似的看法。他寫道,「我的直觀印象是,我們已經完全無法贏得民心,就應該離開。」[93]

這也是現實裡所發生的事。在史林姆取得大勝後三年,緬甸獨立,並退出大英國協。毫無疑問,日本在東南亞的出現,對此產生相當的推動作用,即使如今他們自己也收拾行裝離開了。日本迫使歐洲勢力再不可能,以自己的方式留在東南亞。卡拉漢教授總結道,「史林姆的勝利,從最好的方面說,讓英國帶著些許尊嚴離開亞洲,而不像法國、荷蘭以及後來的美國那樣糟糕。這也許真不是件小事。」[94]

這同時也導致了印度軍隊長期以來榮耀神話的破滅,印軍是造成日軍在亞洲大陸最大慘敗的軍事工具。鮑威爾(Enoch Powell)寫道,「(在下意識中,)英印帝國成為一個奇蹟,一個英國人和印度人共同的夢想,哪怕在許多其他取而代之的夢想和幻覺出現之後很久,當人與人相遇時,這個夢想仍在繼續。」[95] 這不僅是夢想,而是合作與共生,憑藉長距離、愛和誤解而維繫,印度軍隊就是這個共生體最好的表現形式之一。之後,在德里紅堡對印度國民軍領袖的審判,出現可笑的量刑,以及對這一審判不可避免的政治解讀和利用;再後來,印度軍隊隨著南亞次大陸上的印巴分治而相應撕裂。所有這一切,此

92　同上 , p. 182.
93　Mackenzie, *All Over the Place*, p. 84.
94　Callahan, 同前書 p. 164.
95　Enoch Powell, 'The imperfect dream: a return passage to India', *The Times*, 7 May 1983.

刻都還沒有發生,印度國民軍英勇作戰,以閃電般的姿態攻入緬甸首都。

在馬來亞面臨種族歧視時,軍隊的忠誠承受了嚴竣的考驗。新加坡陷落之後,成千上萬徵召入伍的印度新兵,很容易被日軍宣傳攻勢所誘惑。但總體而言,直到印巴分治徹底終結這支軍隊之前,印軍在最後時刻,出色地完成了英國宗主下達的任務。也是因為分治,有關統一的印度軍隊英勇作戰的描述,幾乎帶有一種天鵝湖般的最後的哀傷。這種傷感的告別情緒,在安東尼‧柏瑞特－詹姆斯（Anthony Brett-James）所著《我的電報（*Report My Signals*）》（第 338 至 343 頁）和馬斯德斯的文章都可以體會。後者描述印度師在一九四五年雨季,沿曼德勒而下,穿越緬甸,直入仰光,比一九四〇年由方倫泰（Gerd von Rundstedt）帶領下的德軍穿越法國的速度,更加迅雷不及掩耳。[96]

> ……穿過日本人嘗試建立的帝國廢墟,又被我們原來的帝國奪回來。在漫天飛揚的塵土中,印度追逐著她自己未來的容貌。二十個種族、十多種宗教、幾十種語言,都可以在卡車和坦克上找到……。沿路排列的樹下,飛灰更濃,直到機械化隊伍雷鳴般地進入黃色隧道:先是坦克,上面坐滿步兵;然後是裝滿士兵的卡車;之後是更多的坦克,首尾銜接,飛速駛過,機槍、更多的卡車,更多的槍……這是歷史上最後一次,舊式的印度軍準備進攻。此時此刻,距離尊貴的

---

[96] 譯註:Gerd von Rundstedt 為二戰中的德軍元帥,以閃電速度拿下法國著稱。

東印度公司在印度東海岸徵召第一批 10 名士兵，已經過了整整二百五十年……。[97]

場景確實是很壯觀。但它是父權式的，這也是其所以終結的原因。柏瑞特－詹姆斯（Brett-James）筆下的印度兵雖然深受愛護，卻並非平等，無論如何不能視為平等。對馬斯德斯而言，這支軍隊和這帝國是他和他的先輩創造的。對印度自己的人民來說，一九五八年軍事史家在驕傲紀錄其輝煌歷史時，也注意到了我們此刻看到的情形。儘管「（緬甸戰事）早期，主要作戰力量是阿薩姆前線的印度軍，印度戰區也成功動員舉國資源，超越極限，讓英帝國在東方起死回生」，但印度軍並非為自己人民服務，也不代表戰地人民的利益。「印度的利益不被考慮，緬甸的理想也沒顧及。」[98]

在這裡收場的，既非軍隊，也非帝國，而是歷史上一個奇異而美妙的時刻。兩個極為不同的民族，愛恨交織，糾纏一起。猶如：哈布斯堡時代在維也納的猶太人和奧地利人；伊莎貝拉一世，斐迪南二世統治以前，[99]在西班牙的猶太、西班牙人和阿拉伯人；或者在十八世紀新教徒崛起時，在繁華都柏林的英格蘭和愛爾蘭人的融合；以及古怪、且好辯的希臘學者，對羅馬帝國榮耀的貢獻。

對英國人而言，最後時刻的到來充滿浪漫主義色彩，至今

97　*The Road Past Mandalay*, p. 312.
98　Prasad, *Reconquest of Burma*, I, pp. xxv-xxvi.
99　譯註：卡斯蒂利亞女王伊莎貝拉一世和阿拉貢國王費爾南多二世夫妻二人，於1469 年 10 月 19 日在瓦拉多利德完婚，伊莎貝拉時年十八歲，斐迪南十七歲。後來他們二人完成收復失土運動，從摩爾人手上取下格拉納達，成功驅除回教徒王國在伊比利亞半島的據點，又資助哥倫布發現美洲。

舉國還沒有徹底走出這一思路,因此不難理解為何歷史學家基根(John Keegan)將印度部隊稱為「英帝國中一個最長久,可能也是最亮眼的產物。」[100] 但軍隊本身的結構,恰可充分解釋為何藤原少佐能如此成功地,從印度的俘虜裡為「印度國民軍(印度名為 Azad Hind Fauj)」招募士兵。那些沒有加入國民軍的,只是出於恐懼,或是想逃走。該部隊自上而下,由父及子,可以說囊括從最高領袖到最底層的少年兵。愛是如此深切,一旦分離會很痛苦。在《含怒回首(Look Back in Anger)》一書,作者奧斯本(John Osbourne)描寫在那悲喜交加的懷舊時刻,印度軍內部的英國軍官與屬下道別。這描寫真實而感人,不是誇張的諷刺。但這份關係裡,缺乏一個愛的基本要素:平等。

英國的盟友和敵人,要對帝國的崩潰,承擔幾乎相同的責任。羅斯福本人就代表了一群美國人的想法,堅決反對用美國的軍事或經濟力量,支撐舊殖民領土,而且不論是思路上還是語言上,不時提及放棄印度支那、香港和其他殖民領地。一九四五年一月,戰時英國殖民大臣斯坦利(Oliver Stanley)與羅斯福交談時,後者愉快地告訴他,「對緬甸⋯⋯我們實在不知該如何處理。」[101] 通過軍事棄權和外交壓力,美國幫助日本完成了最初的目標:終結歐洲對亞洲的殖民。

於是科希馬英軍紀念碑上的文字顯得如此憂傷:

　　　　When you go home　　　當你回了家,
　　　　Tell them of us, and say: 告訴鄉人咱們的事,說:

100　In a review of P. Warner, *Auchinleck: the lonely soldier*, The Sunday Times, 22 xi, 1981, p. 42.
101　參見 W R Louis, *Imperialism at Bay*, p. 437.

> For your tomorrow,　　為了你們的明日，
> We gave our today.　　我們獻出了今天。

在緬甸陣亡的士兵們，犧牲了自己的今天，但無論如何，卻並不是為了國家或者帝國的明日。一九四五年的英國民眾，也不會支持用武力鎮壓新的後殖民政權。因此，卡拉漢教授的說法大致是對的。他認為所留下的，只是史林姆軍事輝煌的記憶，而不是倫敦政府可能盤算的、任何立竿見影的政治利益。

緬甸人民也不是受益者，這個國家依舊分裂。英雄翁山在權力的門檻前被無情暗殺；他的繼任者悟努，被三十志士的另一名成員尼溫將軍踢出權力核心；克倫族還沒取得為自由而戰的勝利；阿薩姆山區的那牙族人，持續與印度政府爭鬥，要求解放；撣族和克欽族跟仰光政府交戰；[102] 為了獲得可以生產及出售鴉片的自由，撣族跟泰國政府交涉。戰爭沒有解決任何問題。

而且，日本人當然也回來了。不光是以更可接受的商人身分，而且帶著熟悉的虔誠。他們成群結隊，訪問緬甸和阿薩姆，手持地圖和照相機，在舊戰場上尋路。他們使用標尺，還不時出現在無名但標號的山間。那裡的山谷中，有破碎和腐蝕的坦克，炮孔裡長出竹子；那裡，他們找到成堆的屍骨，通常已被當地人挖出重埋。他們取骨骸焚燒，從灰燼中取回象徵性的一把骨灰，帶回日本，供在神龕，將其餘的骨灰撒在欽敦江、伊洛瓦底江或錫當河裡。日本士兵一直都強烈希望死後部分遺體，不論以何種方式，必須回歸日本土地。無論當年的戰友，還是

102　參見 Ian Fellowes-Gordon, *The Battle for Naw Seng's Kingdom*, London, 1971.

今天的參觀者,都一直為他們履行這最後的願望。這些日本人當然受到印度和緬甸政府的歡迎,政府還派出人員陪同。其中一隊由藤原岩市帶領,他曾是牟田口的少佐參謀,如今是日本新部隊的退休中將。最近對科希馬的一次訪問中,藤原參觀了英軍公墓,並為之祈福。回日本後,他給英國女王寫信匯報自己的旅行,告知那些墳墓受到很好的照顧。女王的回信,是他最珍視的一件寶物。

也許,十七世紀的日本詩人松尾芭蕉(Basho),早已道盡世上所有戰爭的終結:

夏草や　　　　　　夏日草場,
兵どもが　　　　　遺留戰魂,
夢の迹。[103]　　　夢的遺跡。

103　譯註:出自芭蕉俳句《奧の道(奧州道)》。

附錄

附錄一
傷亡人數

　　戰後出任法國首任文化部長的名作家安德烈・馬樂侯（André Malraux），曾這樣寫道：戰爭之目的就是盡一切手段，將金屬彈片貫穿人體。我們已用稍微簡化的方式，編製了這幾份緬甸戰役的「資產負債表」，藉以比對這場在遠東的戰爭所付出之人命成本。

　　緬甸戰役是場既血腥，又損失慘重的戰鬥；然而，最初日本征服緬甸時，所付出的代價卻相對低廉。她奪取這整個國家的成本，僅約2,000人死亡。就如同攻佔馬來亞與新加坡時，僅付出了大約3,500條人命一樣低。換言之，日本僅付出了微不足道的5,500條人命代價，就席捲大英帝國在遠東的大部分領地。但另一方面，英國反攻時，若忽略不計其使用大量印度籍的印度軍，而僅計算英國自己所屬部隊的損失，那麼英國人也只以不到5,000條性命的代價就奪回緬甸。至於馬來亞與新加坡，更因為日本先行投降，而讓英國未犧牲一兵一卒的代價，就重新收復失土。因此，日本與英國這兩個強權雙方的陣亡負債表，大致相當。較大的損失就由印度部隊，以及中國─這個讓英國心不甘、情不願的盟邦所承擔。

　　我很難光從這些數字做推理、比對，並找出其中一致之處。當史坦利・查爾斯（Stanley Charles）與我，於一九四五年編寫日本第十五、第三十三與第二十八軍及其所屬師團戰史時，我曾設法從勃亞基（Payagyi）戰俘營之日軍參謀們就當時的回

憶與筆記當中，取得相關數據。不用說，有些數字當然很粗略，但在其他案例裡—特別是第二十八軍，其數據卻與於戰後多年出版的文獻，或取自盟軍佔領初期，日本政府復員局的數字相當吻合。但是，日方既沒有必要在劃分戰役時，沿用與我方相同的戰鬥地境線，也沒有必要使用相同的會戰起訖時間。更甚者，日方的分類中，有時會將戰場病患列入傷亡之內，有時卻又摒除不計。這就像緬甸戰役初期英軍的失蹤者統計中，包含了淪為日軍戰俘者一樣，有著許多稍不留心，就會錯過的細節差異。總之，在此先將這些問題存而不論，試著以下列的圖表比較參戰雙方的兵力與傷亡。

首先，下表是以主要會戰為區分的比較表：

附表1-1　參戰雙方傷亡對照表
（括弧內為陣亡人數）

作戰名稱（與日期）	英軍及大英國協軍傷亡人數	日軍傷亡人數
第一次緬甸作戰 （1941.12.25- 1942.05.12）	13,463（1,499）	約2,431（1,999）
第一次阿拉干作戰 （1942.10.23- 1943.05.15）	5,057（916）	約1,100（400）
第一次溫蓋特作戰 （1943.02-06）	1,138（28）	205（68）
第二次阿拉干作戰 （1944.02-07）	7,951	5,335（3,106）
第二次溫蓋特作戰 （1944.03-08）	3,786（1,034）	5,311（4,716）
因帕爾/科希馬作戰 （1944.03-12）		
首戰（阿薩姆） 　科希馬作戰 　因帕爾作戰	920 4,064 12,603	 5,764 54,879（13,376）

橫渡伊洛瓦底江；曼德勒（1945.01-03）作戰	10,096（1,472）	日軍第十五與三十三軍在兩次會戰中的損失合計：
密鐵拉（1945.02-03）作戰	8,099（835）	12,912（6,513）
瓢背到仰光	2,166（446）	7,015（6,742）
仰光到日本投降（突圍及錫當河灣）（1945.05-08）	1,901（435）	11,192（9,791）
總計	**71,244**	**106,144**

其次，柯比（Kirby）就科希馬—因帕爾戰役時的英軍傷亡，列出了下列這張有趣的分類清單：

附表 1-2　科希馬—因帕爾戰役英軍部隊傷亡詳表

科希馬	第三十三軍團	95
	第二師	2,125
	第七師	623
	第一六一旅（第五師）	462
	科希馬守軍 / 欠女王皇家西肯特郡團（Queen's Own Royal West Kent Regimental）	401
	第二十三遠程特遣旅（long-range patrol，LRP）	158
	第一阿薩姆團	約 200
	（小計）	4,064
因帕爾	第四軍團	677
	第十七師	4,134
	第二十師	2,887
	第二十三師	2,494
	第五師 / 欠第一六一旅	1,603
	第八十九旅	219
	印度第五十空降旅	589
	（小計）	12,603

將阿薩姆的前哨戰中第十七師與第二十師傷亡的 920 人包含在內,則中央戰線的傷亡總數達到了 17,587 人(920 + 4,064 + 12,603)。在桑薩克一地,日本人估計的數字與英方大致相當:日方稱英軍的損失中共有 499 人陣亡或負傷,另有 100 人成為戰俘。

關於上表的內容,多少有需要稍加說明之處。華軍雖然在美軍的支援下執行作戰,但美軍卻沒有提供華軍全盤的傷亡清單,故華軍的傷亡數字很難推算。再者,日本方面能提供的數據,也不過只有概略粗估的程度。駐印軍北部作戰司令部(Northern Combat Area Command,NCAC)最初擁有的華軍兵力約 30,000-25,000 人:包括了新二十二師、新三十八師,各有約 12,000 名兵力組成,[1] 其餘為分批從中國運抵的新五十師。而兵力不到 3,000 人,名為「加拉哈(GALAHAD)」支隊的美軍步兵部隊,則蒙受了慘重的傷亡。其後繼的「戰神部隊(Mars Force)[2]」則是由大致同等規模兵力(3,100 人)所編成的單位。盟軍東南亞戰區司令部(South East Asia Command,SEAC)所屬的美國陸軍,大多派去擔任築路工程,至一九四五年四月時其兵力共計為 12,097 人。關於最重要的密支那戰役中,參戰的史迪威麾下部隊的戰鬥傷亡,羅曼斯(Charles F. Romanus)與桑德蘭(Riley Sunderland)提供了

---

1 譯註:原作者誤植為「第二十二師與第二十八師」。
2 譯註:美軍加拉哈部隊傷亡嚴重,尤其因染阿米巴痢疾生病的特別多,相對中國軍隊喝煮沸的水,生病較少。參考〈https://en.wikipedia.org/wiki/Merrill%27s_Marauders〉。因此又由主力為第四五七步兵旅所組成 3,100 人的 Mars Forces(Mars Task Force)。參見:*OVER THE HILLS AND FAR AWAY The MARS Task Force, the Ultimate Model for Long Range Penetration Warfare* by Troy J. Sacquety, PhD。〈https://arsof-history.org/articles/v5n4_over_the_hills_page_1.html〉

下列的數據：

附表 1-3 密支那戰鬥中‧美‧日三國部隊陣亡、負傷、患病人數對照簡表

	陣亡	負傷	戰場病患	備註
華軍	972	3,184	188	
美軍	272	955	980	
日軍	790	1,180		（日軍部分譯者提供）[3]

與上述中美聯軍的傷亡數字對照，密支那的日本守軍在高峰時約計3,500人；到一九四四年七月底為止共有790人戰死、1,180人受傷，總計傷亡1,970人。惟美軍估計同時期日本在密支那共有4,075人遭擊斃。此外；美軍的戰史編輯群也列出了為打通滇緬公路，華軍在薩爾溫江前線陣亡7,675人的數字。

依附表1-1所得出的日軍傷亡總數，還遠少於日方自行估計之在緬甸陣亡者總數。彼等算出的總數係依據一九四一至一九四五年間派往緬甸的日軍總數303,501人，減掉戰後從緬甸回到日本的人數118,352人，得出兩者之間的差額是185,149人。換言之，日軍陣亡人數將近為英軍及大英國協部隊陣亡者的13倍。

英方一定低估了一九四五年夏季，櫻井省三中將率領的第

---

[3] 譯註：「密支那戰鬥（Combat of Myitkyina / Fight of Myitkyina）」名稱見國防部史政編譯局編，《抗日戰史》臺北：國防部史政編譯局，1990，冊九，頁350-351、394-408。

二十八軍,在勃固山脈的兵力。英軍第四軍團(一九四五年五至八月第四軍團作戰口述紀錄之附錄 B)判斷櫻井第二十八軍的總兵力約有 16,000 人;英國第十二軍團在戰爭剛結束時,估計日本第二十八軍的兵力約為 19,000 人,並判定其中有大約 11,000 人戰死或成為俘虜,並有 500 名病患遺留於勃固山脈之中。曾任櫻井參謀的山口(Yamaguchi)少佐,給了我一份從勃固山脈突圍時的詳細兵力部署說明,指出作戰發動前的兵力是 30,872 人、突圍後是 13,953 人。據此,其損失總計達 16,919 人。但是,在該資料中又附記:第二十八軍於投降之後,列出有 4,000 人失蹤,2,000 人患病,剩下的死亡人數正好估算是 11,000 人。日方的傷亡數與英國僅僅只有 95 名的陣亡人數相較,顯示了這場戰役中最大的差異。在這些數據之中,無論採用哪個數字,日軍傷亡的比例都是非常驚人的。當櫻井的勃固山脈突圍計劃成案時,他心中所想的無非就是「死裡求生」。如果戰爭還持續的話,就算喪失了大半的兵力,但能救出剩下的半數將士,就還有再打下去的意義吧。然而,突圍行動結束不過幾天,日本就投降了,數萬將士的犧牲終究化為徒勞。

至於英軍方面的數字,也有著令人觸目驚心的對比。在整場對日戰爭中英軍與大英國協軍的傷亡總數為 227,313 人,緬甸戰場的損失就佔了其中的三分之一,但這並不意謂遠東傷亡總數中的死亡人數有所增加。這是因為加上了官方戰史最後一冊中記載的「失蹤和被俘」之 127,800 人,而成的數字。倘若單看與英國本土官兵有關的數字,則來自英國本土的官兵陣亡於緬甸戰場的人數不到 5,000 名;相當於緬甸陣亡的英軍總人數三分之一左右、而印度軍陣亡人數有三分之二。而在英國本土就有超過此數 12 倍(65,095 人)的人死於空襲,商船乘員

的死亡人數也超過此數的 6 倍（30,248 人）之多。

在日本方面，此戰場與國內傷亡差距，雖不若英國如此尖銳，但也呈現相同的趨勢。日軍在緬甸戰場戰死了 185,149 人，相較之下美軍對日本列島的空襲就造成了 241,000 名日本人的死亡。儘管日軍派往緬甸總兵力的五分之三喪失於當地，但這仍只佔了二次大戰期間日本損失人數（約 2,300,000 人）的十二分之一。最後，大英國協軍的損失（73,909 人，其中 14,326 人陣亡）更只佔了盟軍東南亞戰區（SEAC）地面部隊的（約 100 萬人）區區十三分之一而已。

＊資料來源：
- 佛蘭克林・梅勒編（W. Franklin Mellow），《死傷者數與醫療統計》（Caualties and Medical Statistics），英國公眾資訊部門辦公室（HMSO），1972。
- 伍德・柯比（W. Kirby）少將等，《抗日戰爭》，第 2-5 卷。
- 日本防衛廳戰史室，《錫當、明號作戰（1945 .03.09-05.15）》。
- 日本防衛廳戰史室，《緬甸攻略作戰》。
- 軍官學校學員戰史（Officer Cadet Histories, OCH），《阿拉干作戰》。
- 日本政府復員局，日本文獻 AL5218，帝國戰爭博物館檔案。
- 《英國遠征軍（LRP）死傷數記錄》，英國戰爭部（War Office）檔案 213／188，國家檔案局藏。
- 第四軍團 1945 年 5-8 月作戰的口述歷史。
- 《東南亞翻譯和審訊中心公報》，第 244 號，《日軍第

49師團簡史》。
- 羅馬努斯(C. F. Romanus)、桑德蘭德(R. Sunderland),《史迪威的指揮問題》,1956年;《中緬印戰區的時間消耗》,1959年。
- 土屋英一編,《第28軍戰史》,東京:私人發行,1977。
- 英國第十二軍團,《日人所估日軍緬甸作戰統計》,仰光,1945.12。
- 〈日軍緬甸傷亡統計表〉;〈日軍錫當突圍戰傷亡統計表〉,兩表由本書作者收藏,山口立少佐(後升任陸軍中將)提供。

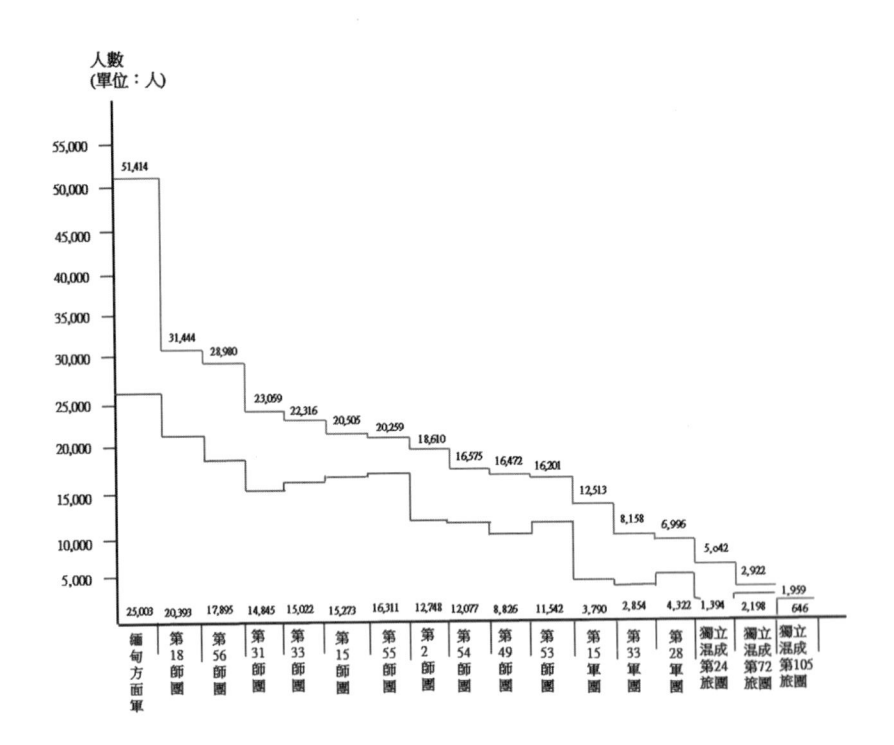

附圖 1-1　日本在緬甸戰區編制與陣亡人數對照圖

部隊	編制人數	陣亡人數
緬甸方面軍	51,414	25,003
第18師團	31,444	20,393
第56師團	28,980	17,895
第31師團	23,059	14,845
第33師團	22,316	15,022
第15師團	20,505	15,273
第55師團	20,259	16,311
第2師團	18,610	12,748
第54師團	16,575	12,077
第49師團	16,472	8,826
第53師團	16,201	11,542
第15軍團	12,513	3,790
第33軍團	8,158	2,854
第28軍團	6,996	4,322
獨立混成第24旅團	5,042	1,394
獨立混成第72旅團	2,922	2,198
獨立混成第105旅團	1,959	646

＊說 明：
1. 灰線表各部隊編制人數。
2. 黑線表各部隊陣亡人數。
3. 這些數字包含整個戰役中補充的兵員數。

資料來源：日本防衛廳戰史室，《錫當（明號作戰1945.03.09-05.15）》，頁501-502。

附錄一　傷亡人數

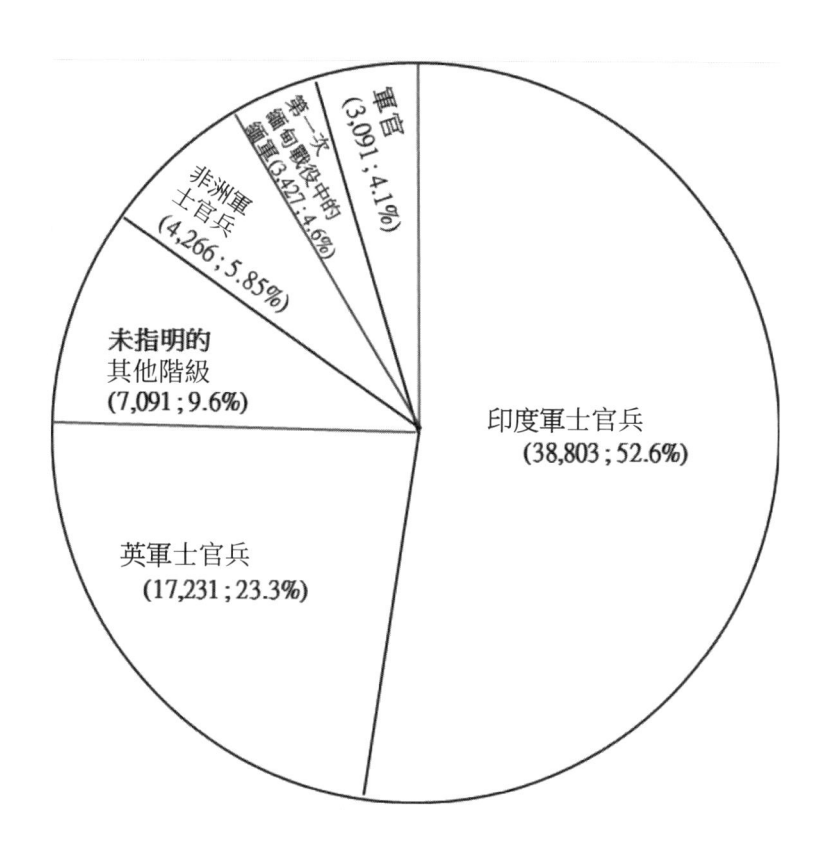

軍官 (3,091；4.1%)
第一次緬甸戰役中的緬軍 (3,427；4.6%)
非洲軍士官兵 (4,266；5.85%)
未指明的其他階級 (7,091；9.6%)
印度軍士官兵 (38,803；52.6%)
英軍士官兵 (17,231；23.3%)

附圖 1-2　英軍與國協軍緬甸戰區傷亡統計圖

＊說明：總數 73,909 人。
1. 傷亡含陣亡、負傷、失蹤與被俘。
2. 本圖中特別將軍官及士官兵分開統計。

日落落日：最長之戰在緬甸 1941-1945（下冊）

第一次緬甸戰役中的緬軍(249；2%)

非洲軍士官兵(858；6%)

軍官(947；7%)

未指明的其他階級(1,636；11%)

印度軍士官兵(6,599；46%)

英軍士官兵(4,037；28%)

附圖 1-3 英軍與國協軍緬甸戰區陣亡統計圖

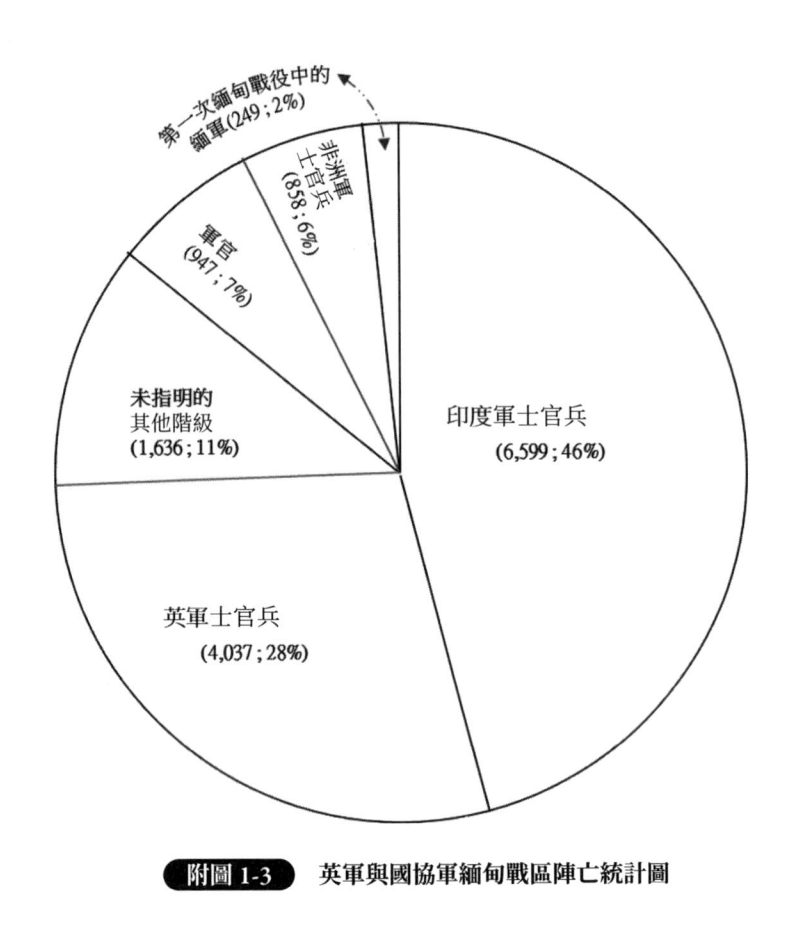

＊說明：陣亡總數 14,326 人。

附錄一　傷亡人數

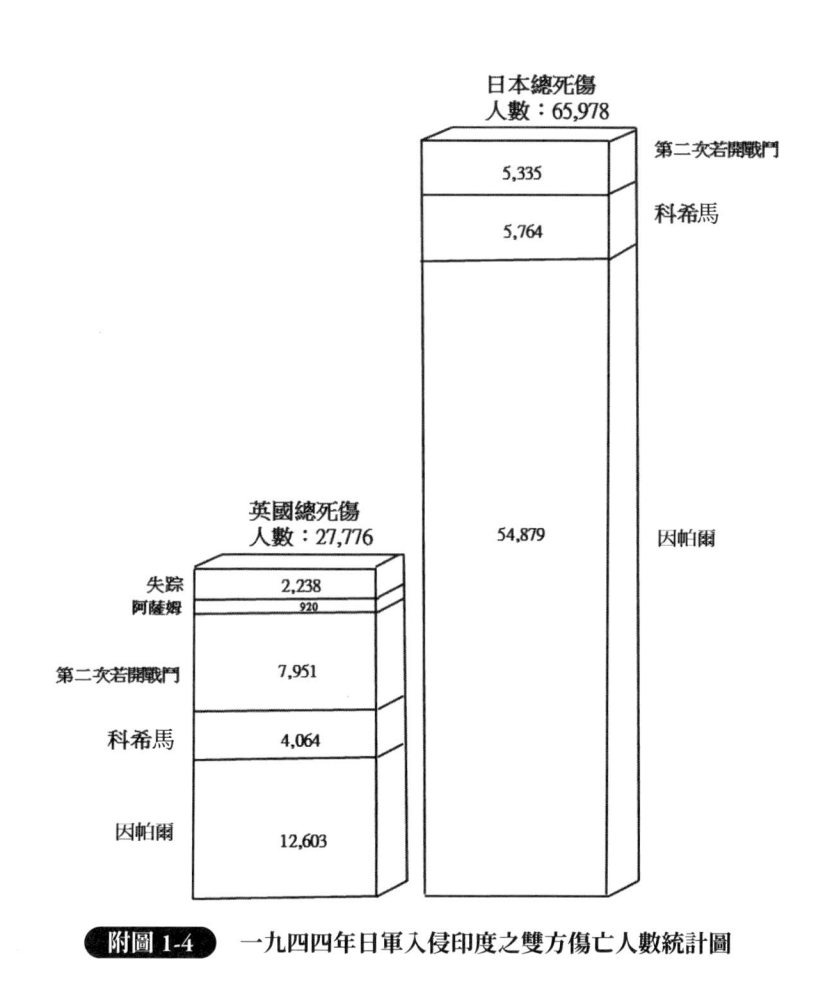

日本總死傷人數：65,978
- 第二次若開戰鬥：5,335
- 科希馬：5,764
- 因帕爾：54,879

英國總死傷人數：27,776
- 失蹤：2,238
- 阿薩姆：920
- 第二次若開戰鬥：7,951
- 科希馬：4,064
- 因帕爾：12,603

附圖 1-4　一九四四年日軍入侵印度之雙方傷亡人數統計圖

＊說明：
因英、日雙方的陣亡數字分歧太大，故在此不單獨列出陣亡人數。其次，日方沒有另外列出阿薩姆首戰的死傷清單。英軍的傷亡數字是由多種來源所得之數字組合而成。當加上了柯比（Kirby）提供其整個緬甸戰役期間失蹤數字時，我的統計總數與柯比的相當。

英軍總死傷人數：
18,055

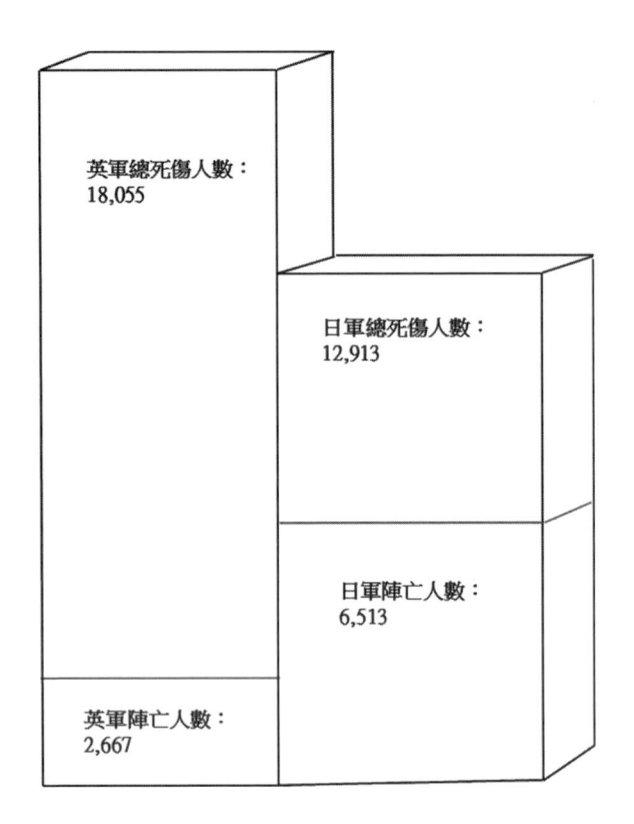

日軍總死傷人數：
12,913

日軍陣亡人數：
6,513

英軍陣亡人數：
2,667

附圖 1-5 1945 年伊洛瓦底江、曼德勒與密鐵拉戰鬥英日傷亡人數對照圖

＊說明：
・依據山口立（Yamaguchi Tatsuru）少佐（後升中將）一九四五年於勃亞基戰俘營（Payagyi Camp）提供之數字。
・依據《第四軍團 1945 年 5-8 月作戰口述紀錄》，第 7 篇之數字。

附錄一　傷亡人數

日軍總死傷人數：16,919

日軍陣亡人數：9,791

英軍陣亡人數：97
英軍總死傷人數：419

日本戰犯：1,401

附圖 1-6　1945 年突圍戰鬥英日死傷人數對照圖

＊說明：
・依據山口立少佐 1945 年勃亞基戰俘營（Payagyi Camp）提供之數字。
・依據《第四軍 1945 年 5-8 月作戰口述紀錄》，第 7 篇之數字。

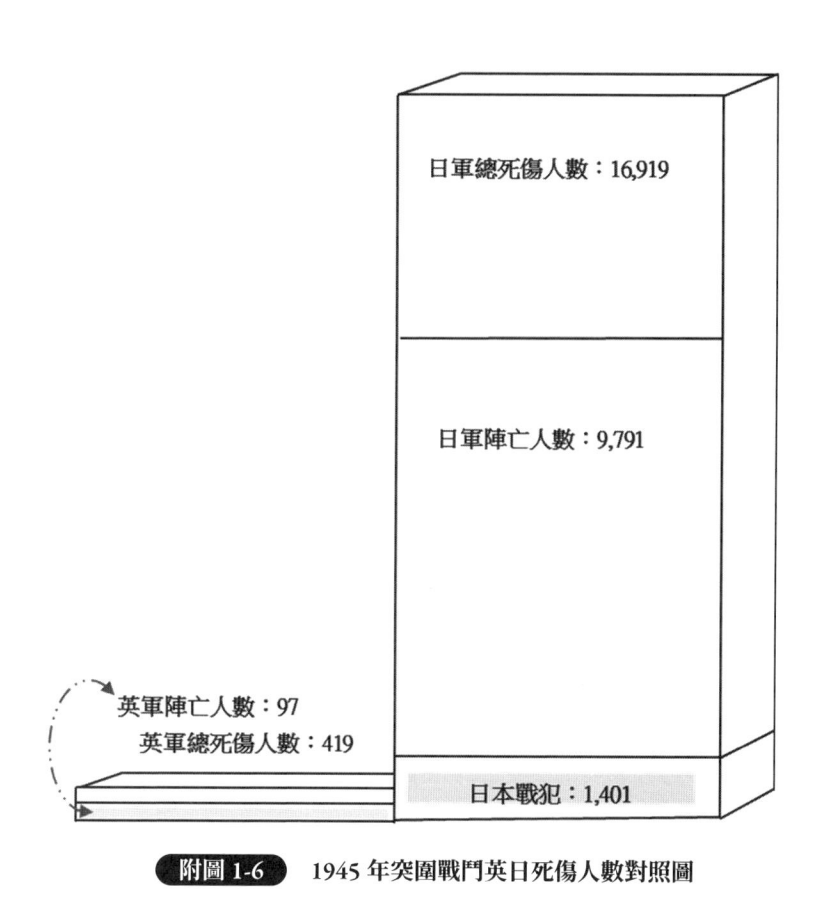

附錄二
錫當橋炸橋之爭

那位下了「大膽而令人驚懼」的決定,將錫當橋爆破的男人,事實上也因此很傷心。史密斯(Smyth)少將擁有英國陸軍中最英勇的作戰紀錄之一。第一次世界大戰期間,他就已經獲得一枚維多利亞十字勳章(Victoria Cross,VC),二次大戰前,他又因在印度西北邊境的戰功,而獲得軍功十字勳章(Military Cross, MC)。一九三九年歐戰爆發時,他請求調往法國;並以旅長的身分參與敦克爾克大撤退。即便當英國遠東最高指揮官魏菲爾將軍陷入如各地的英軍及其指揮官那樣的士氣沮喪與優柔寡斷時,史密斯卻未曾陷入其中。

但在史密斯少將生命中最重大的決策關頭迫近之際,正是在他的身體極端疼痛期間。相當奇怪,他的上司赫頓中將本人也在「身體不佳」的情況下,一直被魏菲爾將軍,要求創造奇蹟。

帶著陰暗的心情視察重重包圍下的新加坡,魏菲爾將軍打算回到位於爪哇的總部,而於一九四二年二月十日午夜離開英軍位於新加坡的司令部,準備搭乘飛行艇前往爪哇。當時魏菲爾的副官們正在碼頭邊將文件搬到小艇上時,突然聽到了魏菲爾將軍的慘叫!因為這時新加坡已經開始出現掠奪,他們不禁擔心魏菲爾將軍是不是遭到掠奪者的攻擊,或者是日軍突擊隊趁夜摸了進來。原來是魏菲爾一直看不到接駁他上飛艇的小艇

在哪，而焦急的打開車門，但他只有一隻眼睛是好的[4]，所以完全沒注意到座車已經貼近海堤邊緣停下來了，結果他就從左車門掉了出來。

魏菲爾將軍在極度痛苦中，被抬上了飛艇。他的背因勾到鐵絲網而嚴重撕裂，讓他感到肋骨彷彿斷了似的。即便如此，他的憂慮還沒有結束，直到黎明前，他所搭乘的飛艇，仍無法飛離擁擠的港口。此時魏菲爾只能借助阿司匹靈與不加冰的威士忌酒來入眠，好讓他再等待五個小時，才能飛往巴達維亞（Batavia）。到了爪哇之後，荷蘭人雖然想讓他盡快住院，但魏菲爾還堅持要繼續指揮新加坡方面的戰事。二月十一日他拍了封電報給邱吉爾：

> 新加坡之戰進行得不順……某些部隊的士氣低落，且缺乏我想看到的鬥志……主要的問題是某些增援部隊缺乏充分的訓練；而日軍膽大、嫻熟的戰術，以及敵方掌握了制空權，讓我軍喪失了信心。我已竭盡一切可能的手段，鼓勵他們發揮更果敢的攻擊精神，並保持樂觀的希望。但直到現在，我還是不能自欺欺人說這些努力完全成功。我沒有想過投降，而且已經明令全軍要奮戰到最後一兵一卒！

文中，他也提到了碼頭上發生的事：

4　譯註：1915 年第一次大戰在比利時伊帕爾作戰間負傷，左眼受傷。<https://web.archive.org/web/20120204165504/http://www.unithistories.com/units_index/default.asp?file=..%2Fofficers%2Fpersonsx.html.>2023/1/5 檢索。

> 從新加坡回來的途中,我從昏暗的碼頭上跌了下來,摔斷背部兩根小骨頭。雖不怎麼嚴重,但還是在醫院躺了幾天。恐怕這兩、三個星期行動會有些不大自由。[5]

為自己的受傷所困、又憂慮英軍指揮系統崩潰的魏菲爾,於二月二十一日發電報給赫頓中將:「錫當河的抵抗崩潰到底是怎麼一回事?⋯⋯是什麼理由發來這份悲觀的報告?」

> 從表面上來看,沒有任何理由決定從實質上放棄仰光保衛戰,並且不斷後撤。貴官已阻滯了敵軍,敵方想必早疲憊不堪,並受到極大的傷亡,沒有跡象表明敵軍擁有戰力上的優勢。貴官應該停止繼續撤退,並伺機發動反擊。整個遠東戰場的命運取決於果斷與堅決的行動。目前敵軍的空中兵力微弱,貴官應動用所有可用的航空兵力攻擊敵人。[6]

赫頓將魏菲爾的這封督戰電報傳給了史密斯;但此時的史密斯卻是個重病患者,這場病和在錫當河的炸橋決定,一直縈繞在他的心頭揮之不去。從一開始,史密斯與赫頓之間就存在很深的矛盾。最後,持續不斷的敗北,加上自身的患病,使史密斯在一九四二年二月的一連串事件中,失去了可全身而退的

5　約翰・康奈爾(John Connell)著,*Wavell, Supreme Commander*《魏菲爾:最高指揮官,1941-1943》,柯林斯,1969,頁 161-162。
6　伍德・柯比 W. Kirby,*War Against Japan*《抗日戰爭》,第 2 卷,英國皇家文書局,1958,頁 81。

附錄二　錫當橋炸橋之爭

機會。即便當他離開印度返回英國,厄運還是纏著他不放。他搭的船在大西洋中差點被魚雷擊沈。回到英格蘭之後,他重新振作起自己破碎的人生。他先是解甲歸田,成了一位作家,後來又當選為下院議員,但絕非就此銷聲匿跡。而他最令人感到興趣的作品之一,就是為白思華(Petcival)—那位在史密斯下令炸毀錫當橋的同一個月,於新加坡向日軍開城投降的將軍辯白。儘管歲月流逝,他們倆人都一直明確的認為,遠東的災難,其責任不論如何,都應該要歸咎於魏菲爾。從白思華的觀點來看,魏菲爾在亞洲的經驗出不了印度以東,此外魏菲爾更曾愚蠢當著史密斯的面,指稱史氏高估了日本人作為戰士的能力。

當蒂姆‧卡魯(Tim Carew)的《最長的撤退(*The Longest Retreat*)》一書於一九六九年出版時,又再度點燃了關於**錫當橋**的爭論。史密斯評論道:「我覺得炸橋的重要性太過誇大了」,「卻輕忽了,日方獲勝的實情乃是第十七師在渡過錫當河時,被日軍二個師團逮個正著所致」。[7]史密斯強調:「這是一場完全可以防止的災難,炸橋實際上並不能阻止日軍挺進到仰光。任何一個熟悉下緬甸地理的人都知道,只要沿著錫當河東岸往北走,就能找到可以涉水渡河的地點。」事實上,日軍早已從庫賽克(Kunzeik)渡河,並從那裡抵達了通往仰光的主要道路上。從史密斯的觀點來看,炸了錫當橋只可以遲滯日軍往仰光挺進十天。所以要是史密斯能提前一週將部隊徹出錫當,又能繼續力勸赫頓同意他的意見,則第十七師多少可以完整的撤到錫當河西岸,並能在日軍試圖渡河時發揮阻止的作用。

7　〈信(Letter)〉,《泰晤士報文學增刊》*Times Literary Supplement*, 4.ix.,倫敦:泰晤士報文學增刊有限公司,1969 年。

史密斯的這封信也破解了兩位同名為瓊斯（Jones）的旅長引發的爭議，因為當年的混亂造成其中一位旅長喪生。但史密斯強調只要仔細搞清楚就不會迷惑，指揮第四十八旅渡過錫當河西岸的旅長是諾爾‧修－瓊斯（Noel Jugh-Jones）准將；指揮卻仍被困在錫當河東岸的第十六旅旅長是 J. K. 瓊斯准將。官方戰史是如何處理這段插曲的呢：

> 大約二十三日清晨四點三十分，第四十八旅的一名參謀官，透過通信品質極差的線路，打電話給考萬准將（後在第十七師總部擔任史密斯非正式的准將參謀長），而考萬旅長正在阿比亞（Abya）的師部。這名參謀稱該旅無法保證接下來一小時內能夠繼續守住橋梁，故希望能獲得是否可以炸橋的明確命令。考萬當下詢問對方「瓊納」（Jonah）是否已經過河了。這個「瓊納」是第十六旅長的綽號。然而第四十八旅的這位參謀可能把 J. K. 瓊斯與修－瓊斯（Hugh-Jones）給搞混了，竟然回答「瓊納」已經過河了。考萬將這段話轉告史密斯，讓他以為第十七師的主力已經在錫當河西岸了，所以就授予旅長炸橋的權限。而最佳的炸橋時機完全交由旅長自行決定，所以在五點三十分，第四十八旅旅長修－瓊斯准將下達了炸橋的決定。[8]

8　伍德‧柯比少將，《抗日戰爭》，第 2 卷，英國皇家文書局，1958，頁 71-72（注意我的粗體字）。爭議事項在時間點。依實際炸橋之中校巴希爾‧艾哈邁德‧汗的紀錄，官方文獻會有一小時的差距。日本給了二個時點──0600（緬甸侵略行動，官史）與 0630（戰役後第 215 聯隊史）。在東京工作有時差 1-1.5 個小時，他們都支持了中校巴希爾‧艾哈邁德‧汗的版本。

「名稱混淆的事」被史密斯駁斥為不相干,他承認這是普遍接受的說法,卻也補充說道:「這雖然是普遍接受的說法,但與事實截然不同」。[9]

以下是史密斯所陳述的事件經緯,總共只有三個人涉入其中:他本人、他的參謀長「潘趣」(Punch)考萬准將(後升少將)以及諾爾・修－瓊斯准將—也就是建議他下達炸橋令的那個人。在河另一邊的第十六旅旅長瓊斯准將,「瓊納」的綽號從來都沒有叫錯過。至於第四十八旅旅長諾爾・修－瓊斯准將,史密斯則一直喚他作「諾爾」。「我是一點疑問都沒有,當我根據後者的要求下令炸毀錫當橋時,『瓊納』還在河的另一邊,而跟我通話的對象是『諾爾』,因為我跟這二位都非常熟識啊。」[10] 也就是說,前述的電話交談,並非如官方戰史所描述的出自考萬與旅部參謀之間,而是在諾爾瓊斯與史密斯之間進行的,同時史密斯也早已意識到另一位瓊斯和他的旅仍然困在河的另一邊。

但這封針對搞錯人名說法的駁斥,仍無法完全洗刷史密斯所背的黑鍋。下一個有爭議的問題就是炸橋時間,他與赫頓軍團司令之間的觀點一直針鋒相對。史密斯在一九五七年的著作中強調,[11] 當時他已派考萬回到仰光,告知赫頓第十七師面臨在抵達錫當橋前遭到切斷的危險,並強烈要求赫頓允許採取下列兩項步驟:首先,立刻將該師撤往比林河(Bilin River)一線—

---

9 〈信〉,《泰晤士報文學增刊》,4.ix.,倫敦:泰晤士報文學增刊有限公司,1969。
10 同上
11 約翰・史密斯(Smyth)爵士,Before the Dawn《黎明之前》,卡塞爾,1957,頁166。

因為比林位在薩爾溫江與錫當河之間。其次,准許立刻執行下一階段撤退—也就是跨過錫當河西岸。「我希望能在日軍攔截到我部隊之前,順利渡過錫當河⋯⋯即便到了最緊迫的階段,我部已跟日軍二個師團發生近距離混戰,但我還是可以繼續執行撤退;必要時,還可以獲得已抵達錫當河西岸之我軍輕戰車旅的支援。」[12] 為了佐證自己的論點,史密斯再次引用了官方戰史中,批評赫頓指揮僵化的部分,「很重要的一點在於,讓第十七師安全渡過錫當河,赫頓或許可以再聰明些,一旦作戰行動進入比林河一線,就該賦予史密斯自由裁量權」。[13]

史密斯在文中也強調,他多少也察覺到赫頓承受來自魏菲爾「從不讓步」之長期的政治壓力(史密斯的用語)。魏菲爾曾發過一通電報給赫頓:(1942.02.17)

> 我充分信賴您與史密斯的判斷力與戰鬥精神。但如同在馬來亞的經驗所示,必須要留意持續撤退對部隊士氣,特別是印度部隊的傷害。果敢的逆襲可以有效地爭取時間而代價低廉,對抗日軍時尤該如此。[14]

在魏菲爾將軍的政治壓力下,赫頓拒絕同意史密斯要求撤退的決定。雖然赫頓的參謀長戴維斯准將(後升少將),[15] 在史密斯所著的《黎明之前》序言中,支持史氏的觀點:「儘管

---

12 約翰・史密斯爵士,《黎明之前》,卡塞爾,1957,頁 166-167。
13 伍德・柯比少將等,《抗日戰爭》,第 2 卷,英國皇家文書局,1958,頁 76。
14 約翰・康奈爾(Connel),《魏菲爾:最高指揮官,1941-1943》,柯林斯,1969,頁 181。
15 戴維斯准將後來在為史林姆(Slim)服務時,展現了相同的能力。

他（史密斯）的軍事直覺，要求他集中撤退兵力，並在自己選擇的戰場發動反擊，然而魏菲爾給史密斯長官赫頓中將的政治壓力，卻迫使史密斯只能忠心的執行正面迎擊方針。透過史密斯將軍針對錫當河慘劇的清楚分析，再一次強調了限制前線指揮官自由裁量權是如此的愚不可及。」[16]

赫頓拒絕接受戴維斯的評斷，當戴維斯在撰寫這篇序文時，並未諮詢過赫頓的意見。事後赫頓堅稱：「這不是施加給我的『政治』壓力。相反的，採取正面迎擊實有軍事上的必要」。[17]就赫頓的觀點，有七點理由可作為這場災難的成因：

Ⅰ. 撤離錫當的決定於二月十九日晚上就被日軍截獲。 導致日軍迅速派出部隊，成功地攔截史密斯撤退中的縱隊。赫頓所稱的「洩密」之說，其實出自官方戰史，官史稱二月十九日晚間，有一個或多個單位以明碼發送撤退命令，讓這命令被日軍所截獲並發動追擊。[18]

Ⅱ. 如果有更妥善的撤退計畫，可節省將近24小時的時間。 赫頓還指出，不論是緬甸戰役期間的魏菲爾，還是後來的官方戰史家，都認為撤退可以於二十三日清晨在錫當橋炸毀之前完成，這是因為撤退許可令早在二月十九日，也就是炸橋前四天就已下達。

Ⅲ. 橋頭堡缺乏適當的防禦。 赫頓宣稱，他曾傳訊告知史密斯儘速調回部隊，以保衛錫當橋橋頭堡。第四十六旅旅長伊金羅傑（Ekin）也堅稱當時有將此信息傳給史密斯。這件事也

16　約翰・史密斯爵士，《黎明之前》，卡塞爾，1957，頁111。
17　《泰晤士報文學增刊》，2.x.，倫敦：泰晤士報文學增刊有限公司，1969。
18　伍德・柯比少將等，《抗日戰爭》，第2卷，英國皇家文書局，1958，頁77。

是真的,當史密斯告知伊金的第四十六旅將擔任該師後衛時,伊金確信日軍將不會在齋托(Kyaikto)村逗留,而會繞過村子直驅錫當橋。所以他主張應該要制敵機先直接撤回橋邊,而且除了必要的戰鬥運輸外,其餘兵力都應於二十一日以前過橋。奇怪的是,史密斯同感事態緊急,卻不同意伊金的觀點,而且直到獲得日軍兵力與前進方向的明確情報為止,都不同意撤離掩護齋托地區的守軍。[19] 這導致在錫當橋上既沒有負責交通管制的部隊,也沒辦法一次讓太多車輛渡河。

IV. 英軍與印軍遭到友機轟炸。這誠然是件令人扼腕的意外,也獲得了充分的調查證明。二月二十一日是個炎熱而乾燥的日子,當撤退部隊向河邊退卻時,捲起了漫天的紅色沙塵。行經主要小徑(與其說是道路,其實比小徑的等級高不了多少)及其東側勃亞基橡膠園的部隊,先後遭到日機及盟軍飛機的轟炸與機槍掃射。但在官方戰史中,卻慎重地將後者稱之為「繪有同盟國國徽的飛機」。[20] 緬甸第八來福槍步兵營的一名軍官回憶道:「有段時間,我們取得英國皇家空軍的近接空中支援,他們以100呎的高度在日軍第五十五師團上空盤旋,我們還向他們揮手⋯⋯接著他們卻對著我們頭頂怒吼著直衝下來,高度從150呎下降到15呎」。[21] 部隊當然也就陷入驚慌失措。車輛被破壞、即使搭載了傷兵的救護車也難以倖免。還駄著物資的騾子就這樣躲進了叢林裡頭,造成了非常大量的傷亡。康普頓・麥肯齊寫道:「要客觀的補充一句,從證據的分量來看,被歸

19　伍德・柯比少將等,《抗日戰爭》,第2卷,英國皇家文書局,1958,頁66。
20　伍德・柯比少將等,《抗日戰爭》,第2卷,英國皇家文書局,1958,頁67。
21　康普頓・麥肯齊(Machenzie),*Eastern Epic*《東方史詩》,查托和溫達斯出版,1951,頁439。

咎於造成這場可悲慘案的**英國皇家空軍（RAF）與美籍志願大隊（AVG）其實是無罪的」**。[22]

但事情根本不是這樣。擔任駐緬甸盟軍空軍指揮官的史蒂文森空軍少將（Air Vice-Marshal D. F. Stevenson）針對此一誤炸英軍事件進行了詳細調查。他在這份緊急報告中寫道：「這是一份自辯狀」，「於莫巴林（Mokpalin）的友軍部隊在 12 點與 15 點之間，遭到若干架布倫亨（Blenheim）式輕轟炸機轟炸及機槍掃射。事實上，當天上午確有八架布倫亨式輕轟炸機奉軍團總部要求出動轟炸比林（Bilin）附近的高本（Kawbein），並於中午返回基地……就我空軍在同時同地誤炸友軍一事，實際上我並無法取得確實的結論，因為某些描述讓調查更為複雜，如『發動攻擊的飛機，可識別出在機翼下方漆有圓形國徽』，不過很確定的是我軍的布倫亨式在主翼上方有圓形國徽而翼下則沒有，所以應該考慮日軍使用虜獲的布倫亨式進行作戰的可能性。[23] 更甚者，日本陸軍航空隊的九七式重轟炸機[24]的外型，酷似布倫亨，這時因為日軍正集中攻擊位於莫巴林西方數英哩的錫當地區，所以當然有大量敵軍轟炸機飛臨莫巴林上空。然而錫當河與比林之間被濃密的叢林覆蓋，我認為因為某些機組員犯錯，而誤炸目標的可能性不是沒有……」。[25]

但這樣的說服力還是稍嫌不足，而且光是針對布倫亨轟炸

22　同上，頁 439。
23　日軍在布倫亨（Blenheim）虜獲的飛機已經原封留在毛淡棉機場。
24　譯註：英文原文稱「Japanese Army 97 Medium Bomber」，但實際上日軍的正式稱呼為九七式重爆擊（轟炸）機。蓋因日軍的重型轟炸機以英美的標準僅與中型轟炸機相當。
25　空軍副參謀長 D. F. Stevenson 史蒂文森，〈在緬甸與孟加拉灣的空中作戰，1942.01.01-05.22〉，倫敦公報增刊，第 38229 號，1948.03.05，頁 1723，段 112。

機的問題也不足以釐清疑點,因為引發這件案子的,還包括了美籍志願隊的戰斧式(Tomahawk)戰鬥機與英國皇家空軍的颶風式(Hurricane)戰鬥機。印度官方戰史接受了史蒂文森的調查,但也指出現場發現的炸彈破片上的英國國徽跟漆在軍機上的型式一樣,而且某位皇家空軍中隊長,事後向第四十六旅旅長伊金承認,他誤擊了伊金(Ekin)的部隊。因為他接受了錯誤的命令,將齋托—莫巴林(Kyaikto-Mokpalin)道路當做他作戰區的西界。印方戰史強調這場誤擊對撤退中的部隊士氣,產生災難性的影響,成為次日緬甸第八來福槍步兵營約 200 名官兵逃亡的導火線。

　　最有可能的過失原因,還是導因於英國皇家空軍與美籍志願大隊飛行員們,拿到的是不正確的作戰地境線情報。偵察機在二月二十一日,曾經報告發現一列大約由 300 輛車組成的強大日軍縱隊,從齋托向金猛沙干(Kinmun Sakan)移動。在仰光機場的所有飛機都奉命要攻擊這支縱隊。然而齋托往金猛沙干道路是在正確的作戰地境線西邊,機組員們所獲得的指示卻是空襲齋托—莫巴林(Kyaikto-Mokpalin)間的道路,結果就因此誤擊了友軍。

　　V.翻覆車輛堵塞橋樑達兩個半小時。赫頓在速記中記載:這輛車並沒有翻覆,而是滑出了鋪在橋面讓車輛通過的木板。因為錫當橋原本是座鐵路橋樑,必須鋪上木板才能供汽車通行。錫當橋共有 11 個跨距 150 呎的橋桁,工兵於二月二十一日徹夜準備爆破工作,到二月二十二日凌晨 2 時左右始放行汽車過橋。因為錫當橋既窄,而且只能讓車輛單線通行,若等到天亮再通過,當然是比較好的選擇。儘管橋板鋪的既匆促又散亂,但最初兩個小時,這些處於極度焦慮狀態且訓練不足的駕駛們,卻

表現得相當好。然而到了清晨 4 點時，不可避免的事發生了。一名開著三噸貨車的年輕印度駕駛兵打錯了檔，又誤將油門當剎車踩了下去。這時為了避免撞上在前面的救護車，他只好將方向盤一轉，讓卡車滑出橋板撞上了鐵橋鋼樑。為了拖救這部車又多花了兩個多小時。這兩個小時之內，橋上的交通陷入完全堵塞，而日軍就利用這致命的兩小時，追上了撤退車隊。此時，英軍已經沒有任何多餘的時間可以應變了。

VI. 赫頓稱他曾下令在橋的上游，預置三艘動力小艇充當渡輪。這幾艘小艇是作為輔助錫當橋的交通，或是當橋樑被破壞時充當替代交通工具之用。但很不幸的是，日機在二十二日就把渡輪炸毀了，這意謂著如果錫當橋遭到爆破的話，東岸的部隊只能游泳或划小筏過河。

VII. 以赫頓的見解，或因工兵或材料不足，炸橋的準備並不充分。事實上，歐吉（Orgill）少校率領的馬萊爾科特拉野戰工兵連（Malerkotla Field Company）足以擔負炸橋任務。但該任務因為缺乏必要的信管與電纜線而陷入困難，因此起爆點無法設在錫當河西岸只能設在橋上。當日軍機槍手穿過河畔的斷崖，找到可以俯瞰錫當河的射擊位置時，事情就變得複雜了。因為，任何工兵想要檢查引信或回到起爆點的話，都得要先闖過日軍機槍的交叉火網才行。

這七點主張，有些當然是赫頓自己的意見，有些則是引述自官方戰史的，還有些實際上是史密斯自己承認的。他給泰晤士報文學增刊的信中結論，所提出的論點更為重要。[26] 赫頓按著史密斯的說法堅稱：錫當河實非天險，步兵很容易就可涉渡

26　《泰晤士報文學增刊》，2.x.，倫敦：泰晤士報文學增刊有限公司，1969。

而過。再加上,錫當河太接近通往曼德勒唯一的主幹道與鐵路,所以只要日軍抵達錫當河一線,交通就很容易遭到阻斷。因此赫頓主張,應該將日軍阻擋在錫當河東岸,可能的話最好阻滯於薩爾溫江東岸。他之所以這樣考量,乃是因為史密斯只擁有訓練不足的部隊可供執行任務。但其他史學家蒂姆·卡魯也指出,不論是薩爾溫江還是比林河,都是淺而容易涉水而過的河流,稱不上「艱巨的障礙」。[27] 另一方面,他描述:「錫當河最寬 1,000 碼、最窄 600 碼……水深、湍急而危險……」,這應該是錫當橋周邊的環境吧。但錫當河水情最險惡的時候是每年的五月與十月雨量充沛的雨季期間,在包括二月在內的枯水期,它是很溫馴的—日軍只要沿著東岸多走幾公里,就可以發現適於渡河的地點。[28] 我曾經於九、十月間在錫當河游泳過,對於當下的危險毫不懷疑;但就處於生死交關的軍人們來說,這還算是危險嗎?

27　蒂姆·卡魯 (T. Carew),《最長的撤退:緬甸戰役 1942》,1969,頁 108。這確實是比林河而不是薩爾溫江,它如日本人自己發現,是一片湍急的漩渦。二名日本戰地記者在戰役期間跨渡河時溺斃了。

28　不同於蒂姆·卡魯的觀點,羅伊·哈德遜(Hudson)認為:「錫當河確實是一大障礙。它有 150 * 11 = 1650 英尺寬,當然不易長距離在逆流中涉水。在橋上就可感受到潮汐(……緬甸來福槍第三團 R. W. 伍德少校,二戰前任職於孟買緬甸貿易公司……確認不只是潮汐還有巨大的潮湧。)1942 年 2 月的水流也許沒有這麼強。我記得橋北面村民設法游 400 碼俾能逃離日軍,但游了 100 碼就全部被射殺了。還有,在北方約 30 哩的瑞金,我日記中註明了 3 月 7 日的水流是 4 節」。(給作者的信,1978.11.02)

附錄三
桑薩克戰鬥備忘錄

　　第五十空降旅長霍普・湯姆森准將從激戰所致的身心衰弱中康復後，又歷任了五個不同單位的部隊長，並因在西北歐戰區的戰功，獲得了傑出服務勳章（Distinguished Service Order，DSO）。他與該旅（第五十空降旅）的多位軍官對於桑薩克戰鬥的記錄提出下列數點的不同意見：

　　Ⅰ.當第五十空降旅進入科希馬—因帕爾道路與欽敦江之間的山岳地帶時，並未被告知任何可預期的事態發展情形。本旅經長期休整訓練，雖然預定於一九四四年一月投入攻擊阿恰布，但因該作戰遭到取消，故為了接受更進一步的叢林戰訓練而派往印度的烏克侯爾—桑薩克地區。一九四四年三月九日，第二十三師長羅伯斯・烏弗里（Ouvry）中將（後受封爵士）雖曾向本旅發布訓令，但此時師長並無透露任何有關擔任突擊科希馬與因帕爾一線的日軍部隊，正在本旅巡邏區東方數哩集結的信息。此外，第四軍也未將英國皇家空軍空中偵照之荷馬林地區，日軍船隻集結的相關情報提供本旅。

　　Ⅱ.第五十空降旅由三個營組成。但其中一個英籍士兵組成的空降營與駐印美軍屢次發生摩擦，而後以第一五四廓爾喀空降營替換。當本旅接獲移防曼尼普爾河（Manipur）的命令時，該營尚在進行叢林戰訓練，故實際的傘兵兵力只有 2,000 名上下。第五十空降旅編制 3,000 名員額是到了桑薩克之後，將其他單位納入指揮之下才補滿。

Ⅲ．當判明日軍正在大舉進攻之際，第二十三師師長遂下令本旅在桑薩克與歇爾敦角（Sheldon's Corner）之間的合適地點集結。但完全沒有充分事前偵查時間的本旅，還在集結中時，日軍就已經迅速逼近了。霍普・湯姆森在選擇餘地不多之下，儘管還有著種種不利的狀況，也只能認定「桑薩克地區看來就是集結地最好的選擇」。雖然當時還有前第四十九旅旅部舊址的 36 哩路標所在的河床，可作為集結點的替代方案，但就像某位軍官所說的「這跟自殺根本沒啥兩樣！」

Ⅳ．霍普・湯姆森准將很明白桑薩克就是一座硬石頭山，但周圍的山頭看來也差不多，在不得已之下只能選此地迎戰。雖然當地的缺水風險令人擔心，但依據該作戰相關記載所述，擔任作戰官兼旅聯絡官的 L. 理查（Richards）上尉（後升准將），曾向第二十三師師長評估桑薩克地區的水源供應充足。由於理查也是工兵軍官（RE Officer）出身，所以大家就相信他而堅守桑薩克區域。（L. 理查，《血戰桑薩克》，私人印行，1984，頁 30。）霍普・湯姆森准將考慮佔領西山，但當下能動用的第一五二營或馬拉地輕步兵第五團第四營，剛從歇爾敦角抵達，已經勞頓不堪，實在無力構築防禦工事。無論如何，這些部隊會陷於孤立狀態，只會被日軍輕易的踩躪，所以他決定冒險，命令旅部就地迎戰。

Ⅵ．准將本人也有豐富的空投經驗，所以敢選擇如此狹窄的地點充當空投區。

〔註：資料來自作者與幾位軍官的通信，霍普・湯姆森（Brig. M.R.J. Hope-Thomson）准將，曾獲傑出服務勳章（DSO），大英帝國勳章（OBE），軍功十字勳章（MC）；

霍普金森（Brig. P. Hopkinson）准將；里爾德（F.G.Neild）中校，皇家陸軍軍醫隊退休，出版《印度飛馬：第一五三廓爾喀空降營的故事》（*With Pregasus in India:The Story of 153 Gurkha Parachute Battalion*）：新加坡，1970年；理查（L.Richards）上尉（後升准將），獲司令勳章（CBE）；羅傑‧西維斯特（Roger Syvester）上尉〕

附錄四
緬甸戰場的英軍與日軍部隊
（1944 年）

理論兵力

英 國

軍團（大陸用軍）（Army） 60,000-100,000
軍（大陸用兵團）（Corps） 30,000-50,000 →（軍團＝軍 × 3）
步兵師（Infantry Division） 13,700 →（通常 3 個步兵師組成 1 個軍，但例外甚多）
步兵旅（Infantry Brigade） 2,500 →（3 個旅組成 1 個師，但輕裝師僅有 2 個旅）
步兵營（Infantry Battalion） 800 →（旅 ＝ 營 × 3）
步兵連（Infantry Company） 127 →（營 ＝ 連 × 4）
步兵排（Infantry Platoon） 32 →（連 ＝ 排 × 3 ＋附屬部隊）
步兵班（Infantry Section） 8 →（排 ＝ 班 × 3）

師級以上的部隊編制中包括砲兵（artillery）、工兵（engineer）、信號兵（signal）與裝甲兵（armoured）等兵種。

英軍師所屬各營完全是由英國本土部隊組成。印度軍所屬的師只有三分之一是英國本土部隊，其餘是由印度人與廓爾喀人（Gurkhas）組成。

附錄四　緬甸戰場的英軍與日軍部隊（1944 年）

日本

　　日本師團的兵力編制差異很大，約在 12,000-22,000 人之間。其步兵有三個聯隊的兵力，通常由一名少將擔任指揮官的步兵旅團所節制。日本一個步兵聯隊的編制為 2,600 人。每一個步兵聯隊有三個大隊，三個步兵聯隊組成一個步兵旅團。

　　除了第二十四、七十二與一〇五獨立混成旅團之外，日軍在緬甸戰場並未使用旅團番號的單位作戰。日軍的「步兵聯隊」相當於英軍的「步兵旅」。

日落落日：最長之戰在緬甸 1941-1945（下冊）

1944年日本入侵印度期間指揮體系與作戰序列簡圖

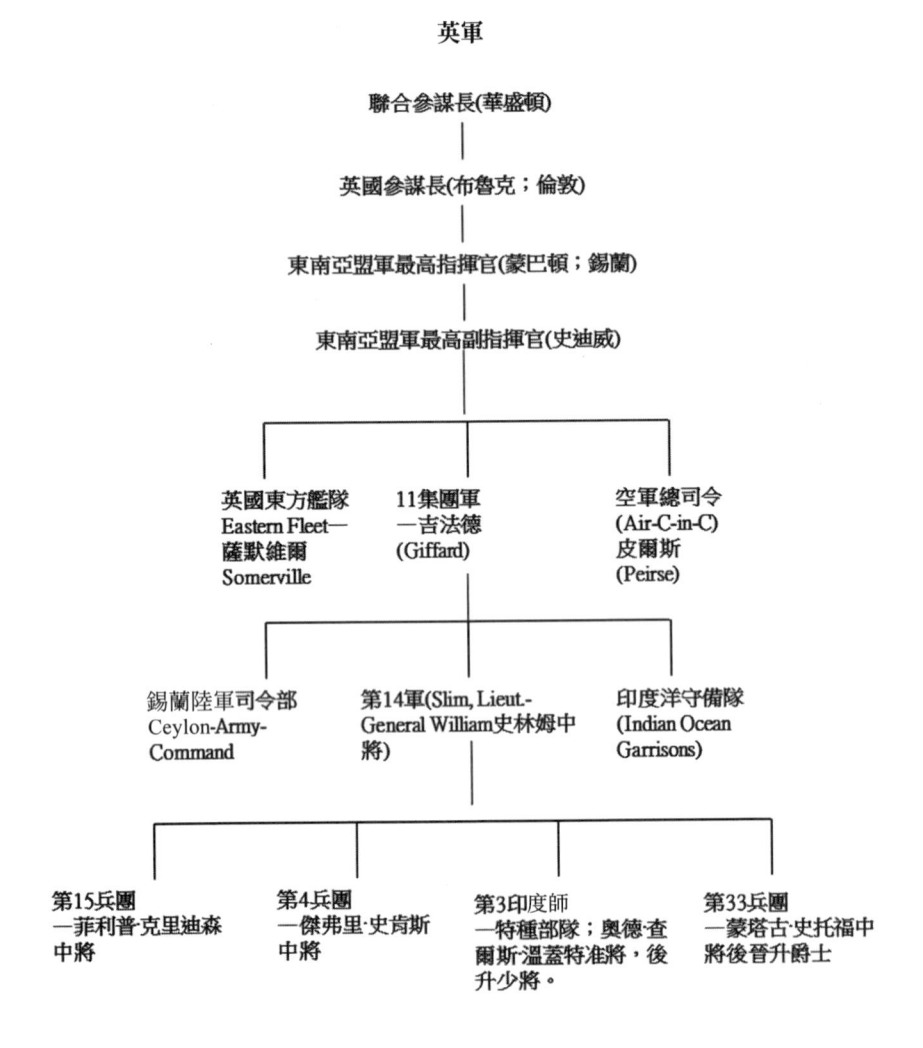

英軍

聯合參謀長(華盛頓)
│
英國參謀長(布魯克；倫敦)
│
東南亞盟軍最高指揮官(蒙巴頓；錫蘭)
│
東南亞盟軍最高副指揮官(史迪威)

- 英國東方艦隊 Eastern Fleet—薩默維爾 Somerville
- 11集團軍—吉法德 (Giffard)
- 空軍總司令 (Air-C-in-C) 皮爾斯 (Peirse)

- 錫蘭陸軍司令部 Ceylon-Army-Command
- 第14軍(Slim, Lieut.-General William史林姆中將)
- 印度洋守備隊 (Indian Ocean Garrisons)

- 第15兵團—菲利普·克里迪森中將
- 第4兵團—傑弗里·史肯斯中將
- 第3印度師—特種部隊；奧德·查爾斯·溫蓋特准將，後升少將。
- 第33兵團—蒙塔古·史托福中將後晉升爵士

＊分號之後為繼任者。

國軍的編裝：國軍一個軍＝英軍一個師；國軍一個師＝英軍一個旅；國軍一個團＝英軍一個營。緬甸戰役初期，國軍部隊沒有後勤或管理系統。

附錄四　緬甸戰場的英軍與日軍部隊（1944 年）

英國第 15 軍（菲利普·克里迪森中將）

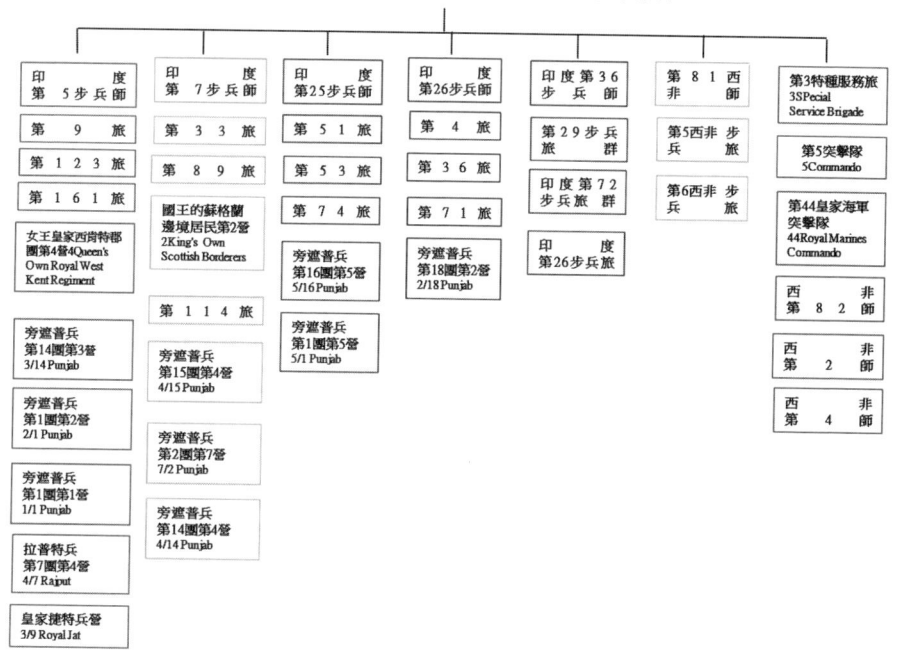

- 印度第 5 步兵師
  - 第 9 旅
  - 第 123 旅
  - 第 161 旅
  - 女王皇家西崗特郡團第4營 4Queen's Own Royal West Kent Regiment
  - 旁遮普兵第14團第3營 3/14 Punjab
  - 旁遮普兵第1團第2營 2/1 Punjab
  - 旁遮普兵第1團第1營 1/1 Punjab
  - 拉普特兵第7團第4營 4/7 Rajput
  - 皇家捷特兵營 3/9 Royal Jat

- 印度第 7 步兵師
  - 第 33 旅
  - 第 89 旅
  - 國王的蘇格蘭邊境居民第2營 2King's Own Scottish Borderers
  - 第 114 旅
  - 旁遮普兵第15團第4營 4/15 Punjab
  - 旁遮普兵第2團第7營 7/2 Punjab
  - 旁遮普兵第14團第4營 4/14 Punjab

- 印度第25步兵師
  - 第 51 旅
  - 第 53 旅
  - 第 74 旅
  - 旁遮普兵第16團第5營 5/16 Punjab
  - 旁遮普兵第1團第5營 5/1 Punjab

- 印度第26步兵師
  - 第 4 旅
  - 第 36 旅
  - 第 71 旅
  - 旁遮普兵第18團第2營 2/18 Punjab

- 印度第36步兵師
  - 第29步兵旅群
  - 印度第72步兵旅群
  - 印度第26步兵旅

- 第 81 西非師
  - 第5西非步兵旅
  - 第6西非步兵旅

- 第3特種服務旅 3SPecial Service Brigade
  - 第5突擊隊 5Commando
  - 第44皇家海軍突擊隊 44Royal Marines Commando
  - 西非第 82 師
  - 西非第 2 師
  - 西非第 4 師

547

日落落日：最長之戰在緬甸 1941-1945（下冊）

英國第 4 軍（傑弗里‧史肯斯中將）

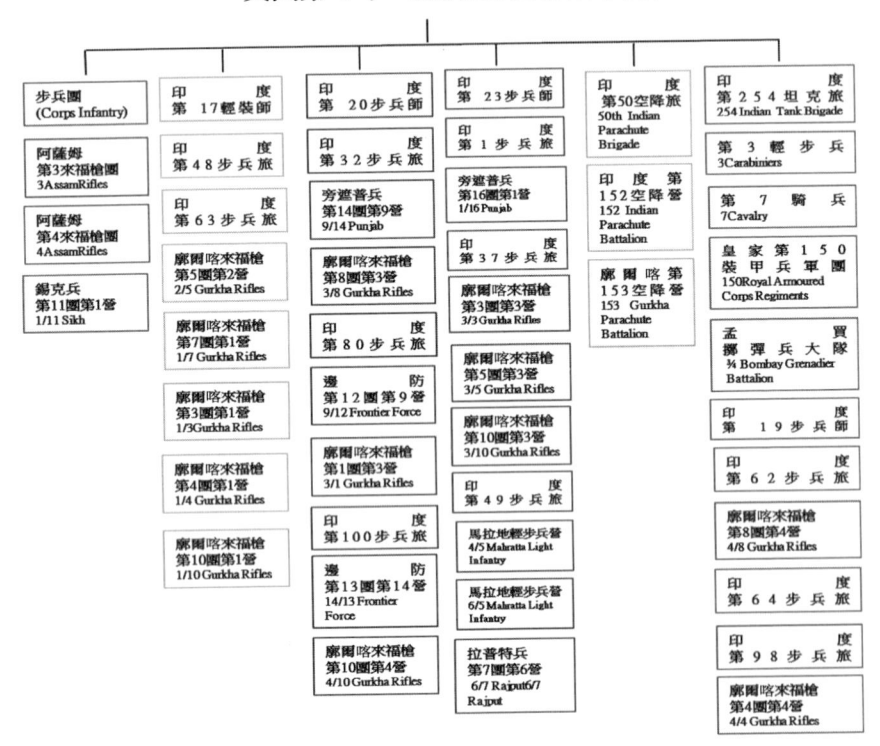

- 步兵團 (Corps Infantry)
  - 阿薩姆第3來福槍團 3 Assam Rifles
  - 阿薩姆第4來福槍團 4 Assam Rifles
  - 錫克兵第11團第1營 1/11 Sikh

- 印度第17輕裝師
  - 印度第48步兵旅
  - 印度第63步兵旅
  - 廓爾喀來福槍第5團第2營 2/5 Gurkha Rifles
  - 廓爾喀來福槍第7團第1營 1/7 Gurkha Rifles
  - 廓爾喀來福槍第3團第1營 1/3 Gurkha Rifles
  - 廓爾喀來福槍第4團第1營 1/4 Gurkha Rifles
  - 廓爾喀來福槍第10團第1營 1/10 Gurkha Rifles

- 印度第20步兵師
  - 印度第32步兵旅
  - 旁遮普兵第14團第9營 9/14 Punjab
  - 廓爾喀來福槍第8團第3營 3/8 Gurkha Rifles
  - 印度第80步兵旅
  - 邊防第12團第9營 9/12 Frontier Force
  - 廓爾喀來福槍第1團第3營 3/1 Gurkha Rifles
  - 印度第100步兵旅
  - 邊防第13團第14營 14/13 Frontier Force
  - 廓爾喀來福槍第10團第4營 4/10 Gurkha Rifles

- 印度第23步兵師
  - 印度第1步兵旅
  - 旁遮普兵第16團第1營 1/16 Punjab
  - 印度第37步兵旅
  - 廓爾喀來福槍第3團第3營 3/3 Gurkha Rifles
  - 廓爾喀來福槍第5團第3營 3/5 Gurkha Rifles
  - 廓爾喀來福槍第10團第3營 3/10 Gurkha Rifles
  - 印度第49步兵旅
  - 馬拉地輕步兵營 4/5 Mahratta Light Infantry
  - 馬拉地輕步兵營 6/5 Mahratta Light Infantry
  - 拉普特兵第7團第6營 6/7 Rajput 6/7 Rajput

- 印度第50空降旅 50th Indian Parachute Brigade
  - 印度152空降營 152 Indian Parachute Battalion
  - 廓爾喀第153空降營 153 Gurkha Parachute Battalion

- 印度第254坦克旅 254 Indian Tank Brigade
  - 第3輕步兵 3 Carabiniers
  - 第7騎兵 7 Cavalry
  - 皇家第150裝甲兵軍團 150 Royal Armoured Corps Regiments
  - 孟買擲彈兵大隊 ¾ Bombay Grenadier Battalion
  - 印度第19步兵師
  - 印度第62步兵旅
  - 廓爾喀來福槍第8團第4營 4/8 Gurkha Rifles
  - 印度第64步兵旅
  - 印度第98步兵旅
  - 廓爾喀來福槍第4團第4營 4/4 Gurkha Rifles

548

附錄四 緬甸戰場的英軍與日軍部隊（1944年）

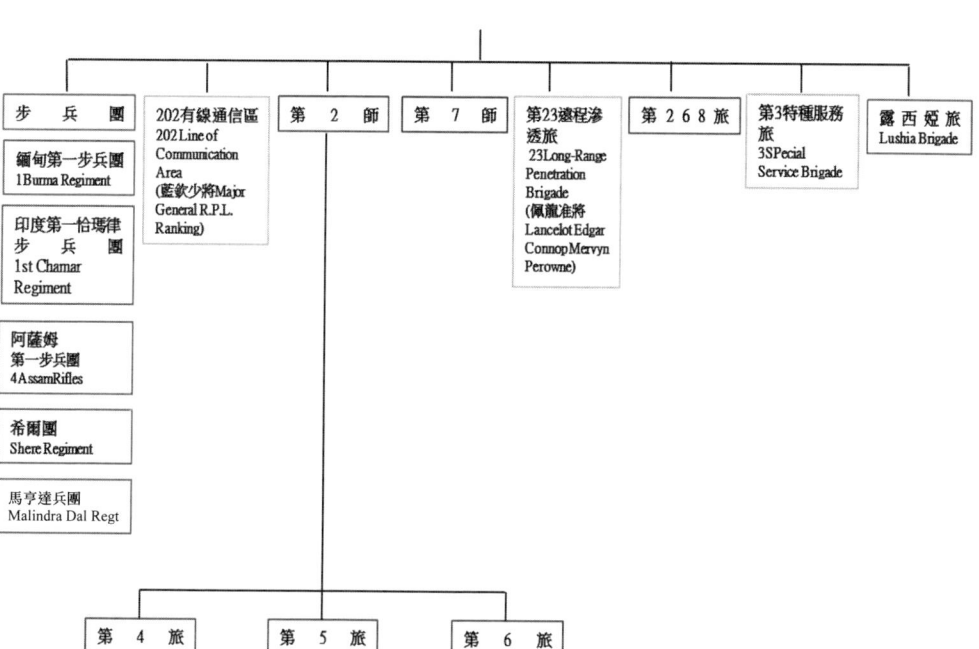

英國第33軍（蒙塔古·史托福中將）

- 步兵團
  - 緬甸第一步兵團 1 Burma Regiment
  - 印度第一恰瑪律步兵團 1st Chamar Regiment
  - 阿薩姆第一步兵團 4 Assam Rifles
  - 希爾團 Shere Regiment
  - 馬亨達兵團 Malindra Dal Regt
- 202有線通信區 202 Line of Communication Area（藍欽少將 Major General R.P.L. Ranking）
- 第2師
  - 第4旅
  - 第5旅
  - 第6旅
- 第7師
- 第23遠程滲透旅 23 Long-Range Penetration Brigade（佩龍准將 Lancelot Edgar Connop Mervyn Perowne）
- 第268旅
- 第3特種服務旅 3 Special Service Brigade
- 露西婭旅 Lushia Brigade

日落落日：最長之戰在緬甸 1941-1945（下冊）

第 3 印度師（特種部隊）
（溫蓋特；藍田〔廓爾喀來福槍第 9 團第 3 營，配屬的步兵〕）

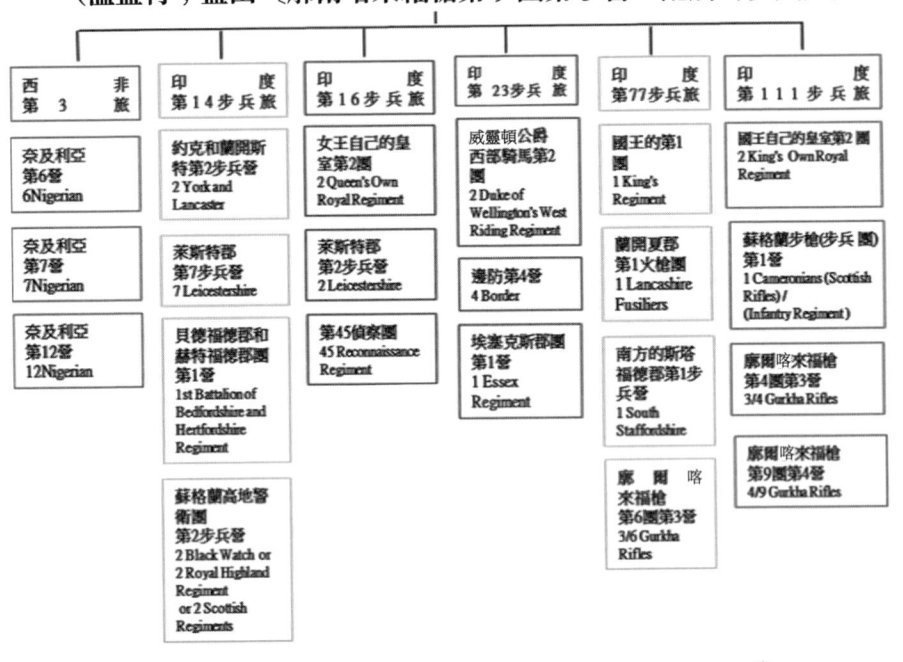

- **西 非 第 3 旅**
  - 奈及利亞第6營
    6Nigerian
  - 奈及利亞第7營
    7Nigerian
  - 奈及利亞第12營
    12Nigerian

- **印 度 第14步兵旅**
  - 約克和蘭開斯特第2步兵營
    2 York and Lancaster
  - 萊斯特郡第7步兵營
    7 Leicestershire
  - 貝德福德郡和赫特福郡團第1營
    1st Battalion of Bedfordshire and Hertfordshire Regiment
  - 蘇格蘭高地警衛團第2步兵營
    2 Black Watch or 2 Royal Highland Regiment or 2 Scottish Regiments

- **印 度 第16步兵旅**
  - 女王自己的皇室第2團
    2 Queen's Own Royal Regiment
  - 萊斯特郡第2步兵營
    2 Leicestershire
  - 第45偵察團
    45 Reconnaissance Regiment

- **印 度 第23步兵旅**
  - 威靈頓公爵西部騎馬第2團
    2 Duke of Wellington's West Riding Regiment
  - 邊防第4營
    4 Border
  - 埃塞克斯郡團第1營
    1 Essex Regiment

- **印 度 第77步兵旅**
  - 國王的第1團
    1 King's Regiment
  - 蘭開夏郡第1火槍團
    1 Lancashire Fusiliers
  - 南方的斯塔福德郡第1步兵營
    1 South Staffordshire
  - 廓爾喀來福槍第6團第3營
    3/6 Gurkha Rifles

- **印 度 第111步兵旅**
  - 國王自己的皇室第2團
    2 King's Own Royal Regiment
  - 蘇格蘭步槍(步兵)團第1營
    1 Cameronians (Scottish Rifles) / (Infantry Regiment)
  - 廓爾喀來福槍第3團第3營
    3/4 Gurkha Rifles
  - 廓爾喀來福槍第9團第4營
    4/9 Gurkha Rifles

喀

550

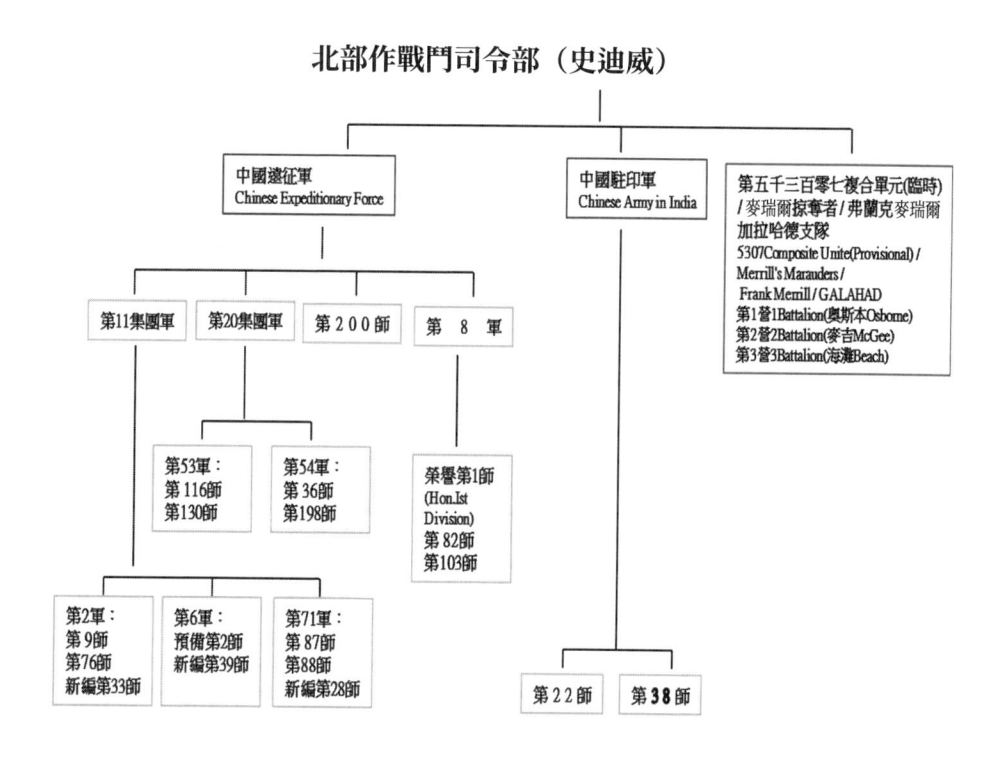

附錄四　緬甸戰場的英軍與日軍部隊（1944年）

北部作戰鬥司令部（史迪威）

- 中國遠征軍 Chinese Expeditionary Force
  - 第11集團軍
    - 第2軍：
      第9師
      第76師
      新編第33師
    - 第6軍：
      預備第2師
      新編第39師
    - 第71軍：
      第87師
      第88師
      新編第28師
  - 第20集團軍
    - 第53軍：
      第116師
      第130師
    - 第54軍：
      第36師
      第198師
  - 第200師
  - 第8軍
    - 榮譽第1師 (Hon.1st Division)
      第82師
      第103師

- 中國駐印軍 Chinese Army in India
  - 第22師
  - 第38師

- 第五千三百零七複合單元(臨時)／麥瑞爾掠奪者／弗蘭克麥瑞爾加拉哈德支隊
  5307/Composite Unite(Provisional)／
  Merrill's Marauders／
  Frank Merrill／GALAHAD
  第1營1Battalion(奧斯本Osborne)
  第2營2Battalion(麥吉McGee)
  第3營3Battalion(海灘Beach)

551

1944 年 3 月駐緬日軍部隊：

仰光地區緬甸方面軍直屬部隊	33,000
第十五軍防區	156,000
第二十八軍防區	53,000
第十八、五十六師團的防區	52,000
獨立混成第二十四旅團	6,600
第五飛行師團	15,500
	316,100

（日本防衛廳戰史室，《因帕爾作戰》，頁 280）

附錄四　緬甸戰場的英軍與日軍部隊（1944年）

1944年日本入侵印度期間指揮體系與作戰序列簡圖

日軍

```
帝國大本營(Imperial General Headquarters)
            │
南方軍司令部(Southern Army Headquarters)
            │
緬甸方面軍(Burma Area Army)
```

第28軍	第15軍	第33軍
第55師： 第55師步兵群 第112步兵聯隊 第143步兵聯隊	第15師： 第51步兵聯隊 第60步兵聯隊 第67步兵聯隊	第18師： 第55步兵聯隊 第56步兵聯隊 第114步兵聯隊
第54師： 第111步兵聯隊 第121步兵聯隊 第154步兵聯隊	第31師： 第31師步兵群 第58步兵聯隊 第124步兵聯隊 第138步兵聯隊	第53師： 第119步兵聯隊 第128步兵聯隊 第151步兵聯隊
第2師： 第4步兵聯隊 第16步兵聯隊 第29步兵聯隊		第56師： 第113步兵聯隊 第146步兵聯隊 第148步兵聯隊
獨立混成第72旅團	第33師： 第33師步兵群 第213步兵聯隊 第214步兵聯隊 第215步兵聯隊	獨立混成第24旅團

第五飛行師團

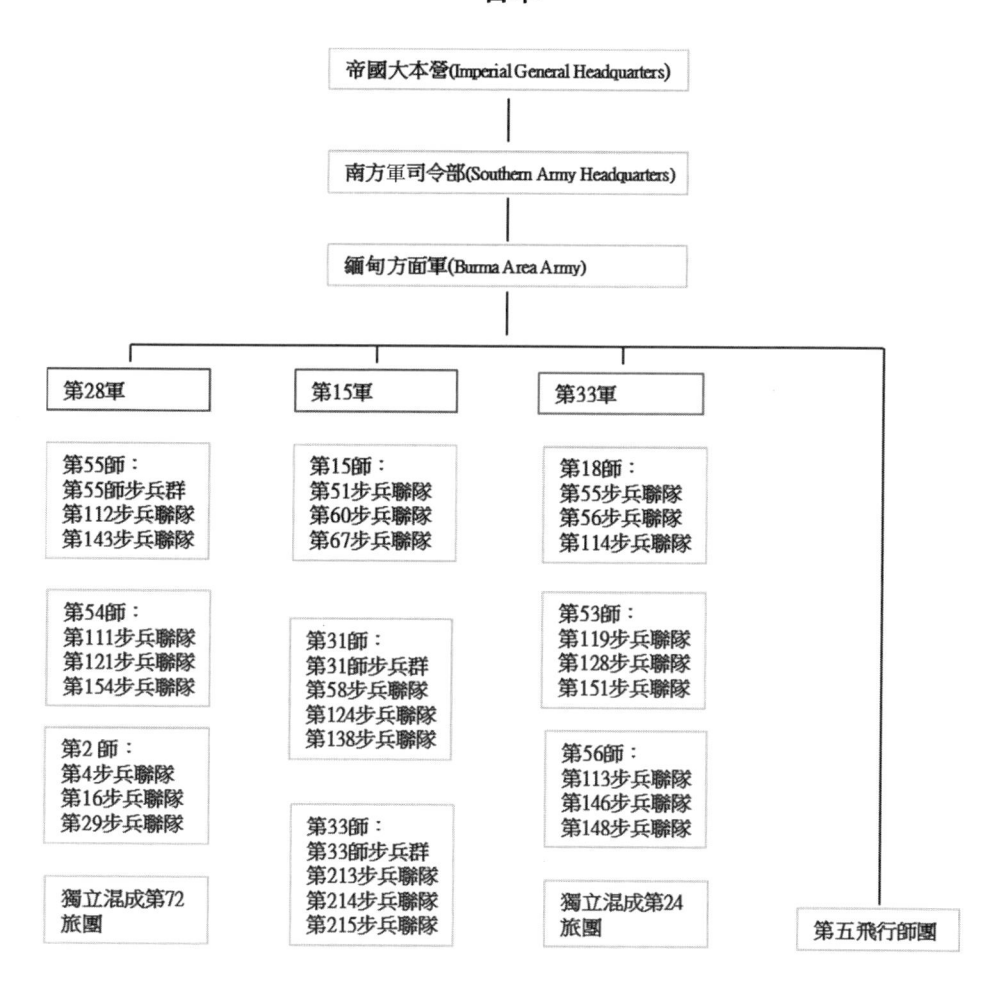

參考文獻目錄
壹、一手文獻

一、英國方面原件

（一）Public Record Office（公共檔案局）所藏通訊、報告、電報等文件

主要如下：

DEFE 2（遠東防禦 2 號檔）

DEFE 3（遠東防禦 3 號檔）

WO 106（陸軍部 106 號檔）（C in C India）

WO 186（陸軍部 106 號檔）

WO 187（陸軍部 187 號檔）

WO 203（Military HQ Far East，遠東軍事總部）

WO 208（Directorate of Military Intelligence，軍事情報局）

WO 216（Chief of Imperial General Staff papers，參謀總長文書）

WO 231（Directorate of Military Training，軍事訓練局）

WO 235（陸軍部 235 號檔）

WO 241（Directorate of Army Psychiatry，陸軍精神審查局）

WO 345（陸軍部 345 號檔）

WO 349（陸軍部 349 號檔）

（二）Imperial War Musium（帝國戰爭博物館）

❶ Papers collectec for the official history, *The War Against Japan*（對日作戰）。

❷ Tapes of BBC Broadcasts from Burma（英國廣播公司「緬甸報導」錄音帶）。

❸ Tapes of Thames TV interviewsfor 'World at War'（泰晤士電視台「戰爭中的世界」訪問錄影帶）。

❹（1）SEATIC Bulletins （interrogation reports, Japanese divisional and army histories）（東南亞翻譯和審訊中心公報，審訊報告，日軍師團與軍的歷史）。

SEATIC Historical Bulletin No. 242,（Japanese generals' answers to questionnaire）, Singapore, August 1946.

（東南亞譯訊中心，歷史公報，日軍將領回答問卷，242號）。

SEATIC Historical Bulletin No. 243,（日第28軍史），Singapore, October 1946.

SEATIC Historical Bulletin No. 244,（日第33軍史），Singapore, October 1946.

SEATIC Historical Bulletin No. 245,（日第15軍史），Singapore, October 1946.

SEATIC Historical Bulletin No. 246,（緬-泰鐵路），Singapore, October 1946.

SEATIC Interrogation Reports （Generals Kimura, Tanaka, Matsuyama, Sakurai, Shibata, Colonel Maruyama）。

（2）*A.T.I.S. Interrogation reports.* Questions and answers on Japanese operations in South East Asia。

（3）Burma Command Intelligence Summary No. 13.

Interrogation Report on Wingate I and Wingate II（Lieutenant-General Kimura, Lt.Gen. Naka, Major Kaetsu Hiroshi）.（緬甸司令部情報摘要，第13號）。

（4）Minutes of Chatham House meeting（8 September 1948）on Japanese attitudes in wartime, with General Sir W. Slim and General Percival in attendance.（論日本戰時態度：查塔館訪談紀要）。

（5）Mutaguchi Renya, Lt-Gen. and Fujiwara Iwaichi, Lt-Col., Report on effect of Wingate expedition（English text, 22/ix/1951）.（牟田口廉也中將與藤原岩市少佐，報告：溫蓋特遠征的影響）。

（6）（Taunton, Lt-Col. D. E., and Capt. Yazu, correspondence on engagement at Budalin, 1945.（D. E. 湯中校與矢津上尉通訊，論布德林之役，1945）。

（7）Thompson, Sir Robert, and Mead, Brig. Peter, Memorandum on Wingate and the Official History.（湯普森爵士與米德准將備忘錄，論溫蓋特與官方歷史）。

❺ Dorman-Smith papers.

❻ Carfrae, Lt-Col., C. C. A., 'Dark Company', TS accont of 29 Column, Second Wingate Expedition（1 Nigeria Regt）in Wingate papers（Shelford Bidwell collection）.（黑公司，溫蓋特第二次遠征第二十九縱隊（奈及利亞第一團）文件）。

❼ Symes, Major-Gen. W. G., Diaries.

❽ Cave, Col.F. O., OBE, MC, Diaries.（獲帝國、MC 勳章）。

❾ Irwin papers.
   （1）Irwin, Lt-Gen., M. S., 'Notes on the Army in India and Army problems relevant to operations on the India/Burma border'.（駐印部隊與印緬邊界作戰問題紀錄）。
   （2）Irwin-Wavell, Correspondence 1942-43.（歐文與魏菲爾通訊）。
   （3）Irwin, Lt-Gen. M. S., *Eastern Army Operations 1942-1943.*（東方駐軍的作戰）。
   （4）Irwin, Lt-Gen. M. S., Note on our capacity to operate offensively against Burma.'（論我軍在緬甸作戰能力）。
   （5）Irwin, Lt-Gen. M. S., Notes on discussions with Mountbatten and Pownall.（與蒙巴頓、伯納中將討論記錄）。
   （6）Irwin, Lt-Gen. M. S., Notes on morale from liaison officers.（歐文，聯絡官士氣記錄）。
❿ Tuker, Lt-Gen. F. S., papers.
⓫ Minutes of a meeting held in Tokyo（25 May 1948）by Lt-Col.（later Sir）John Figgess, then British military attaché in Tokyo, and senior officers of the Japanese army and navy, on whether the Japanese planned an invasion of India.（菲格斯中校編著，東京調查會議記錄：與日本陸海軍高級軍官談日本侵略印度計劃）。

   （三）*Liddell-Hart Centre for Military Archives*（by kind

permission of the Trustees）（利德爾－哈特軍事檔案中心）

❶ Brooke-Popham, Air Chief Marshal Sir Robert, 'Notes on Burma by Air Chief Marshal Sir Robert Brooke-Popham'（布魯克波凡空軍大元帥緬甸記錄）。

❷ Dimoline Papers

❸ Gracey Papers

（1）Report on post-war conversations with Japanese officers, Abe Kitajima and Takahashi Nagahisa.（戰後與日軍軍官安倍、高橋對話錄）。

（2）'Battle of Bishenpur Box'; 'Ninthoukhong', 'Potsambang'.（「比仙浦方鎮之戰」：「寧索康」、「坡桑班」）。

（3）Correspondence with Brig. Greeves, Shenam front, 1944.（1944年在申南前線與格里夫准將通訊）。

❹ Hutton, Lt-Gen. Sir Thomas, 'Rangoon 1941-42. A Personal Record.'97pp. TS.（仰光 1941-42：個人紀錄）。

❺ Messervy Papers－Divisional Histories: 17, 19, 20, 23, 25, 26 Divisions. XV Indian Corps, *History of Arakan Campaign 1944-45.*（梅舍維文件：第17、19、20、23、25、26師的歷史。第15印度兵團：阿拉干戰史，1941-45）。

（四）個人手稿、講述與記錄

❶ Adamson, A. A., 'Notes on the Sittang Bend battle.'（錫當灣戰鬥記錄）。

❷ Burma Command, Intelligence Summary No. 1. 'Fate of the Meiktila Garrison; History of 28 Army.'Rangoon, 1946.（Author's archives.）（緬甸司令部，情報摘要第1號，《密鐵拉守軍的命運》；《廿八軍史》，作者檔庫所藏）。

❸ Charles, S. T., CBE, 'Notes and comments on the Meiktila battle.'（密鐵拉戰鬥後記與評論）。

❹ Escritt, C. A., Translations and notes on Burma-Siam railway.（緬－泰鐵路的詮釋與記錄）。

❺ Fergusson, Major（later Brigadier）Bernard（Lord Ballantrae）. 'War Diary, No. 5, Column, 77 Ind. Inf. Bde.Operations February-April 1943.'（Edge papers）.（戰爭日記：第77獨立步兵旅第5縱隊，1943.02-04軍事行動）。

❻ Goodman, Cecil, TS account of 1942 exodus from Murma to India.（Private papers），「1942年緬甸撤往印度打字稿」（私人文件）。

❼ Hudson, Ray, 'War Diary of the Malerkotla Field Company, Sappers and Miners, Indian State Forces', 32pp.（印度軍馬扣拉野戰連、工兵與爆破兵戰爭日記）。

❽ Khan, Bashir Ahmed, 'The Sittang Disaster', Draft account, B. A. Khan papers, Lahore, Pakistan.（錫當災難）。

❾ Rome, Lt.（later Major）Pat, '7 Days at Kohima'（The Durham Light Infantry battle）.（Private papers）.（科希馬的7天（德蘭輕步兵戰鬥），私人文件）。

❿ Scollen, J., TS account of Meiktila battle（xexoxed extract from longer account dealing with artillery observation in North Africa, Sicily and Burma）.（密鐵拉戰鬥報告，摘自駐紮北非、西西里島與緬甸的砲兵觀察記錄）。

⓫ Toye, Col. Hugh, 'The Indian communities of South-East Asia and the Japanese 1941-1943'（unpublished TS of paper given at St. Antony's College. Oxford, 1982）.（東南亞的印度社群與日本，1941-1943）。

⓬ Toye, Col. Hugh, 'The INA in the Japanese Disaster of 1944',（Ch. XVI of unpublished thesis, 1955-6）.（1944年日軍敗戰中的印度國民軍）。

⓭ Tuck, Col. Alasdair, 'Notes on 255 Independent Tank Brigade's part in the capture and holding of Meiktila 1944/5.'（第255獨立坦克旅1944年5月克復與管制密鐵拉筆記）。

二、日文手稿

（以下沒註明典藏地者，係藏於作者個人的檔庫）

（一）防衛廳

❶ 緬甸方面軍參謀河野公一少佐《備忘錄》。

❷ 河邊正三，《河邊正三大將日記》。

❸ 牟田口廉也中將，《因帕爾作戰回憶錄》，第2卷1947-48。

❹ 中村明人中將,《中村日記:在泰國的日軍》。

❺ 田村浩(日本駐泰國大使館武官)1941年備忘錄。

(二)私人文件

❶ 藤原岩市中佐(後升中將),《關於日本第十五軍團第十五、三十三師團》(英軍審訊回答紀錄)。

❷ 藤原隨筆(作者擁有日文影本,在東南亞翻譯審訊中心《公報》242號)。

❸ 原田棟,《南緬甸作戰戰鬥詳報》,55頁(第三十三師團步兵二一五聯隊陣中日記,1942.1.12-3.15),帝國戰爭博物館。

❹ 第五十四師團部參謀,〈第五十四師團作戰概要〉,金邊,1945.11。

❺ 第五十五師團部參謀,〈神威部隊(騎兵第五十五聯隊的行動)〉,金邊,1945.11。

❻ 第五十五師團部參謀,〈在緬甸鎮壓作戰概要〉,打字印刷,金邊,1945.11。

同上,〈第五十五師團第三十一號作戰概要〉。

同上,〈第五十五師團八號作戰概要〉。

同上,〈「櫻」混成旅團的行動〉。

同上,〈「克」作戰概要〉。

同上,〈在緬甸「邁」作戰概要〉。

❼ 平久保正男中尉(第三十一師團步兵第五十八聯隊補給官),〈印緬作戰從軍記〉手稿。

❽ 片村四八(第十五軍司令官)、田中賴三(第十三海軍基地司令官)、花谷正(五十五師團長)三名中將,〈答

覆東南亞司令部（SAC）訊問內容電報〉，1946，泰國那空那育。

❾〈前日軍第五十五師團參謀長齋藤弘夫中佐的訊問〉，東南亞譯訊中心總部，新加坡，1946.9。

❿ 三澤少佐，《日本帝國陸軍、第三十三師團史》，緬甸方面軍後方司令部參謀，高金，仰光，1946.8。

⓫ 宮崎繁三郎中將，〈科希馬地區死鬥經過概要（コヒマ付近の死闘経過の概要）〉手稿，永盛（Insein），1945.12。

⓬ 第十二軍團部，〈為駐緬英日軍指揮官於1946.2.12.在緬甸英軍令司部舉行之會議所做的問卷調查〉，仰光，1946。（*Questionnaire for Conference between the commanders of the British Forces in Burma, and the Commanders of the Japanese Forces in Burma, held at HQ Burma Command on 12 February 1946. HQ XII Army, Rangoon,* 1946.）

⓭ 東南亞譯訊中心，第二行動組（第十二軍團）（SEATIC, No. 2 Mobile Section（HQ XII Army），〈拘留緬甸日本憲兵綜合報告〉'Consolidated Report on Kempei taken into custody in Burma'.）。

⓮ 第五十五師團齋藤弘夫中佐，〈錫當河突破作戰〉，鉛筆手稿，300頁。

⓯ 日本南方軍總司令部參謀，〈作戦に関する問答〉，西貢，1946。

⓰ 土屋英一，《第二十八軍團戰史》，（私人發行），大磯，1977。

⓱ 第十二軍團情報摘要第十二號，〈日本第五十四師團簡

史〉。

⓲ 第十二軍團情報摘要第十二號,〈日本第五十六師團〉。

⓳ 八木達雄少佐(輜重兵聯隊長),《戰史資料》,法屬印度支那,1946。

⓴ 第十五軍團參謀部,〈第十五軍團行動〉,手稿。

㉑ 山口立少佐(後升中將),《第二十八軍團戰史概要》,勃亞基(Payagyi),鉛筆手稿,1945。

㉒ 吉田権八少將,〈關於戰史資料的回答〉,那空那育(Nakhaun Nayok),1946。

㉓ 吉田友愛,〈補給與因帕爾作戰〉,東京,若松會記事,1977。

貳、二手資料

（除非特別註明出版事項，否則英文版在倫敦，日文版者在東京發行）

一、圖書目錄

井門寬，《太平洋戰史文獻解題》，新人物往來社，1971。

弗蘭克 N. 載哲（Trager, Frank N.），《中、日文資料中的緬甸—附說明的圖書》（Japanese and Chinese Language Sources on Burma. An Annotated Bibliography），紐黑文（New Haven），1957。

二、官史出版品

（一）英國

Butler, J. R. M., and Gwyer. J. M. A., *Grand Strategy*, Vol. Ill, Pts. 1 & 2, HMSO, 1964.

Donnison, Brig. F. S. V., *British Military Administration in the Far East,* 1943-45, HMSO, 1956.

Ehrman, J., *Grand Strategy*, Vols. V and VI, HSO, 1957.

Howard, Michael, *Grand Strategy*, Vol. IV, HSO, 1972.

Kirby, Major-Gen. S. W. et al., *The War Against Japan*, Vols. II-V, HMSO, 1958, 1962, 1965, 1969.

Mackenzie, Compton, *Eastern Epic, Vol. I. Defence*（all

published), Chatto & Windus, 1951.

Richards, D. and Saunders, Hilary St.G., *Royal Air Force* 1939-1945, 3 vols., new edn., HMSO, 1974-5.

（二）印度

B. Prasad., ed., Official History of the Indian Armed Forces in the Second World War（1939-1945）, Orient Longmans, 1954 onwards.

Retreat from Burma 1941-42

Arakan Operations 1942-45

Reconquest of Burma 1942-45, Vols. I and II

Post-war Occupation Forces: Japan and South-East Asia

（三）美國

Romanus, C. F., and Sunderland, R., *United States Army in World War II, China-Burma-India Theater*, Washington:

Stilwell's Mission to China, 1953; *Stilwell's Command Problems, 1956; Time runs out in CBI,* 1959.

（四）日本

防衛廳防衛研究所戰史室，《戰史叢書》，朝雲新聞社，1967年起：

《ビルマ攻略作戰（緬甸攻略作戰）》，1967。

《インパール作戰（因帕爾作戰）》，1968。

《イラワジ会戰（伊洛瓦底會戰）》，1969。

《シッタン明号作戰（錫當明號作戰）》，1969。

航空部隊資料,《緬甸蘭印方面第三航空軍的作戰》,1967。

日本最高統帥部的緬甸報告,《帝國大本營陸軍部》,第1-10卷。

又,戰後自衛隊為訓練預備幹部而取材自《帝國大本營陸軍部》所設計的一系列教範。內容敘述較簡單,但圖表編制卻更加精美,還有標示詳細註解,而為上述較長的10卷原著所無。我將它們稱為「實習官史」[1]—依我的命名法—在標題前縮寫為OCH（Officer Cadet History）。

陸上自衛隊幹部學校戰爭史教官編撰《第二次世界大戰史》,東京：1968年起,出版以下各書：

《緬甸攻略作戰》、

《阿拉干作戰》、

《因帕爾作戰》（上、下兩冊）、

《伊洛瓦底會戰》、

《一億人的昭和史》、《日本戰爭史（7）》、《太平洋戰爭史（1）》,東京：每日新聞社, 1978.10。

英國第12軍,《日本緬甸作戰史報告（1941.12.—1945.8）》,仰光,1945。

三、電報、公文彙編

❶ Field Marshal Sir Claude（later Viscount）Auchinleck,

1　編按：：日文譯者在此特別加了註腳,指出此係本書作者路易斯·艾倫不知該單位之誤,應係「陸上自衛隊幹部學校」（簡稱「陸幹校」）。

Operations in the Indo-Burma Theatre based on India from 21st June 1943 to 15th November 1943, HMSO, 1948.

❷ Sir Robert Brooke-Popham, *Operations in the Far East from 12th October 1940-27th December 1941,* HMSO, 1948.

❸ General Sir George Giffard, *Operations in Burma and North-East India from 16th November, 1943 to 22nd June, 1944,* HMSO, 1951.

❹ General Sir George Giffard, *Operations in Assam and Burma, 23rd June 1944 to 12th November 1944,* HMSO, 1951.

❺ Lieutenant-General Sir Oliver Leese. *Operations in Burma from 12th November 1944 to 15th August 1945*, HMSO, 1951.

❻ Vice-Admiral the Earl（later Viscont）Mountbatten of Burma, *Report to the Combined Chiefs of Staff by the Supreme Allied Command South-East Asia, 1943-1945*, HMSO, 1951.

❼ Air Chief Marshall Sir Keith Park, *Air Operations in South-East Asia from 1st June 1944 to the Reoccupation of Rangoon, 2nd May 1945*, HMSO, 1951.

❽ Air Chief Marshal Sir Richard Peirse, *Air Operations in South-East Asia from 16th November 1943 to 31st May,* HMSO,1951.

❾ Air Chief Marshal D. F. Stevenson, *Air Operations in Burma and the Bay of Bengal, January1st to May 22nd 1942,* HMSO, 1948.

⓾ General（later Field Marshal） Earl（later Viscount） Wavell, *Operations in Burma from 15th December 1941 to 20th May 1942,* HMSO, 1948.（Covers reports by Lieutenant-General（later Sir） T. J. Hutton and General the Honourable Sir Harold（later Viscount） Alexander）.

⓫ General（later Field Marshal） Sir Archibald（later Viscount） Wavell, *Despatch by the Supreme Commander of the ABDA Area to the Combined Chiefs of Staff on the operations in the South-West Pacific 15th January 1942 to 25th February 1942,* HMSO, 1946.

⓬ General（later Field Marshal） Earl（later Viscount） Wavell, *Operations in Eastern Theatre, based on India, from March 1942 to December 31st, 1942,* HMSO, 1948.

⓭ General（later Field Marshal） Earl（later Viscount） Wavell, *Operations in India Command, 1st January 1943 to 20th June 1943,* 1948.

⓮ Biennial Report of the Chief of Staff of the United States Army 1943-1945, to the Secretary of War, *General Marshall's Report. The Winning of the War in Europe and the Pacific,* Simon & Schuster, Washington, 1945.

四、戰役與個別戰鬥的非官方歷史

（一）美國

Callahan, Raymond, *Burma 1942-1945,* Davis-Poynter, 1978.

（二）英國

Campbell, Arthur, *The Siege, A Story from Kohima,* Allen &

Unwin, 1956.

Carew, Tim, *The Longest Retreat: The Burma Campaign 1942*, Hamish Hamilton, 1969.

Barker, A. L., *The March on Delhi,* Faber & Faber, 1963.

McKelvie, Roy, *The War in Burma*, Methuen, 1948.

Owen, Frank, *The Campaign in Burma,* HMSO.

Perrett, Bryan, *Tank Tracks to Rangoon*, Robert Hale, 1978.

Phillips, C. L. Lucas, *Springboard to Victory*.

Smith, D. E., *Battle for Burma*, Batsford, 1979.

Swinson, Arthur, *Kohima*, Cassell, 1966.

Calvert, Michael, *Prisoners of Hope*, Cape 1952; new edn, Leo Cooper 1971.

Calvert, Michael, *Fighting Mad,* Jarrolds, 1964.

Calvert, Michael, *The Chindits,* Ballantine, 1973.

Fergusson, Bernard, *Beyond the Chindwin,* Collins 1945; *The Wild Green Earth,* Collins 1946; *Return to Burma,* Collins 1962; The *Trumpet in the Hall,* Collins 1970.

Carface, Charles, *Chindit Colum,* Kimberly, 1985.

（三）日本

原田勝正，《ドキュメント昭和史》，第4卷，《太平洋戰爭》，及今井清一，《ドキュメント昭和史》第5卷，敗戰前後，東京：平凡社，1975。

服部卓四郎，《大東亞戰爭全史》，第1卷，原書房，1968。

林三郎，《太平洋戰爭陸戰概史》，岩波新書，第25版，

1972（初版，1951）。

今井清一等，《太平洋戰史》，第 4－6 卷，《日本政治的國內外左傾》，青木書店，1972。

伊藤正德，《帝国陸軍の最後》，第 1－6 卷，文藝春秋，初版，1959，14 版，1969。

伊藤正德等監修，《實錄太平洋戰爭》，7 卷，中央公論社，1960。（本叢書實為太平洋戰爭相關戰史文獻之摘要與節錄，其中第三卷包含因帕爾會戰）

兜島襄，《太平洋戰爭》，中公新書，2 卷，1965。

兜島襄，《指揮官》，文春文庫，第 2 卷，1974。（宮崎與牟田口廉也在第 1 卷）

兜島襄，《參謀》，文春文庫，第 2 卷，1975。（藤原與辻在第 1 卷）

高木俊郎，《戰死》，文藝春秋，1967。（棚橋與在恩丁（Indin）死亡的卡文迪西（Kavendish）准將）

五、軍（團）與師（團）的歷史

（一）英國

Brett-James, A., *Ball of Fire: The Fifth Indian Division in the Second World War*, Gale and Polden, Aldershot, 1951.

Doulton, Lt-Col. A. J. F., *The Fighting Cock, being the History of the 23rd Indian Division* 1942-47, Gale and Polden, Aldershot, 1951.

Mason, P., *A Matter of Honour: An Account of the Indian Army,* its Officers and Men, Cape, 1974.

Roberts Brig. M. R., *Golden Arrow. The Story of the 7th Indian Division in the Second World war, 1939-45,* Gale and Polden, Aldershot, 1952.

（二）日本

相良俊輔，《菊と龍》，（分別為第 18 與 56 師團的代號；在雲南與北緬甸密支那作戰），光人社，1972。

六、團（聯隊）、營（大隊）與連（中隊）的歷史

（一）英國與印度

Barthop, M., *The Northamptonshire Regiment,* Leo Cooper, 1974.

Birdwood, Col. F. T., *The Sikh Regiment in the Second World War*, Norwich, privately printed, 1953.

Carew, Tim, *The Royal Norfolk Regiment,* Hamish Hamilton, 1967.

Condon, Brig. W. E. H., *The Frontier Force Rifles*, Gale and Polden, Aldershot, 1953.

Holloway, R., *The Queen's Own Royal West Kent Regimen,* Leo Cooper, 1973.

Jervois, Brig. W. J., *The History of the Northamptonshire Regiment, 1934-1948*（Regimental History Committee），1953.

Myatt, F., *The Royal Berkshire Regiment,* Leo Cooper, 1968.

Rissik, David, *The DLI at War*, Brancepeth,1953.

Russell, Wilfrid, *The Friendly Firm. A history of 194 Squadron, Royal Air Force*, 194 Squadron, RAF Association, 1972.

Taylor, Jeremy, *The Devons: A History of the Devonshire Regiment, 1685-1945,* Bristol, 1951.

White, Lt-Col., O. G. W., *Straight on for Tokyo. The War History of the 2nd Battalion the Dorsetshire Regiment*（54th Foot）, Gale and Polden, Aldershot, 1948.

（二）日本

第三中隊戰史編纂委員會編,《步兵第二一五連隊第三中隊戰記》,前橋,1979。

步五十八會（步兵第五十八聯隊會）,《ビルマ戰線：步兵第五八連隊の回想》,1964（私人印行）。

南友會回想錄編纂委員會,《遠方的佛塔：野戰高射砲第三十六大隊第一中隊大東亞戰爭回想錄》,1976。

高木俊郎,《全滅》（第十四戰車聯隊）,文藝春秋,1968。

《渦まくシッタン：鳥取・步兵第 121 連隊史》,鳥取市：日本海新聞社編, 1969。

七、指揮官與高級軍官的記述報告、傳記與自傳

（一）英國與美國

Bond, Brian, ed., *Chief of Staff: The Diaries of Lt. Gen. Sir Henry Pownall*, Vol. 2, 1940-1944, Leo Cooper, 1974.（by kind permission of J. W. Pownall-Gray, Esq.）.

Connell, John, *Auchinleck,* Collins, 1959.

Connell, John, *Wavell: Supreme Commander 1941-1943,* Collins, 1969.

Evans, Lt-Gen. Sir Geoffrey, *Slim as Millitary Commander*, Batsford, 1969.

Fergusson, Bernard, *Wavell: Portrait of a soldier,* Collins, 1961.

Lewin, Ronald, *Slim the Standard-Bearer*, Leo Cooper, 1976.

Masters, John, *The Road Past Mandalay,* Michael Joseph, 1961.

Maule H. R., *Spearhead General. The epic story of Sir Frank Messervy and his men at Eritrea, North Africa and Burma,* Odhmas, Press, 1961.

Slim, Field Marshal Viscount, *Defeat in Victory,* Cassell, 1956.

Smeeton, Brig, Miles, *A Change of Jungles*, Hart Davis, 1962.

Smyth, Sir John, *Before the Dawn*, Cassell, 1957.

Stilwell, Lt-Gen. Joseph W., *The Stiwell Papers*（ed. T. H. White）. Macdonald, 1949.

Sykes, C., *Orde Wingate,* Collins, 1959.

Terraine J., *The Life and Times of Lord Mountbatten,* Arrow Books, 1970.

Tuchman, Barbara, *Sand Against the Wind. Stilwell and the American Experience in China 1911-1945*, New York, 1970.

Tuker, Lt-Gen. Sir Francis, *While Memory Serves*, Cassell, 1950.

Tulloch D., *Wingate in Peace and War*, Macdonald, 1972.

（二）日本

片倉衷（緬甸南方軍的首席參謀），《因帕爾作戰秘史》，經

濟來往社，1975。

牟田口廉也中將，《有關1944年的ウ號作戰的資料》，國家圖書館藏，1964年，頁1-32，（私人印刷）。

亞瑟‧斯溫森，《四武者》，哈欽森出版社，1968。（含本田和牟田口）。

高木俊郎，《因帕爾》，文藝春秋，1968。（關於牟田口和因帕爾）。

高木俊郎，《抗命》，文藝春秋，1966。（佐藤與牟田口）。

高木俊郎，《憤死》，文藝春秋，1969。（山內與第15師團和牟田口）。

八、記者的報導

（一）英國

Beaton, Cecil, *Far East*, Bastsford, 1945.

Burchett, W.G., *Wingate's Phantom Army*, Muller, 1946.

Curie, Eve, *Journey Among Warriors,* Doubleday, Doran, 1943.

Gallagher, O. D., *Reatreat in the East,* Harrap, 1942.

Owen, Frank ed., SEAC Newspaper, *Laugh with SEAC,* Calcutta, 1945.

Roger, George, *Red Moon Rising,* Cresset Press,1943.

Rolo, Charles J., *Wingate's Raiders*, Harrap,1944.

Wagg, Alfred, *A Million Died*, Nicholson & Watson, 1943.

（二）日本

三國一郎，《昭和史探訪》，第3-5卷，番町書房，1974。

丸山靜雄，《インパール作戰從軍記》，岩波新書，1968。

田村吉雄編,《秘錄大東亞戰史》:《緬甸篇》,東京,富士書苑,1953(日15名隨軍記者的25篇戰地報導)。

九、參與者的敘述
(一) 盟軍
Baggaley, James, *A Chindit Story,* Souvenir Press, 1954.

Beaumont, Winifred, *A Detail on the Burma Front*, BBC, 1977.

Bower, Ursula Graham, *Naga Path*, John Murray, 1952.

Brett-James, Anthony, *Report My Signals,* Hennel Locke, 1948.

Carew, Tim, *All this and a Medal too*,Constable, 1957.

Corpe, Hilde R., *Prisoner beyond the Chindwin,* Arthur Barker, 1955.

Davis, Patrick, *A Child at Arms,* Hutchinson, 1970.

Delachet Guillon, Claude, *Daw Sein. Les dix mille vies d'une femme birmane*, Seuil, Paris, 1978.

Fellowes-Gordon, Ian, *The Battle for Naw Seng's Kingdom,* Leo Cooper, 1971(The Kachin Levies in North Burma)。

Guthrie, Duncan, *Jungle Diary,* Macmillan, 1946.

Halley, David, *With Wingate in Burma*, William Hodge, 1946.

Hanley, Gerald, *Monsoon Victory,* Collins, 1946.

Irwin, Anthony, *Burmese Outpost,* Collins, 1945.

Jeffrey, W. F, *Sunbeams like Swords*, Hodder & Stoughton, 1951.

Mains, Lt-Col. Tony, *The Retreat from Burma,* Foulsham, 1973.

Mi Mi Khaing, *Burmese Family,* Longmans, 1946.

Morrison, Ian, *Grandfather Longlegs. The life and gallant death of Major H. P. Seagrim,* GC, DSO, Faber,1947.

Ogburn, Charlton, *The Marauders* New York Harper, 1959.

Rees, W. R. and Brelis, Dean, *Behind the Burma Road,* Robert Hale, 1964.

Rhodes-James, Richard, *Chindit,* John Murray, 1980.

Shaw, James, *The March Out,* Rupert Hart-Davis, 1953.

Sheil-Small, Denis, *Green shadows: a Gurkha story,* William Kimber. 1982.

Smith Dun, General, *Memoirs of the Four-Foot Colonel,* Cornell, 1980.

Williams, J. H., Lt-Col, *Elephant Bill,* Rupert Hart-Davis, 1950.

（二）日本

安部光男中佐，《參謀》，富士書房，1953。

会田雄次，《アーロン收容所》，中央公論社，1962，新版1974。

会田雄次，《アーロン收容所再訪》，文藝春秋，1975。

荒木進，《緬甸敗戰記行：一個士兵的回憶》，岩波新書，1982。

浜地利男，《因帕爾最前線》，叢文社，1980。

菊池蹟，《狂風因帕爾最前線》，叢文社，1982。（第15師團）

小宮德次，《ビルマ戰》前篇—戰爭と人間の記錄》，第1卷：仰光失落；勃固山脈，現代史出版社，德間書店，1978。

小林育三郎，《緬甸戰場日記》，叢文社，1981。

久津間保治編，《防人的詩：因帕爾》，京都新聞社，京都，1979。

宮部一三，《緬甸最前線（1）》，叢文社，1980。（第119步兵聯隊，第53師團，溫蓋特、密鐵拉、收容所生活）

村田平次，《因帕爾作戰：第53師團在科希馬》，原書房，1967。

高見順，《高見順日記》，第2卷《緬甸從軍（日軍佔領下的緬甸生活）》，勁草書房，1966。

辻政信，《15比1》，原書房，1968。（第33軍團在雲南、北緬、密鐵拉與瓢背）

辻政信，《潛行三千里》，與羅伯特・布斯、福田太郎合譯，東京，1952。

堤新三，《轉進》，個人出版私人印行，1967。

堤新三，《鬼哭啾啾：海軍第13警備隊全滅記》，每日新聞社，1981。

後勝（緬甸方面軍參謀），《緬甸戰記》，日本出版，京都（株），1953。

繁光吉市，《軍属ビルマ物語》，旺史社，1973。（記述密鐵拉醫院故事）

十、醫療

（一）英國

Anderson W. M. E. & others, *Field Service Hygiene Notes, India,* 1945, Govt. of India Press, Calcutta, 1945.

Mackenzie, W., *Operation Rangoon Jail* (Account of conditions in captivity by 17 Indian Division chief medical officer, captured at Sittang Bridge. 1942）（仰光監獄行動，第 17 印度師醫療長於 1942 年在錫當橋被俘狀況）。

Mellor, W. Franklin, *Casualties and Medical Statistics*, HMSO, 1970.（死傷統計，皇家文書局）

Short, Stanley W., *On Burma's Eastern Frontier*, Marshall, Morgan & Scott, Edinburgh,1945.

Walker Allan, S., *Middle East and Far East, Canberra*, 1953,（Vol. 2 of Medical Series, *Australia in the war of 1939-1945*）（Chapter 26 deals with the Burma-Siam railway, and Chapter 27 with the prison camps in the Far East.）

（二）美國

Seagrave, Gordon S, *Burma Surgeon*，Norton New York,1943.

Seagrave, Gordon S, *Burma Surgeon Returns*, Gollancz, 1946.

（三）日本

橋本武彥，《累骨之谷：緬甸兵站病院壞滅記》，旺史社，1979。

石田新作，《惡魔的日本軍醫》（北緬甸華軍戰俘活體解剖報告），山本書房，1982。

伊藤圭一，《兵隊たちの陸軍史 ― 兵営と戦場生活》，番町書房，1969。

龜尾進，《魔のシッタン河》（勃固山脈；印度國民軍；緬甸國民軍；突圍），旺史社，1980。

輕部茂則，《因帕爾：醫官筆記》，德間書店，1979。（科希馬圍城與第 31 師團退卻概要）

千田夏光，《從軍慰安婦》，雙葉社，1973。

十一、政治、種族與士氣
(一) 盟軍

Ballhatchet, Kenneth, *Race, Sex and Class under the Raj*, Weidenfeld and Nicolson, 1980.

Bond, Brian, *British Military Policy between the two World Wars,* Clarendon Press, 1980.

Collis, Maurice, *Last and First in Burma 1941-1948,* Faber, 1956。

Dover, Cedric, *Hell in the Sunshine,* Secker & Warburg, 1943.

Keegan, John, *The Face of Battle,* Cape, 1976.

Louis, William Rogers, *British Strategy in the Far East,* Oxford U. P.,1973.

de Mendelssohn, Peter, *Japan's Political Warfare,* Allen & Unwin, 1944.

Sluimers Laszlo, *A Method in the Madness? Aanzetten tot een vergelijkende politicologische studie van de Japonse periode in Zuidoost-Asie, 1942-1945,* Amsterdam, 1978.（《瘋狂中的理性？東南亞在日本時期 1942-1945 的比較政治學研究》阿姆斯特丹出版）

Thorne, Christopher, *Allies of a Kind*《如此的盟友》, Oxford, U. P., 1978.

Tinker, Hugh ed., Burma. *The Struggle for Independence 1944-1948,* Vol. 1. *From Military Occupation to Civil Government,* 1 January 1944-31 August 1946, HMSO, 1983.

U Khin, recorded by, *U Hla Pe's Narrative of the Japanese Occupation of Burma*, Cornell, 1961.（悟金紀錄《日本 佔領緬甸時

期的悟拉佩敘事》）

（二）日本

印度方面戰歿者遺骨收集政府派遣團編輯委員會，《再見阿拉干：印度方面第一次遺骨收拾記錄》，附有地圖的信封，東京，1975。

每日新聞社編，《不許可写真史》一億人の昭和史 10，東京：同編者，1977。

北島昇編，《日本ニュース映画史：開戦前夜から終戦直後まで》別冊一億人の昭和史，東京：同編者，1977。

飯塚浩二，《日本の軍隊：日本文化研究の手がかり》，東京：評論社，1968。

北島昇編，《日本陸軍史：日本の戦史別巻（1）》別冊一億人の昭和史，東京：毎日新聞社，1979。

富田晃弘，《兵隊画集》，東京：番町書房，1972。

坪田五雄編，《昭和日本史（4）太平洋戦争前期》，東京：曉教育圖書，1976。

坪田五雄編，《昭和日本史（5）太平洋戦争後期》，東京：曉教育圖書，1977。

十二、印度國民軍的角色

Bose, S.K., ed., *The International Netaji Seminars*, Netagi Bhawan, Calcutta, 1973.

Corr, Gerald H, *The War of the Springing Tigers*, Osprey, 1975.

Durrani, Mahmood Khan, *The Sixth Column* Cassell, 1955.

藤原岩市，《F機關》，原書房，1966。（藤原少佐，首位與莫漢‧

辛格 Mohan Singh 在馬來亞與緬甸成立印度國民軍 INA），明石陽至英譯，*F Kikan,* Heineman Asia, 1983..

Ghosh, Kalyan K., *The Indian National Army. Second Front of the Indian Independence Movement,* Meenakshi Prakashan, Meerut, 1969.

Hauner, Milan, *India in Axis Strategy; Germany, Japan, and Indian Nationalists in the Second World War,* German Historical Institute, 1982.

林田達雄，《悲劇英雄：S. C. 鮑斯的生涯》，東京，1968。

今井武雄，《昭和的謀略（日本在中國與東南亞的覆滅）》，原書房，1967。

Khan, Shah Nawaz, Major Genl., *INA and its Netaji,* Rajkamal Publications, Delhi, 1946.

國塚一乘，《印度洋にかかる虹》，光文社，1958。

Lebra, Joyce, *Jungle Alliance. Japan and the Indian National Army,* Asia Pacific Press, Singapore, 1971.

Singh, Mohan, *Soldier's Contribution to Indian Independence,* Army Educational Stores, New Delhi, 1974.

Sykes, Christopher, *Troubled Loyalty. A biography of Adam von Trott zu Solz,* Collins, 1968.（Chapter 14 deals with Bose.）

Toye, Hugh, *The Springing Tiger: Subhas Chandra Bose,* 1959.

十三、緬甸國民軍

淺井得一,《緬甸戰線風土記》(地理學教授暗殺巴茂的回憶),玉川選書,1980。

Ba Maw, *Breakthrough in Burma* 1939-1946, Yale U. P. 1968.

Collism Maurice, *Last and First in Burma,* Faber, 1956.

畠山清行,保阪正康編《大戰前夕的情報戰》,秘錄陸軍中野學校,產經新聞社出版局,1967。

Nu, Thakin, *Burma under the Japanese,* tr. J. S. Furnivall, Macmillan, 1954.

太田常,《在緬日本軍政史研究》,吉川弘文館,1969。

山本政義,《緬甸工作與謀略將校:中野學校第一期生的回想》,六興出版,1978。

參、論文

一、英、美與印度出版品

Allen, L.,' Japanese Military Rule in Burma, *Modern Asia Studies*', III, 2, Cambridge, 1969, pp. 177-181.

Allen, L., 'Studies in the Japanese Occupation of South-East Asia 1942-45(I)', *Durham University Journal*, New Series, Vol. XXXII, No. 1, Dec. 1970, pp.1-15.

Allen, L., 'Notes on Japanese Historiography: World War Il', *Military Affairs*, Kansas State University, Vol. XXXV, No. 4 Dec.

1971, pp.173-178.

Allen, L., 'Japanese Literature of the Second World War', *Proceedings of the British Association for Japanese Studies*, Vol. 2, Sheffield, 1977, pp. 117-152.《英國日本研究會論文集》。

Allen, L., 'The Historian as Little Peterkin, *Durham University Journal*', New Series, Vol. XL, Dec. 1979, pp. 89-98.

Allen, L., 'Fujiwara and Suzuki: Patterns of Asian Liberation', in W. H Newell, ed. *Japan in Asia,* Singapore U. P., 1981, pp. 83-103.（〈藤原和鈴木：亞洲解放的模式〉《日本在亞洲》，新加坡大學出版社。）

Allen, L., 'How not to assassinate Ba Maw', *Proceedings of the British Association for Japanese Studies*, Sheffield, 1982.〈為何不暗殺巴茂〉。

Evans, Lt-Gen. Sir Geoffrey, 'Imphal: Crises in Burma', *History of the Second World War*, Purnell, No. 61, pp. 1681-1691.《佩奈爾二戰歷史雜誌》，第61號。

Fugiwara Iwaichi,（藤原岩市）'Burma:the Japanese Verdict' 〈緬甸：日本判決書〉, ibid., pp. 1706-1707 同上。

Ghosh, K. K., 'The Indian National Army-Motives, Problems and Significance', Paper No. 31, International Conference on Asian History, Kuala Lumpur, August 1968, pp. 1-29.

Keene, D., 'Japanese Writers and the Greater East Asia War' 〈日本作家與大東亞戰爭〉, in *Landscapes and Portraits*《風景與人物》, Secker & Warburg, 1972.。

Lebra, Joyce C., 'Japanese Policy and the Indian National Army', Paper No. 21, International Conference on Asian History,

Kualla Lumpur, August 1968, pp. 1-29.〈日本政策與印度國民軍〉。

Lebra, Joyce., 'Japanese and Western Models for the Indian National Army', *The Japan Interpreter*, V. 1972, pp. 364-375. pp. 215-229.〈印度國民軍的日本與西方模式〉《日本詮釋者雜誌》。

Lebra, Joyce C., 'The Significance of the Japanese Military Model for Southeast Asia', *Pacific Affairs*, Vol. 48, no. 2, 1975, pp.215-229.〈日本軍事模式在東南亞的重要性〉《太平洋事務雜誌》

Mead, Brig. Peter, 'Orde Wingate and the Official Histories', *Journal of Contemporary Histories*, Vol. 14, January 1979,pp. 55-82.〈官史中奧德‧溫蓋特〉《當代史學報誌》。

Reid, Sir Robert, 'The Assam Rifles in Peace and War', *Blackwood's Magazine*, No. 1579, May 1947, pp. 414-412.〈阿薩姆來福槍營的戰爭與和平〉。

Sunderland, Riley, 'Burma: the Supply Solution', *History of the Second World War*, Purnell, No.61, p.1708.〈緬甸：補給問題的解決〉。

Swinson, Arthur, 'Kohima: Turning Point in Burma', *ibid.*, pp. 1692-1704.〈科希馬：緬甸的轉捩點〉。

Thorne, Christopher, 'Racial aspects of the Far Eastern War of 1941-45', *Proceedings of the British Academy*, LXVI, 1980, pp. 329-337.〈1941-45 遠東戰爭的種族方面〉。

Tinker, Hugh, 'Burma: the Politics of Memory', *Pacific Affairs*, Vol. 49, No. 1, Spring 1976, pp. 108-111.〈緬甸：記憶中的政治〉。

Wingate, Sybil, '*Orde Wingate and his critics*', Spector, 29 May 1959.

二、日本出版品

路易士・艾倫，〈ビルマの竪琴と野火〉，《比較文學研究》，第 36 號，頁 123-135。

有末精三，R・辛哈女士英譯 'My Memories of Subhas Chandra Bose' 《甲骨文》，I，第 1 號，加爾各答，1979.01，頁 19-24。

淺井得一，〈バーモ暗殺未遂事件についての証言〉，《政治史學》，「第二次世界大戰史」，第 144 號，1978.05，頁 1-14；第 145 號，1978.06，頁 1-18；第 149 號，1978.10，頁 11-22。

後藤脩博，〈あゝ飛行第 8 隊つばさある限り—ビルマ航空滅戰秘錄〉，《丸》，第 339 號，頁 213-243，1974.11。

池波有信，〈辻政信的功與過〉，《丸》，第 324 號，頁 98-103，1973.08。

藤原岩市，〈参謀と兵と将軍（メークテーラ）〉，《丸》，第 335 號，頁 217-247，1974.07。

岩畔豪雄，〈インド志士ボースの最期（印度志士鮑斯的最後時日）〉，《文藝春秋》臨時增刊，1955.12，頁 52-56。

日本時代週刊，〈日本計劃二戰勝後採納粹風格統治〉，《日本時代週刊》，1981.12.05。

川島伸威，〈緬甸獨立義勇軍與南機關〉，《歷史與人物》，中野學校臨時增刊，第 10 號，1980.10，頁 134-143。

長澤健一少將等，〈錫當突破作戰〉，《南窗》，第 31 號（錫當突圍 20 週年發行，頁 30-48，1965。

西島秀夫中士記,〈幽鬼の群像は泣いている〉(北緬第56師團步兵第114聯隊),《丸》,第327號,頁229-257,1973.11。

沼田多稼藏,〈南方軍寺內元帥之死〉,《文藝春秋》,臨時增刊,1955.12,頁114-149。

小川忠宏,〈インダィン戰記〉,《南窗》,第34號,頁1-28,1972。

相良俊輔,〈怒れる豪 白骨街道に泣く〉,(北緬第56師團,水上的自殺),《丸》,第336號,頁96-101,1974。

櫻井省三,〈緬甸戰線,敵中突破〉,《文藝春秋》,臨時增刊,1955.12,頁62-67。

櫻井省三等,〈シッタン突破作戰を迎えて〉,《南窗》,第43號,頁1-96,1975。

高崎傳,〈最悪の戰場に奇蹟はなかった〉(在因帕爾的步兵第124聯隊),《丸》,第277號,頁245-275,1969.11。

土屋榮一,〈死の敵中橫斷、ビルマ方面軍の悲劇〉,《日本週報》,第441號,1958.04.25,頁33-41。

土屋英一中佐,〈明月に消えた肉薄特攻隊〉(第28軍與伊江渡河),《丸》,第244號,頁235-270,1962.09。

緬甸地名中譯
補錄一

英文	中文	簡體	備註
A			
A Lung	阿弄	阿弄	
Abya	阿比亞	阿比亚	
Akayab	阿恰布	阿恰布	實兌（Sittwe）
Allagappa	阿拉嘎帕	阿拉加巴	印度地名
Allanmyo（Myede）	阿蘭謬	阿兰谬	
Amarapura	阿曼納普拉	阿马拉布拉	
Amlerst	阿模斯特		
Angbreshu	安布瑞許		
Arakan	亞拉干	阿拉干	若開（Rakine）
Arcadian	阿卡迪亞		
Assam	阿薩姆邦	阿萨姆邦	印度東北部省
Auktaung	奧當	奥当	
Aunggon	昂貢	昂贡	
Ava	阿瓦	阿瓦	
Awlanbym	阿倫並		
Auktaw	奧陶	奥陶	
Ayarwady	伊洛瓦底江		
B			
Badalin	巴達林		
Badana	巴達那		位於 Rakhine
Bale	巴列	巴列	
Banmauk	班茂	班茂	
Barrackpore	巴拉克普爾	巴拉格布尔	印度西孟加拉邦
Bassein	巴森（北省）	勃生	勃生（Pathein）
Bassein	巴森河	勃生河	

日落落日：最長之戰在緬甸 1941-1945（下冊）

英文	中文	簡體	備註
Baw lake	寶湖	保湖	
Bawdwin	包德溫	包德温	撣邦北部的一個（南渡附近）
Bawli Bazar	保里市集	包利巴扎尔	在 Maungdaw（孟都）akhine（若開）
Bawmi	包未	包米	在 Thabaung（達榜）
Beik（Meik）（Mergui）	墨吉		
Bengal bay	孟加拉灣	孟加拉湾	
Bengali	孟加拉	孟加拉	孟加拉語
Bhamo	八莫	八莫	
Bihar	比哈爾邦	比哈尔邦	
Bilin	比林	比林	
Bishenpur	比仙浦	比什努布尔	印度地名（毗湿奴布爾的舊稱）
Black Pool	黑潭	黑潭	
Bo khking	博金		
Bongyuang	博將	邦姜	
Brahmaputa river	雅魯藏布江	布拉马普特拉河	位於印度東北部及西藏南部
Briasco bridge	布里斯科橋	布里亚斯科桥	
Broadway	百老匯	百老汇	
Budalin	布達林	布德林	
Bum	布姆	布姆	
Buri Bazar	布瑞市集	布瑞	印度地名
Buthidaung	布帝洞	布迪当	
Byokkwe	波克衛	波克卫	

C

Chsipkin	克希平		
Cachur	卡朱		p.194
Chammu	查姆	查姆尔	
Changyak	長雅克		
Chassud	恰蘇德	恰苏德	

參考文獻目錄

英文	中文	簡體	備註
Chauk	俏埠	稍埠	
Chaung	溪		
Chaunggyi	河		較大的溪
Chaungtha	羌達	羌达	
Chaung-U	烏溪	乌溪	
Chaungzon	松溪		
Cheduba	奇都巴	切杜巴	
Chin	欽邦	钦邦	
Chindwin	欽敦江	钦敦江	
Chinng mai	清邁	清迈	
Chittagong	吉大港	吉大港	
Churachandpur	楚拉昌普	楚拉昌普	楚拉昌普是印度的一個縣

D

英文	中文	簡體	備註
Danai	大奈河		
Dawei（Davoy）	土瓦		
Dawna	道納	道纳岭	
Dedaye	德達耶		
Dibragarh	迪布魯加爾	迪布鲁格尔	印度，阿薩姆邦
Digboi	迪格博伊	迪格博伊	印度，阿薩姆邦東北部一個城市
Dimapur	第馬浦	迪马布尔	印度，那加蘭
Dobrugyoung	多布魯金	多哈扎里	
Dohazar	多哈扎		現在屬於孟加拉
Donbaik	棟拜	栋拜	
Dorset	多塞特	多塞特	
Du-fang	杜芳		
Durham	杜倫	达勒姆	

F

英文	中文	簡體	備註
Falam	發蘭	法兰	
Fankkyan	范克揚		
Fiunwa	芬瓦	芬瓦	
Fort Hertz	赫茲堡	赫茨堡	

日落落日：最長之戰在緬甸 1941-1945（下冊）

英文	中文	簡體	備註
Fort White	白堡	怀特堡	
G			
Galahad	加拉哈德	"加拉哈德"	
Gangaw	干高嶺	甘高	
Golaghat	格拉哈特	戈拉卡德	印度，阿薩姆邦
Goppa Bazar	格巴市集	格巴市集	
Gwa	古亞	古亚	
Gwegyo	圭久	圭久	
Gyaing	格牙因河		
H			
Hailakandi	海拉坎迪	海拉甘迪	
Haka	哈卡	哈卡	哈卡是緬甸欽邦的首府
Haunhpa	霍恩帕		
Hay Sanshai	黑桑賽	黑桑赛	
Heho	錫賀	海霍	
Hinole	海諾爾		
Hkalak Ga	卡勒克加		
Hkamti	坎迪	坎迪	
Hlegu	萊古	莱古	
Homalin	荷馬林	霍马林	
Hopin	荷平	和平	
Hoogly	胡格利	胡格利	印度西孟加拉邦
Hsenwi	興威	兴威	
Hsipaw	昔卜	昔卜	
Htindaw	荷丁達		
Hukawng Valley	胡康河谷	胡康河谷	
Humine	胡買恩	胡买恩	
Hump	漢舖		
I			
Imphal	因帕爾	英帕尔	曼尼普爾邦，印度
Inassine	永盛	永盛	

參考文獻目錄

英文	中文	簡體	備註
Inbin	英賓	因宾	
Indainggyi	因代吉	因代吉	
Indaw	因多	因多	
Indawgy Lake	因多吉湖	因道支湖	
Ingyoung	因揚		
Inlaw	英勞		
Inywa	因育瓦	因育瓦	
Inwa	因瓦	因瓦	
Iril River	伊里爾江	伊里尔江	曼尼普爾邦，印度
Irrowaddy	伊洛瓦底江	伊洛瓦底江	
J			
Jambu	簡姆布	简姆布蚌	
Jessami	耶沙米	耶沙米	曼尼普爾邦
Jorhat	約哈特	乔尔哈特	
Juili	居里		
Jupi	朱比	朱比山	
K			
Kabaw Valley	卡巴山谷	卡巴河谷	
Kachin Hills	野人山	野人山	克欽山區
Kaduma	卡都馬	加杜马	
Kaing	凱村	盖镇	
Kaladan	卡拉丹	加拉丹	
Kalagwa	卡拉瓦	卡拉瓦	
Kalemyo	吉靈廟	吉灵庙	
Kalapazin	卡拉帕辛河		
Kalaw	格勞	格劳	
Kalemu	卡列姆	卡列姆	
Kalemyo	吉靈廟		
Kalewa	葛禮瓦	葛礼瓦	
Kamaing	卡盟	加迈	位於緬北
Kameng	卡門河	卡门（河）	舊稱鮑羅里河，位於印度阿魯納恰爾邦

日落落日：最長之戰在緬甸 1941-1945（下冊）

英文	中文	簡體	備註
Kan	坎		
Kanbalu	甘勃盧	甘勃卢	
Kanbamaun	卡巴芒		
Kangla	康格拉	冈格拉	曼尼普爾邦，印度
Kanglatongbi	康拉東比	康拉东比	曼尼普爾邦
Kangpokpi	康博克匹	康博克匹	曼尼普爾邦
Kani	坎尼	卡尼	
Kansauk	勘蘇	勘苏	
Kaptel	克普特爾	克普特尔	
Karagula	卡拉古	卡拉古	
Karong	卡隆	格龙	
Kasom	卡山姆	卡山姆	
Katha	杰沙	杰沙	
Kaukkyi	考基		若為語言則為「考基語」
Kawbein	考賓	高本	
Kawkareik	高加力	高加力	
Kawlin	高嶺	高林	
Kehsimansam	克什曼薩姆		
Kemapyu	克馬漂	凯马漂	
Keng-Hkam	坑康		
Kenghkan	肯坎		
Kengtung	景棟	景栋	
Kezoma	克佐瑪		
Kharasom	卡拉索姆	卡拉索姆	
Khoirok	客洛克	客洛克	
Khun Yuan	坤洋		
Kindat	金達	金达	
Kinu	基努	金乌	
Kmoijuman	克摩朱門		
Kohima	科希馬	科希马	印度東北部那加藍邦之首府
kume	古美	古美	

英文	中文	簡體	備註
Kumon Range	康蒙嶺	枯门岭	
Kung long	滾弄		
Kungpi	康比		
Kunleik	昆累		
Kunshaung	貢昌	贡当	
Kuntaung	孔東		
Kutkai	庫凱	贵概	
Kuzeik	庫賽克	库赛克	
Kyagaung	恰崗	恰岗	
Kyaikto	齋托	斋托	
Kyaing	景江	景江	
Kyan Baton	皎巴東		
Kyan kpyu	嵌漂		
Kyangin	堅景	坚景	
Kyankaga	坎卡加		
Kyaukpadaung	皎勃東	皎勃东	
Kyaukme	皎脈	皎梅	
Kyaukpandu	皎潘度	焦班度	
Kyaukse	皎克西	皎施	
Kyauky	卡基		
Kyaw	克姚		
Kyaw Kyi	皎克伊		
Kyebogyi	奇波岐	杰博基	
Kyondp	中都		
Kyunsalai pass	丘薩萊通道	丘萨莱隘口	
Kyusania	基沙尼隘口		
Kywegan	最甘	最甘	
L			
Lalaghat	拉拉加	拉拉卡德	
Lalon	拉隆		
Lai-bka	賴卡		
Laimanai	來滿乃	来满乃	

日落落日：最長之戰在緬甸 1941-1945（下冊）

英文	中文	簡體	備註
Lamlong	拉姆隆		
Langgol	朗格爾	朗格尔	
Lashio	臘戍	腊戍	
Launggyaung	隆格央	朗姜	
Laungpale	良巴物		
Law Ksawk	勞撒		
Lawsyn	老沙		
Lawu	拉武		
Layshi	雷希	礼希	
Lazabil	拉占比	拉占比	
Ledo	雷多	利多	
Leiktho	萊克托	萊多	
Leimatak	萊瑪塔克		
Leishan	雷山		
Leitan Kuki	萊坦庫奇	萊坦庫奇	315
Letpatan	禮勃坦	礼勃坦	
Letwedet	禮為德	礼为德	
Lgilem	疊蘭		
Lin Ke	林克		
Lingadaw	林甲道		
Litan	李潭	利坦	
Lockchao R.	洛克卻江		
Logtak Lake	洛克塔克湖	洛格达格湖	
Loikaw	壘固	垒固	
Loilem	萊林	萊林	
Loingun	壘岡		
Loktak Lake	洛克塔湖		
Lonkin	隆欽	隆肯	
M			
Ma	瑪		
Mabein	馬賓	马本	
Mae Haun Saun	美豐頌		

參考文獻目錄

英文	中文	簡體	備註
Maejima Hill	前島山	前岛冈	
Mae Sariang	邁沙良	迈萨良	
Mae Sot	美索	湄索	
Magwe	馬圭	马圭	
Mahlaing	默萊	默莱	
Maing Kwan	孟關	孟关	位於緬甸胡康谷地
Maingpok	孟坡		
Mali R.	馬利江	迈立开江	
Man Li	曼里	曼利	
Man st	曼街	曼街	
Mandalay	曼德勒（瓦城）	曼德勒（瓦城）	
Mang Yu	孟育	孟育	
Manipur River	曼尼普爾河	曼尼普尔河	在曼尼普爾邦
Man-Kat	曼卡特		
Mansi	曼西	曼西	
Mapao	馬巴	马巴	
Mappyen	漫銀		
Martaban（Moke Ta Ma）	馬達班	马达班	
Martahan	馬達憨	马达憨	
Matet	馬地特		
Ma-U	馬烏	马乌	
Ma-ubin	毛吁蓰	马乌宾	
Maukkadaw	毛卡道	茂格道	
Maungdaw	孟都	孟都	
Maw chi	茂奇	茂奇	
Maw Luu	茂盧	茂卢	
Mawkmai	木邁	茂梅	
Mawlaik	茂勒	茂叻	
Mawteik	茂德	茂代	
Maymyo	眉苗	眉谬	或譯美廟，現改名為彬烏倫（Pyin Oo Lwin）
Mayu Range	馬由山脈	梅宇山脉	

595

日落落日：最長之戰在緬甸 1941-1945（下冊）

英文	中文	簡體	備註
Mayu River	馬由河	梅宇河	
Meik（Mergui）	丹老	丹老	墨吉
Meiktila	密鐵拉	密铁拉	
Menado	美娜多	万鸦老	
Menbu	緬布		
Mergui	墨吉	墨吉	
Meza	梅札	梅扎	
Mezali	麥查里	梅泽利	
Mindoa	敏多		
MinHla	敏拉	敏拉	
Minlantazeik	敏蘭塔賽		
Mintha	敏達	敏达	
Mohnyin	莫寧	莫宁	
Mogaung	孟拱	莫冈	
Mogok	摩克	抹谷	
Moirang	莫伊朗	莫伊朗	
Mok Palin	莫巴林	莫巴林	
Mollen	莫侖		
Molo	莫洛	莫洛	
Molvom	莫封		
Mon Nai	孟乃		
Mon pu awng	孟普安	孟布昂	
Mong Kun	孟孔	孟贡	
Mong Kung	孟昆		
Mong Long	孟龍	孟隆	
Mong Mit	孟密	孟密	
Mong pai	孟拜		
Mong pan	孟畔	孟畔	
Mong pu	孟普	孟布	
Mong we	孟瓦		
Mong wi	孟威	孟维	
Mong Yai	孟牙	孟崖	

英文	中文	簡體	備註
Mongmit	孟密		
Monywa	蒙育瓦	蒙育瓦	
Moreh	莫雷	莫雷	
Moulmein	毛淡棉（摩爾門）	毛淡棉（摩尔门）	
Mu River	穆河	穆河	
Mualbem	木亞朋		
Mudon	木當	木冬	
Myaing	邁英	棉因	
Myaugmya	渺彌亞	渺弥亚	
Myawad	馬瓦得		
Myebon	米邦	弥蓬	
Myene	梅奈	米耶内	
Myinbin	敏賓	敏宾	
Myindawagyan	明大甘	明大甘	
Myingun	敏貢	敏贡	
Myingyan	敏建	敏贡	
Myinths	敏沙		
Myiteha	密塔		
Myitkyina	密支那	密支那	
Myitson	密山	密松	
Mylinfu	敏務	敏务	
Myohaung	苗杭	谬杭	
Myonkayurya	敏卡優亞		
Myotha	謬達	谬达	
Myothit	繆迪	廖迪	
N			
Naba	納巴	纳巴	
Naf River	納夫河	纳夫河	
Naga	那加	那加	印度
Namekon	南麥空	南梅孔	
Namhkam	南坎	南坎	
Namhkok	南科	南科	

英文	中文	簡體	備註
Namkwin	南昆村	南昆村	
Namlan	南倫	南兰	
Nampawag	南傍		
Namping	南坪		
Namssamg	南桑	南桑	
Namtu	南圖	南渡	
Namtuk	那土克	南多	
Nansame	南沙麥		
Namyin Chaung	南因溪	南辛江	
Na-ong	納甕		
Natmauk	納茂	纳茂	
Natogy	納多基	纳多基	
Nauknyo mashwe	瑙可瑪斯		
Nawnghkio	瀧秋	瑙丘	
Ngakyedauk	南基達克	南基达克村	
Nhpum Ga	恩朋加	恩朋加	
Ningthoukmong	寧索康	宁索康	
Nippon Hill	日本崗	日本冈	
Numh Kawsai	南考賽		
Nungshigum	南士貢	南士贡	
Nyaung Khar shey	良卡寫	良卡写	
Naungkyaiktaw	囊奇亞陶村	囊奇亚陶村	
Nyaunglebin	良禮彬	良礼彬	
Nyaunglun	良倫	良伦	
Nyaung-u	良烏	良乌	
Nyaungzaye	郎薩耶		
Nyaungzaye	郎薩耶		
O			
Oinam	奧伊納		
Okkan	奧甘	奥甘	
Okpo	波	奧波	
Orissa	里薩	奧里萨	

英文	中文	簡體	備註
Oyin	歐英	欧英村	

P

英文	中文	簡體	備註
Pa-an	帕安	帕安	
Padu	巴都	勃杜	
Paga	巴加	帕加	
Pagan	蒲甘	蒲甘	
Pairampang	帕亞姆龐		
Pakokku	木各具	木各具	
Paletwa	百力瓦	百力瓦	
Pallel	普勒爾	普勒尔	
Pangsau	潘哨	潘哨	
Pangsau Pass	潘哨隘口	潘哨隘口	
Panng	邦	榜镇	
Pantha	潘莎	班塔	
Papam	帕奔		
Pathain	帕生	帕生	
Pauk	包克	包	
Paungbyin	龐濱	庞宾	
Paungde	榜地	榜地	
Paungzeik	邦賽克		
Pawkwang	包康	包康	
Payagyi	勃亞基	勃亚基	
Pegu	勃固	勃固	
Pekon	貝貢	贝贡	
Phaitu	徘杜	徘杜	
Phakekedzumi	法基基所密		
phubalowa	普巴洛瓦		
Pinawbic	皮納比		
Pinbon	平博	平博	
Pinda	平達	平达	
Pindale	平大勒	宾德莱	
Pinlaung	彬弄	宾朗	

日落落日：最長之戰在緬甸 1941-1945（下冊）

英文	中文	簡體	備註
Pinlebu	平梨舖	平梨铺	
Pinhmi	平米村	平米村	
Pinshe	平希	宾韦	
Pinwe	平衛		
Potsangbam	波桑班	波桑班	
Premelau	勃郎		
Prome（Pyay）	卑謬	卑谬	
Psluzawa	巴魯薩瓦	巴鲁萨瓦	
Pwinby	賓	本标	
Pyalo	比亞洛	比亚洛	
Pyapor	皮亞朋	皮亚朋	
Pyawbwe	瓢肯	标贝	
Pyingaing	賓蓋	宾盖	
Pyinmana	彬馬那	彬马那	
Pyinyaung	賓揚	宾扬	
Pyokkwe	漂奎	漂奎	
Pyukan	彪關	彪关	

R

Ramgarh	蘭伽	兰姆伽	
Ram Ree Island	蘭里島	兰里岛	
Ramu	拉穆	拉穆	
Ranchi	蘭契	兰契	
Rangoon	仰光	仰光	
Rangse	蘭斯		
Rathedaung	拉代當	拉代当	
Razabil	拉薩比	拉萨比	

S

Samon		瑟蒙河	
Shaduzup		夏杜苏	
Shawbyugan	肖比根	肖比根	
Sheldon	歇爾頓國境	谢尔登国境	
Shenam	申南	申南	

英文	中文	簡體	備註
Shingbwiyang	新平洋	欣贝延	
Shiu	西宇		
Shongpe	閃培	闪培	
Shugang	舒加納	舒加那	
Shuggnu	舒格努		
Shugn	舒恩	舒恩	
Shwanyangbin	瑞央賓		
Shwe kondaing	瑞空達		
Shwebo	瑞波	瑞保	
Shwedaung	瑞當	瑞当	
Shwegu	瑞古	瑞古	
Shwegyin	瑞僅	瑞金	
Shwenyaung	瑞娘	瑞娘	
Shwepyi	瑞比	瑞比	
Sibong	西朋	西朋	
Sikan	西空		
Silchar	西爾恰	锡尔杰尔	
Silohar			
Sinbangwe	新榜衛	新榜卫	
Sindktaya	新克塔雅	新克塔雅	
Singgel	新格爾村	辛盖	
Singgu	新固	辛古	
Sinkaling	辛卡林	辛加灵	
Sinlamaung	新拉茫	辛拉芒	
Sinma	新馬	辛马	
Sinoh	斯諾	斯诺	
Sinohbyin	新諾平		
Sinzweya	新茲維牙村	新兹维牙村	
Sita	西塔	锡塔	
Sittaung	錫當	锡当	
Sittaung river	錫當河	锡当河	
Somra	桑姆瑞	松拉	
Sumprabum	孫布拉蚌	孙布拉蚌	

日落落日：最長之戰在緬甸 1941-1945（下冊）

英文	中文	簡體	備註
Sunderbans	森德班	森德班	現在為 Thanlyin，是油田。
Syanglebta	西昂格利巴		
Syriam	沙廉	沙廉	

T

英文	中文	簡體	備註
Tabya	塔牙		
Tagap	塔格普	塔加普	
Tagaung	太公	太公	
Tagun	塔貢山區	塔贡山区	
Taihpa Ga	台巴加		
Taikky	台吉		
Taikkyi	岱枝	岱枝	
Tairenpokpi	太瑞波基	太瑞波基	
Takaw	塔高	达高溪	
Takun	塔孔	塔孔	
Takwon	達		
Tamanthi	塔曼迪	德曼迪	
Tamu	德穆	德穆	
Tanai R.	大奈河	塔奈河	
Tandawgyi	丹道枝	丹道枝	
Tandwe	丹兌	丹兌	
Tangup pass	丹吉普山口		
Tanhingon	丹賓貢	坦宾贡	
Tanngyp	丹吉普		
Tangnouypl	坦努帕	坦努帕	
Taro	塔洛	大洛	
Tarung River	塔隆江	德隆河	
Taukkyan	濤建	涛建	
Taung Bazar	東市集	东市集	同古，1942年3月19日，在200師師長戴安瀾領導下，發動了同古戰役。
Taunggyi	東枝	东枝	

602

英文	中文	簡體	備註
Taungoo	東固	东吁	
Taunggon	東光	当贡	
Taungtha	東沙	东沙	
Taungup	洞	洞鸽	
Taunzin	塘心		
Tauugdwwingy	東敦枝	东敦枝	
Tavoy	土瓦	土瓦	
Tawma	道馬	道马	
Tawmi	桃梅		
Teknaf	代格納夫	代格纳夫	
Tenasserim	丹那沙林	丹那沙林	
Tha song yaung	呈頌央	他颂央	
Thabeik kyin	德貝金	德贝金	
Thabutkon	塔普貢	达布贡	
Thabygan		德别甘	
Thamadaw	塔馬道	达马道	
Thamnapokpi	丹那波比		
Thanan	呈南		
Thanatpla	達納賓	达纳宾	
Thanbyaing	桑比亞因		
Thanbyuzayat	丹彪扎	丹彪扎亚	舊稱沙廉 Syriam
Thandaang	丹當	丹当	
Thanlyin	丹林	丹林	
Tharawa	沙拉瓦	沙耶瓦底	
Tharoilok	塔魯約克		
Tharrawaddy	沙耶瓦島		
Thatoa	塔淘		
Thaton	直通	直通	或 Thar Wut Hti
Thaungdut	島特	当都	
Thawatti	達瓦替	达瓦替	
Tha Yaung	塔央	塔央	
Thayetmye	德耶謬	德耶谬	
Thazi	達西	达西	

日落落日：最長之戰在緬甸 1941-1945（下冊）

英文	中文	簡體	備註
Thenzeik	天賽	登色	
Thetkegyin	德克金	德克金	
Theywa	得瓦		
Thibaw	昔卜	锡袍	
Thinunggti	辛努格帝		
Thmbo	頓坡		
Thoubal R.	索巴爾江	索巴尔江	
Three Pagoda Pass	三塔關	三塔山口	
Tiddim	滴頂	迪登	
Tigyaing	提堅	提坚	
Tilia	鐵林		
Tinsukia	廷蘇基亞	丁苏吉亚	
Tondaw	騰多		
Tongzang	頓贊		
Tonhe	東黑	栋赫	
Tonkwa	通瓦		
Tonmakeng	通馬肯	栋马景	
Tonzang	頓贊	顿赞	
Toragu C.	托拉古溪		
Torbung	托邦	托邦	
Toronglaobi	托隆勞比		
Toulang	托朗		
Tulihal	土里哈爾		又名 Twantay
Tumbru	吞布魯	吞布鲁	
Twante	端迪	端迪	
U			
Ukhrul	烏克候爾	乌克鲁尔	
V			
Victoria Point	維多利亞角	维多利亚角	
Viswema	維斯威馬	维斯韦马	
W			
Wabyin	韋布因		

英文	中文	簡體	備註
Wakan	瓦康		
Wala	瓦拉	瓦拉	
Walawbum（ka chin）	瓦勞朋	瓦劳朋	
Waimaw（Waing Maw）	萬茂	宛貌	
Wang Jing	王津		
Wantung	畹町		
Warazup	瓦拉祖	瓦拉祖	
Watito	瓦地特		
Wettauk Chaung	維陶河	韦陶河	
Waw	沃鎮	沃镇	
Wea laung	緯倫	韦朗	
Wiang Tai	威泰		
Windwin	溫得溫	温得温	
Wingale	溫加勒		
Witok	威托克	维多	
Wuntho	文多	文敦	
		文多	印度曼尼普爾邦城鎮

Y

英文	中文	簡體	備註
Yaingangpokpi	耶岡波克匹	耶冈波克匹	
Yairipok	牙利波克		
Yananma	耶蘭馬		
Yanaung	耶瑙	耶瑙	
Yanmethin	央米丁	央米丁	
Yazagyo	耶瑟久	亚扎久	
Yedaing	耶打		
Yedashe	耶達謝	耶达	
Yegan	耶根	耶岸	
Yelothe	耶洛社	耶南马	
Yenangyang	仁安羌	仁安羌	
Yesagyo	耶瑟久		
Yeu	耶育	耶	

605

日落落日：最長之戰在緬甸 1941-1945（下冊）

英文	中文	簡體	備註
Yezin Kwetugy	耶辛奎士		
Ygazum	雅桑		
Yhndoon	良黨		
Yindaw	因多	因都	
Yinnyein	因耶因	因年	
Yu R.	育江	育江	
Yuwa	育瓦	育瓦	
Ywamun	瓦蒙	育瓦蒙	
Ywashae	月額謝	月	
Ywthi		育瓦迪	
Z			
Zayetkon	扎耶特孔	扎亚贡	
Zibyu	思育	西普	
Zigon	只光	只光	
Zodidaung	佐迪丹		
Zoganbyin	佐根拜因	佐根拜因	
Zubza	祖布扎	祖布扎	

軍隊編制名稱及人數對照表
（英、中、日陸軍）
補錄二

製表：2014.08.21

名稱（英）	名稱（中）	名稱（日）	人數	備註
Army Group	集團軍	方面軍	數十萬人至數百萬人（如中國戰區）	共軍稱「集團軍群」
Army	軍團	軍	20,000～100,000 人	共軍稱「集團軍」
Corps	軍	（軍團）	30,000 人上下	日本無此一編隊，但日譯上稱「軍團」。
Division	師	師團	10,000 多人上下	
Brigade	旅	旅團	3,000 多人	
Regiment	團	聯隊	1,000 多人	
Battalion	營	大隊	300～400 人	步兵
Squadron	營	中隊	300～400 人	騎兵專用（裝甲兵）
Company	連	中隊	100 多人	步兵
Troop	連	中隊	100 多人	騎兵專用（裝甲兵）
Battery	連	中隊	100 多人	砲兵專用
Platoon	排	小隊	30 人	
Section	班	班	9～10 人	砲兵專用
Squad	班	班	9～10 人	步兵

日落落日：最長之戰在緬甸 1941-1945（下冊）

軍階名稱對照表
（英、中、日陸軍）
補錄三

製表：2014.08.21

名稱（英）	名稱（軍階）	名稱（中）	名稱（日）	備註
General	將級軍官	上將	大將	
Lieutenant General		中將	中將	
Major General		少將	少將	
Brigadier		准將（國軍無）	（無）	
Colonel	校級軍官	上校	大尉	
Lieutenant Colonel		中校	中尉	
Major		少校	少尉	
Captain	尉級軍官	上尉	大尉	
Lieutenant		中尉	中尉	
Second Lieutenant		少尉	少尉	
Warrant Officer		准尉（現在國軍無此）	准尉	
Sergeant-Major	士官	士官長	曹長	
Staff-Sergeant		上士	兵長、軍曹	見日譯本（中）p.195
Sergeant		中士		
Corporal		下士	兵長	
Private First Class	兵	上兵	上兵	
Private II		一兵		
Private I		二兵		
Recruit		新兵		

參考文獻目錄

日落落日：最長之戰在緬甸 1941-1945（下冊）

謝　跋

　　讀入英國人寫二十世紀第二次世界大戰，並在 1980 年代出版的著作，我們一定要跳出中國思維，才能將心比心。譯介本書，除了要理解緬甸長久戰陣細節，更看到 Allen 父子三人所作統計日軍陣亡統計，Allen 明白列出兩師團陣亡最多者，就在緬北的第十八師團（陣亡 20,393 人）與第五十六師團（陣亡 17,895 人）：編制約五萬人，而陣亡者高達三萬八千人（四分之三！）。可見華軍善戰而勇猛日軍不敵之一斑。讀者若想瞭解華軍如何連戰連勝於緬北，應另行閱讀《新一軍反攻緬北極機密戰鬥詳報》原書（藏於中研院近史所檔案館），或臺灣學生書局出版的精裝本。

　　歷經十二年的經營，我們回首《日落落日》。Allen 作為英國公民，處理最長之戰在緬甸。全書行文之間不但殊無火氣，而且更能將「英」心比「日」心，相當難得，也值得仇日心極重的華人借鑑。當然，本書描述的二戰，是非常情緒化的時代，尤其西方（英、美）以及後來東方（日本）亦步亦趨的兩種帝國主義者所煽起的炙烈感性，進而帶來上述災難，非常深入、真實而細膩紀錄之傑作。而細心讀者從其文字中，亦能清楚讀入當年被迫變成帝國主義者殺戮戰場的中國與緬甸戰地的人民的情狀與心態。

　　本書正係帝國主義者賣弄文字，蠱惑帝國人民與屬地屬民為渠野心，寧願當成兵蟻、戰蟻，為其好戰高層之野心效死的一面悽慘的鏡子。辛苦了帝國主義的英國退役軍官 Allen，用這部書忠實而深刻地為二十世紀西、東兩方的帝國主義者，都做

了反映。本團隊從作者身上學到跳出西方國際法舊框架的要領：所謂「國家」，其副作用就在挑起民族情緒，釀製無數種性驕傲、輕視、自卑甚至仇恨。因此，造成希特勒的毒殺猶太人、日本的南京大屠殺、毛澤東的文化大革命等等二十世紀遺憾且極深遠的惡果。

很高興黎明文化公司接下出版這部巨冊的重擔。而三十位以上來自多國的譯者，每人的譯筆以及解讀不同。我們主司其事者為統一所有譯者對英、日、緬、中、泰、法至少六種文字的譯介為中文，既須不厭其煩，又要精準。也時常要求編輯與美編修訂、再修訂。

本書喜獲北京三聯書店馮金紅社長的編輯團隊支持，故而將以正體與簡體兩種中文出版。茲藉本譯後跋，為以上眾人所付出的辛勞，致上深深的敬意與謝忱。

國家圖書館出版品預行編目資料

日落落日：最長之戰在緬甸 1941-1945（下冊）/ 路易士‧艾倫（Louis Allen）著；朱浤源、黃文範、蕭明禮、楊力明、李軼等譯 -- 初版 . -- 臺北市：黎明文化事業股份有限公司, 2023.08

面； 公分

譯自 Burma: The Longest War 1941-45

ISBN：978-957-16-1003-0 (全套：平裝)

1.CST: 第二次世界大戰 2.CST: 戰史 3.CST: 緬甸

592.9154　　　　　　　　　　　112012068

圖書目錄：598029（114-10）

日落落日：
最長之戰在緬甸 1941-1945（下冊）

作　　　者	路易士・艾倫（Louis Allen）
譯　　　者	朱泩源、黃文範、蕭明禮、楊力明、李軼等
董 事 長	黃國明
發 行 人	
總 經 理	詹國義
總 編 輯	楊中興
副 總 編 輯	吳昭平
美 編 設 計	楊雅期
出 版 者	黎明文化事業股份有限公司 臺北市重慶南路一段49號3樓 電話：（02）2382-0613 分機 101-107 郵政劃撥帳戶：0018061-5 號
發 行 組	新北市中和區中山路二段 482 巷 19 號 電話：（02）2225-2240
臺 北 門 市	臺北市重慶南路一段 49 號 電話：（02）2311-6829
公 司 網 址	郵政劃撥帳戶：0018061-5 號 http://www.limingbook.com.tw
總 經 銷	聯合發行股份有限公司 新北市新店區寶橋路 235 巷 6 弄 6 號 2 樓 電話：（02）2917-8022
法 律 顧 問	李永然律師
印 刷 者	中茂分色製版印刷事業股份有限公司
出 版 日 期	2025 年 9 月 初版 1 刷
定　　　價	新台幣 1200 元（上、下二冊合購，不分售）

版權所有 ‧ 翻印必究◎如有缺頁、倒裝、破損，請寄回換書
ISBN：978-957-16-1003-0（全套：平裝）

Burma: The Longest War 1941-45 by Louis Allen
Copyright©2019 by Tim Allen
The Work has been authorized by the Proprietor to be published and distributed in Traditional Chinese character and Simplified Chinese character versions by LI MING CULTURAL ENTERPRISE CO. LTD. in Taiwan or Mainland China.
All Rights Reserved